NATURA

Biologie für Gymnasien

bearbeitet von

Inge Kronberg
Horst Schneeweiß

Genetik und Immunbiologie

Ernst Klett Verlag
Stuttgart · Leipzig

1. Auflage

1 7 6 5 4 3 2011 2010 2009 2008 2007

Alle Drucke dieser Auflage sind unverändert und können im Unterricht nebeneinander verwendet werden. Die letzte Zahl bezeichnet das Jahr des Druckes.

Internetadresse: www.klett.de

Autoren
Dr. Inge Kronberg, Dr. Horst Schneeweiß

unter Mitarbeit von
Dr. Irmtraud Beyer, Dr. Horst Bickel, Prof. Dr. Harald Gropengießer, Prof. Dr. Siegfried Kluge, Bernhard Knauer, Hans-Peter Krull, Hans-Dieter Lichtner, Gerhard Ströhla, Dr. Wolfgang Tischer

Redaktion
Detlef Eckebrecht

Mediengestaltung
Andrea Lang

Layoutkonzeption und Gestaltung
Prof. Jürgen Wirth, Visuelle Kommunikation, Dreieich
unter Mitarbeit von Eveline Junqueira und Nora Wirth

Umschlaggestaltung
normal Industriedesign, Schwäbisch Gmünd; unter Verwendung eines Fotos von Eye of Science (HPI), Reutlingen

Reproduktion
Meyle + Müller, Medien-Management, Pforzheim

Druck
Firmengruppe APPL, aprinta druck, Wemding

Printed in Germany

ISBN 978-3-12-045320-8

9 783120 453208

Schülersoftware zu Natura

Biologisches Fachwissen schnell und gezielt testen, das können Sie mit der Lernsoftware **Natura Biologie-Trainer**, die genau zu Natura passt.
Interaktive Lernbausteine bieten neue Wege zum Verständnis. Übungs- und Testaufgaben machen fit für Klausur und Abitur.
Den **Natura Biologie-Trainer** erhalten Sie im Buchhandel oder unter www.klett.de (im Internet gibt's auch weitere Infos):

- Natura Biologietrainer Genetik und Immunbiologie ISBN 978-3-12-045360-4
- Natura Biologietrainer Stoffwechsel ISBN 978-3-12-045362-8
- Natura Biologietrainer Ökologie ISBN 978-3-12-045366-6
- Natura Neurobiologie und Evolution in Vorbereitung

Zu diesen Seiten finden Sie Material im Natura Biologietrainer Genetik und Immunbiologie

Gefahrensymbole und Experimente im Unterricht

Experimente im Unterricht

Eine Naturwissenschaft wie Biologie ist ohne Experimente nicht denkbar. Auch in Natura Oberstufe findet sich eine Reihe von Versuchen. Experimentieren mit Chemikalien ist jedoch nie völlig gefahrlos. Deswegen ist es wichtig, vor jedem Versuch mit dem Lehrer die möglichen Gefahrenquellen zu besprechen. Insbesondere müssen immer wieder die im Labor selbstverständlichen Verhaltensregeln beachtet werden. Die Vorsichtsmaßnahmen richten sich nach der Gefahr durch die jeweils verwendeten Stoffe. Daher sind in jeder Versuchsanleitung die verwendeten Chemikalien mit den Symbolen der Gefahrenbezeichnung gekennzeichnet, die ebenfalls auf den Etiketten der Vorratsflaschen angegeben sind. Dabei bedeuten:

C = ätzend, *corrosive:*
Lebendes Gewebe und Material, das mit diesen Stoffen in Berührung kommt, wird an der betroffenen Stelle zerstört.

F = leicht entzündlich, *flammable:*
Stoffe, die durch das kurze Einwirken einer Zündquelle entzündet werden können.

Xi = reizend, *irritating*
(X für Andreaskreuz):
Stoffe, die reizend auf Haut, Augen oder Atemorgane wirken können.

Xn = gesundheitsschädlich, *noxius* (schädlich):
Stoffe, die bei Einatmen, Verschlucken oder Hautkontakt Gesundheitsschäden hervorrufen können.

Inhaltsverzeichnis

Genetik

Gentherapie, Gentechnik, Gensequenzierung, Genkarte, Genomprojekt, genetischer Fingerabdruck – die Genetik und ihre Anwendungen beschäftigen Diskussionsrunden und Tagespresse. Mit noch nicht einmal 150 Jahren ist die Genetik eine vergleichsweise junge Wissenschaft. Als Begründer gilt GREGOR MENDEL, der mit seinen Kreuzungsversuchen an Erbsenpflanzen den Regeln der Vererbung auf die Spur kam. Den namensgebenden Begriff „Gen" benutzte er nicht, er nannte die erblichen Faktoren schlicht „Anlagen".

Die rasante Entwicklung der Genetik spiegelt sich erstaunlich gut im Definitionswandel des Begriffes Gen wider: Beim klassischen Ansatz geht man von äußeren Merkmalen aus und versteht unter Genen die unteilbaren Einheiten der Vererbung. Die Aufklärung der DNA-Struktur und Funktion machte die Gene molekular fassbar: Gene sind bestimmte Abschnitte der DNA, die für die Ausprägung von Merkmalen verantwortlich sind. So lassen sich die Merkmale von MENDELS Erbsen bis zu den Nucleinsäuren im Zellkern zurückverfolgen.

Inzwischen hat man die DNA-Sequenzen vieler Organismenarten entschlüsselt, trotzdem kann man oft nicht sagen, wie viele Gene ein Genom enthält, denn es gibt überlappende, sich wiederholende und informationslose Sequenzen. Während wir auf der einen Seite also Gene durch ausgefeilte Methoden stofflich immer besser isolieren und analysieren können, ist unser Verständnis von dem, was ein Gen funktionell ist, immer abstrakter geworden.

„Soweit die Erfahrung reicht, finden wir es überall bestätigt, dass constante Nachkommen nur dann gebildet werden können, wenn die Keimzellen und der befruchtende Pollen gleichartig, somit beide mit der Anlage ausgerüstet sind, völlig gleiche Individuen zu beleben, wie das bei der normalen Befruchtung der reinen Arten der Fall ist."
GREGOR MENDEL 1866

„Ein Gen ist der DNA-Abschnitt, der für ein m-RNA-Molekül codiert."
FRANÇOIS JACOB und Jaques MONOD 1961

„A gene is a combination of DNA segments that together constitute an expressible unit, expression leading to the formation of one or more functional gene products that may be either RNA molecules or polypeptides. The segments of a gene include the transcribed region, which encompases the coding sequences, intervening sequences, any 5'leader and 3'trailer sequences that surround the ends of the coding sequences, and any regulatory segments included in the transcription unit, and the regulatory sequences that flank the transcription unit and are required for specific expression.“
MAXINE SINGER und PAUL BERG 1991

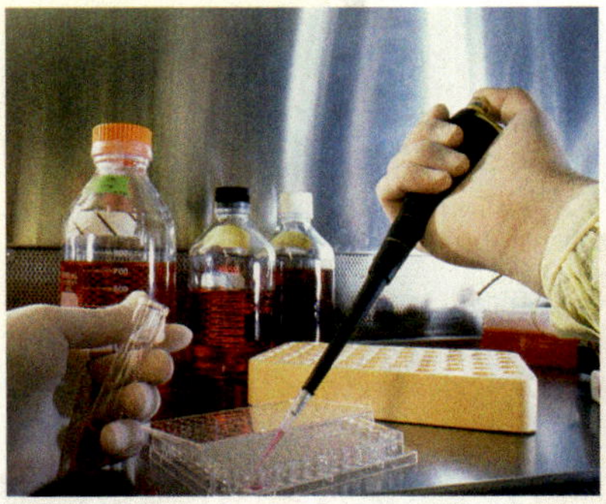

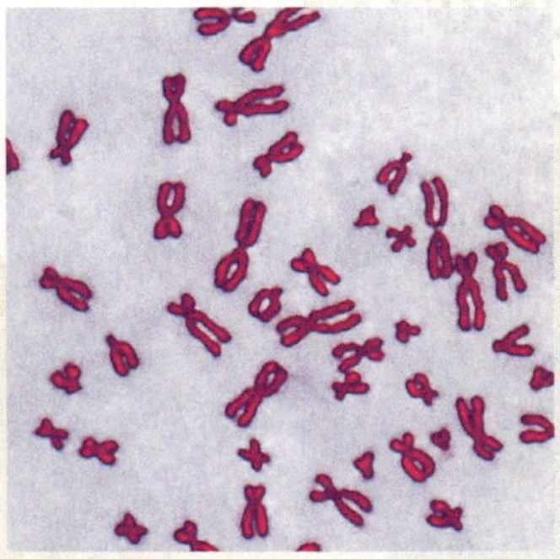

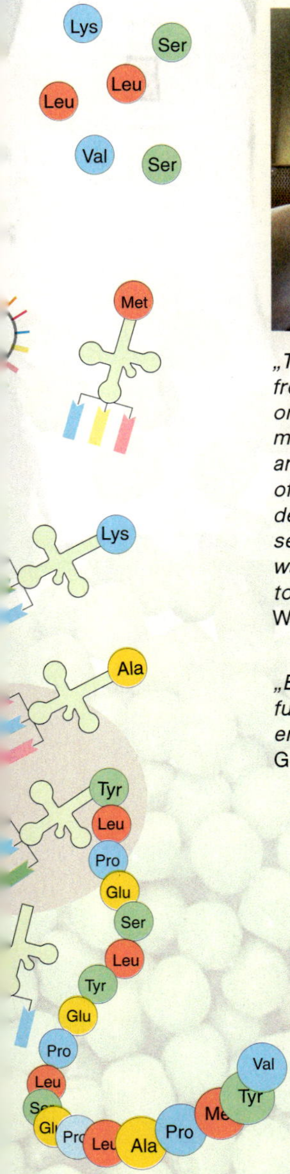

„The word 'gene' is completely free from any hypotheses; it expresses only the evident fact that, in any case, many characteristics of the organism are specified in the gametes by means of special conditions, foundations, and determiners which are present in unique separate, and thereby independent ways — in short, precisely what we wish to call genes.“
WILHLELM JOHANNSEN 1909

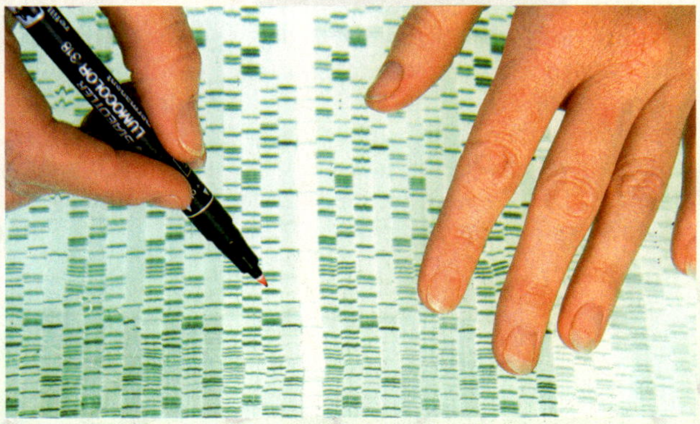

„Each gene controls the production, function and specifity of a particular enzyme.“
GEORGE W. BEADLE & EDWARD TATUM 1941

1 DNA — Träger der Erbinformation

Der Zellkern

Alle Lebewesen bestehen aus *Zellen*. Eine Zelle ist in der Lage, Stoffwechsel zu betreiben, antwortet auf Reize, kann sich selbst vermehren und fortpflanzen. Damit ist die Zelle die kleinste Struktur- und Funktionseinheit aller Lebewesen. Die Gestalt von Zellen ist äußerst vielfältig und liegt der Einteilung der Lebewesen in verschiedene Gruppen zugrunde. Ein gemeinsames Merkmal der Zellen von Pflanzen, Tieren, Pilzen, Algen und Einzellern ist der *Zellkern*. Dabei handelt es sich um eine Struktur in der Zelle, die sich anfärben und lichtmikroskopisch beobachten lässt. Der Zellkern ist mehr oder minder kugelförmig, in tierischen Zellen ist er mit etwa 10 % des Gesamtvolumens das größte Kompartiment. Der Zellkern ist von Biomembranen umhüllt und enthält Proteine und Nucleinsäuren. Lebewesen, die einen solchen Zellkern enthalten, bezeichnet man als *Eukaryoten*, solche ohne echten Zellkern, wie die Bakterien, als *Prokaryoten*.

Schon OSCAR HERTWIG (1849—1922) erkannte, dass der Zellkern Träger der Vererbung sein muss, also die Erbinformation der Zelle enthält. Er hatte an Seeigeleiern beobachtet, dass bei der Befruchtung die Zellkerne von Spermazelle und Eizelle miteinander verschmelzen und damit die Erbinformation der Elternteile vereint wird. Inzwischen haben viele weitere Experimente seine Vermutung bestätigt. Der Zellkern ist die Informationszentrale in einer Eucyte.

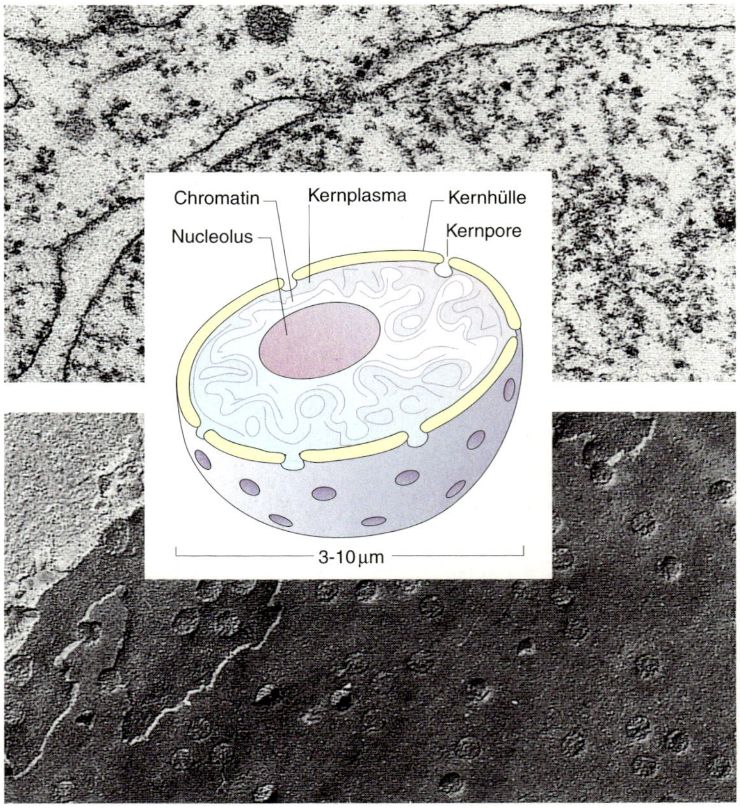

1 Darstellung des Zellkerns mit elektronenmikroskopischen Verfahren

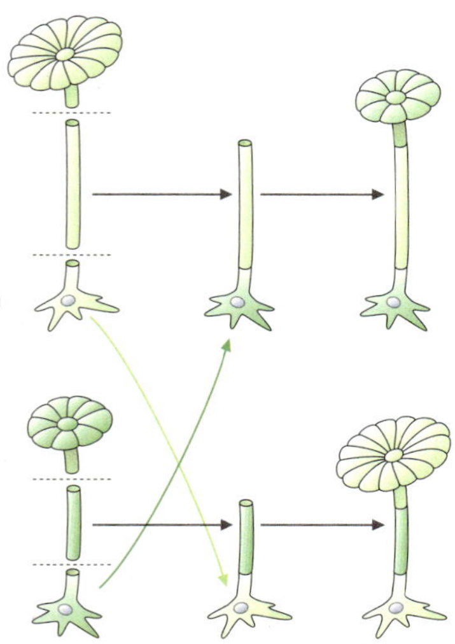

2 Stückaustausch bei Acetabularia

Das elektronenmikroskopische Bild eines Zellkerns (Abb. 1 oben) lässt eine zweischichtige Kernhülle erkennen. Zwei *Membranen* verlaufen dicht nebeneinander und schließen einen *Membranzwischenraum* ein. Diese Hülle ist an einigen Stellen unterbrochen; hier stehen Cytoplasma und Kernplasma miteinander über *Kernporen* in Verbindung.

Besonders auffällige Einschlüsse im Inneren des Zellkernes sind ein oder mehrere Kernkörperchen: (*Nucleoli*, Einzahl *Nucleolus*). In den Kernkörperchen werden Bestandteile der Ribosomen gebildet, über die Kernporen in das Zellplasma transportiert und dort zusammengefügt. Ribosomen sind die Bildungsorte der Proteine. Außerdem befindet sich im Kernplasma eine gut anfärbbare Substanz, das *Chromatin*. Es besteht aus Nucleinsäuren und Proteinen. Wenn sich eine Zelle auf die Zellteilung vorbereitet, verdichtet sich das Chromatin zu lichtmikroskopisch sichtbaren Chromosomen.

Eukaryoten
Lebewesen mit echtem Zellkern
eu (gr.) = echt, wahr
karyon (gr.) = Kern, Nuss

Prokaryoten
Lebewesen ohne Zellkern
pro (lat.) = vor

Zellkern = *Nucleus*

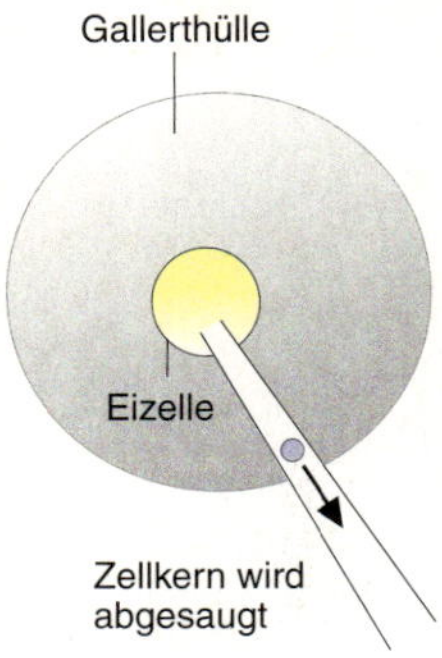

Zellkern wird abgesaugt

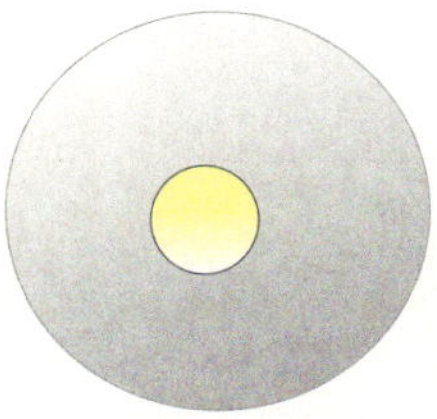
kernlose Eizelle

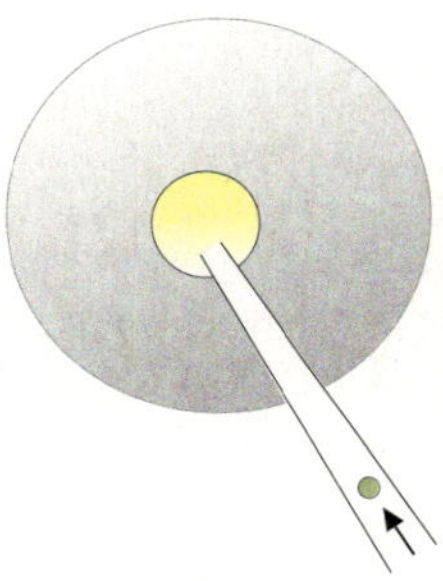
Zellkern einer Albinokaulquappe wird transplantiert

Pfropfungsexperimente mit Algen

Welche Bedeutung der Zellkern für die Entwicklung der Zelle und des gesamten Lebewesens hat, zeigen Experimente der Kerntransplantation der jüngsten Zeit ebenso wie die klassischen Pfropfungsversuche von JOACHIM HÄMMERLING mit der Meeresalge *Acetabularia*. Die Algen dieser Gattung bestehen aus einer riesigen Zelle, die sich in ein wurzelähnliches *Rhizoid*, ein Stielchen und einen Hut an dessen oberem Ende gliedert. Im Rhizoid liegt der Zellkern. Schneidet man das Rhizoid von *Acetabularia acetabulum* ab und pfropft darauf ein Stielstück von *A. wettsteinii,* so bildet sich der für A. acetabulum typische Hut aus. Ein A. wettsteinii-Hut entsteht, wenn das kernhaltige Rhizoid von A. wettsteinii und der Stiel von A. acetabulum stammen. Diese Experimente beweisen, dass die Hutform vom Zellkern bestimmt wird. Da aber auch ein abgeschnittener kernloser Stil einen Hut ausbilden kann, müssen zusätzliche Faktoren im Cytoplasma die Gestaltbildung beeinflussen können.

Transplantation von Zellkernen

Die Bedeutung des Zellkerns verdeutlichen auch Experimente, bei denen Kerne transplantiert werden. Im Jahr 1961 gelang dem britischen Biologen JOHN GURDON ein Aufsehen erregendes Experiment mit dem afrikanischen *Krallenfrosch (Xenopus laevis)*. Er saugte mit einer feinen Glaspipette den Zellkern aus einer unbefruchteten Eizelle eines normal gefärbten Frosches. In die kernlose Eizelle brachte er anschließend einen Zellkern aus der Darmzelle einer *Albinokaulquappe* (s. Randspalte). Einige der manipulierten Eizellen entwickeln sich weiter zu einem *Albinofrosch.* Dieser Versuch zeigt, dass die *Erbinformationen* des Frosches im Zellkern der Zelle enthalten sind und bestätigt Beobachtungen, die seit Beginn des 20. Jahrhunderts bei anderen Lebewesen gemacht werden.

Acetabularia

Aufgaben

① Erklären Sie, welche Erkenntnisse aus den Kerntransplantations-Experimenten (Randspalte und Abbildung 3) gewonnen werden konnten.

② Prokaryoten wie den Bakterien fehlt ein von einer Membran umgrenzter Zellkern mit Nucleoli, aber auch sie enthalten Erbinformation. Welche Bestandteile des Zellkerns kommen damit nicht als Träger der Vererbung in Betracht?

1 Krallenfrosch (Albino)

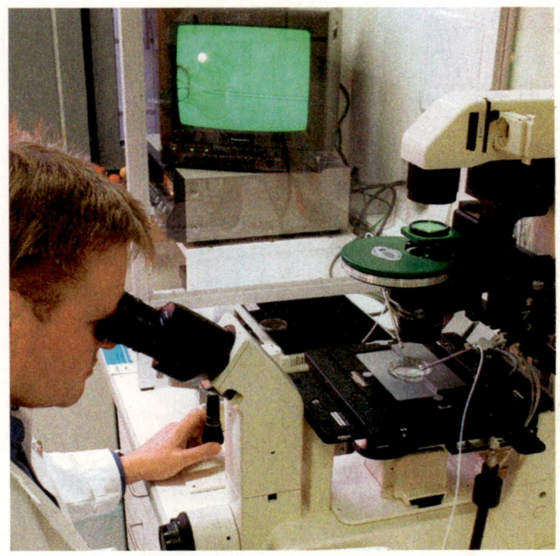
2 Entkernung einer Zelle

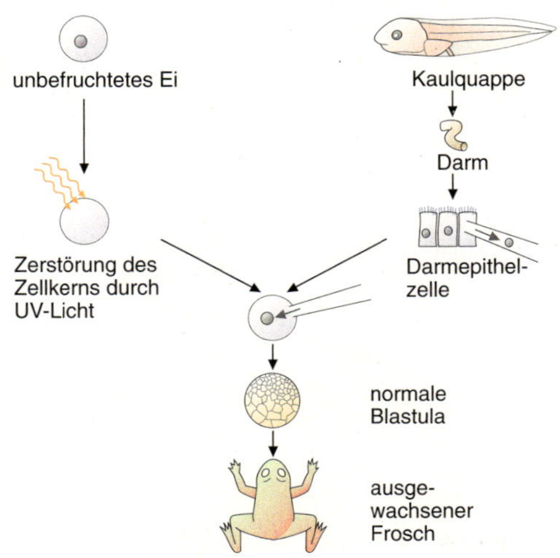

3 Kerntransplantation

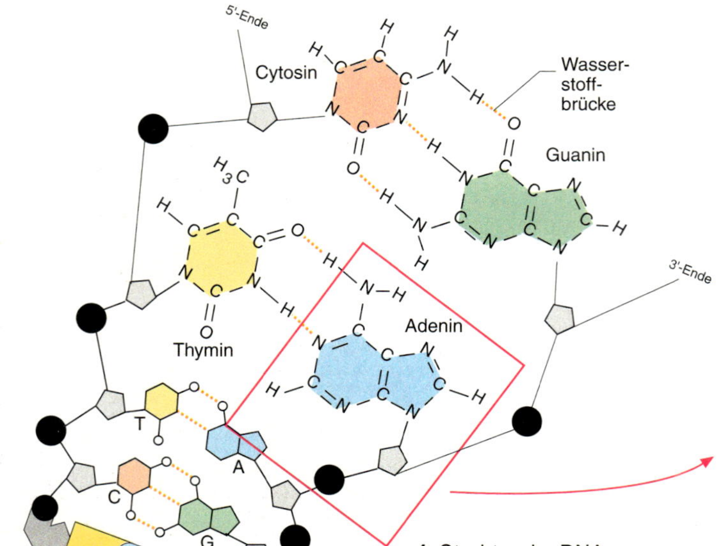

1 Struktur der DNA

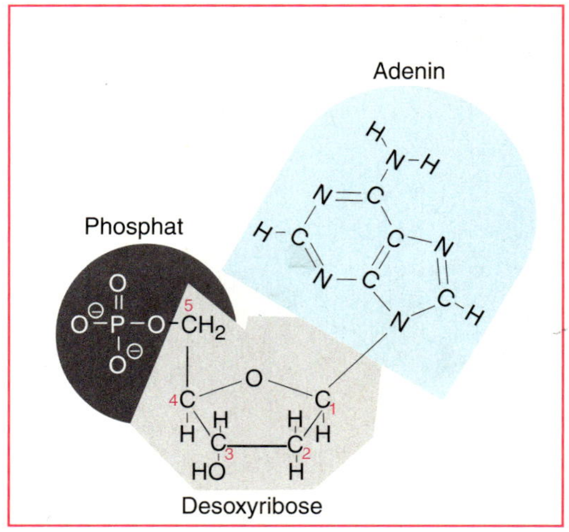

Nucleotid

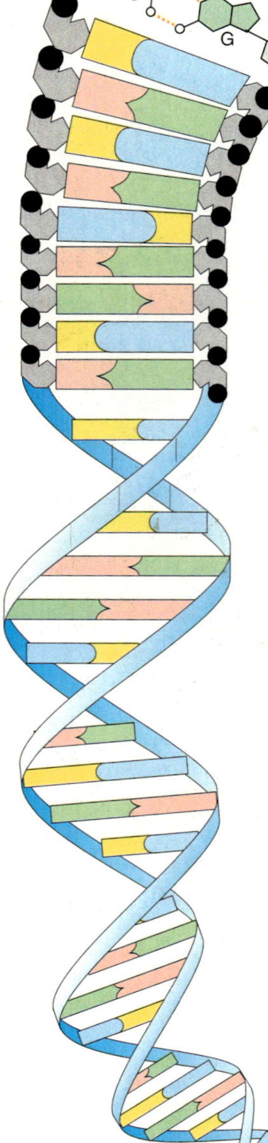

DNA — der Stoff aus dem die Gene sind

Lebewesen werden durch Merkmale, wie Blütenfarbe, Blattform, Blutgruppe, Haarfarbe und unzähliges mehr, charakterisiert. Chemische Stoffe im Zellkern steuern die Merkmalsausprägung und werden an die nächste Generation vererbt.

Ein Molekül, das Erbinformationen tragen und weitergeben kann, muss folgende Eigenschaften besitzen:

- Es muss Informationen verschlüsseln können und eine Leserichtung haben.
- Es muss sich unverändert verdoppeln und an die folgende Generation weitergeben lassen.
- Es muss stabil sein und trotzdem leichte Abwandlungen ermöglichen.

Nach jahrzehntelanger molekulargenetischer Detektivarbeit wurde die *Desoxyribonucleinsäure (DNA)* als Träger der Erbinformation identifiziert. Einheiten der Erbinformation sind die *Gene*, das sind Abschnitte auf dem DNA-Molekül.

Aufgrund der Experimente von FRIEDRICH MIESCHER und ALBRECHT KOSSEL wusste man schon im 19. Jahrhundert, dass Zellkerne Nucleinsäuren enthalten, die aus gleichen Mengenanteilen des C_5-Zuckers Desoxy*ribose*, des Phosphats und der vier Basen *Adenin (A), Thymin (T), Cytosin (C)* und *Guanin (G)* bestehen. A und G sind Purinbasen, T und C Pyrimidinbasen. Beim Vergleich der DNA verschiedenster Lebewesen stellte ERWIN CHARGAFF (1951) zudem fest, dass in jeder DNA gleich viele Moleküle von A und T bzw. von C und G vorliegen *(Chargaff-Regel*, Abb. 9.1).

Aus Röntgenuntersuchungen an kristalliner DNA schloss ROSALIND FRANKLIN (1953), dass es sich um zwei schraubig gewundene Einzelstränge handelt, bei denen die Phosphatmoleküle nach außen und die Basen nach innen gerichtet sind. JAMES D. WATSON und FRANCIS H. C. CRICK fügten das vorhandene Datenpuzzle genial zusammen und stellten 1953 das *DNA-Doppelhelixmodell* auf. Sie erkannten, dass die beiden Einzelstränge gegenläufig umeinander gewunden sein müssen und durch Wasserstoffbrücken zwischen den Basen der Einzelstränge zusammengehalten werden.

Zum besseren Verständnis sind ein paar chemische Einzelheiten nötig: Jeder DNA-Einzelstrang entsteht durch die Verkettung von DNA-Nucleotiden. Ein DNA-Nucleotid besteht aus Zucker, Phosphat und einer der Basen A, T, G oder C. Der C_5-Zucker Desoxyribose kann über die Kohlenstoffatome

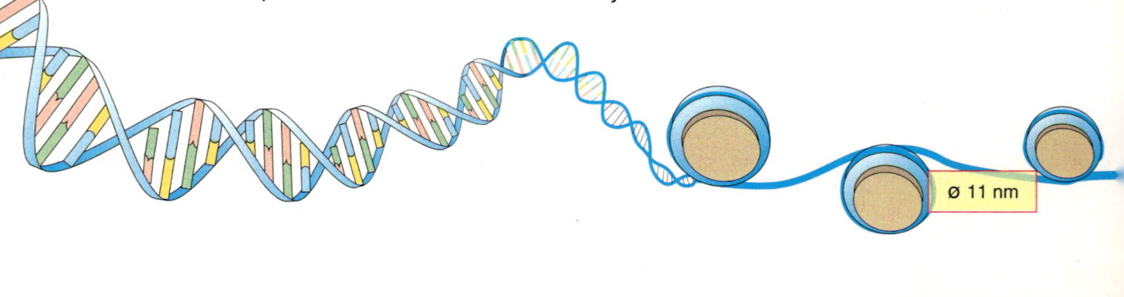

1', 3' und 5' Brücken zu anderen Molekülen bilden. Phosphat bindet an das 3'C-Atom sowie an das 5'C-Atom des nachfolgenden Zuckers. So werden die Desoxyribosemoleküle verkettet (s. Abb. 8.1).

Jeder DNA-Einzelstrang hat daher ein 5'-Ende für Phosphat und ein 3'-Ende mit einer freien OH-Gruppe. Damit hat die DNA eine Leserichtung. Die beiden Einzelstränge sind gegenläufig um eine gemeinsame Achse gewunden, d. h. in einer Doppelhelix liegen sich jeweils 3' und 5'-Ende der Einzelstränge gegenüber *(Antiparallelität)*. Die Basen binden an das C_1-Atom des Zuckers, sie zeigen im Doppelstrang nach innen und verbinden sich mit den Basen des anderen Einzelstrangs. Es paaren sich immer eine (lange) Purinbase und eine (kurze) Pyrimidinbase, Adenin und Thymin halten über zwei Wasserstoffbrückenbindungen, Guanin und Cytosin über drei Wasserstoffbrücken zusammen. Sie bilden die *komplementären Basenpaare* A – T und G – C. Das erklärt die Zahlenverhältnisse der Chargaff-Regel und die Stabilität doppelsträngiger DNA.

Das DNA-Molekül ähnelt einer Wendel-Strickleiter, deren Sprossen aus Basenpaaren gebildet werden und deren äußere Holme abwechselnd aus Phosphat- und Zuckermolekülen bestehen. Die DNA-Nucleotidsequenz, also die Abfolge der Basen in einem Einzelstrang, verschlüsselt die Erbinformation und lässt sich vereinfacht als *Basensequenz* (Buchstabenfolge, z. B. AAATTCGAA), wiedergeben. Das DNA-Doppelhelixmodell verhalf der molekularen Genetik zum entscheidenden Durchbruch: Heute sind die Basensequenzen vieler Arten entschlüsselt.

DNA wird verpackt

Die DNA ist bei Prokaryoten zu einem Ring geschlossen, bei Eukaryoten in einzelne lineare Abschnitte, die *Chromosomen*, unterteilt. Die genetische Information in einer Zelle ist sehr umfangreich: Die gesamte Länge der DNA beträgt bei dem Bakterium *Escherichia coli* 1,5 mm (4,7 Millionen Basenpaare), in jeder einzelnen menschlichen Zelle 97 cm (3 Milliarden Basenpaare). Es ist erstaunlich, dass derart

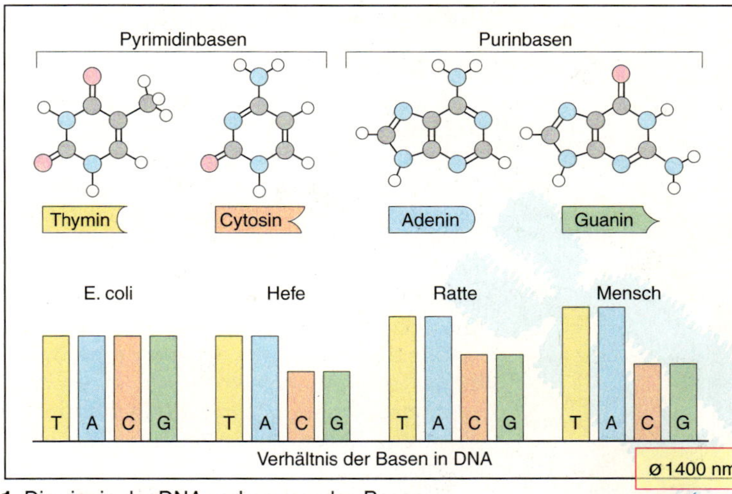

1 Die vier in der DNA vorkommenden Basen

lange Moleküle in einer Zelle untergebracht werden können. Die DNA wird bei Eukaryoten in einem hoch geordneten Verpackungsprozess verdichtet. Daran sind bestimmte Proteine, die *Histone*, beteiligt. Histonkomplexe wirken wie Lockenwickler, um die das DNA-Molekül gelegt ist. Auf diese Weise entsteht ein *Nucleosom*. Die Nucleosomen sind im elektronenmikroskopischen Bild wie Perlen an einer Schnur erkennbar. Durch die Aufwicklung wird die DNA auf ca. $^1/_6$ verkürzt. Der Nucleosomenstrang wird nochmals regelmäßig zu einer 30 nm dicken Faser aufgewunden, die zu kompakten Schleifen und dann zu Rosetten angeordnet wird.

Die DNA-Histon-Komplexe im Zellkern lassen sich anfärben und sind dann lichtmikroskopisch als *Chromatin* erkennbar. Stark verdichtete Bereiche färben sich intensiver und werden als *Heterochromatin* bezeichnet. Sie gelten als genetisch inaktiv. Im weniger verdichteten und daher weniger stark anfärbbaren *Euchromatin* ist die DNA dagegen aufgelockert und genetisch aktiv.

Neben diesen räumlichen gibt es auch zeitliche Dichteunterschiede. Vor jeder Zellteilung muss die DNA nicht nur verdoppelt, sondern auch so dicht verpackt werden, dass sie verlustfrei auf die Tochterzellen verteilt werden kann. Dazu werden die DNA-Rosetten noch stärker aufgewickelt.

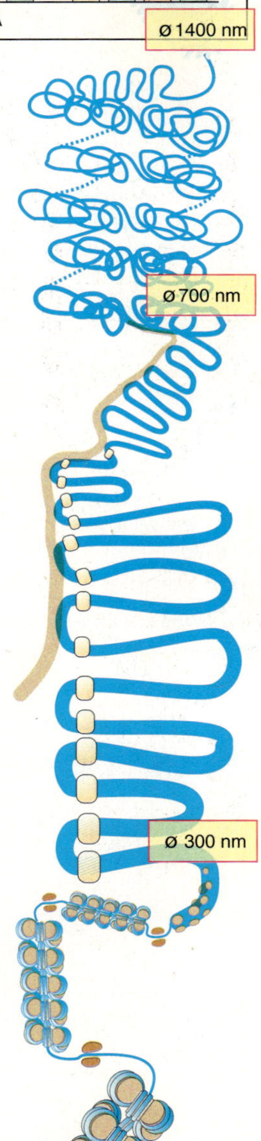

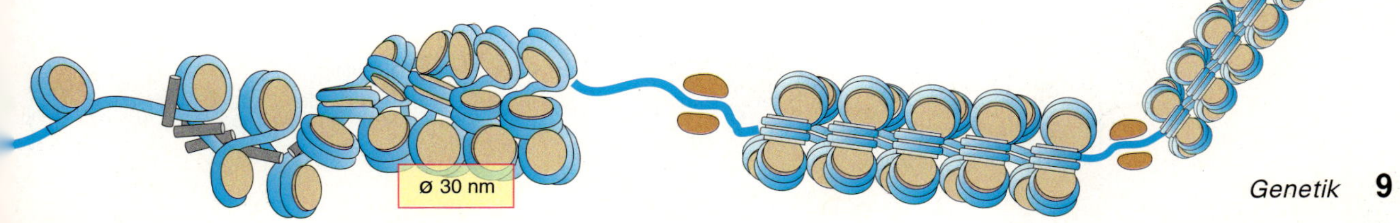

Träger der Erbinformation – experimentelle Beweise

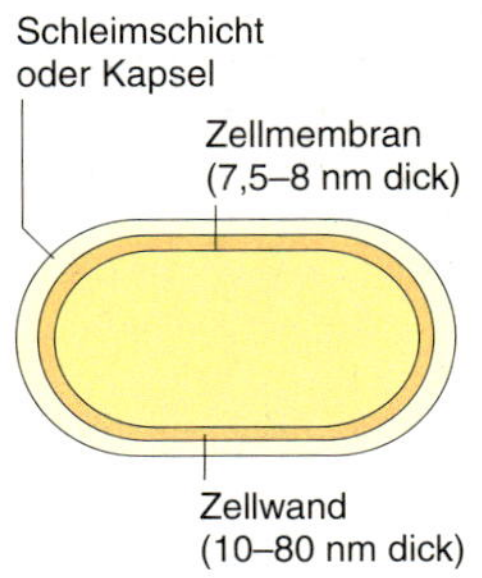

Eine typische Bakterienzelle mit ihren äußeren Schichten (1nm = 1 millionstel mm)

DNA
Desoxyribonucleinsäure (engl. **D**eoxyribo**n**ucleic **a**cid)

Transformation
Übertragung von DNA in eine beliebige lebende Zelle

In den 30er-Jahren des letzten Jahrhunderts stand man vor der ungeklärten Frage, ob Proteine oder Nucleinsäuren die Träger der Gene sind. Beide Stoffklassen liegen als langkettige, unverzweigte Moleküle vor, die eine beinahe unbegrenzte Anzahl verschiedener Varianten bilden können.

Experimentell wurde die chemische Natur der Erbsubstanz erstmals an Bakterien untersucht. Frederick Griffith experimentierte 1928 mit dem Bakterium *Streptococcus pneumoniae*, das in zwei Varianten vorkommt. S-Zellen sind in der Lage, Schleimkapseln zu bilden. Ihre Kolonien sind glatt (engl. *smooth*). S-Zellen sind virulent, d.h. sie rufen bei Mäusen eine tödliche Form der Lungenentzündung hervor. Werden sie durch Hitze abgetötet, verlieren sie ihre Virulenz. R-Zellen bilden aufgrund genetischer Unterschiede keine Schleimkapseln aus. Ihre Kolonien erscheinen rau (engl. *rough*), auch lebend sind sie nicht virulent.

Griffith vermischte abgetötete S- und lebende R-Zellen. Überraschenderweise konnte dieses Gemisch bei Mäusen die Lungenentzündung hervorrufen. Aus den erkrankten Tieren ließen sich sogar lebende S-Zellen isolieren. Die Fähigkeit zur Kapselbildung war von den abgetöteten S- auf die lebenden R-Zellen übertragen worden. Die Erbinformation hat also eine stoffliche Basis.

Der Bakteriologe Oswald Avery nahm die Versuche von Griffith 1944 wieder auf, um die Substanz, die von S- auf R-Zellen übertragen worden sein musste, zu identifizieren. Er trennte DNA und Proteine abgetöteter S-Zellen voneinander ab und mischte anschließend lebende R-Zellen entweder mit der DNA oder mit den Proteinen. Die Proteine der S-Zellen lösten bei R-Zellen keine Kapselbildung aus. Die DNA der S-Zellen hingegen übertrug die Fähigkeit zur Kapselbildung auf R-Zellen. Avery hatte mit diesem Versuch bewiesen, dass DNA der stoffliche Träger der Erbinformation ist. Die Übertragung von DNA in lebende Zellen wird *Transformation* genannt.

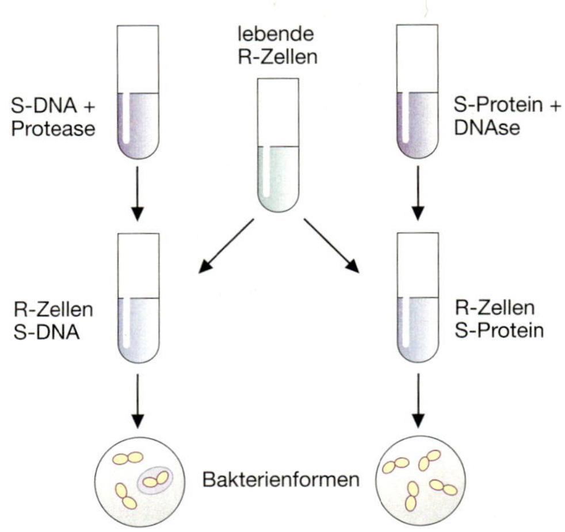

2 Avery: Die DNA ist das transformierende Prinzip

Oswald Avery
(1877 – 1955)

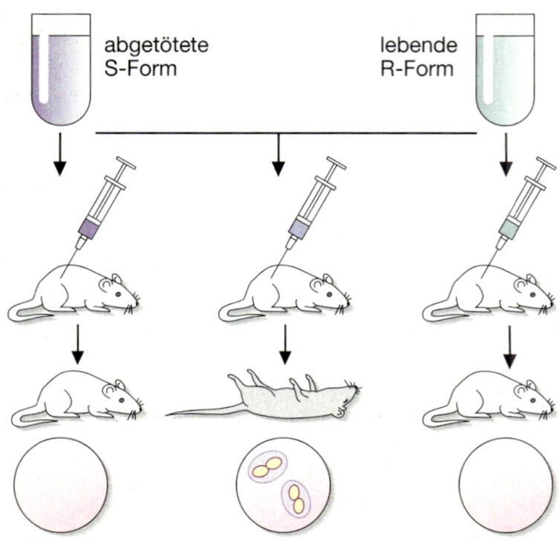

1 Die Versuche von Griffith

Aufgaben

① Oswald Avery behandelte abgetrennte DNA zusätzlich mit Protein spaltenden Enzymen *(Proteasen)* und die Proteine mit DNA spaltenden Enzymen *(DNAsen)*. Begründen Sie.

② Avery gab seinen Bakterienkulturen Serum zu. Hitzebehandeltes Serum beeinträchtigte seine Versuche nicht. Unbehandeltes Serum hingegen verhinderte oftmals eine Transformation von R-Zellen durch isoliertes Material aus S-Zellen. Erklären Sie.

③ Bei der Verdauung werden Makromoleküle durch Enzyme in ihre Untereinheiten zerlegt. Diese können dann über Zellmembranen transportiert werden. Bakterielle Schleimkapseln bestehen aus riesigen Makromolekülen (Kohlenhydraten), die nicht in der bakteriellen Zelle vorgefertigt werden können.
Wie löst die Bakterienzelle dieses Problem?

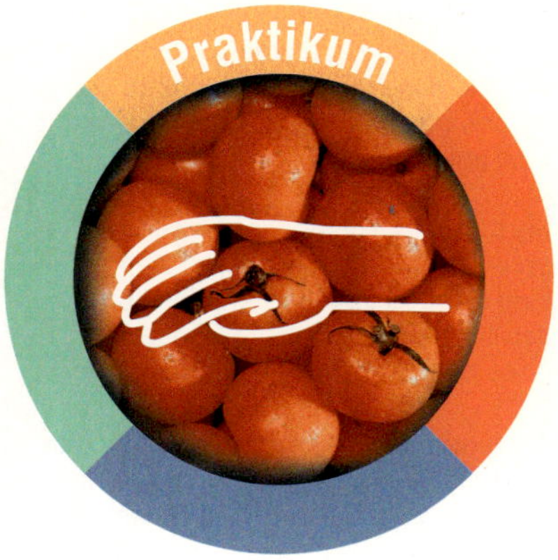

Experimente mit DNA

DNA gewinnen

In molekularbiologischen Labors ist die Fällung von Nucleinsäuren eine Standardmethode. Oftmals ist das Abtrennen von DNA aus homogenisierten Geweben Ausgangspunkt für weiterführende genetische Untersuchungen. Die Erbsubstanz DNA kann mit einfachen chemischen Methoden aus Zellen isoliert und von anderen Zellinhaltstoffen abgetrennt werden.

Materialien:
Ethanol (tiefgekühlt), Natriumchlorid Tomate, Spülmittel, Zentrifuge, Glasstab, Feinwaschmittel mit Proteasen

Durchführung:
Zerkleinern Sie eine halbe Tomate grob mit einem Messer. Die Gewebestücke werden zusammen mit 40 ml Wasser, 5 ml Spülmittel, einigen Krümeln Feinwaschmittel sowie 1/2 Teelöffel Kochsalz in einen Mörser gegeben und püriert *(homogenisiert)*. Geben Sie den Tomatenbrei in ein Becherglas, das 15 min bei 60 °C in einem Wasserbad gehalten wird.

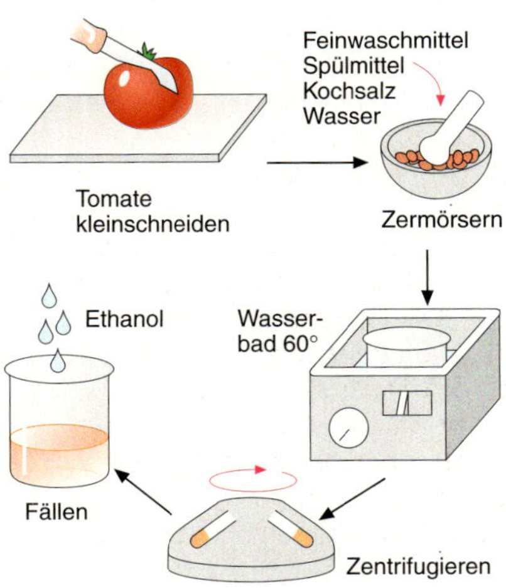

Der zellfreie Extrakt wird dann in ein Reagenzglas gegeben und zur Entfernung der Zelltrümmer zentrifugiert. Die Zelltrümmer bilden ein Sediment am Reagenzglasboden. Steht keine Zentrifuge bereit, kann der Extrakt auch durch einen Kaffeefilter gegeben werden.

Zur Fällung der DNA überschichten Sie vorsichtig mit Ethanol. An der Phasengrenzfläche der beiden Flüssigkeiten sammelt sich eine geleeartige Masse, die ausgefällte DNA. Die Substanz lässt sich an einem Glasstab aufwickeln.

Fragmente erzeugen

Die fädigen DNA-Moleküle sind oftmals zu lang und sperrig, um damit weiter experimentieren zu können. Isolierte DNA wird deswegen für weiterführende Versuche in kleinere Bruchstücke gespalten *(fragmentiert)*. Dazu stehen heute eine Reihe von DNA schneidenden Enzymen zur Verfügung. Diese *Restriktionsenzyme* erkennen bestimmte Basenabfolgen innerhalb der DNA-Stränge und schneiden diese an definierten Stellen. Man erhält kürzere Bruchstücke bestimmter Länge. Unspezifische DNAsen hingegen haben die Fähigkeit, DNA-Stränge von den Enden her vollständig in ihre Bausteine, die *Nucleotide*, zu zerlegen. DNA kann aber auch durch saure Hydrolyse chemisch zu Nucleotiden abgebaut werden.

Durchführung:
Die aus Tomaten isolierte DNA wird zur chemischen Fragmentation zusammen mit 10 ml Schwefelsäure (1 mol/l) in ein Reagenzglas gegeben [C] (Schutzbrille tragen!). Das Reagenzglas wird locker mit Aluminiumfolie verschlossen und 15 min in siedendes Wasser gehalten. Dabei wird die DNA in ihre Bestandteile, die Nucleotide gespalten. Sie löst sich auf.

Aufgaben

① Wie könnten Sie experimentell den Einwand entkräften, bei der Behandlung der isolierten DNA mit Säure sei keine Hydrolyse eingetreten, vielmehr sei die DNA wieder in ihre lösliche Form übergegangen?

② Im DNA-Fällungsversuch wird Feinwaschmittel, das *Proteasen* enthält, zugesetzt. Proteasen sind Protein spaltende Enzyme. Mit welchen Proteinen ist das DNA-Molekül eukaryotischer und prokaryotischer Zellen assoziiert? Schlagen Sie in diesem Buch nach.

Fragmente trennen: Elektrophorese

Wird DNA mithilfe von Restriktionsenzymen geschnitten, ist es häufig für das weitere experimentelle Vorgehen notwendig, die Bruchstücke sichtbar zu machen. Dazu werden die Fragmentationsansätze elektrophoretisch in einem Stärke-Gel aufgetrennt. Die geladenen DNA-Fragmente wandern im elektrischen Feld, kleinere Stücke schneller als größere. Gleich große Stücke konzentrieren sich dabei zu Banden. Diese können mithilfe von Farbstoffen sichtbar gemacht werden.

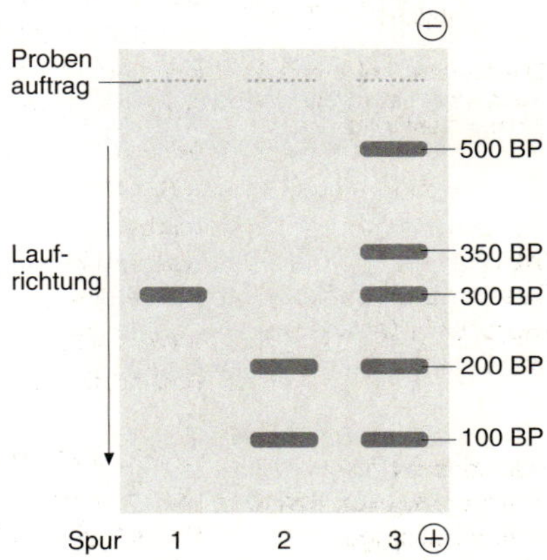

Die Abbildung oben zeigt die Auftrennung eines Fragmentationsansatzes (Spur 2). Um die Größe der DNA-Fragmente abschätzen zu können, wurde ein sog. Molekulargewichtsstandard (Spur 3) verwendet. Dieser enthält DNA-Fragmente bekannter Größe, angegeben als Basenpaare (BP).

Aufgaben

③ Welche Ladung haben die aufgetrennten DNA-Fragmente? Welche Größe haben sie?

④ Wie oft hat das verwendete Restriktionsenzym die Proben-DNA (Spur 1) in Spur 2 geschnitten?

Fragmente isolieren: Blotting

Um die aufgetrennten DNA-Fragmente einer weiteren Analyse zugänglich zu machen (s. Seite 122), werden sie aus dem Elektrophorese-Gel isoliert (Southern Blot). Auf das Gel wird eine Nylonmembran gelegt, darauf eine Lage Papiertücher und darauf ein Gewicht. Das Sandwich wird in einen Puffer gestellt, der von den Papiertüchern „angesaugt" wird. Der Puffer durchströmt das Gel, reißt die DNA-Banden mit, die von der Membran fest gebunden werden.

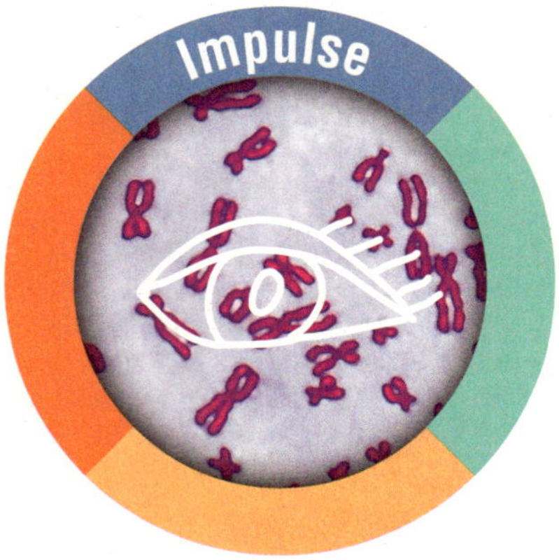

Gene entdecken

Gene sichtbar machen

Die Entdeckung von Genen erfordert Pioniergeist und ist daher mit berühmten Namen verknüpft. Die Entdeckung von Genen bedeutet aber auch Detektivarbeit, denn DNA-Moleküle sind für optische Hilfsmittel nicht direkt zugänglich.

Röntgenstrahlen, die an einem Kristallgitter gebeugt werden, lassen sich fotografisch abbilden und geben dann Aufschluss über den dreidimensionalen Aufbau des Kristalls, insbesondere über die Anordnung der Atome und die Verteilung der Elektronen. ROSALIND FRANKLIN nahm solche Kristallstrukturanalysen Anfang der 50er-Jahre an DNA vor. Sie setzte der kristallinen Form extrahierter DNA (A-Form) Wasser hinzu und fand heraus, dass sich die DNA veränderte (B-Form) und besonders aufschlussreiche Röntgenbilder brachte (Abb. 2). Sie erkannte anhand der Fotos, dass es sich bei der DNA um schraubig gewundene Einzelstränge handelte. Ihre Röntgenbilder waren die Grundlage für das DNA-Doppelhelix-Modell von WATSON und CRICK.

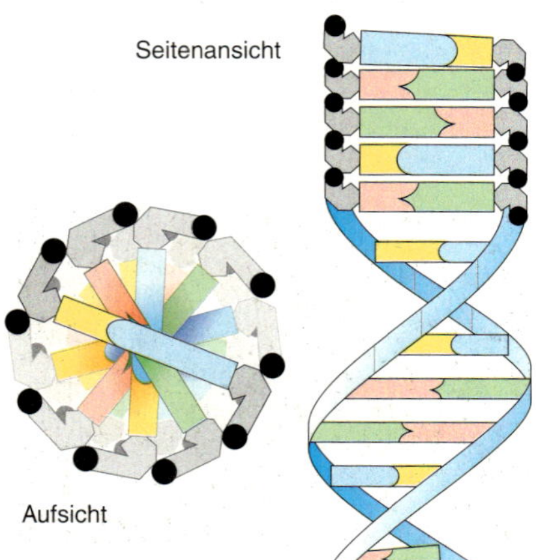

1 DNA-Struktur

Informieren Sie sich über das Leben von ROSALIND FRANKLIN und schreiben Sie eine Kurzbiographie.

WATSON und CRICK klärten die B-Form der DNA auf, informieren Sie sich über weitere Molekülformen der DNA.

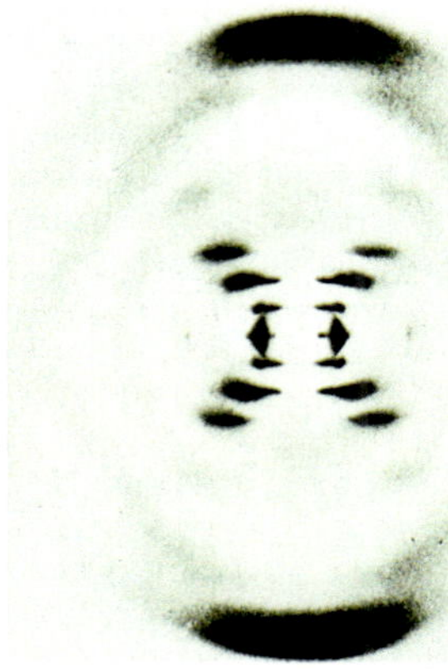

2 Röntgenbeugungsmuster der DNA

3 Rosalind Franklin

König DNA und seine Diener

WERNER ARBER (Nobelpreis 1978) erklärte seiner zehnjährigen Tochter Silvia die Entdeckung der Restriktionsenzyme. So gab sie die Geschichte wieder:

„*The tale of the king and his servants*
When I come to the laboratory of my father, I usually see some plates lying on the tables. These plates contain colonies of bacteria. These colonies remind me of a city with many inhabitants. In each bacterium there is a king. He is very long, but skinny. The king has many servants. These are thick and short, almost like balls. My father calls the king DNA, and the servants enzymes. The king is like a book, in which everything is noted on the work to be done by the servants. For us human beings these instructions of the king are a mystery.

My father has discovered a servant who serves as a pair of scissors. If a foreign king invades a bacterium, this servant can cut him in small fragments, but he does not do any harm to his own king.

Clever people use the servant with the scissors to find out the secrets of the kings. To do so, they collect many servants with scissors and put them onto a king, so that the king is cut into pieces. With the resulting little pieces it is much easier to investigate the secrets. For this reason my father received the Nobel Prize for the discovery of the servant with the scissors“.

Versuchen Sie in ähnlich anschaulicher Weise für ein Kind das DNA-Doppelhelix-Modell oder die Versuche von AVERY und GRIFFITH zu erklären.

Gene schneiden

Restriktionsenzyme schneiden die DNA-Doppelhelix meist innerhalb von palindromischen Sequenzen. Das sind Basenfolgen, die sich auf dem Vorwärts- und Rückwärtsstrang symmetrisch wiederholen (Abb. 4).

Man bezeichnet Buchstabenfolgen, die wie „Otto“ oder „Reittier“ vorwärts und rückwärts gelesen den gleichen Sinn ergeben, als Palindrome. Suchen Sie weitere Beispiele für sprachliche Palindrome.

Erklären Sie, warum man nach dem Schnitt von Restriktionsenzym a, b, d von „klebrigen Enden“ der DNA-Doppelhelix spricht.

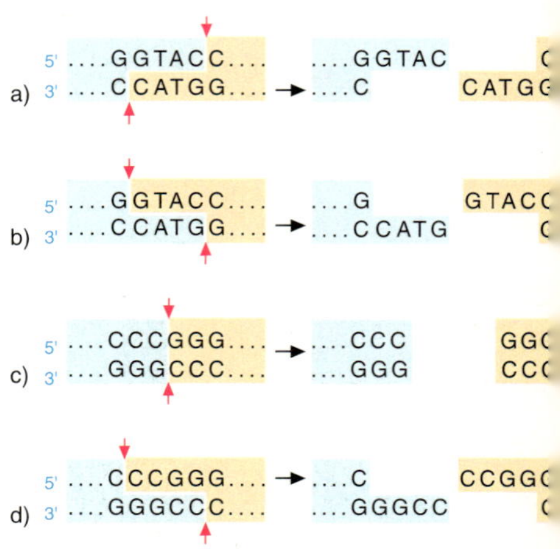

4 Wirkung von Restriktionsenzymen

Modellorganismen der Genetik

Modellorganismen in der Genetik müssen nicht nur leicht zu züchten sein wie die Taufliege Drosophila, sondern je nach Fragestellung noch weitere Voraussetzungen erfüllen. Im Laufe der Jahre wurden daher immer wieder andere Organismen bevorzugt verwendet.

Zucht von Taufliegen:
90 g Zucker, 70 g Maismehl, 15 g Trockenhefe und 15 g Agar-Agar-Pulver in 0,5 Liter Wasser unter Rühren 15 Minuten kochen, anschließend 10 ml Nipaginlösung gegen Schimmelbildung einrühren. Jogurt- oder Babynahrungsgläser etwa 2 cm hoch mit dem Brei füllen, mit einem mullumwickelten Wattebausch schließen. Nach dem Abkühlen gefaltetes Filterpapier als Ruheplatz in den Brei stecken. Die Gläser mit einigen Taufliegen bestücken, die sich leicht auf überreifem Obst anfinden. Die Fliegen legen ihre Eier im Maisbrei ab und werden nach ca. 5 Tagen ins Freie entlassen, damit sie sich nicht mit der Folgegeneration mischen.

1 Zuchtgefäß für Taufliegen

Setzen Sie eine Taufliegen-Zucht an und protokollieren Sie Größe, Farbe, Anzahl der Maden und Puppen und die Dauer der Entwicklungsstadien.

Informieren Sie sich über weitere Modellorganismen (s. Tabelle) und die Merkmale, die sie zu geeigneten Versuchstieren in der genetischen Grundlagenforschung machen.

Genspuren suchen

Die Analyse von Genspuren hat vielfach Schlagzeilen gemacht (z. B. Identifizierung von Katastrophenopfern). Bereits geringe Mengen zellulärer Substanzen können ausreichen, um DNA daraus zu gewinnen, sie zu vervielfältigen und mit anderen DNA-Proben zu vergleichen.

Mit minimalen DNA-Resten aus Neandertaler-Fossilien konnte z. B. dessen Verwandtschaft mit dem heutigen Menschen analysiert werden, DNA-Spuren von Tatorten dienen als Indizien der Kriminalistik, DNA-Analysen helfen bei Vaterschaftsanalysen.

Die vielfältigen Möglichkeiten der DNA-Spurensuche hat auch die Phantasie von Science-Fiction-Schriftstellern und Filmemachern angeregt. Nennen Sie Beispiele und stellen Sie diese kurz vor.

Nennen Sie Faktoren, die dazu beitragen könnten, dass DNA gelegentlich über Jahrtausende erhalten bleibt.

2 Neandertaler-Rekonstruktion

3 Bernsteinfossil

Gentechnische Anlagen

In einer gentechnischen Anlage werden gentechnische Arbeiten in einem geschlossenen System durchgeführt. Gentechnische Anlagen gibt es sowohl im Forschungsbereich (Labore, Gewächshäuser, Tierhaltungsräume) als auch in der Produktion (Produktionsanlagen).

Die rechtliche Grundlage für gentechnische Arbeiten bildet das Gentechnikgesetz mit seinen zugehörigen Verordnungen, z. B. der Gentechnik-Sicherheitsverordnung.

Das Gentechnikgesetz soll Leben und Gesundheit von Menschen, Tieren und Pflanzen sowie die sonstige Umwelt in ihrem Wirkungsgefüge und Sachgüter vor möglichen Gefahren gentechnischer Verfahren und Produkte schützen und dem Entstehen solcher Gefahren vorbeugen. Es schafft den rechtlichen Rahmen für die Erforschung, Entwicklung, Nutzung und Förderung der wissenschaftlichen, technischen und wirtschaftlichen Möglichkeiten der Gentechnik.

Zum Jahrtausendwechsel gab es in Berlin keine, in Bayern dagegen ca. 500 gentechnische Anlagen, überwiegend Forschungslabors. Informieren Sie sich über die aktuellen Zahlen in Ihrem Bundesland. Erkundigen Sie sich, ob die Besichtigung einer Anlage in Ihrer Umgebung möglich ist.

Gene zählen

Wie viele Gene besitzt ein Organismus jeweils in einer Zelle? Beim Menschen sind es nach neueren Ergebnissen etwa 30 000 bis 40 000 Gene, eine vergleichsweise geringe Zahl angesichts von 3 Milliarden Basenpaaren in einem Zellkern.

Warum ist es schwer von der Zahl der Nucleotide auf die Zahl der Gene zu schließen?

Genomgrößen	Basenpaare
Mensch	3 Milliarden
Maus	3 Milliarden
Taufliege Drosophila	165 Millionen
Fadenwurm Caenorhabditis	80 Millionen
Hefe	14 Millionen
Mais	5 Milliarden

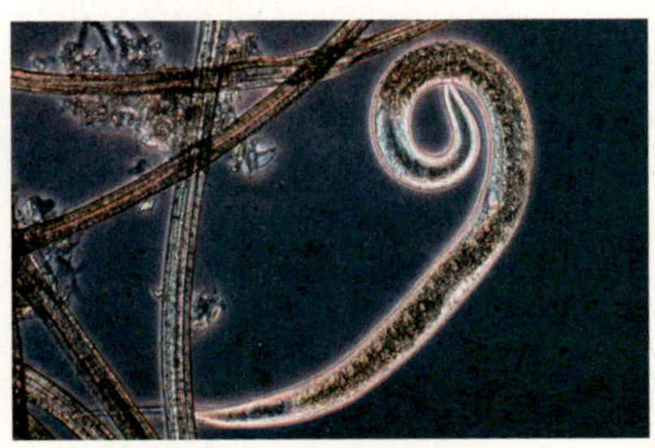

4 Fadenwurm Caenorhabditis

DNA-Replikation — aus eins mach zwei

Die DNA-Doppelhelix erfüllt alle Anforderungen, die man an einen Informationsträger stellt: Sie kann Informationen über die Basensequenz codieren, hat eine Leserichtung und ist stabil. Schon WATSON und CRICK erkannten, dass auch eine Verdopplung leicht vorstellbar ist, wenn sich die Doppelhelix in Einzelstränge trennt und sich passende DNA-Nucleotide anlagern: „We imagine that prior to duplication the hydrogen bonds are broken and the two chains unwind and separate. Each chain then acts as a template for the formation on to itself of a new companion chain, so that eventually we shall have two pairs of chains, where we only had one before. Moreover the sequence of the pairs of bases will have been duplicated exactly.“ (WATSON & CRICK 1953, Nature 171).

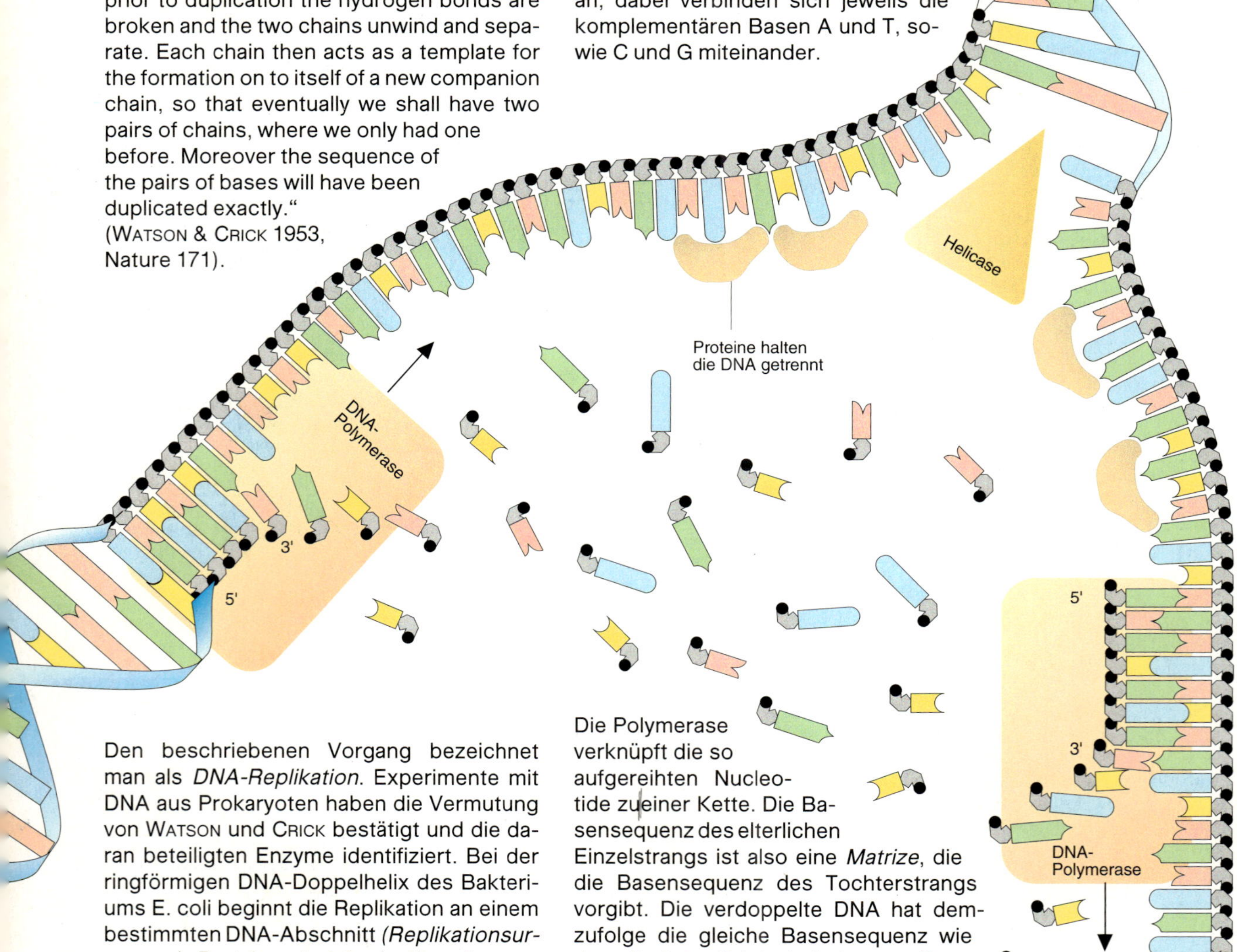

Den beschriebenen Vorgang bezeichnet man als *DNA-Replikation*. Experimente mit DNA aus Prokaryoten haben die Vermutung von WATSON und CRICK bestätigt und die daran beteiligten Enzyme identifiziert. Bei der ringförmigen DNA-Doppelhelix des Bakteriums E. coli beginnt die Replikation an einem bestimmten DNA-Abschnitt *(Replikationsursprung)*. Dort lagert sich ein Komplex aus verschiedenen Replikationsenzymen an. An dieser Stelle wird die DNA entschraubt, dann werden durch das Enzym Helicase die Wasserstoffbrücken gelöst und die DNA in ihre Einzelstränge aufgetrennt. Einzelstrang bindende Proteine heften sich locker an die freien Basen, sodass sich diese nicht wieder zusammenlagern können. Vom Replikationsursprung ausgehend verläuft die Replikation in beide Richtungen, es bilden sich also zwei Replikationsgabeln (Randspalte Seite 15).

An die DNA-Einzelstränge synthetisiert das Enzym *Primase* eine kurze Nucleotidsequenz, den so genannten *Primer* (engl. Zünder). Der Primer dient als Ansatzstelle für eine *DNA-Polymerase*, denn diese Enzyme können eine Nucleotidkette zwar verlängern, aber nicht neu beginnen. Einzelne DNA-Nucleotide lagern sich an die elterlichen Einzelstränge an, dabei verbinden sich jeweils die komplementären Basen A und T, sowie C und G miteinander.

Die Polymerase verknüpft die so aufgereihten Nucleotide zu einer Kette. Die Basensequenz des elterlichen Einzelstrangs ist also eine *Matrize*, die die Basensequenz des Tochterstrangs vorgibt. Die verdoppelte DNA hat demzufolge die gleiche Basensequenz wie das elterliche Original. Jede neue Doppelhelix besteht zur einen Hälfte aus einem elterlichen Matrizenstrang, zur anderen Hälfte aus einem neu synthetisierten Tochterstrang. Die Replikation ist *semikonservativ* (→ 152/153).

An einer bestimmten Basensequenz löst sich der Replikations-Enzym-Komplex schließlich wieder von der DNA ab, die Replikation ist damit beendet. Aus einem DNA-Ring sind zwei identische DNA-Ringe entstanden.

Im Gegensatz zur ringförmigen Prokaryoten-DNA wird die lineare Eukaryoten-DNA in mehreren Abschnitten verdoppelt, sie hat mehrere Replikationsursprünge. Nach ihrer Synthese werden die replizierten Abschnitte miteinander verknüpft. Vor der Replikation besteht jedes *Chromosom* aus einer *Chromatide* (1 C), nach der Replikation aus zweien (2 C). Die beiden Chromatiden hängen am *Centromer* zusammen, sie werden erst während der Mitose voneinander getrennt. Eine erfolgreiche Replikation ist die Voraussetzung für eine Zellteilung. Zellen, die keine Replikation mehr durchführen, verlieren daher ihre Teilungsfähigkeit und übernehmen ihre bestimmungsgemäße Aufgabe im Organismus. Die Chromosomen in Zellkernen des ausdifferenzierten Gewebes bestehen also jeweils aus nur einer Chromatide (1C),

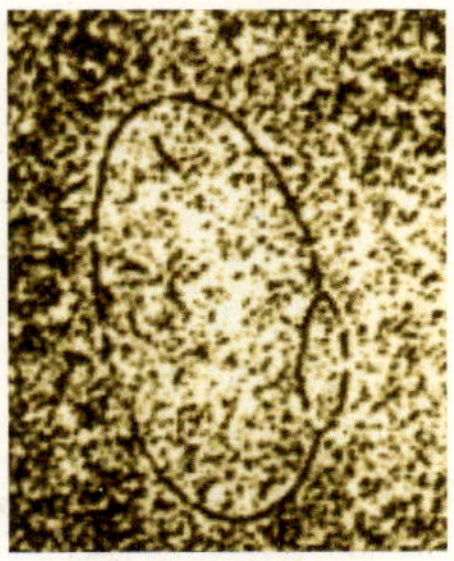
Replikationsgabeln in der DNA von E. coli

Aufgabe

① Inwieweit lässt sich das Schema der Replikation aus dem Bau der DNA ableiten?

Zettelkasten

Vom Reißverschluss zur Schleife

Die Isolierung und Analyse einzelner Replikationsenzyme hat inzwischen weitere Verfeinerungen des Replikationsmodells ermöglicht:

Die für die DNA-Synthese zuständige DNA-Polymerase ist ein mehrteiliges Doppelmolekül, das sich wie der Zipper eines Reißverschlusses an die beiden elterlichen Einzelstränge klammern kann. Allerdings gleitet es nur in 3'→5'-Richtung weiter und synthetisiert dabei den komplementären Tochterstrang vom 5'- zum 3'-Ende. In der Doppelhelix sind die Einzelstränge gegenläufig (antiparallel) gepaart, nur der als Vorwärtsstrang bezeichnete 3'→5'-Matrizenstrang kann daher kontinuierlich abgelesen werden. Hier wird der Leitstrang synthetisiert.

Der gegenläufige Rückwärtsstrang wird dagegen stückweise verdoppelt, für jedes Stück ist ein eigener Primer notwendig. Die Primer-Nucleotide werden von der DNA-Polymerase gegen DNA-Nucleotide ausgetauscht. Nach dem Entdecker werden die DNA-Stücke *Okazaki-Fragmente* genannt, sie werden anschließend durch das Enzym Ligase miteinander verknüpft und bilden den *Folgestrang*.

Da sich die DNA-Polymerase auf dem Vorwärts- und Rückwärtsstrang nicht gleichzeitig in entgegengesetzte Richtungen bewegen kann, vermutet man, dass sich der Rückwärtsstrang um den Replikations-Enzym-Komplex wickelt. Seine DNA ist im Schleifenbereich dann genauso wie im Vorwärtsstrang ausgerichtet und wird von der DNA-Polymerase stückweise gleichsinnig abgelesen.

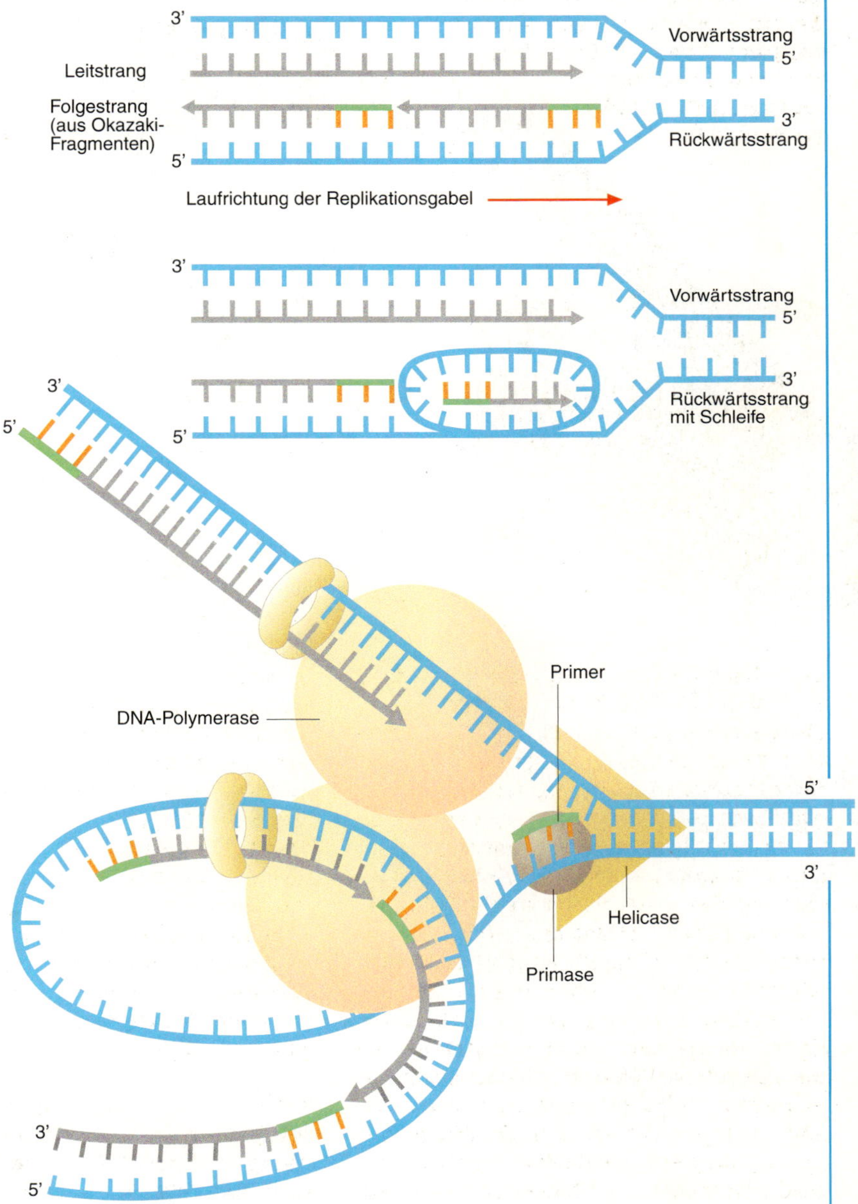

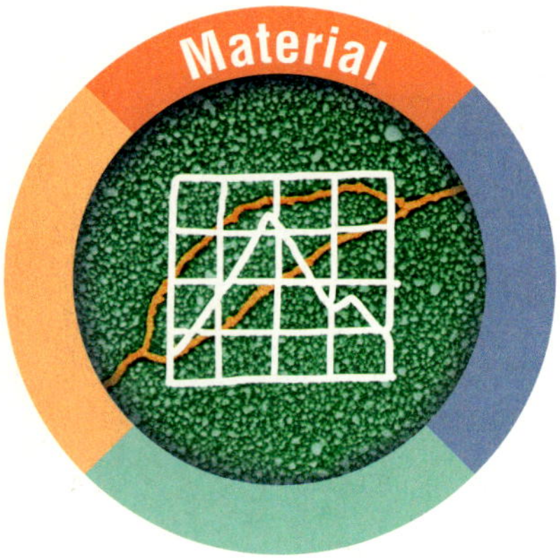

DNA-Verdopplung – aber wie?

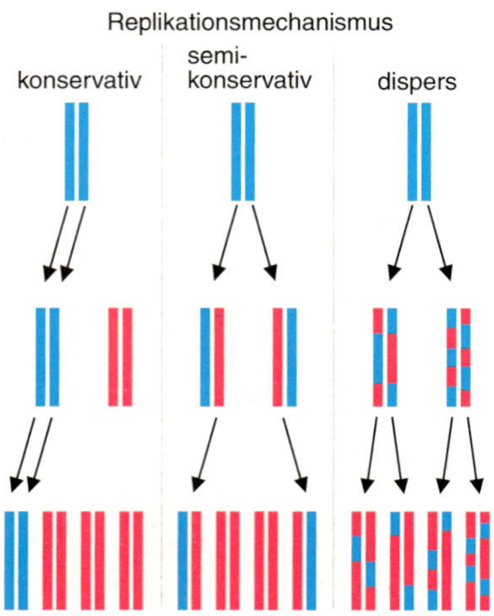

1 Denkbare Replikationsmechanismen

Eine Verdopplung *(Replikation)* der DNA findet vor jeder Zellteilung statt. Möglich wäre z. B. eine Verdopplung wie beim Fotokopieren, wobei das Original unverändert erhalten bleibt und nach seiner Vorlage eine Kopie erzeugt wird *(konservativer Mechanismus)*. Denkbar ist auch ein *disperser Mechanismus* (Abb. 1). Aufgrund der von WATSON und CRICK 1953 vorgestellten DNA-Struktur ist jedoch die *semikonservative Verdopplung* naheliegender: Der DNA-Doppelstrang wird in seine beiden Einzelstränge getrennt, an jeden der beiden Elternstränge wird ein komplementärer Strang neu synthetisiert.

Das Meselson-Stahl-Experiment

MATTHEW MESELSON und FRANK STAHL setzten 1958 Stickstoffisotope ein und klärten damit den Replikationsmechanismus der DNA auf. Sie züchteten Bakterienzellen in einer Kulturflüssigkeit, die anstelle des in der Umwelt vorherrschenden leichten Stickstoffisotops ^{14}N das seltenere (nicht radioaktive) schwerere ^{15}N Isotop enthielt. Bakterien können zwischen diesen beiden Isotopen nicht unterscheiden und bauen den markierten Stickstoff in ihre Zellbestandteile ein, auch in ihre DNA. DNA, in die z. B. organische Basen mit ^{15}N anstelle von ^{14}N eingebaut wurde, hat eine höhere Dichte („schwere DNA").

MESELSON und STAHL ließen eine Kultur von *E. coli* in Anwesenheit von ^{15}N wachsen. Dann wurde das Kulturmediumgewechselt und nur ^{14}N angeboten. Die neu synthetisierte DNA enthielt also nur ^{14}N. Den Bakterien wurde Zeit gegeben, sich einmal zu teilen, was bei E. coli rund 20 min dauert. Einige Zellen wurden der Kultur entnommen, um deren DNA zu extrahieren und zu reinigen. Nachdem die Bakterien sich in der Kultur ein zweites Mal geteilt hatten, wurde deren DNA ebenfalls isoliert.

Um zwischen der „leichten" und „schweren" DNA zu unterscheiden, entwickelten die Forscher das Verfahren der *Cäsiumchlorid-Gleichgewichtszentrifugation.* Die Trennmethode basiert darauf, dass ein Teilchen in einer Lösung schwebt, wenn seine Dichte mit der umgebenden Lösung übereinstimmt. Zur Ausbildung eines Konzentrations- und damit Dichtegradienten wird eine Cäsiumchlorid-Lösung in der Ultrazentrifuge einem sehr starken künstlichen Schwerefeld ausgesetzt. Im unteren Bereich des Röhrchens bildet sich eine höhere Cäsiumchlorid-Konzentration und damit eine höhere Dichte als im oberen (s. Abb. 2).

Bringt man eine DNA-Probe in diesen Gradienten ein und zentrifugiert erneut, wandert die DNA im Dichtegradienten solange, bis ihre Dichte der Dichte der Cäsiumchlorid-Lösung entspricht (s. Abb. 3). Da DNA nicht mit dem bloßen Auge sichtbar ist, wohl aber UV-Licht absorbiert, kann ihre Lage an der Absorption des UV-Lichts erkannt werden.

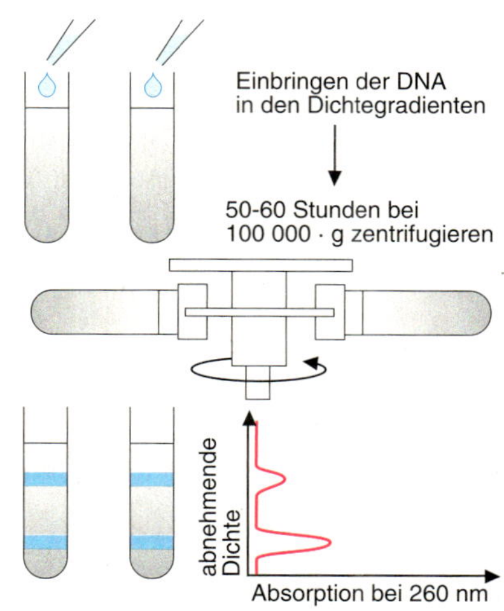

2 Dichtegradientenzentrifugation

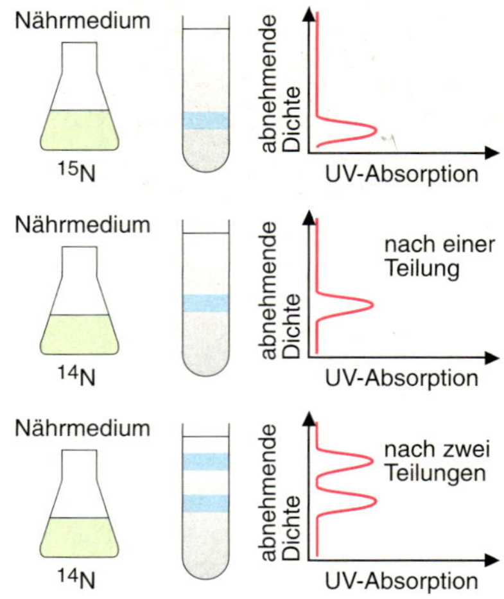

3 Die Ergebnisse von Meselson und Stahl

Aufgaben

① Abbildung 1 zeigt die DNA-Varianten von drei aufeinander folgenden Bakteriengenerationen unter Annahme eines konservativen, eines semikonservativen und eines dispersen Replikationsmechanismus. Charakterisieren Sie die Masse der dargestellten DNA als „schwer", „halbschwer" oder „leicht".

② DNA wird nach dem semikonservativen Mechanismus repliziert. Begründen Sie anhand Abbildung 3.

③ Welche Dichteverteilung hätten Sie bei konservativer, welche bei disperser Verdopplung erwartet?

④ Welche DNA-Arten liegen nach zwei Replikationen vor? In welchen Mengenverhältnissen?

⑤ Welche weitere Möglichkeit einer Replikation scheidet damit auch aus? Welche Ergebnisse erwarten Sie nach der dritten Replikation auf Nährmedium mit leichtem Stickstoff?

⑥ Welche Ergebnisse wären bei den beschriebenen Versuchen zu erwarten, wenn die Replikation konservativ verliefe?

⑦ Zellen durchlaufen vor einer mitotischen Teilung regelmäßig mehrere Phasen. Man spricht vom *Zellzyklus.* In welcher Phase des Zellzyklus wird DNA repliziert? Schlagen Sie in diesem Buch nach.

⑧ Nach welchen Kriterien werden die Phasen des Zellzyklus voneinander abgegrenzt?

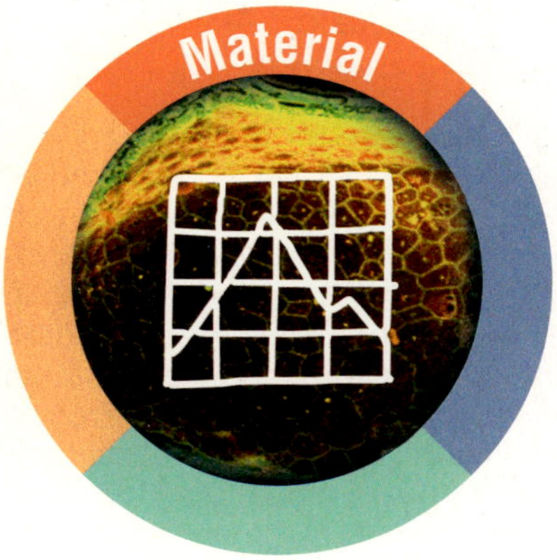

Autoradiographie – DNA wird sichtbar

DNA kann man elektronenmikroskopisch sichtbar machen, doch sind damit nur grobe Aussagen über ihre Struktur möglich. Zur besseren Erkennung der DNA in Zellen kann man sie radioaktiv markieren. Besonders geeignet dazu ist Tritium (^{3}H) oder radioaktiver Kohlenstoff (^{14}C), die β-Strahlung mit niedriger Energie abgeben. Die Atome werden zunächst in DNA-Nucleotide eingebaut, dann einer Zelle angeboten, die sie wie nicht marktierte Nucleotide einbaut. Die DNA wird dadurch radioaktiv.

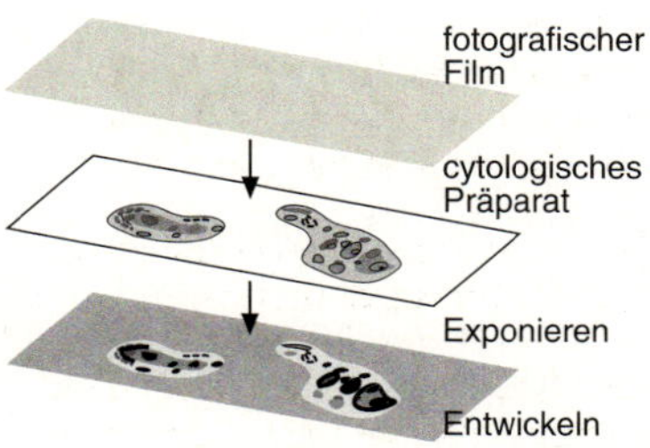

1 Herstellung eines Autoradiogramms

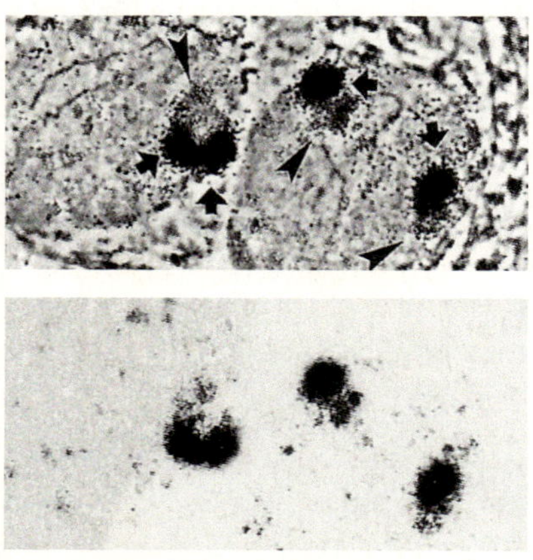

2 Autoradiographisches Präparat im Phasenkontrastmikroskop (oben und im Durchlichtmikroskop (unten)

Zur Darstellung der Radioaktivität werden mikroskopische oder elektronenmikroskopische Präparate hergestellt und mit einem strahlungsempfindlichen Film überzogen, zum Beispiel mit einer flüssigen fotografischen Emulsion. An den Stellen, an denen strahlende Bestandteile eingebaut wurden, wird in der Emulsion oder dem Film enthaltenes Silbersalz in elementares Silber umgewandelt. Der Film auf dem Präparat wird fotografisch entwickelt, an den bestrahlten Stellen ist es durch das entstandene Silber geschwärzt (Abb. 1). Auf lichtmikroskopischen Präparaten lässt sich die Schwärzung gut im Durchlicht erkennen. Im Phasenkontrast sind darüberhinaus noch die Zellstrukturen, wie zum Beispiel Chromosomen, sichtbar (Abb. 2). Damit lässt sich feststellen, welche Strukturen die radioaktiven Bausteine eingelagert haben.

Verlauf der Replikation

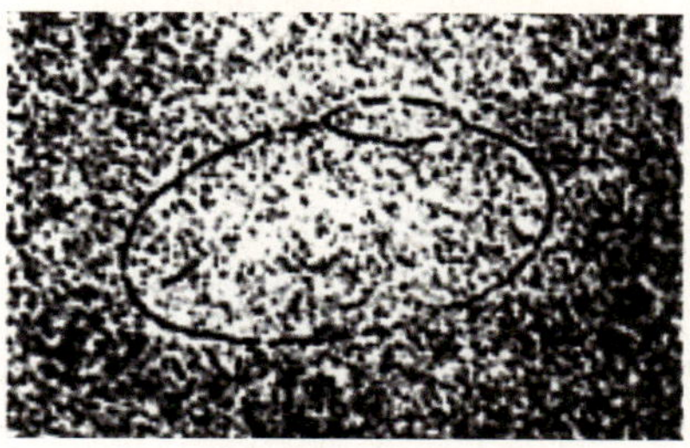

3 ▲ ▼ **4**

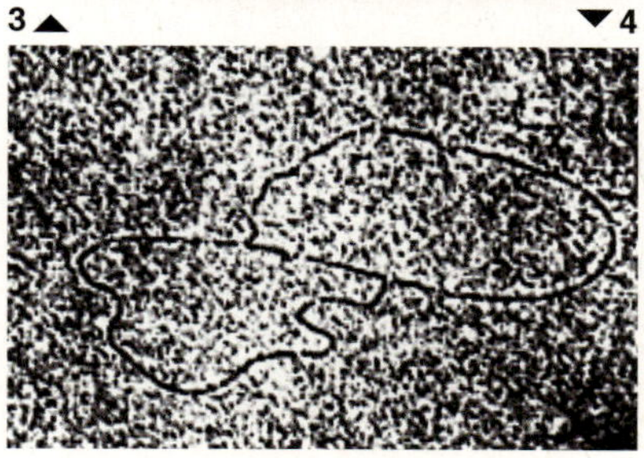

Autoradiographie wurde eingesetzt, um den Verlauf der Replikation zu erforschen. So konnte zunächst nicht ermittelt werden, ob in der DNA nur ein Startpunkt für die Replikation existiert oder mehrere. Auch ist von vornherein nicht klar, ob die Replikation ausgehend vom Startpunkt in eine Richtung oder in zwei Richtungen erfolgt, ob also eine oder zwei Replikationsgabeln an der DNA existieren.

Um die erste Frage zu klären, wurde zu einer Bakteriensuspension über längere Zeit Tritium-markiertes Thymin-Nucleotid als DNA-Baustein zugegeben. Die DNA hinterlässt im autoradiographischen Bild die typische Schwärzung.

Aufgaben

① Warum verwendet man markierte Thymin-Nucleotide und nicht Adenin-Nucleotide?

② Wie viele Startpunkte für die Replikation der DNA bei Bakterien kann man in Abbildung 3 erkennen?

③ Wodurch unterscheiden sich die Bilder 3 und 4? Welches Bild zeigt einen früheren, welches einen späteren Zeitpunkt der Replikation?

④ Kann man durch diese Bilder klären, ob eine oder zwei entgegenlaufende Replikationsgabeln tätig sind? Begründen Sie!

Zur Klärung der zweiten Frage wurden zunächst kurzzeitig Thymin-Nucleotide in einer relativ geringen, dann in starker Konzentration verabreicht (Abb. 5)

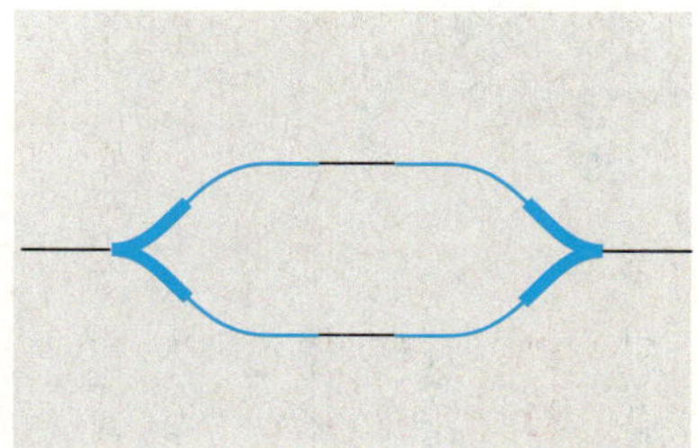

5

⑤ Welcher Mechanismus der Replikation liegt vor? Begründen Sie!

⑥ Wie hätte die Markierung im anderen Fall aussehen müssen?

Abbildung 6 zeigt DNA-Moleküle einer Drosophila-, also einer Eukaryotenzelle, der für die Replikation radioaktiv markierte Thymin-Nucleotide zugegeben wurden.

⑦ Wo lagen die Startpunkte der Replikation in Abbildung 6?

⑧ Warum ist das Vorhandensein mehrerer Startpunkte in der Eukaryoten-DNA lebenswichtig für die Zellen?

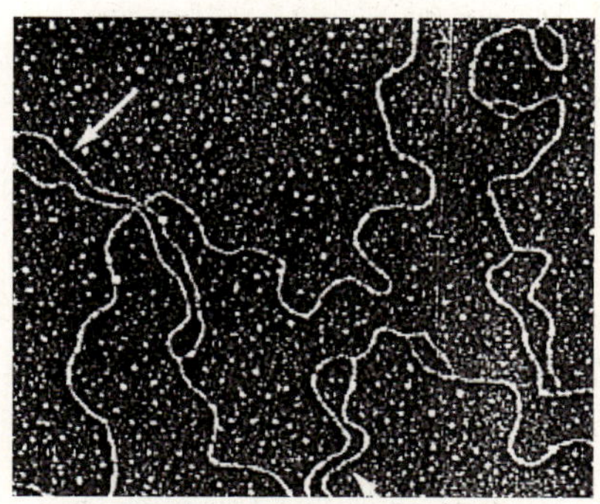

6 DNA während der Replikation

Procyte

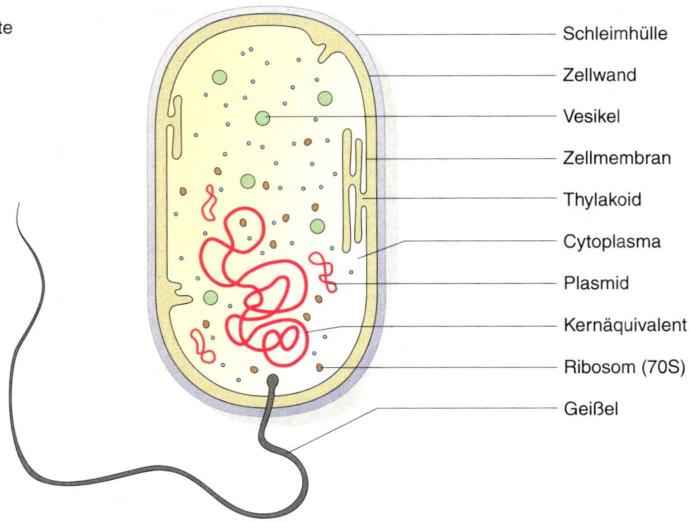

Eucyte
a) Pflanzenzelle

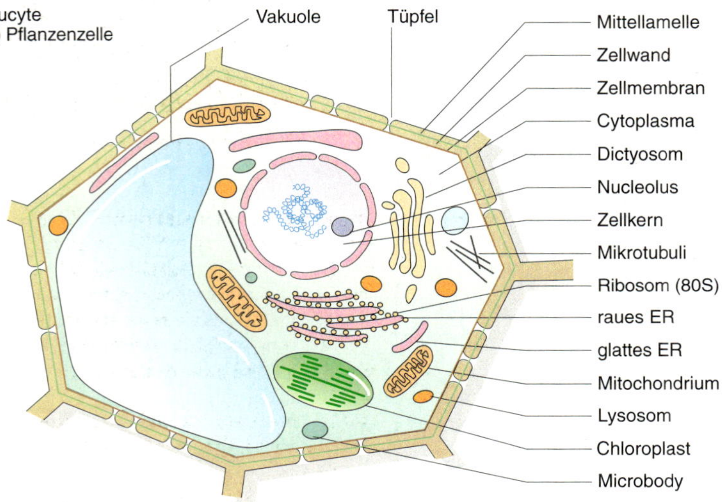

b) Tierzelle

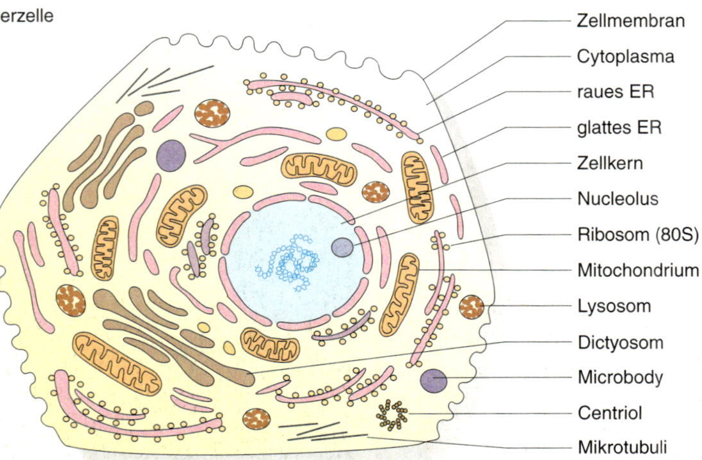

Zellen im Vergleich – Procyte und Eucyte

Sowohl Prokaryoten als auch Eukaryoten nutzen DNA als Träger der Erbinformation. Im Bau ihrer Zellen unterscheiden sie sich dagegen deutlich: Der Zelltyp der Prokaryoten wird als *Procyte (Protocyte)* bezeichnet. Procyten sind oft nur 1 bis 5 µm groß, sodass mit dem Lichtmikroskop kaum Strukturen im Zellinnern erkennbar sind. Die Procyte ist wesentlich weniger kompartimentiert als die Eucyte und das Cytoplasma enthält weniger Typen von Zellorganellen. Ein wichtiges Kennzeichen der Procyte ist das Fehlen des Zellkerns. Sie enthält jedoch ein ringförmiges DNA-Molekül, das zusammen mit dem umgebenden Plasma das *Kernäquivalent* bildet. Außerdem können kleinere DNA-Ringe, die *Plasmide*, vorhanden sein. Die Procyte besitzt Ribosomen, die ausschließlich zum 70 S-Typ gehören. Mitochondrien, Plastiden und Dictyosomen sind nicht vorhanden. Die Zellmembran zeigt Einfaltungen, an denen vor allem Stoffwechselprozesse zur Energiegewinnung ablaufen. So enthalten Fotosynthese betreibende Bakterien Einfaltungen mit grünem Farbstoff.

Manche Bakterien haben eine Geißel, die es ihnen ermöglicht, sich schwimmend fortzubewegen. In der Regel ist eine Zellwand vorhanden, die *Murein* enthält. Dieser charakteristische Stoff ist nur bei Bakterien zu finden. Häufig sind der Zellwand noch stark wasserhaltige Schichten aufgelagert, die dünne Schleimhüllen und Kapseln bilden. Sie ermöglichen das Zusammenlagern der Einzelzellen zu Kolonien.

Auch bei den Eukaryoten sind die Zellen nach einem einheitlichen Grundbauplan aufgebaut, den man als *Eucyte* bezeichnet. Alle Eucyten besitzen einen Zellkern und weitere membranumhüllte Organellen. Die eukaryotischen Stämme (Tiere, Pflanzen, Pilze und Protisten) unterscheiden sich aber in einzelnen Zellbestandteilen (Abb. 1).

Aufgaben

① Erstellen Sie eine Tabelle, in der Sie Procyte sowie tierische und pflanzliche Eucyte gegenüberstellen.

② Berechnen Sie überschlägig, wie viele Procyten etwa in eine Eucyte passen würden.

③ Wie beurteilen Sie die Definition „Die Zelle ist ein Bezirk kernhaltigen Cytoplasmas, von einer Membran umgeben"?

Zellorganellen

Zellorganellen können nach verschiedenen Gesichtspunkten „sortiert" werden. Dabei können der Besitz von DNA oder das Vorhandensein einer einfachen oder doppelten Membran Einteilungskriterien sein.

Organellen mit DNA

Mitochondrien: In ihrer Matrix befinden sich u. a. eine eigene DNA sowie 70 S-Ribosomen. Mitochondrien sind von einer Hülle aus zwei Membranen umgeben; sie bilden zwei Kompartimente: Eines liegt zwischen der äußeren und der inneren Hüllmembran, das andere, die plasmatische Matrix, wird von der inneren, stark gefalteten Membran umgeben. Durch die lamellenförmigen Einstülpungen, die *Cristae*, entstehen große Oberflächen. Neben dem *Cristae-Typ* gibt es den *Tubuli-Typ* mit röhrenförmiger und den *sacculären Typ* mit säckchenförmiger Innenstruktur. Mitochondrien kommen gehäuft in Zellen mit hohem Energiebedarf vor, z. B. in Muskelzellen. Die Mitochondrien sind die Orte der Zellatmung. Nährstoffe werden oxidiert, wobei ATP gewonnen wird. Mitochondrien kann man als „Kraftwerke" der Zelle bezeichnen. Mitochondrien vermehren sich durch Teilung.

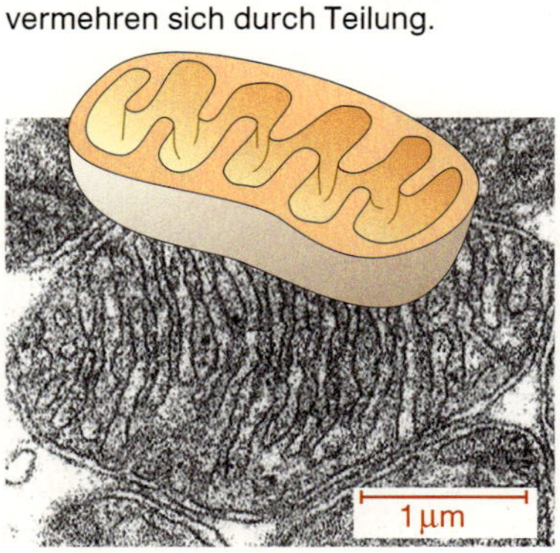

Mitochondrium, Cristae-Typ

Chloroplasten: Wie die Mitochondrien besitzen die Chloroplasten eine eigene DNA sowie 70 S-Ribosomen. Sie sind von zwei Membranen umhüllt und besitzen so zwei Reaktionsräume *(Kompartimente)*. Die innere Membran umschließt einen Matrixraum, das *Stroma*. Hier befinden sich flächige, lamellenförmige Membransysteme, die *Thylakoide*. Diese sind zum Teil wie Geldrollen sehr dicht gestapelt. Ein Stapel heißt *Granum* (Mehrzahl: *Grana)*. Die Thylakoidmembran enthält u. a. Chlorophylle und Carotinoide. Die Chloroplasten sind die Organellen der Fotosynthese. Sie entstehen durch Teilung vorhandener Chloroplasten.

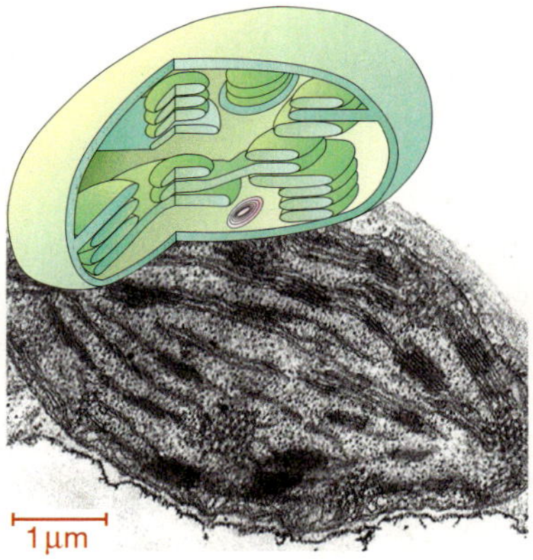

Chloroplast

Organellen ohne DNA

Dictyosomen sind flache Membranzisternen, die in Drüsenzellen in großer Zahl vorkommen. Sie bilden den *Golgi-Apparat*. Im Inneren der Membranzisternen befinden sich vor allem Proteine, bei pflanzlichen Zellen auch Baustoffe für die Zellwand. Am Rande der Membranstapel können sich – ähnlich dem ER – Bläschen *(Golgi-Vesikel)* abschnüren.

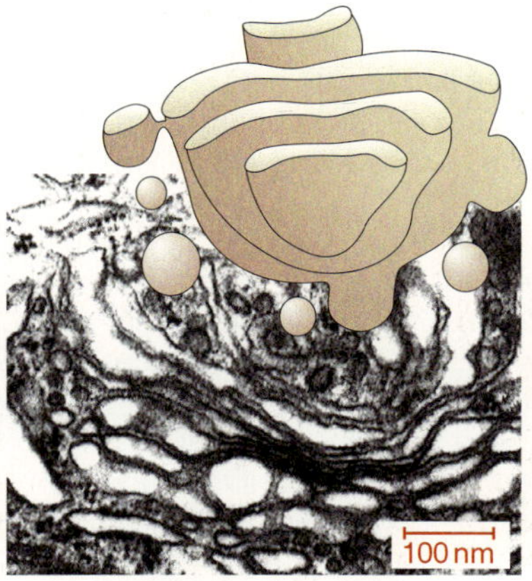

Dictyosomen, (Golgi-Apparat),

Das **Endoplasmatische Retikulum** (ER) ist ein weiteres Membransystem von Zellen. Es durchzieht das gesamte Cytoplasma. Das ER kann mit anderen Membranen in Verbindung stehen, z. B. mit der Kernhülle. Das raue ER besitzt Ribosomen, das glatte ER nicht. Es ist der Syntheseort von Membranlipiden und dient dem Stofftransport innerhalb der Zelle. Dazu schnüren sich von ER-Membranen Bläschen *(Vesikel)* ab, in denen Stoffe transportiert werden.

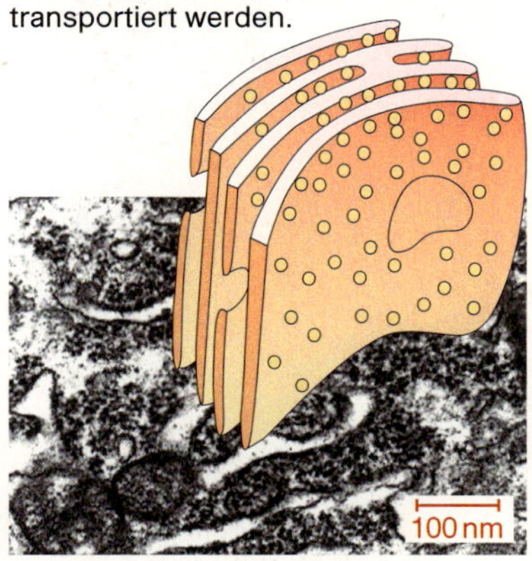

Endoplasmatisches Retikulum

Lysosomen sind membranumhüllte Bläschen (Vesikel), die Verdauungsenzyme enthalten. Gealtertes Zellmaterial aber auch phagocytiertes Material in Membranbläschen verschmilzt mit den Lysosomen und wird dort abgebaut („Mülltonne" der Zelle).

Ribosomen sind die Bildungsstätten der Proteine („Proteinfabriken"). Es handelt sich um kleine Organellen (∅ = 15 – 30 nm), die keine Membran aufweisen. Sie bestehen zu 60 % aus Ribonucleinsäure (r-RNA) und zu 40 % aus Protein. In der Ultrazentrifuge können Ribosomen nach ihrem Sedimentationsverhalten (S = *Svedberg-Sedimentationskoeffizient)* charakterisiert werden: Eukaryotische Zellen besitzen 80 S-, Prokaryoten 70 S-Ribosomen.

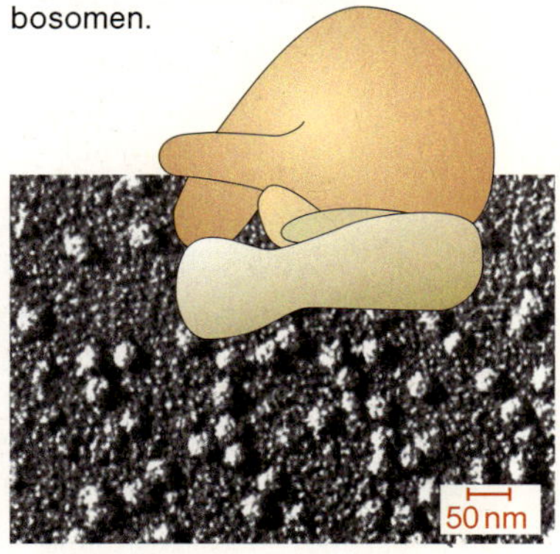

Ribosomen

Tannenwedel

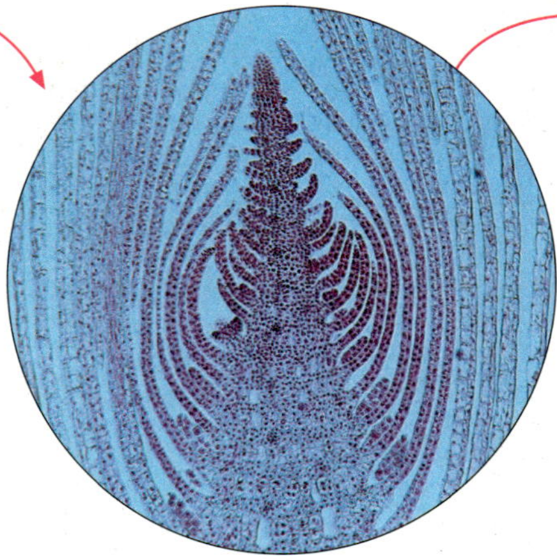

Vegetationskegel des Sprosses

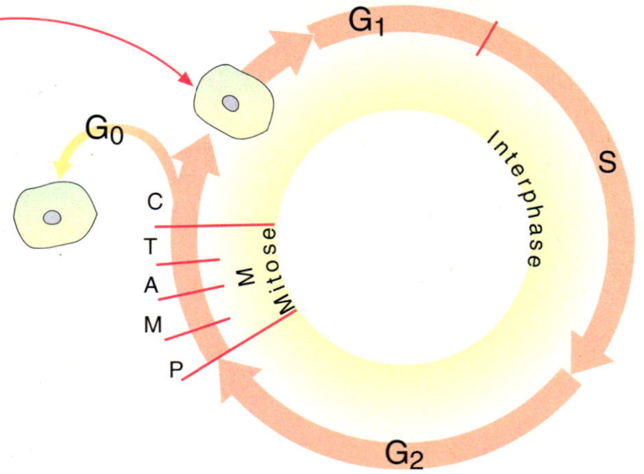

G_1 – Zellwachstum mit intensivem Stoffwechsel und Organellenvermehrung

G_2 – weiteres Wachstum und Vorbereitung auf die Mitose

M – Mitose mit den Abschnitten Pro- (P), Meta-(M), Ana- (A), Telophase (T)
C – Cytokinese
S – Synthese neuer DNA (Replikation)
G_0 – Weg der Differenzierung zu einer Dauerzelle

1 Vermehrungszyklus bei Zellen

Tannenwedel
(Sumpfpflanze)

Zellzyklus und Mitose

„Omnis cellula e cellula" hatte RUDOLF VIRCHOW im Jahre 1855 aufgrund seiner anatomischen Studien formuliert. Dass eine jede Zelle stets aus einer Zelle hervorgeht, gilt heute noch. WALTHER FLEMMING präzisierte 25 Jahre später: „Jeder Kern aus einem Kern."

Solange ein Organismus wächst oder zumindest einen Teil seiner Zellen erneuert, findet Zellvermehrung statt. Aus einer Ausgangszelle gehen durch Teilung zwei Tochterzellen hervor. Eine Vermehrung von Zellen setzt somit deren Fähigkeit zur Teilung voraus. Teilungs- und damit vermehrungsfähige Zellen finden sich massenhaft in pflanzlichen Bildungsgeweben (Abb. 1), Embryonen, der Haut, Darmepithelien und dem Knochenmark. Beim erwachsenen Menschen teilen sich schätzungsweise 100 Millionen Zellen pro Minute.

Auch nach einer Teilung entsprechen die entstandenen Zellen in ihrer Ausstattung den Ausgangszellen. Zellkern und Organellen müssen also gleichmäßig auf die Tochterzellen verteilt worden sein. Eine Zellvermehrung erfordert sowohl die Teilung des Kernes *(Mitose)* als auch die des Cytoplasmas mit seinen Organellen *(Cytokinese)*. Dies wird im Rahmen der *Interphase* sorgfältig vorbereitet. In der Interphase werden Proteine gebildet (G-Phasen) und die DNA repliziert (S-Phase). Interphase und Zellteilung wechseln regelmäßig in einem *Zellzyklus* aufeinander, der erst mit der Differenzierung endet. Eine differenzierte Zelle verharrt ohne vorausgehende Replikation in der G_0-Phase, ihre Chromosomen bestehen daher jeweils aus nur einer Chromatide.

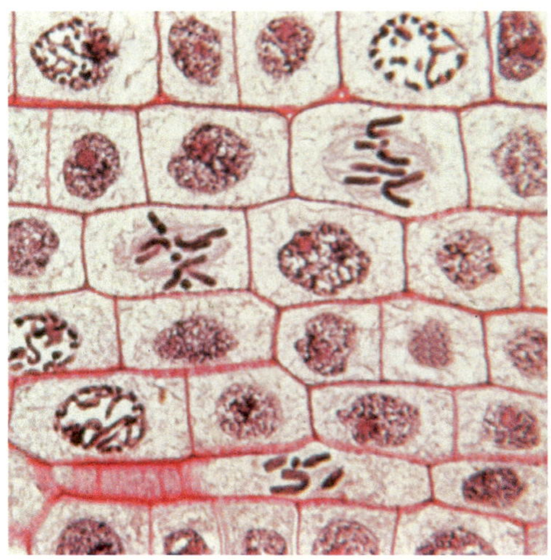

2 Mitosestadien

Die Mitose läuft kontinuierlich ab, aus Gründen der Übersicht unterteilt man sie aber in aufeinander folgende Phasen, die unterschiedlich lange dauern:

Prophase

Während der Prophase wird das Chromatin zur Transportform verdichtet. Dadurch werden die Chromosomen allmählich sichtbar. Ein Spindelapparat aus zahlreichen tubulären Eiweißmolekülen *(Mikrotubuli)* bildet sich zwischen den Polen. Am Ende der Prophase zerfällt die Kernmembran und die Chromosomen wandern in einer *Prometaphase* in die Äquatorialebene der Zelle.

Metaphase

Der Spindelapparat ist voll ausgeprägt. Die Chromosomen ordnen sich in der Äquatorialebene an und lassen sich jetzt gut unterscheiden. Da jede Zelle Erbmaterial von Vater und Mutter übernommen hat, gibt es zwei äußerlich übereinstimmende Sätze an Chromosomen (2n). Jedes dieser Chromosomen besteht aus zwei identischen Spalthälften (*Chromatiden* = 2C, pro Kern 4C), da es bereits in der Interphase verdoppelt wurde. Am Centromer hängen die beiden Chromatiden eines Chromosoms noch zusammen.

Anaphase

Die Chromatiden eines jeden Chromosoms werden am Centromer voneinander getrennt und bewegen sich mithilfe der Spindelfasern zu den entgegengesetzten Polen. Am Ende der Anaphase befindet sich an jedem Pol eine Spalthälfte eines jeden Chromosoms.

Telophase

Der Spindelapparat löst sich auf, die Chromosomen lockern sich wieder auf, bis sie nur noch als Chromatin zu sehen sind. Kernkörperchen und Kernhülle bilden sich neu.

Auf die Mitose folgt die *Cytokinese*. Tierische Zellen schnüren sich ein (Furchung), pflanzliche Zellen bilden eine mittlere Zellplatte aus, die sich nach außen vergrößert.

Nach der Zellteilung entscheidet sich das weitere Schicksal der Zelle: Verliert sie ihre Teilungsfähigkeit, tritt sie in die G_0-Phase ein und differenziert sich zu einer Zelle des Dauergewebes, anderenfalls tritt sie in eine weitere G_1-Phase ein und durchläuft den Zellzyklus bis zur nächsten Zellteilung.

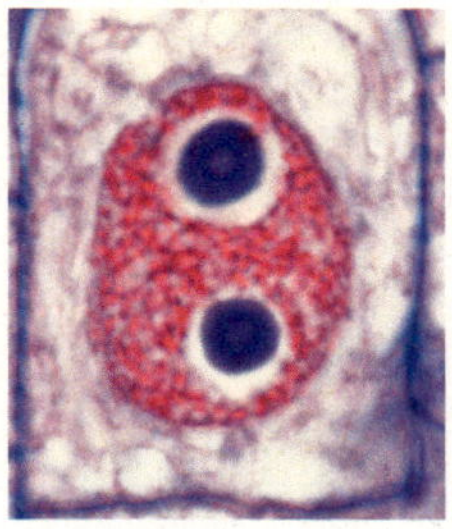

Interphase

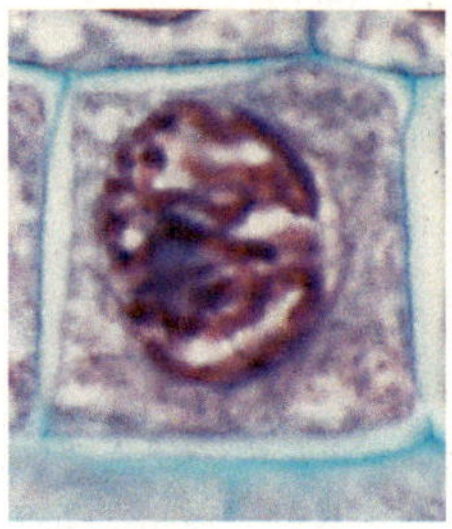

Prophase

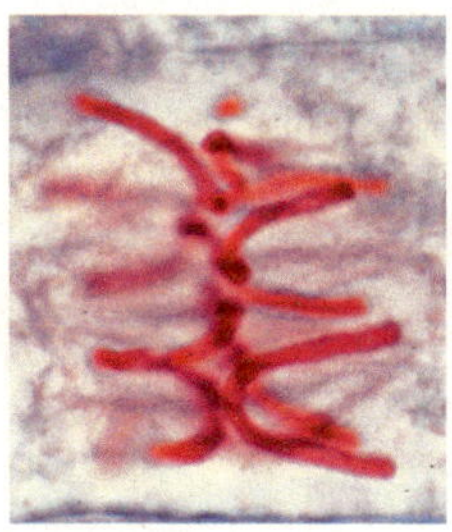

Metaphase

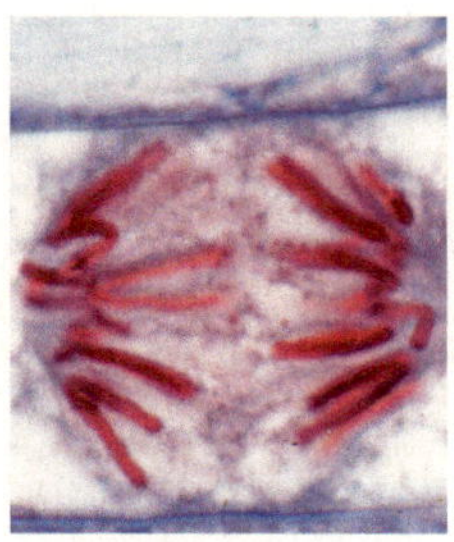

Anaphase

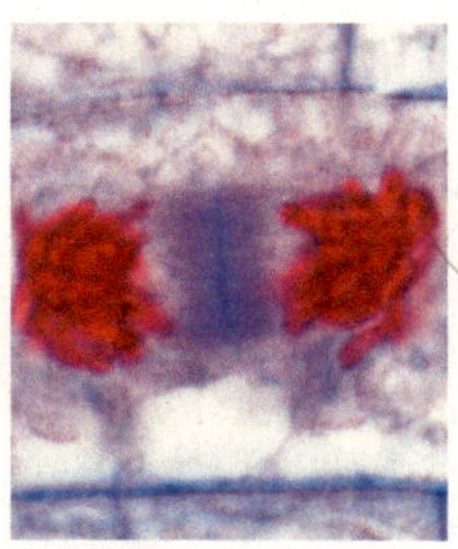

Telophase

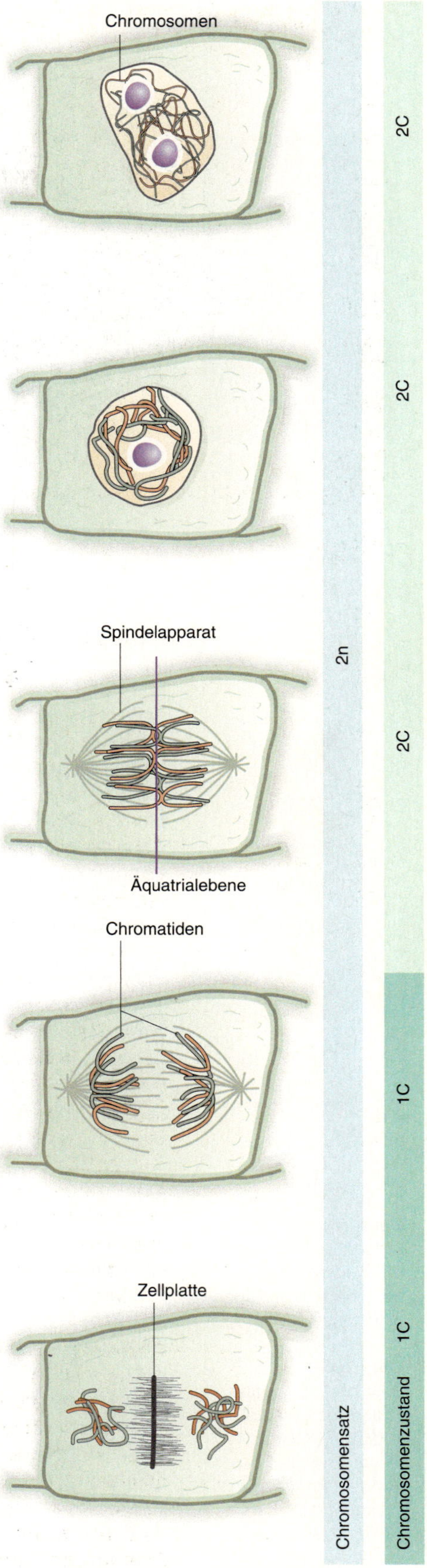

Mikrotubuli

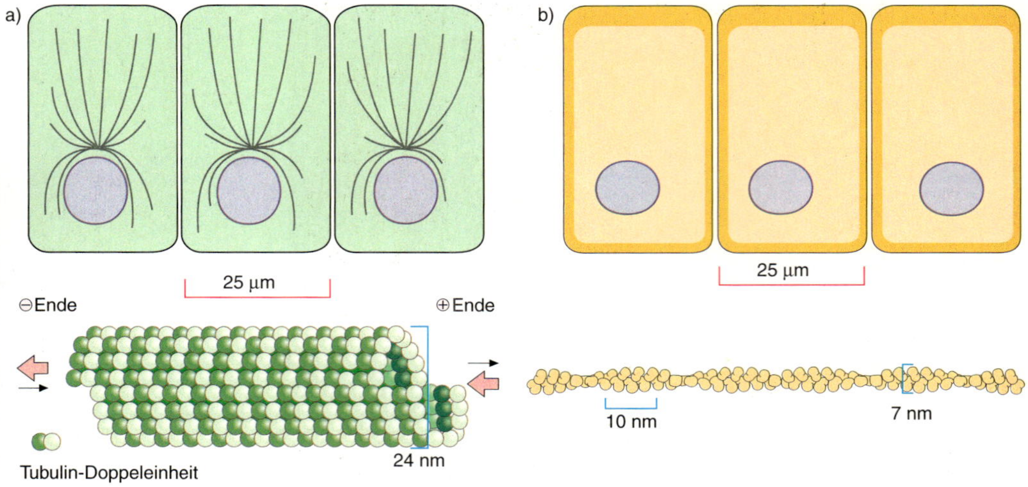

1 Mikrotubuli (a) und Aktinfilamente (b)

Das Zellskelett: Form und Beweglichkeit für die Zelle

Das Cytoplasma in einer Zelle ist nicht etwa eine homogene Flüssigkeit, das die Organellen aufnimmt. Es wird vielmehr netzartig von faserigen Proteinen *(Filamenten)* durchzogen, die der Zelle Form geben und den Organellen einen bestimmten Platz zuweisen. Man unterscheidet *Mikrotubuli* und *Aktinfilamente* (Abb. 1), sie bilden mit weiteren Filamenten das Zellskelett einer Eucyte. Ähnlich wie Knochen und Muskeln in einem Körper, ermöglicht das *Zellskelett* zusammen mit verschiedenen Motorproteinen die Beweglichkeit. Das Zellskelett unterliegt jedoch einem ständigen Umbau, daher können Zellen sich teilen oder amöboid fortbewegen. Mikrotubuli spielen beim Transport der Chromosomen eine Schlüsselrolle, Mikrofilamente bei der Durchschnürung von Zellen *(Cytokinese)*.

Mikrotubuli und Chromosomentransport

Mikrotubuli bestehen aus kugeligen Proteinen *(Tubulin)* und bilden feine Röhren mit einem (+)-Ende und einem (−)-Ende. In einer nicht teilungsaktiven Zelle ist das (−)-Ende in Zellkernnähe verankert; diese Region bezeichnet man als *Centrosom*. Das freie (+)-Ende ist zum Zellrand gerichtet; hier werden Tubulineinheiten überwiegend eingebaut, der Mikrotubulus wächst.

Das Centrosom ist besonders während der Zellteilung für die Organisation der Mikrotubuli im Spindelapparat verantwortlich. Es verdoppelt sich vor einer Kernteilung und wandert jeweils zu den Polen. Von den beiden Centrosomen aus wachsen Mikrotubuli während der Prophase der Mitose vor. Diese *Pol-Spindelfasern* bilden zwei Halbspindeln, die sich im Äquatorbereich überlappen und so den *Spindelapparat* bilden. Sobald am Ende der Prophase die Kernhülle zerfallen ist, fangen weitere Mikrotubuli *(Centromer-Spindelfasern)* die Chromosomen ein, indem sie sich an einer der Spindelfaseransatzstellen des Centromers verankern. Die wachsenden Centromer-Spindelfasern schieben die Chromosomen in die Äquatorialebene. Im lichtmikroskopischen Bild ist deutlich erkennbar, dass das Centromer der Bewegung vorangeht und die Chromosomenarme wie Fäden in einer zähen Flüssigkeit hinter sich herzieht. In der Metaphase nehmen die vom anderen Pol ausgehenden Mikrotubuli Kontakt zur zweiten Spindelfaseransatzstelle auf, sodass die beiden Chromatiden eines Metaphase-Chromosoms Verbindung zu den entgegengesetzten Polen haben. In der Anaphase lösen sich Tubulineinheiten aus den Mikrotubuli, die Centromer-Spindelfasern werden kürzer und trennen so die Schwesterchromatiden am Centromer voneinander. Jetzt bestehen die Chromosomen aus jeweils einer Chromatide und bewegen sich zu den Polen.

Bewegung kommt nicht nur zustande, wenn sich die Länge der Mikrotubuli verändert. Im überlappenden Bereich der Pol-Spindelfasern binden außerdem Motorproteine an beide Fasern und verschieben die Mikrotubuli unter ATP-Verbrauch teleskopartig: Die Spindelpole rücken auseinander.

Centrosom
kernnaher Plasmabereich, in dem der Aufbau von Mikrotubuli organisiert wird.

Centromer
Bereich eines Metaphase-Chromosoms, in dem die Schwesterchromatiden verbunden sind. Jede Chromatide hat eine Spindelfaseransatzstelle.

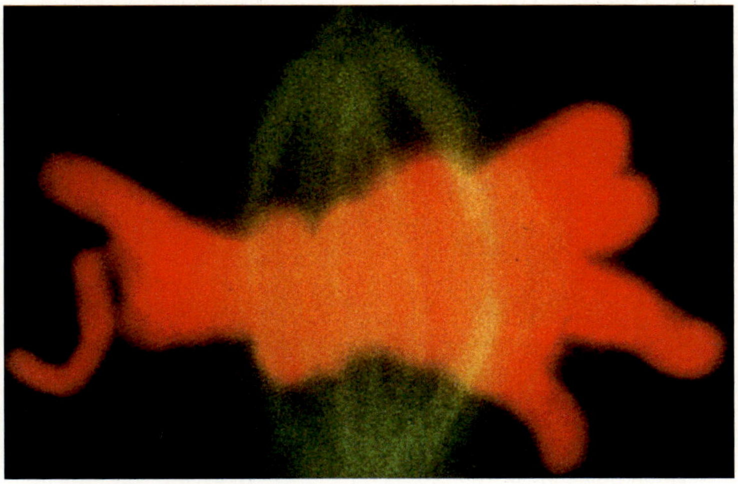

1 Spindelapparat (Fluoreszenzmikroskopie)

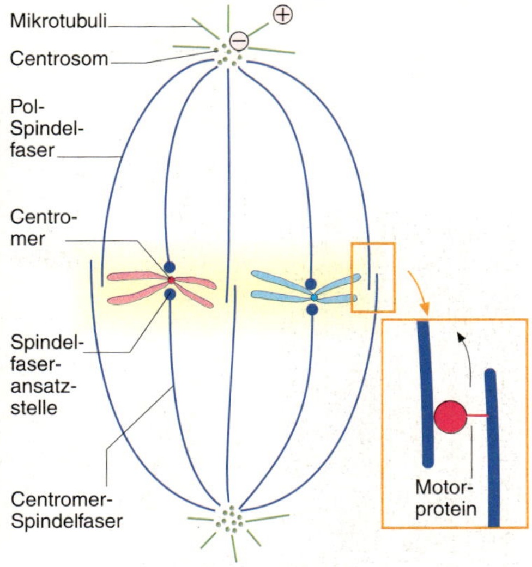

2 Bewegung der Pol-Spindelfasern

Aktinfilamente und Cytokinese

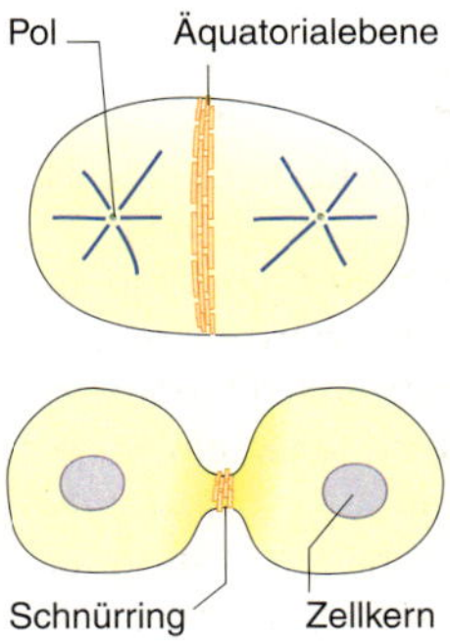

Schnurring aus Aktinfilamenten

Sobald die Chromosomen auf die Pole verteilt sind, beginnt die Teilung des Zellplasmas. Pflanzenzellen bilden eine mittlere Zellplatte. Tierzellen werden dagegen während der Anaphase in zwei Tochterzellen durchschnürt. An dieser *Cytokinese* sind vor allem Aktinfilamente beteiligt (Abb. 22.1). Aktinfilamente bestehen ebenfalls aus kugeligen Proteinen *(Aktin)*. Unzählige Aktinmoleküle sind zu Ketten verknüpft, zwei umeinander gedrillte Ketten bilden ein *Aktinfilament*. Parallel gebündelte Aktinfilamente bilden den Schnürring (s. Randspalte). Das Motorprotein *Myosin* bindet an je zwei benachbart liegende Aktinfilamente, unter ATP-Verbrauch werden die Aktinfilamente zusammengeschoben und der Schnürring verengt sich.

Aktinfilamente haben auch in nicht teilungsaktiven Zellen wichtige Funktionen: In tierischen Zellen verfestigen sie die äußeren Plasmabereiche und formen die Zelle, denn hier fehlt der äußere Halt durch eine Zellwand. In Muskelzellen sorgen sie zusammen mit den Myosinfilamenten für die Kontraktionsfähigkeit. In pflanzlichen Zellen führen sie zur Plasmaströmung und bewegen die Organellen.

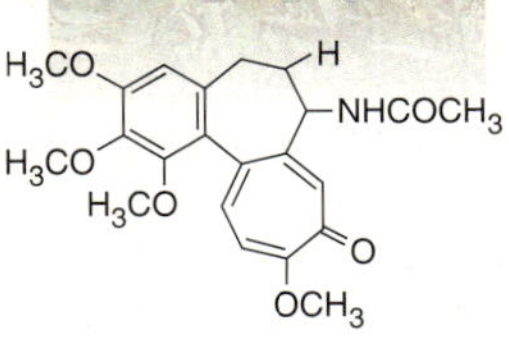

Herbstzeitlose und das Zellgift Colchicin

Aufgabe

① Colchicin ist das Gift der Herbstzeitlosen (s. Randspalte). Es verbindet sich mit den Tubulinmolekülen, sodass diese sich nicht mehr zu Mikrotubuli verketten können. Welche Auswirkungen erwarten Sie auf die Zellteilung?

Zettelkasten

Centriolen

Bei Tieren und niederen Pflanzen enthält das Centrosom zusätzlich ein Paar besondere Organellen, die *Centriolen*, die aus Mikrotubuli in charakteristischer Anordnung aufgebaut sind (s. Abb.). Sie spielen für die Funktion des Spindelapparates vermutlich keine Rolle, sind aber an der Organisation von Geißeln und Wimpern beteiligt, denen sie im Aufbau sehr ähneln. Sie kommen daher nur bei Arten vor, die begeißelte Zellen oder Entwicklungsstadien vorweisen.

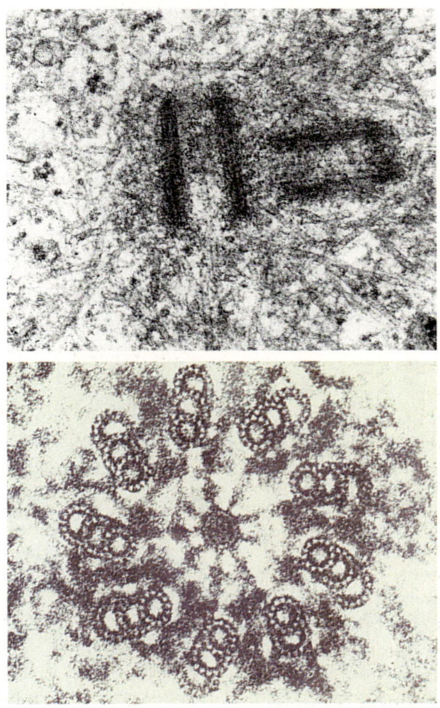

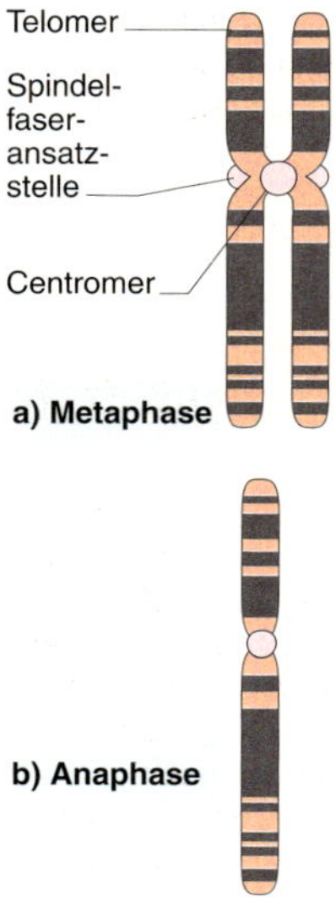

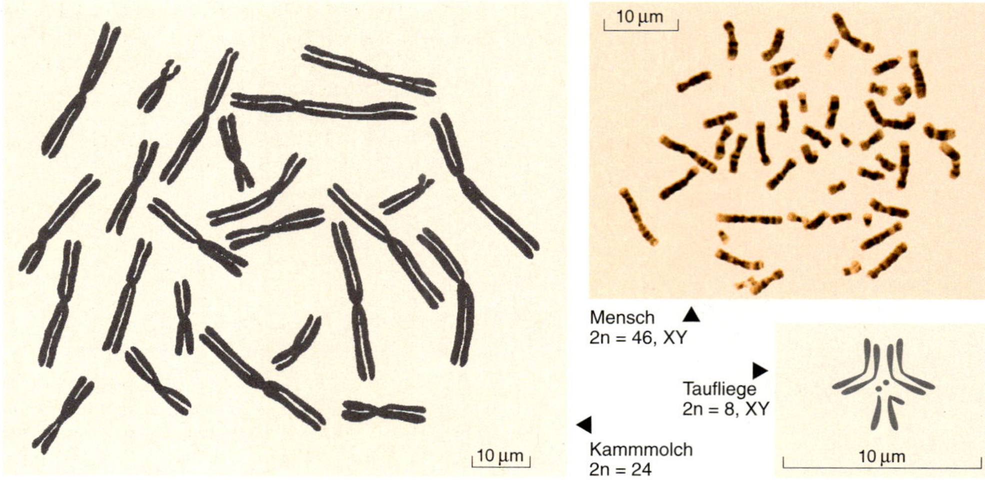

1 Metaphase-Chromosomen verschiedener Lebewesen

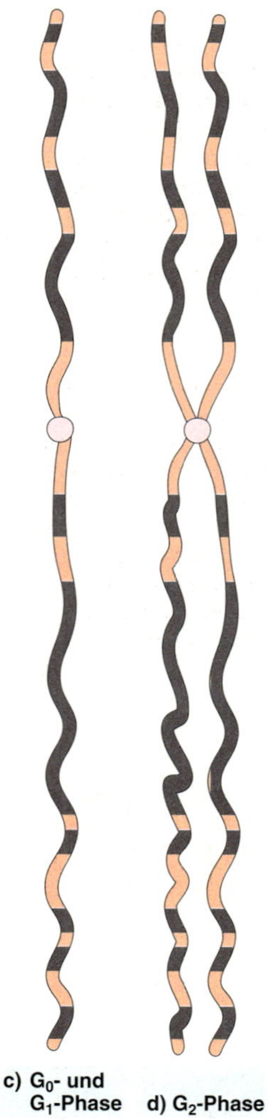

Gestaltwandel der Chromosomen im Zellzyklus (schematisch)

Karyogramme zeigen Metaphase-Chromosomen

Schon in der Mitte des 19. Jahrhunderts wurden in den Kernen von Zellen, die sich teilen, fädige Strukturen entdeckt. Der deutsche Anatomieprofessor WILHELM WALDEYER gab ihnen den Namen *Chromosomen* (griech. *chroma* = Farbe, *soma* = Körper). Chromosomen lassen sich mit bestimmten Farbstoffen anfärben, oft kann eine charakteristische Querbänderung dargestellt werden.

Lichtmikroskopisch sind Chromosomen am besten in der Metaphase der Mitose zu erkennen. Die Zelle hat zu diesem Zeitpunkt bereits die S-Phase durchlaufen, daher bestehen alle *Metaphase-Chromosomen* aus zwei genetisch identischen Chromatiden (2C), die am *Centromer* noch zusammenhängen. Das ergibt eine X- oder V-förmige Gestalt. Das Centromer ist die Bindestelle aus Proteinen, an denen die Spindelfasern ansetzen. Die Enden der Chromatiden weisen besondere Abschlussstrukturen auf *(Telomere)*, sie verhindern z. B. das Aneinanderkleben von Chromosomen.

Man ordnet die Metaphase-Chromosomen (Abb. 1) nach Größe, Gestalt und Bandenmuster zum *Karyogramm*. Dazu wird die Zellteilung mit dem auf den Spindelapparat wirkenden Gift *Colchicin* in der Metaphase abgestoppt, die Chromosomen werden angefärbt, durch das Lichtmikroskop fotografiert und dann sortiert. Karyogramme zeigen, dass Chromosomen in Körperzellen jeweils einen gleich gestalteten Partner besitzen. Die Chromosomen eines Paares ähneln sich zwar äußerlich, genetisch sind sie aber meist nicht identisch: In Körperzellen liegen also zwei homologe Chromosomensätze mit jeweils n Chromosomen vor. Ein Satz stammt vom Vater, der andere von der Mutter. Solche Zellen bezeichnet man als *diploid* (gr. *diplos* = doppelt). Anzahl und Gestalt der Chromosomen in diploiden Zellen (2n) sind arttypische Merkmale. Zwischen männlichen und weiblichen Zellen der gleichen Art kann es jedoch Unterschiede geben, die sich meist auf ein einzelnes Chromosomenpaar beziehen. Solche Chromosomen bezeichnet man als *Gonosomen (Geschlechtschromosomen)*, die übrigen als *Autosomen*. Der Mensch besitzt 22 Autosomenpaare und die Gonosomen X und Y. Karyogramme können in einer Kurzformel, dem *Karyotyp*, beschrieben werden. Dabei wird zunächst die Anzahl aller Chromosomen genannt und anschließend die Gonosomentypen. Der Karyotyp einer Frau ist 46, XX; der eines Mannes 46, XY.

Während der Interphase des Zellzyklus sind die Chromosomen so weit aufgelockert, dass sie sich lichtmikroskopisch nur als Chromatin erfassen lassen. Der Kern enthält aber weiterhin zwei homologe Sätze (2n). *Interphase-Chromosomen* liegen in Form wenig verpackter, aufgelockerter DNA vor. Vor der Replikation in der S-Phase bestehen sie aus einer Chromatide (1C), nach der S-Phase aus zwei Chromatiden (2C).

Der Begriff „Chromosom“ wird auch für die prokaryotischen, ringförmigen DNA-Einheiten benutzt.

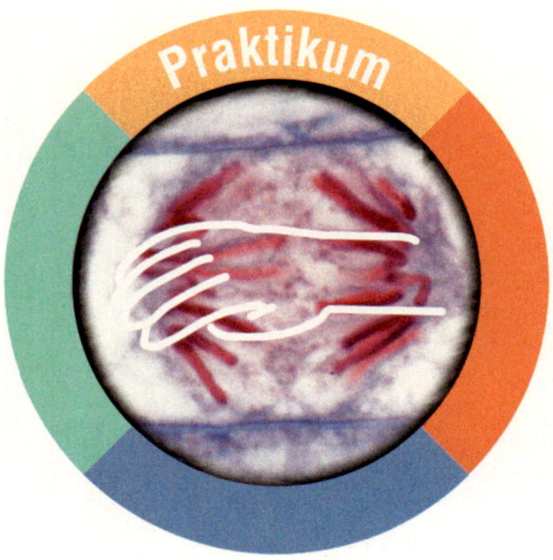

Chromosomen

Mitose bei Tradescantia

Material:
Blütenknospen von Tradescantia-Arten, Pinzette, Rasierklinge oder Skalpell, 3%ige Saccharose-Lösung, Objektträger, Deckgläser

Durchführung:
Öffnen Sie die Blütenknospen und zupfen Sie mit der Pinzette die Staubbeutel von den Filamenten ab. Schneiden Sie die Filamente am Grund mit der Rasierklinge oder einem Skalpell ab und legen Sie sie in einen Tropfen Saccharose-Lösung. Suchen Sie mikroskopisch im Präparat nach den feinen Härchen an den Filamenten und beobachten Sie die Vorgänge in den Zellen über längere Zeit.

Auswertung:
Wenn Sie teilungsaktive Zellen gefunden haben, verfolgen Sie den Vorgang der Kernteilung. Vergessen Sie nicht, das Präparat vor dem Austrocknen zu bewahren. Protokollieren Sie die Kernteilungsvorgänge und deren Zeitdauer.

Kernfärbung bei der Zwiebel

Material:
Küchenzwiebel *(Allium cepa)*, Karmin-Essigsäure, Rasierklinge, Objektträger, Deckgläser

Durchführung:
Bereiten Sie einen Objektträger mit einem Tropfen Wasser vor. Ritzen Sie mit einer Rasierklinge ein kleines Quadrat in die Innenseite der Zwiebelschuppe und ziehen Sie mit der Pinzette das Zwiebelhäutchen vorsichtig ab. Breiten Sie es in dem Wassertropfen aus und verschließen Sie das Präparat luftblasenfrei mit einem Deckgläschen. Geben Sie die Gewebestückchen in Karmin-Essigsäure auf einen Objektträger und erhitzen Sie über einer Bunsenflamme kurzzeitig (Vorsicht: Schutzbrille tragen!). Legen Sie ein Deckglas auf und saugen Sie mehrfach Wasser durch das Präparat, um den überschüssigen Farbstoff zu entfernen. Suchen Sie nach Zellen mit deutlich angefärbten Kernen.

Auswertung:
Fertigen Sie eine mikroskopische Zeichnung an. Achten Sie besonders auf die Lage der Kerne in den Zellen und die Größenverhältnisse.

Mitosedauer bei der Zwiebel

Material:
Dauerpräparate von Wurzelspitzen der Küchenzwiebel oder eines anderen Objektes mit einer größeren Anzahl von Mitosestadien.

Durchführung:
Mikroskopieren Sie das Präparat und ordnen Sie 100 beliebig ausgewählte Zellen jenen Phasen des Zellzyklus zu, in dem sie sich gerade befinden.

Auswertung:
Gestalten Sie eine Tabelle nach folgendem Muster:

	Anzahl	Anteil %
Interphase		
Mitose (gesamt)		
Prophase		
Metaphase		
Anaphase		
Telophase		

Welche Rückschlüsse auf die zeitlichen Abläufe während der Mitose lassen sich aufgrund der Häufigkeit der einzelnen Phasen ziehen? Gilt diese Schlussfolgerung auch, wenn die Zellen zuvor mit Colchicin behandelt wurden?

Karyogramm des Menschen

Durchführung:
Zur Anreicherung von Mitosestadien bringt man 3 bis 4 Tropfen Blut bei 37 °C in eine Nährlösung. Weiße Blutzellen werden zur Teilung anregt. Nach 3 Tagen wird Colchicin, das Gift der Herbstzeitlosen, oder ein anderes Cytostatikum hinzugesetzt und 2 Stunden bebrütet. Dadurch wird der Aufbau der Kernspindel verhindert und die Zellen verharren in der Metaphase. So sind die Chromosomen lichtmikroskopisch am besten zu erkennen. Um die Metaphase-Chromosomen in einer Ebene übersichtlich auszubreiten, gibt man destilliertes Wasser hinzu, das die Zellen quellen und platzen lässt. Die Probe wird zentrifugiert und der Bodensatz in Alkohol-Eisessig fixiert. Die fixierten Zellen werden auf einen eiskalten Objektträger gegeben, kurz erhitzt und mit Karbol-Fuchsin gefärbt. Nach dem Auflegen eines Deckglases kann das Präparat mikroskopisch ausgewertet werden.

Auswertung:
Fertigen Sie eine vergrößerte Fotokopie von Ihrer Fotografie oder Abbildung 24.1 an und schneiden Sie die Chromosomen einzeln aus. Legen Sie nun die homologen Chromosomen zusammen, beachten Sie dabei Größe, Bandenmuster und Lage des Centromers. Sortieren Sie die Paare nach ihrer Größe und kleben Sie sie auf ein Papier auf. Nehmen Sie das schematische Karyogramm zu Hilfe.

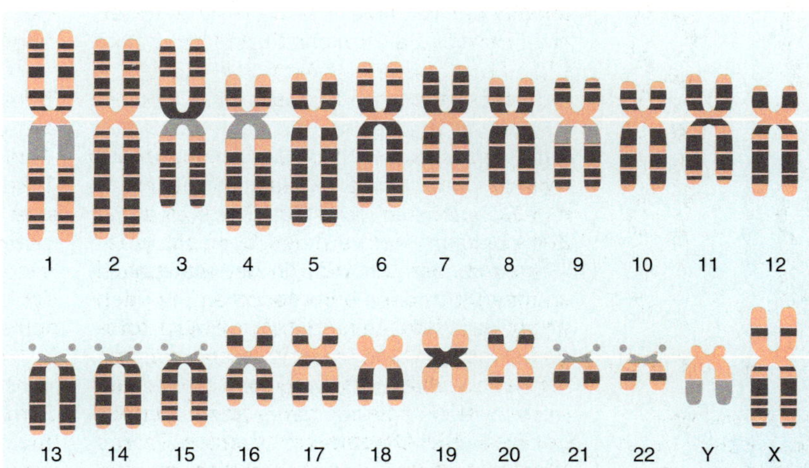

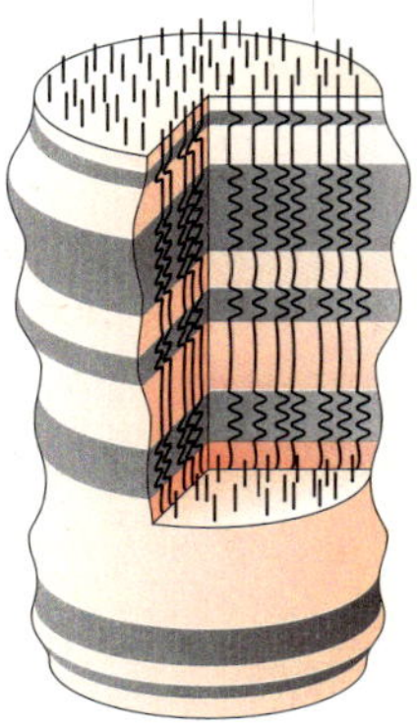

Schematischer Aufbau eines Riesenchromosoms

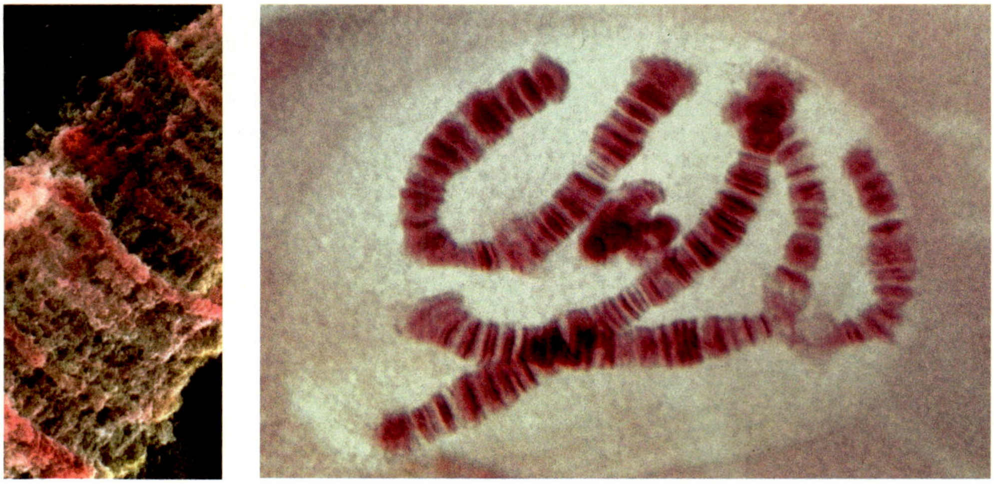

1 Riesenchromosomen von Zuckmückenlarven mit Puffs

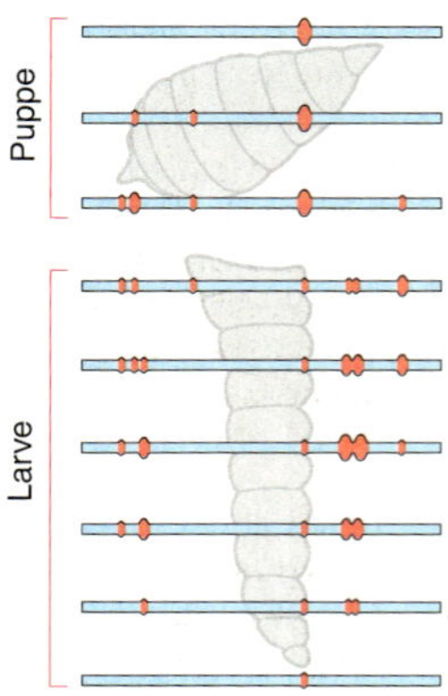

Puffmuster

Riesenchromosomen geben Einblick in die Genaktivität

In den Speicheldrüsenzellen von Zuckmückenlarven fielen EDOUARD-GERARD BALBIANI 1881 „Kernfäden" auf, die man Jahrzehnte später als *Riesenchromosomen* identifizierte. Riesenchromosomen gibt es bei vielen Zweiflüglern, also Mücken und Fliegen. Sie entstehen in einem Zellkern, bei dem auf die Replikation keine Mitose folgt. Die DNA wird zwar verdoppelt, aber nicht auf Tochterzellen verteilt, die Chromatiden bleiben zusammen und werden bei jeder weiteren Replikation wieder verdoppelt. Ein Riesenchromosom stellt also nach r Replikationsrunden einen exakt gebündelten Strang aus 2^r identischen Chromatiden dar. Oft paaren nicht nur die Schwesterchromatiden, sondern auch die homologen Chromosomen, dann sind lichtmikroskopisch lediglich n Riesenchromosomen zu zählen. Bei $r = 12$ können sie bis zu 0,5 mm lang und 25 mm dick sein. Entsprechend der vervielfältigten DNA-Menge vergrößern sich Zellkern und Zelle.

Riesenchromosomen zeigen eine typische Querstreifung, denn die unterschiedlich stark anfärbbaren DNA-Bereiche der einzelnen Chromatiden liegen genau aneinander. Schon bevor der molekulare Aufbau der DNA bekannt war, verriet dieses spezifische *Bandenmuster*, dass die Gene linear gereiht in den Chromosomen liegen. Man beobachtete, dass die Veränderung einer Bande stets mit der Änderung eines bestimmten Merkmals verknüpft war. Man konnte den verschiedenen Genen daher bestimmte Orte im Riesenchromosom zuordnen. Auch der Nucleolus lässt sich einer bestimmten Chromosomenregion zuordnen. Erste anschauliche Genkarten entstanden. Heute verwendet man zur Genkartierung markierte Nucleotidketten, sie lassen die zugehörige Bande mit der basenkomplementären DNA unter dem Fluoreszenzmikroskop leuchten.

Neben den typisch gebänderten Bereichen gibt es einzelne aufgeblähte Abschnitte, die *Puffs*, in denen die Chromatiden aufgelockert und weniger stark gebündelt sind. WOLFGANG BEERMANN beobachtete 1952, dass jedes Gewebe und jedes Entwicklungsstadium ein charakteristisches *Puffmuster* aufweist (s. Randspalte). Vor einer Larvenhäutung sieht es z. B. anders aus als nachher. Löst man durch Hormongabe experimentell eine Häutung aus, verändert sich auch das Puffmuster in den Speicheldrüsen entsprechend. Puffs sind die Bereiche der Chromatiden, an denen die DNA gerade abgelesen wird. Dort findet parallel auf den vervielfachten Chromatiden und damit sehr effektiv *Transkription* statt (s. Seite 28). Die verschiedenen Gewebe und Entwicklungsstadien einer Larve nutzen unterschiedliche genetische Informationen. Deswegen werden jeweils verschiedene Gene abgelesen, entsprechend unterscheidet sich das Puffmuster. In Speicheldrüsen findet man Puffs vor allem dort, wo Gene für die Speichelproteine abgelesen werden.

Riesenchromosomen machen also nicht nur Strukturveränderungen sichtbar, sondern bieten auch einen Einblick in die Genaktivität eines Interphase-Zellkerns.

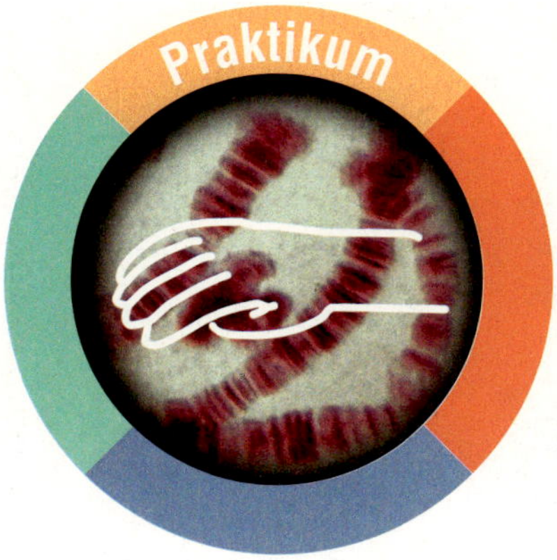

Riesenchromosomen

Zuckmücken gehören wie die Fliegen zu den Zweiflüglern. Im Gegensatz zu den Stechmücken sind sie keine Blutsauger, ihre Mundwerkzeuge sind verkümmert. Die Männchen zeichnen sich durch stark buschige Antennen aus und bilden oft riesige Tanzschwärme zum Anlocken der Weibchen. Die etwa 1 cm langen Larven der Gattung *Chironomus* leben im Schlamm verschmutzter Gewässer, dort bauen sie Wohnröhren und ernähren sich von Sinkstoffen und Algen. Mit dem roten Blutfarbstoff Hämoglobin können sie ihre Zellatmung selbst bei minimalen Sauerstoffkonzentrationen aufrecht erhalten. Nach vier Larvenstadien verpuppen sie sich und steigen zum Schlüpfen der erwachsenen Mücken an die Gewässeroberfläche. Chironomus-Larven sind eine wichtige Nahrung für Fische; als Fischfutter kann man sie im Aquarienfachhandel lebend oder tiefgefroren erhalten.

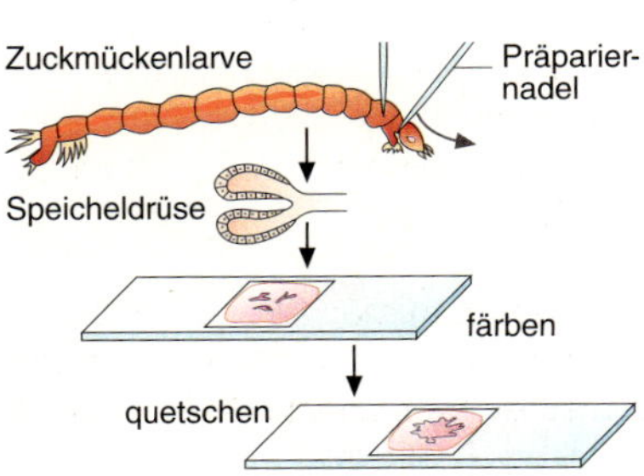

Anfärben von Präparaten

Besonders große Riesenchromosomen findet man in den Speicheldrüsen der Larven. Diese paarigen, glasig durchschimmernden Organe füllen den Vorderkörper der Larven aus. Der Speichel dient dem Aufbau der Gespinströhre. Zur Präparation verwendet man am besten lebende Larven, die zuvor mit Chloreton-Lösung betäubt wurden. Die Präparation gelingt weniger gut auch mit tiefgefrorenen Exemplaren.

Material:
Chironomus-Larven, Chlorethon-Lösung, Hohlschliffobjektträger, Objektträger, Deckgläser, 2 spitze Präpariernadeln, Alkohol-Eisessig (3 : 1), Orcein-Essigsäure (2 g Orcein-Pulver in 100 ml Eisessig 10 min leicht kochen, nach dem Erkalten mit 100 ml entionisiertem Wasser filtrieren), 50 % Essigsäure, Filterpapier, Nagellack.

Aufgaben

① Legen Sie die Larve in einen Hohlschliffobjektträger und öffnen Sie ihren Vorderkörper, indem Sie mit zwei spitzen Präpariernadeln die Körperhaut zwischen 1. und 2. Brustsegment öffnen: Der Körperinnendruck lässt die Speicheldrüsen herausquellen. Vielleicht müssen Sie durch leichtes Ausstreichen etwas nachhelfen.

② Entfernen Sie die Larvenreste und fixieren Sie die Speicheldrüsen mit zwei Tropfen Alkohol-Eisessig (3 : 1). Saugen Sie das Fixiermittel nach einer Minute vorsichtig mit Filterpapier ab.

③ Geben Sie anschließend sofort drei Tropfen der Färbelösung Orcein-Essigsäure auf das Gewebe und lassen Sie sie 15 Minuten einwirken. Der Hohlschliffobjektträger wird dabei mit einem Deckglas gegen Austrocknung geschützt.

④ Bereiten Sie einen normalen Objektträger mit einem Tropfen 50 %-Essigsäure vor. Überführen Sie eine gefärbte Speicheldrüse in diesen Tropfen und zerzupfen Sie das Gewebe sorgfältig mit zwei Präpariernadeln in Zellgruppen.

⑤ Versehen Sie das Präparat mit einem Deckgläschen, das Sie auf einer Seite auf den Objektträger aufsetzen und auf der anderen Seite mit einer Präpariernadel absenken. Drücken Sie das Deckglas unter Lupenkontrolle mit beiden Präpariernadeln an, um die Riesenchromosomen auszubreiten.

⑥ Saugen Sie die überschüssige Essigsäure mit Filterpapier ab. Umranden Sie das Deckgläschen vollständig mit Nagellack, ohne das Deckgläschen zu verschieben. Der getrocknete Lack konserviert das Präparat für etwa zwei Wochen.

Fertigpräparate

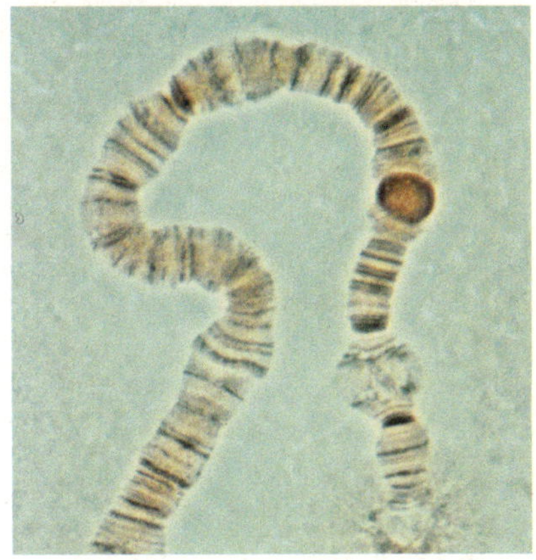

Anstelle eigener Riesenchromosomenpräparate eignen sich auch fertige Dauerpräparate, z. B. mit Toluidinblau-Färbung. Toluidin färbt DNA-haltige Bereiche dunkel, Bereiche, wo Transkription stattfindet (RNA), dagegen rot.

Aufgaben

⑦ Suchen Sie bei schwacher Mikroskopvergrößerung nach Riesenchromosomen. Zählen Sie die Riesenchromosomen einer Zelle und schließen Sie auf den Chromosomensatz ($n = ?$).

⑧ Lokalisieren Sie Puffs und Nucleolus. Was lässt sich aus ihrer Anfärbung schließen?

⑨ Fertigen Sie eine einfache Skizze der Riesenchromosomen an, in der Sie deren relative Länge und die Lage der Puffs darstellen. Nummerieren Sie sie der Größe nach abfallend.

⑩ Versuchen Sie, die einzelnen Riesenchromosomen in verschiedenen Zellen wiederzuerkennen.

⑪ Beobachten und zeichnen Sie bei starker Vergrößerung das Banden- und Puffmuster des kürzesten Riesenchromosoms.

⑫ Riesenchromosomen entstehen durch Replikation ohne nachfolgende Mitose. Bei einigen Zellkernen von Chironomus wurde ein DNA-Gehalt gemessen, der 12 Replikationsrunden entspricht. Aus wie vielen Chromatiden sind solche Riesenchromosomen aufgebaut?

3 Genexpression und Genregulation

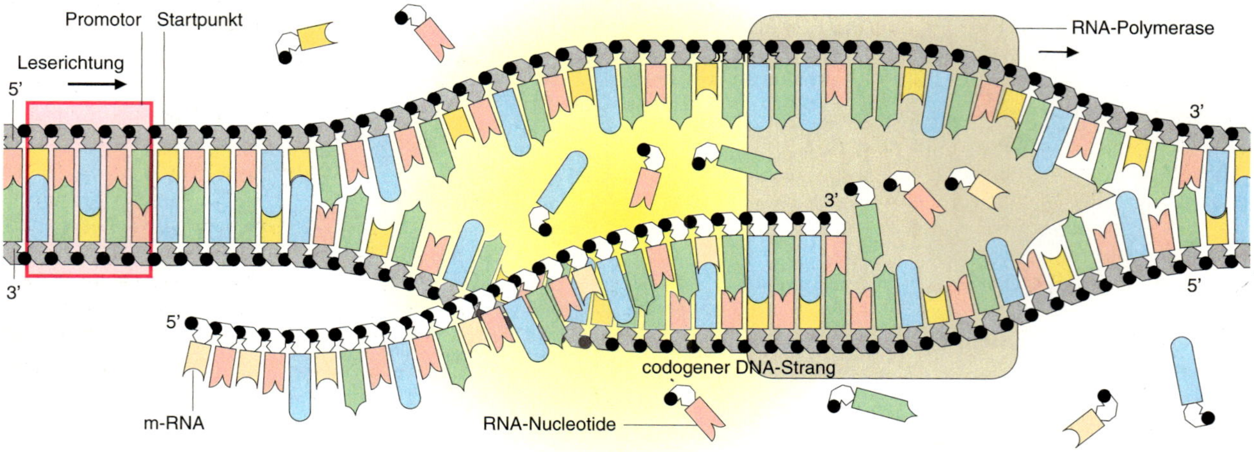

1 Transkription: m-RNA wird von einer DNA-abhängigen RNA-Polymerase aufgebaut

Genexpression: Von der Information zum Produkt

Durch DNA-Verdopplung und Mitose wird sichergestellt, dass alle Zellen in einem Organismus die gleiche Erbinformation erhalten. Dennoch bestehen z. B. Säugetiere aus mehreren hundert verschiedenen Zelltypen, die sich in ihrer Gestalt deutlich voneinander unterscheiden. Da Proteine Träger zellulärer Struktur und Funktion sind, unterscheiden sich diese Zelltypen auch in ihrer Proteinausstattung.

Muskelzellen beispielsweise weisen eine hohe Konzentration der Motorproteine Aktin und Myosin auf. Unter dem Elektronenmikroskop ist eine hochgradig geordnete Struktur zu erkennen, die der Verkürzung der Zelle dient. Antikörper produzierenden Immunzellen hingegen fehlt diese Struktur. Und auch im Leben einer einzelnen Zelle ändert sich das Proteinmuster z. B. in Abhängigkeit davon, ob sie sich auf eine Zellteilung vorbereitet oder teilungsinaktiv ist.

Als *Genexpression* bezeichnet man den Vorgang, mit dem sich eine Zelle die in ihren Genen enthaltene Information zugänglich macht. Die Genexpression gliedert sich in zwei Teilschritte:

1. *Transkription:* An einem DNA-Matrizenstrang wird eine RNA-Kopie erzeugt.
2. *Translation:* Nach Vorlage der RNA-Kopie eines Gens wird an den Ribosomen aus Aminosäuren ein Polypeptid synthetisiert.

Transkription:
genetische Information wird beweglich

Auf dem Weg vom Gen zum Protein wird in einem ersten Schritt ein Gen von der DNA in RNA *(Ribonucleinsäure)* umgeschrieben. Diesen Vorgang nennt man *Transkription* (lat. *transcribere* = umschreiben). Genetische Information wird auf diese Weise beweglich, kann bei eukaryotischen Zellen den Kern verlassen und von der DNA zu den Ribosomen, den Organellen der Proteinbiosynthese, transportiert werden. Es gibt verschiedene Typen von RNA. Die RNA, die die

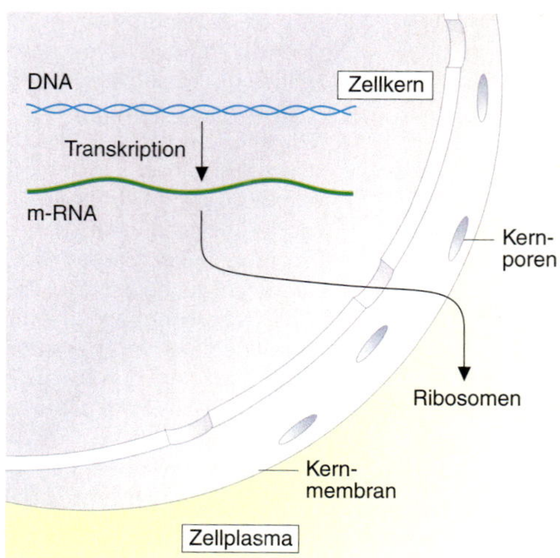

2 Die Information verlässt den Zellkern

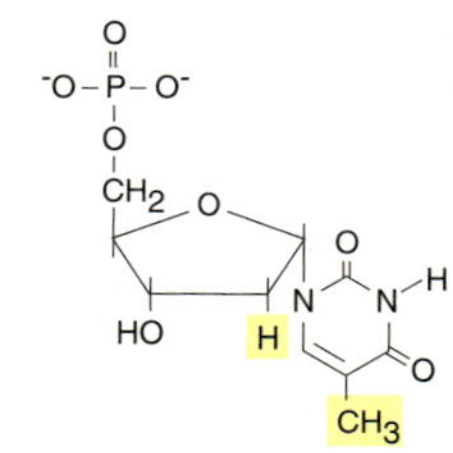

DNA-Nucleotid mit Thymin

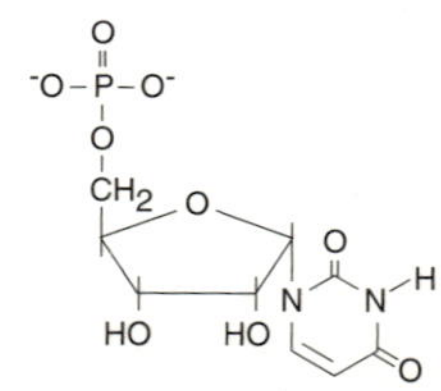

RNA-Nucleotid mit Uracil

Gen
DNA-Abschnitt, der für eine RNA codiert (s. Seite 128)

Transkription
Erzeugung eines komplementären RNA-Moleküls an einem DNA-Matrizenstrang in der G-Phase des Zellzyklus

RNA
Ribonucleinsäure

genetische Botschaft (engl. *message*) zur Proteinherstellung trägt, nennt man *messenger-RNA* (m-RNA). RNA unterscheidet sich in einigen Punkten von DNA:

- Sie besteht nur aus einem Einzelstrang von Nucleotiden, während die DNA aus zwei Nucleotidsträngen besteht.
- Sie ist viel kürzer, da sie nur einen kleinen Ausschnitt der genomischen Information repräsentiert.
- Anstelle der Desoxyribose enthält sie den Zucker Ribose (daher die Abkürzung RNA).
- Anstelle der Base Thymin findet man die ähnlich gebaute, sich ebenfalls mit Adenin paarende Base Uracil.

Die Transkription ähnelt in einigen Punkten der DNA-Replikation. Die DNA wird entwunden und in ihre Einzelstränge aufgetrennt. Komplementäre Nucleotide lagern sich nach der Basenpaarungsregel (A—U, G—C) am Matrizenstrang an und werden durch das Enzym *RNA-Polymerase* zu einem RNA-Einzelstrang, der m-RNA, verkettet. Die RNA-Polymerase benötigt Informationen darüber, welchen DNA-Abschnitt an welchem der beiden DNA-Einzelstränge sie in welche Richtung transkribieren soll. Dazu dienen spezielle DNA-Steuerungssequenzen vor dem betreffenden DNA-Abschnitt, die *Promotoren*. Sie geben die Startstelle und damit gleichzeitig die Transkriptionsrichtung vor. Da auch RNA-Polymerasen die RNA nur von 5' nach 3' aufbauen können, liegt damit gleichzeitig fest, welcher DNA-Einzelstrang abgelesen wird, nämlich der von 3' nach 5' verlaufende sog. *Vorwärtsstrang*. Man nennt ihn den *codogenen Strang*. Die Transkription endet, sobald die RNA-Polymerase auf eine bestimmte Basenabfolge am DNA-Matrizenstrang *(Stoppsequenz)* stößt. Das Enzym löst sich vom codogenen Strang und setzt die m-RNA frei.

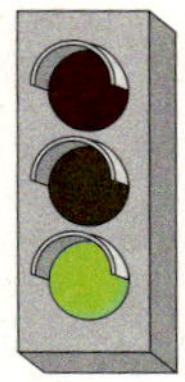

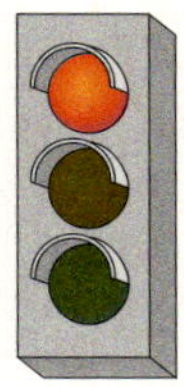

Aufgabe

① Stellen Sie in einer Tabelle DNA-Replikation und Transkription gegenüber, indem Sie Funktion, Zeitpunkt im Zellzyklus, zugehörige Matrizen, beteiligte Enzyme und verwendete Nucleotide auflisten.

Zettelkasten

Informations- und Stofffluss in eukaryotischen Zellen

Bei der Proteinbiosynthese ist der Informationsfluss an den Fluss von Molekülen (z. B. m-RNA und r-RNA) gekoppelt. Andere Moleküle dienen als Strukturproteine oder Enzyme.

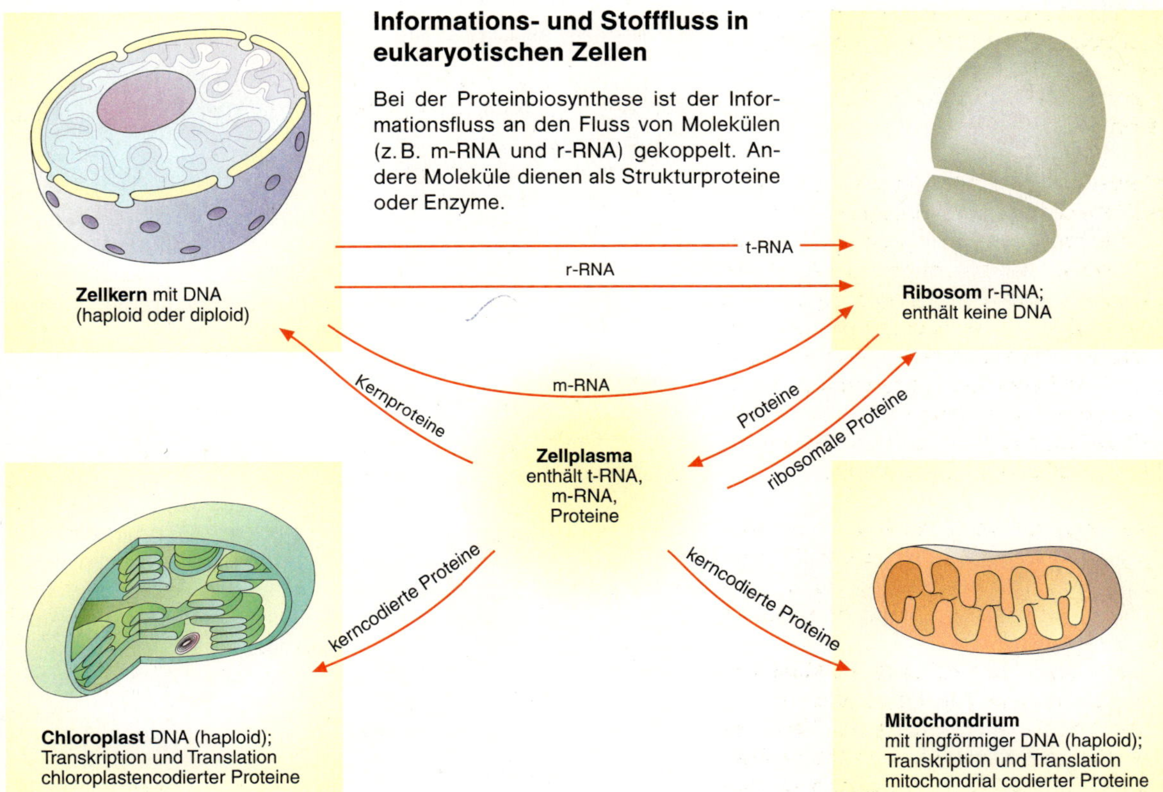

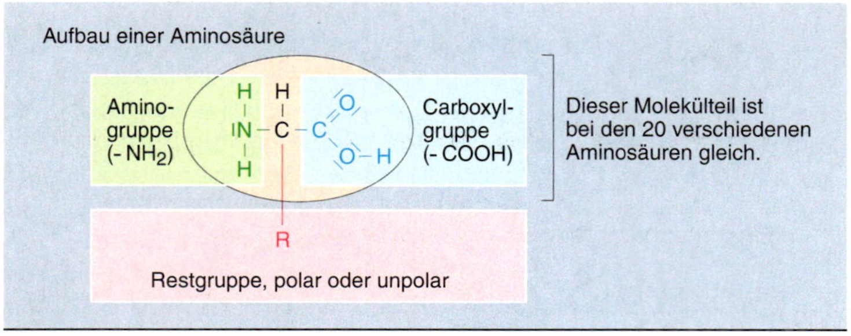

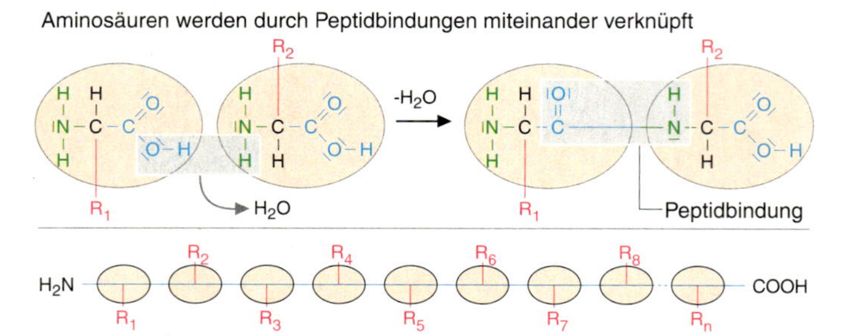

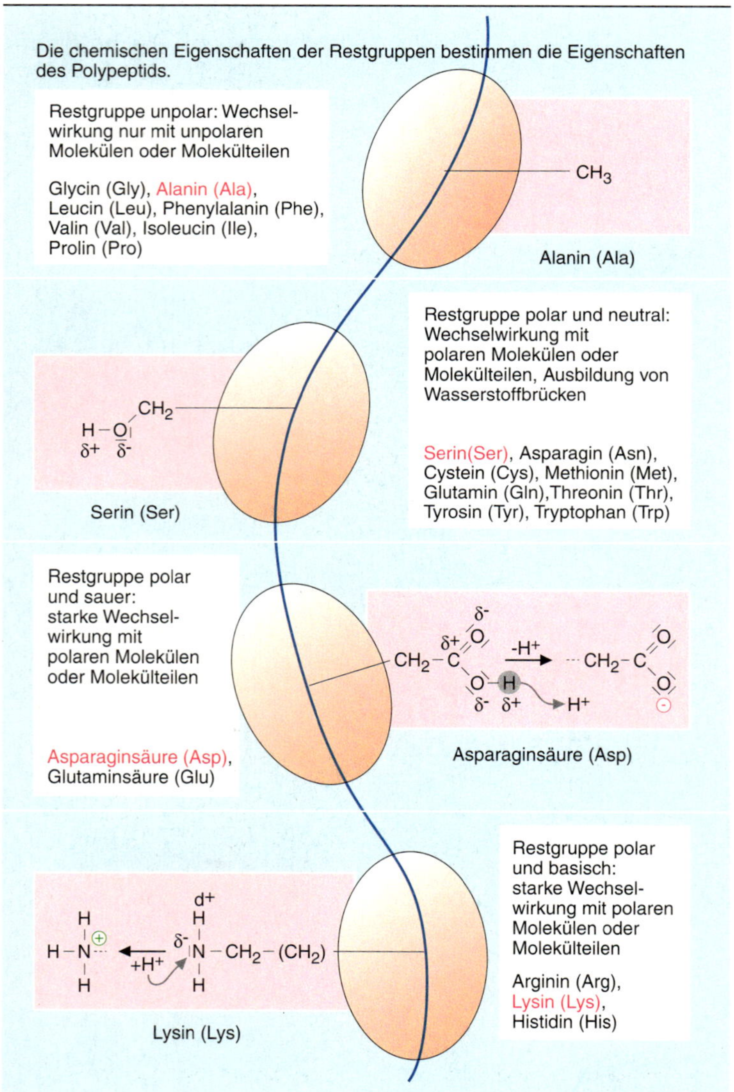

Struktur der Proteine

Jedes Lebewesen enthält tausende verschiedener Proteine *(Eiweiße),* die unterschiedliche Aufgaben haben:

- Als Enzyme steuern sie den Stoffwechsel.
- Als Hormone vermitteln sie Informationen.
- Als Membranrezeptoren nehmen sie Informationen aus der Umgebung auf.
- Sie transportieren Sauerstoff *(Hämoglobin).*
- Als Antikörper bekämpfen sie Krankheitserreger.
- Sie bilden Gerüststoffe für Zellen und Gewebe.
- Sie ermöglichen die Bewegung (Muskelfasern, Spindelapparat).

Proteine sind aus Bausteinen, den *Aminosäuren*, aufgebaut. Dabei kommen 20 Protein bildende Aminosäuren vor (s. Abb. links unten). Kennzeichnende Merkmale sind die saure Carboxylgruppe und die basische Aminogruppe als funktionelle Gruppen. Sie sind immer am endständigen C-Atom des Aminosäuremoleküls, dem α-C-Atom, gebunden. Dieses ist außerdem noch mit einem H-Atom und einem organischen Rest verknüpft. Nur in diesem Rest unterscheiden sich die Aminosäuren. Er kann unpolar, polar, sauer oder basisch sein. Der menschliche Organismus ist nicht in der Lage, alle Aminosäuren selbst zu synthetisieren. Die so genannten *essenziellen* Aminosäuren müssen mit der Nahrung aufgenommen werden.

Proteine entstehen durch Verknüpfung vieler Aminosäuren zu einem Makromolekül. Dabei reagiert die Carboxylgruppe der einen Aminosäure unter Wasserabspaltung mit der Aminogruppe einer zweiten Aminosäure. Die entstehende Bindung nennt man *Peptidbindung.* Aus zwei Aminosäuren entsteht ein *Dipeptid.* Durch Kettenverlängerung entstehen *Oligopeptide*, in denen 2 bis 10 Aminosäuren miteinander verknüpft sind. *Polypeptide* haben mehr als 10 Aminosäuren. Polypeptide mit mehr als 100 Aminosäuren nennt man *Proteine.* Im Prinzip können alle Aminosäuren in beliebiger Reihenfolge verknüpft werden, sodass eine fast unbegrenzte Anzahl verschiedener Proteinmoleküle möglich ist. Heute sind mehrere hunderttausend verschiedene Proteine bekannt. Die Abfolge oder Sequenz der einzelnen Aminosäuren wird *Primärstruktur* des Proteins genannt. Sie bestimmt die Eigenschaften des Proteinmoleküls.

Die hintereinander folgenden Aminosäuren bilden eine Molekülkette; die einzelnen Reste ragen seitlich aus der Achse heraus. Ein Ende der Kette trägt eine freie NH_2-Gruppe, das andere eine freie COOH-Gruppe.

Bedingt durch die nicht drehbaren Peptidbindungen entstehen nebeneinander in einzelnen Abschnitten des Proteins räumliche Strukturen, die einer Rechtsschraube (α-Helix) oder einem gefalteten Blatt (β-Faltblattstruktur) ähneln. Wasserstoffbrückenbindungen innerhalb der Peptidkette stabilisieren die spiralartige oder faltblattartige Anordnung. Welche Struktur in einem Proteinmolekülabschnitt ausgebildet wird, hängt von der Aminosäuresequenz, der Primärstruktur, ab. Die räumliche Anordnung eines Proteins nennt man *Sekundärstruktur*.

Oft wird eine *Tertiärstruktur* ausgebildet, indem sich das ganze Molekül in charakteristischer Weise faltet. Für die Stabilität sind die Anziehungskräfte zwischen den Resten der einzelnen Aminosäuren verantwortlich. Wenn bei der Faltung die unpolaren Reste in der Mehrzahl zum Molekülinneren orientiert sind und die polaren Reste nach außen zeigen, ist das Proteinmolekül meist wasserlöslich. Durch die Faltung liegen einzelne Abschnitte innerhalb des Moleküls nebeneinander, deren Lage durch Wechselwirkungen zwischen verschiedenen Resten stabilisiert wird. Wasserstoffbrücken, ionische Wechselbeziehungen infolge unterschiedlicher Ladungen und Disulfidbrücken – das sind Verbindungen der Schwefelatome zweier Cysteinreste – halten die Nachbarabschnitte im Molekül zusammen. Parallel liegende Abschnitte besitzen häufig die β-Faltblattstruktur, die durch α-Helix-Abschnitte verbunden sind. Die Tertiärstruktur bestimmt die Funktion eines Proteins entscheidend. Proteine besitzen häufig taschenförmige Vertiefungen, in die ganz genau die Reaktionspartner (z.B. das Substrat eines Enzyms) hineinpassen. Diese Eigenschaft geht verloren, wenn die Tertiärstruktur zerstört wird. Den Vorgang der Zerstörung der Tertiärstruktur nennt man *Denaturierung*.

In einigen Fällen bilden mehrere Proteinmoleküle eine funktionsfähige Einheit. Diese der Tertiärstruktur übergeordnete Struktur nennt man *Quartärstruktur*. Ein Beispiel dafür ist das Hämoglobin, der rote Blutfarbstoff. Es besteht aus vier Untereinheiten, an die zusätzlich je eine nicht aus Eiweiß bestehende Hämgruppe gebunden ist, die Sauerstoff binden kann.

Die Primärstruktur eines Proteins ist die Abfolge (Sequenz) der Aminosäuren.

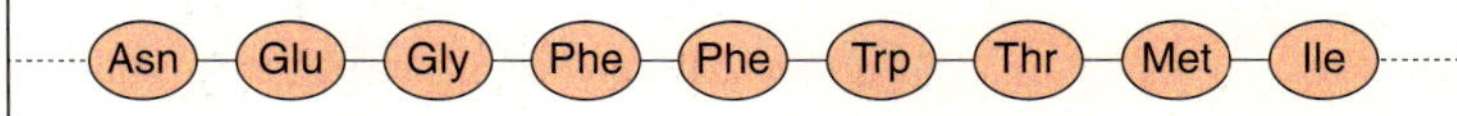

Die Aminosäurekette ordnet sich zu einer Sekundärstruktur als

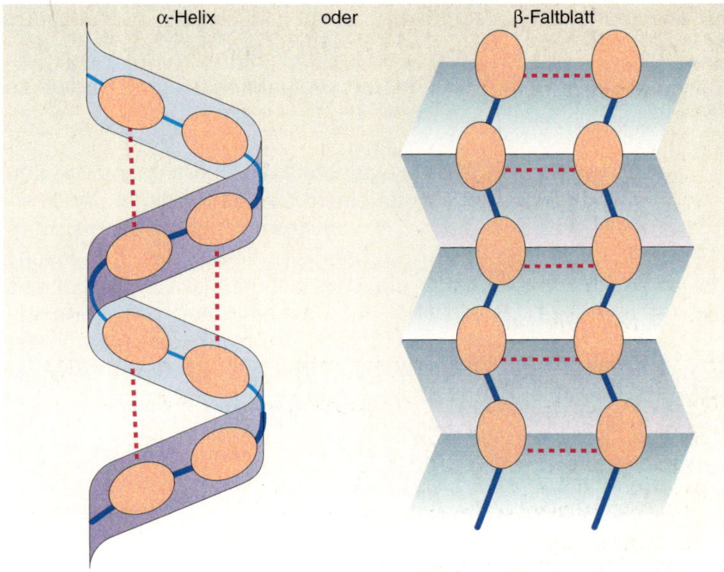

Durch Auffaltungen innerhalb des Moleküls entsteht die Tertiärstruktur

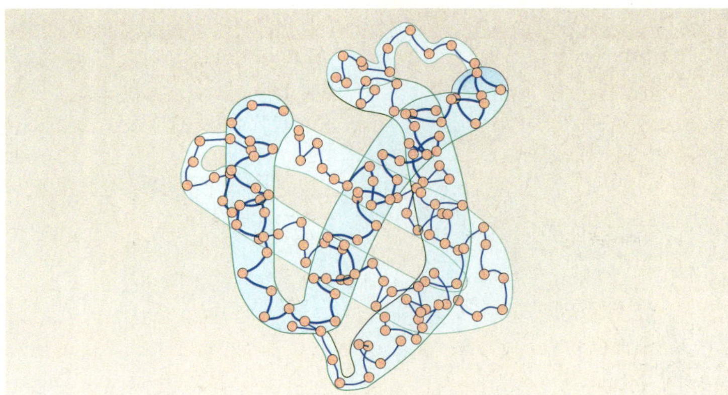

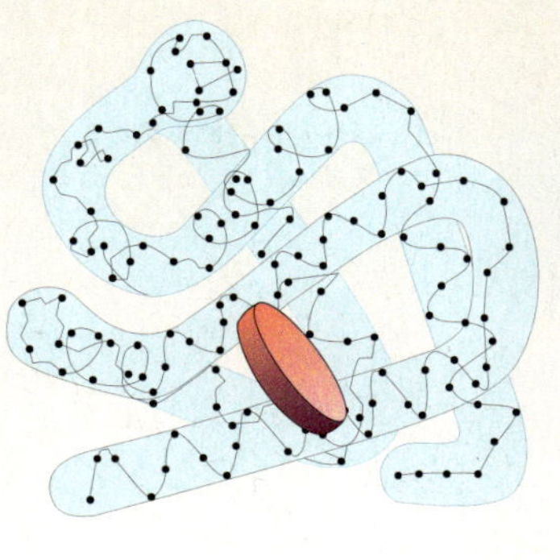

α-Untereinheit des Hämoglobins

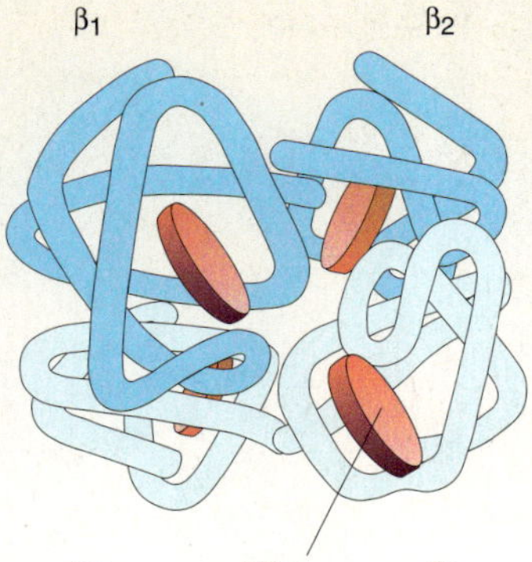

Hämoglobin, Quartärstruktur

Der genetische Code

Kolinearität
Die Basenabfolge einer m-RNA entspricht der Aminosäuresequenz des codierten Proteins.

Struktur und Funktion von Proteinen werden durch die Abfolge ihrer Aminosäuren, die *Aminosäuresequenz* bestimmt. Aus 20 verschiedenen Aminosäuren kann theoretisch eine beinahe unbegrenzte Anzahl verschiedener Aminosäuresequenzen erzeugt werden. In der Basensequenz der m-RNA ist festgelegt, in welcher Reihenfolge Aminosäuren zu langen Ketten verbunden werden müssen, um ein funktionsfähiges Protein zu erhalten.

Wie ein Codebuch die Übersetzung von Zeichen aus einem System in ein anderes erlaubt, z. B. vom Morsealphabet in herkömmliche Buchstaben, liefert der *genetische Code* die Übersetzungsvorschrift, um aus einer m-RNA-Basensequenz die Aminosäuresequenz eines Proteins abzuleiten. In der Abfolge der Nucleotidbasen der m-RNA ist die Aminosäuresequenz codiert.

Die **Codesonne** gibt an, welches Codon der m-RNA in welche Aminosäure übersetzt wird. Das erste Nucleotid eines Codons (5'-Ende) steht innen, die Codons werden von innen nach außen gelesen. GCA steht z. B. für die Aminosäure Alanin.

Da es nur vier verschiedene Basen gibt, aber 20 Protein bildende Aminosäuren, muss eine Gruppe von mehreren Nucleotiden ein Codewort *(Codon)* bilden und für eine Aminosäure codieren. Stünde nur eine Base für eine Aminosäure, könnten nur vier verschiedene Aminosäuren, durch Zweiergruppen nur $4^2 = 16$, und erst durch Dreiergruppen $4^3 = 64$ verschiedene Aminosäuren verschlüsselt werden.

Eine Dreiergruppe, ein *Basentriplett*, ist also die theoretische Mindestgröße für ein Codon. Es gibt dann aber mehr Tripletts als zu codierende Aminosäuren. Manche Aminosäuren sind mehrfach codiert. Der genetische Code ist *redundant* (→ 156/157).

Mithilfe künstlicher m-RNA-Moleküle bekannter Basensequenz und der Untersuchung der danach synthetisierten Aminosäurestränge konnten Länge und Bedeutung der einzelnen m-RNA-Codons experimentell aufgeklärt werden. Der genetische Code ist tatsächlich ein Triplettcode. Er ist redundant, die meisten Aminosäuren werden von mehreren verschiedenen Codons verschlüsselt, die sich meist in der dritten Base unterscheiden. Den seltenen Aminosäuren Methionin und Tryptophan entspricht nur ein einziges Codon. Andere Codons haben Sonderbedeutungen, ähnlich wie unsere Satzzeichen: Das *Startcodon* AUG passt zur DNA-Startstelle der Transkription, die entsprechende Aminosäure (verändertes Methionin) wird später aber wieder aus dem Protein entfernt. UAG, UAA und UGA entsprechen keiner Aminosäure, sondern markieren den Endpunkt des Übersetzungsvorgangs, es handelt sich um sog. *Stoppcodons*. Die einzelnen Codons haben bei nahezu allen Lebewesen die gleiche Bedeutung. Eine gegebene m-RNA wird also in fast allen Organismenarten in die gleiche Aminosäuresequenz übersetzt. Der genetische Code ist *universell*.

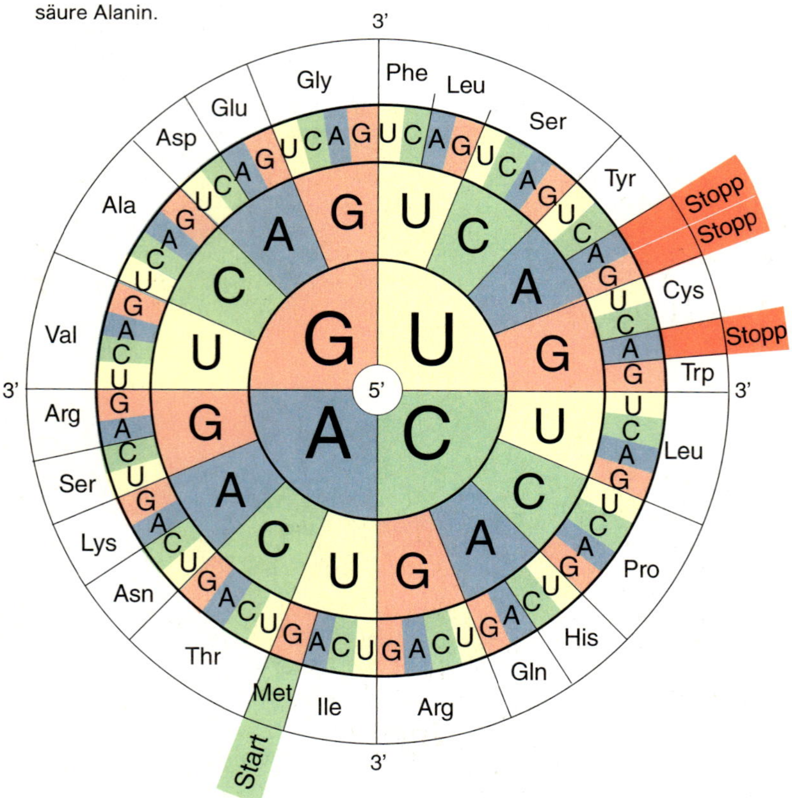

1 Codesonne

Aufgaben

① Suchen Sie das Startcodon und translatieren Sie diese m-RNA-Sequenz: 5'UUAGAUGAGCGACGAACCCCU-AAAAUUUACCUAGUAGUAGCCAU3'

② In welche Aminosäuresequenz wird folgender Abschnitt eines codogenen Matrizenstrangs der DNA übersetzt? 3'CTGGCTACTGACCCGCTTCTTCTATC5'

③ Lassen Sie den ersten Buchstaben im Beispielsatz „VORDERRNAISTDIEDNA" weg und behalten den „Triplettcode" bei, wird der Sinn des Satzes entstellt. Welche Konsequenz hätte es, wenn in der oben gezeigten DNA-Sequenz die erste Base nach dem Start wegfallen würde?

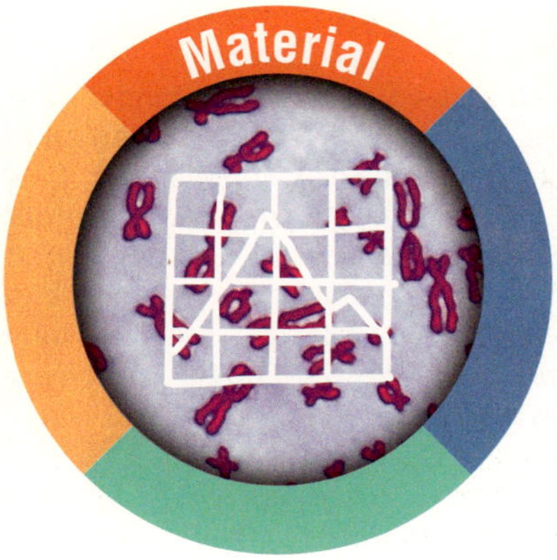

Die Entdeckung des genetischen Codes

Lange Zeit konnte keine eindeutige Aussage darüber getroffen werden, welches Basentriplett für welche Aminosäure codiert. Die beiden Wissenschaftler MARSHALL NIRENBERG und PHILIP LEDERER beschrieben im Jahre 1964 einen experimentellen Ansatz, mit dem der genetische Code in der Folgezeit vollständig aufgeklärt werden konnte.

Der Triplettbindungstest

NIRENBERG und LEDERER synthetisierten kurze m-RNA-Moleküle mit bekannter Basensequenz. Diese mischten sie mit Ribosomen, die aus Bakterien isoliert worden waren. Die Untersuchungen zeigten zunächst, dass die m-RNA-Moleküle an die Ribosomen binden.
In einem zweiten Schritt gaben sie alle zur Proteinbiosynthese notwendigen Bestandteile in ein Reagenzglas. In diesem zellfreien System befanden sich in der Hauptsache:

- gereinigte Ribosomen
- ein Gemisch aller 20 in Lebewesen vorkommenden Aminosäuren (jeweils von Versuch zu Versuch wechselnd war eine der Aminosäuren radioaktiv markiert)
- eine m-RNA aus drei Nucleotiden bekannter Basensequenz

Nachdem die genannten Komponenten zusammengebracht worden waren und aufeinander einwirken konnten, wurde das Gemisch auf einen Filter gegeben. Die Porengröße des Filters wurde so gewählt, dass es Teilchen von der Größe eines Ribosoms zurückhält, kleinere Teilchen hingegen passieren lässt. Dann wurde untersucht, ob sich das radioaktive Signal auf dem Filter oder im Filtrat befindet.

Vier Schlüsselexperimente

Die beiden Forscher gaben ihrem zellfreien System eine m-RNA der Basensequenz UUU hinzu. Markierten sie die Aminosäure Serin radioaktiv, fand sich das radioaktive Signal im Filtrat, gaben sie hingegen anstelle von Serin die radioaktiv markierte Aminosäure Phenylalanin hinzu, fand sich das Signal auf dem Filter. In einem weiteren Versuchsblock wurde dem System eine m-RNA der Basensequenz UCU zugegeben. Radioaktiv markiertes Serin fand sich auf dem Filter, radioaktiv markiertes Phenylalanin hingegen im Filtrat.

Aufgaben

① Skizzieren Sie den Versuchsaufbau von NIRENBERG und LEDERER, mit dem der genetische Code entschlüsselt wurde.
② Welche Schlüsse können Sie aufgrund der experimentellen Befunde zur Bedeutung der Tripletts UUU und UCU ziehen?
③ Aus den Ribosomenpräparationen wurden vor den Triplettbindungstests alle m-RNA-Moleküle der Herkunftszellen entfernt. Warum?

Weiterführende Versuche

Gibt man dem zellfreien System längerkettige m-RNA-Moleküle bekannter Basensequenz hinzu, werden nach der Anweisung der künstlichen m-RNA-Moleküle Polypeptide synthetisiert. Die Aminosäuresequenz der isolierten Polypeptide kann ermittelt werden.

Auf diese Weise war es M. NIRENBERG und G. H. KHORANA möglich, weitere Tripletts zuzuordnen. In der Tabelle finden Sie einige Ergebnisse der Versuche. Links angegeben stehen die eingesetzten synthetischen RNA-Moleküle, rechts die dadurch aufgebauten Peptide. Die RNA ist in Kurzschreibweise angegeben; da es regelmäßige Polynucleotide sind, genügt es, ihre sich ständig wiederholenden Bausteine anzugeben. Poly-U bedeutet also eine RNA nur aus Uracil-Nucleotiden (—UUUUUUUUUUUUU—), Poly-A eine nur aus Adenin-Nucleotiden (—AAAAAAAAAAAAA—), Poly AC eine, in der sich regelmäßig immer Adenin- und Cytosin-Nucleotide abwechseln (—ACACACACACAC—).

Aufgaben

④ Verwendet man Poly-U, Poly-A, Poly-C bzw. Poly-G, erhält man die unten aufgeführten Peptide mit jeweils nur einer Aminosäureart. Damit ist die Bedeutung von 4 Tripletts geklärt. Geben Sie diese an.
⑤ Verwendet man RNA, in der zwei Nucleotide abwechselnd vorkommen, erhält man Peptide, in denen sich zwei Aminosäuren abwechseln. Erklären Sie dies. Kann man durch diese Versuche die Bedeutung weiterer Tripletts eindeutig klären?
⑥ Verwendet man andere, regelmäßige Polynucleotide aus längeren Untereinheiten, erhält man im Gemisch verschiedene Peptide (s. unten). Warum werden dann jeweils mehrere verschiedene Peptide aufgebaut? Klären Sie mithilfe der Angaben zu Aufgabe 4 und 5 die Bedeutung weiterer Nucleotide auf.
⑦ Auch RNA-Moleküle mit 4 regelmäßig wechselnden Nucleotiden wurden konstruiert. Welche Tripletts lassen sich mithilfe des Produktes (s. Tabelle) klären? Warum tritt eine Wiederholung in der Primärstruktur nach 4 Aminosäuren auf?

RNA	Damit entstehende Peptide
Poly-U	Phe - Phe - Phe - Phe - Phe - . . .
Poly-A	Lys - Lys - Lys - Lys - Lys - Lys - . . .
Poly-C	Pro - Pro - Pro - Pro - Pro - Pro - . . .
Poly-G	Gly - Gly - Gly - Gly - Gly - Gly - . . .
Poly-AC	Thr - His - Thr - His - Thr - His - . . . oder His - Thr - His - Thr - His- Thr - . . .
Poly-AAC	Asn - Asn - Asn - Asn - Asn . . . oder Thr - Thr - Thr - Thr - Thr - Thr . . . oder Gln - Gln - Gln - Gln - Gln - Gln - . . .
Poly-ACC	Thr - Thr - Thr - Thr - Thr - . . . oder Pro - Pro - Pro - Pro - Pro - . . . oder His - His - His - His - . . .
Poly-ACCC	Thr - His - Pro - Pro - Thr - His - Pro - Pro - . . .

t-RNA — Vermittler zwischen m-RNA und Peptiden

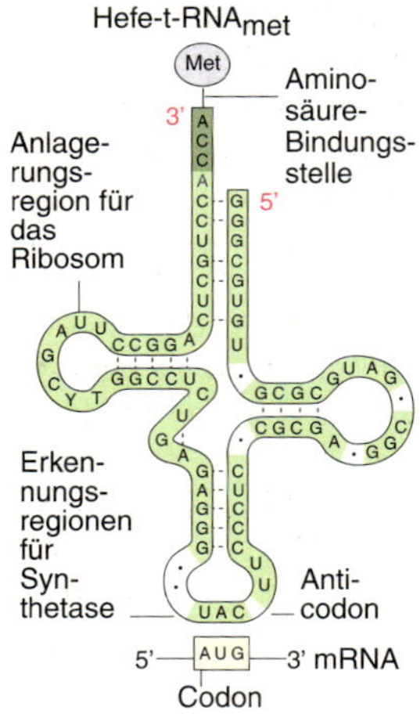

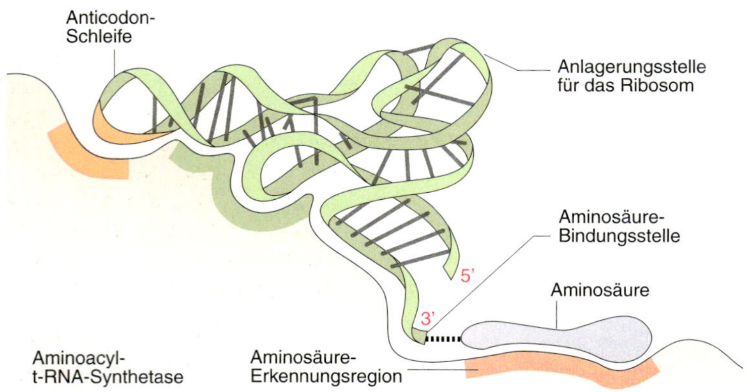

1 Beladung einer t-RNA mit einer Aminosäure (Met)

Der genetische Code gibt an, welches Basentriplett in welche Aminosäure des entsprechenden Polypeptids übersetzt wird. Er ist das Wörterbuch für die Übersetzung. Als Vermittler ist eine besondere Nucleinsäure eingeschaltet, die *Transfer-RNA* (t-RNA, t für lat. *transferre*, übertragen), sie stellt das Bindeglied zwischen Basen- und Aminosäuresequenz dar. Die t-RNA besteht aus Ribonucleotiden und hat eine Kleeblattstruktur. Die t-RNA-Moleküle besitzen zwei exponierte Bindungsstellen:

- Das so genannte *Anticodon* bindet nach der Basenpaarungsregel komplementär an bestimmte m-RNA-Tripletts.
- Die Aminosäurebindungsstelle, an der eine bestimmte Aminosäure angelagert wird, und zwar diejenige, die nach den Regeln des genetischen Codes von dem zugehörigen m-RNA-Triplett verschlüsselt wird.

Hochspezifische Enzyme, die sog. *Aminoacyl-t-RNA-Synthetasen*, erkennen das Anticodon einer t-RNA und beladen diese mit der dazugehörigen Aminosäure. Man könnte auch sagen, der genetische Code beruhe auf der Fähigkeit von Aminoacyl-t-RNA-Synthetasen, bestimmten RNA-Tripletts definierte Aminosäuren zuzuordnen. Dies ist der entscheidende Schritt bei der Realisierung des genetischen Codes. In allen Zellen gibt es 20 verschiedene Synthetasen, für jede Aminosäure eine. Es sind rund 50 verschiedene t-RNA Arten bekannt, also mehr als genug, um jeweils genau eine der 20 Aminosäuren spezifisch zu binden. Pro Aminosäure kann es mehrere Typen von t-RNA-Molekülen geben, die meisten Aminosäuren werden durch mehrere Tripletts codiert, der genetische Code ist redundant. Auch für t-RNA-Moleküle codieren DNA-Abschnitte.

Zettelkasten

Wobble-Hypothese

Eigentlich könnte man erwarten, dass in jeder Zelle 61 verschiedene t-RNA-Moleküle anzutreffen sind, nämlich eines für jedes m-RNA-Codon, das für eine Aminosäure codiert. Man weiß jedoch, dass eine Zelle mit nicht mehr als 31 verschiedenen t-RNA-Moleküle auskommen kann. F. Crick formulierte dazu die *Wobble-Hypothese* (engl. *wobble* = wackeln). Aufgrund der Raumstruktur der t-RNA lässt der kurze komplementär gepaarte Bereich von Anticodon und Codon unübliche Basenpaarungen zu. Ein einziges Anticodon kann daher mit mehr als einem Codon-Typ paaren, von der gleichen t-RNA ablesbare Codons bilden eine Codon-Familie. Die Regeln des genetischen Codes bleiben davon unberührt, der Code wackelt nicht.

Die ungewöhnliche Base *Inosin* (I) kann mit C, A, und U Basenpaarungen eingehen. AUC, AUU, AUA codieren für die Aminosäure Isoleucin.

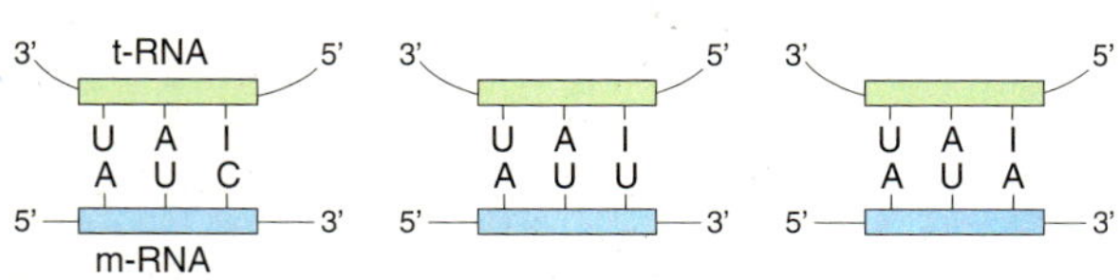

Codon-Bevorzugung

Die Codons gleicher Bedeutung werden erstaunlicherweise nicht immer gleich häufig verwendet. In systematisch nahe verwandten Organismengruppen werden oftmals die gleichen Codons bevorzugt und andere vermieden. Gewissermaßen verwenden verschiedene Organismengruppen unterschiedliche genetische Dialekte.

Für die Aminosäure Prolin codieren die vier Tripletts CCC, CCG, CCA und CCU. Im Genom des Menschen codiert das Triplett CCC für 33 % aller Prolin-Moleküle, es ist damit das bevorzugte Triplett. Bei der Ratte ist das bevorzugte Triplett CCC (32 %), bei *Escherichia coli* CCG (51 %), bei der Hefe *Saccharomyces cerevisiae* CCA (41 %), bei *Saccharomyces frugiperda* codieren die Tripletts CCA und CCT mit 29 % gleich häufig.

Aufgabe

① Die Codon-Bevorzugung spiegelt sich in der Konzentration der t-RNA-Moleküle wider.
Welches Problem kann auftreten, wenn man ein Gen, beispielsweise von Escherichia coli, auf Saccharomyces frugiperda überträgt, um das zugehörige Protein herstellen zu lassen?

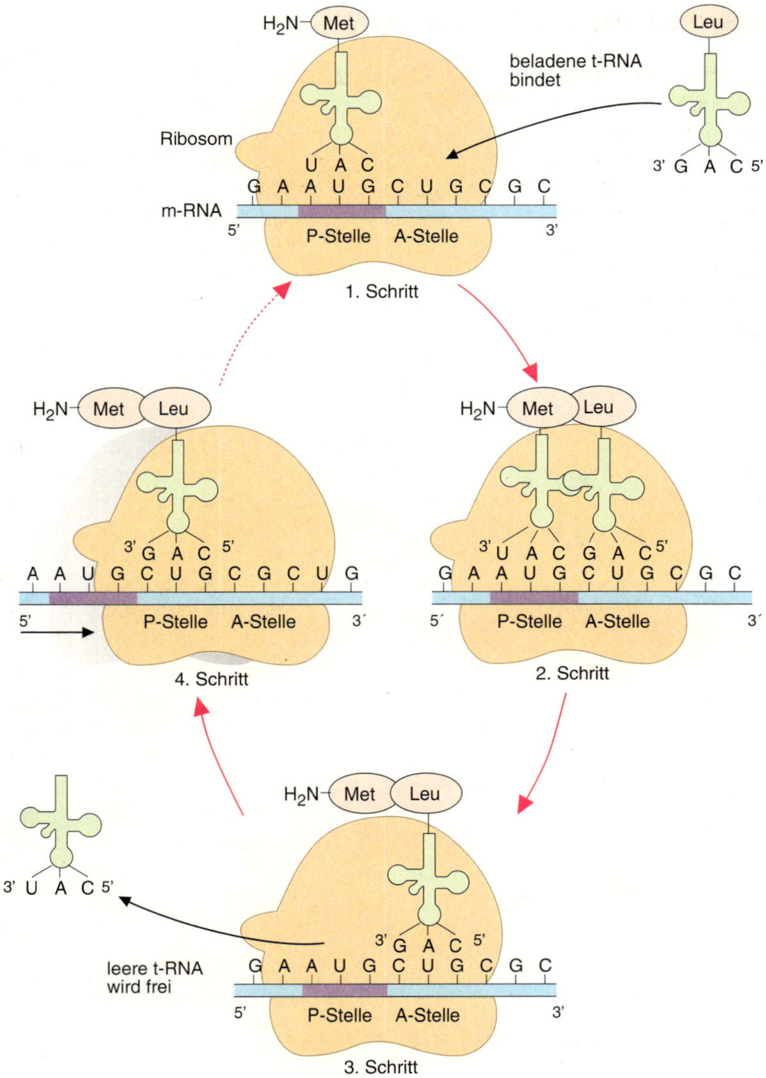

1 Der Translationsvorgang: Kettenverlängerung

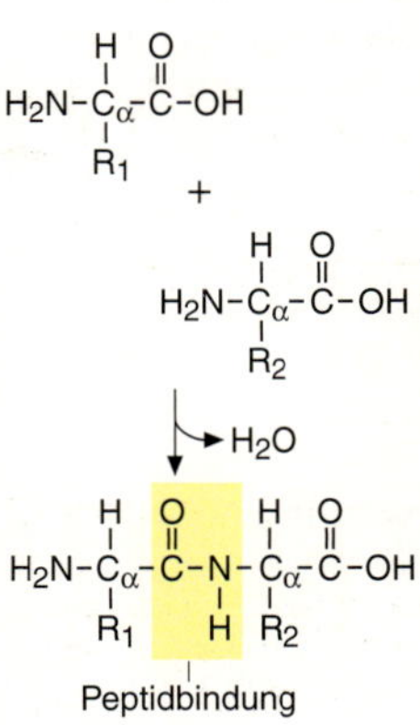

Translation: ein Protein entsteht

Die *Translation* ist nach der Transkription der zweite Schritt auf dem Wege der Genexpression. Dabei wird die *Basensequenz* der m-RNA in die *Aminosäuresequenz* des Proteins übersetzt *(translatiert)*. Die Translation erfolgt an den Ribosomen. Diese Organellen der Proteinbiosynthese bestehen aus Protein und Nucleinsäure, der *r-RNA*. Das funktionsfähige Ribosom ist aus zwei unterschiedlich großen Untereinheiten zusammengesetzt.

Die Translation gliedert sich in vier Teilreaktionen. Zunächst treten die beiden ribosomalen Untereinheiten am *Startcodon* einer m-RNA zusammen. An das Startcodon (AUG) lagert sich nach dem Prinzip der komplementären Basenpaarung die Methionin-t-RNA (Anticodon UAC) an. Das t-RNA-Molekül bindet zudem an die P-Stelle des Ribosoms. An der A-Stelle lagert sich eine weitere beladene t-RNA an (1. Schritt, Abb. 1), deren Anticodon zum nächsten Codon der m-RNA passt. Sind Codon und Anticodon basenkomplementär, wird die entsprechende t-RNA noch fester gebunden. Nicht passende Moleküle fallen wieder ab. Bei Basenkomplementarität werden die Aminosäuren der beiden t-RNA-Moleküle unter Energieaufwand chemisch miteinander verknüpft (2. Schritt). Das Ribosom führt diese enzymatische Reaktion durch.

Zur Verlängerung der Aminosäurekette wird das Ribosom um ein Basentriplett auf der m-RNA in Translationsrichtung (von 5' nach 3') versetzt. Die t-RNA an der P-Stelle rückt aus dem Ribosom heraus und löst sich ab (3. Schritt). Die verbliebene t-RNA rückt dabei von der A-Stelle zur P-Stelle vor, die A-Stelle ist wieder frei (4. Schritt). Sie liegt nun am nächsten Codon der m-RNA und kann eine t-RNA mit passendem Anticodon komplementär binden. Die entsprechende Aminosäure wird mit dem Dipeptid zu einem Tripeptid verknüpft. Auf diese Weise folgt ein Zyklus dem anderen und das Peptid wird dabei jeweils um eine Aminosäure verlängert.

Der beschriebene Verlängerungsvorgang wiederholt sich solange, bis das Ribosom auf ein *Stoppcodon* der m-RNA trifft. Dazu gibt es keine nach den Regeln des genetische Codes passende t-RNA. Der Abbruch der Translation wird eingeleitet: Der Komplex aus Ribosom und m-RNA zerfällt und die synthetisierte Aminosäurekette wird freigesetzt.

Aufgaben

① RNA und Proteine gehören unterschiedlichen chemischen Stoffklassen an. Dennoch gibt es strukturelle und funktionelle Parallelen. Begründen Sie.

② Das Codon AUG hat zwei verschiedene Bedeutungen, je nachdem ob es sich am Anfang einer m-RNA oder nicht befindet. Begründen Sie.

③ Formulieren Sie zu dem codogenen DNA-Abschnitt unten die komplementäre m-RNA. Formulieren Sie dann die komplementären Anticodons und die zugehörigen Aminosäuren:
3' CTGGCTTGAACCCGCTTC 5'

Proteinbiosynthese bei Prokaryoten

Prokaryoten
Organismen ohne Zellkern, ohne membranumgrenzte Organellen, z. B. Bakterien

Eukaryoten
Organismen mit Zellkern und membranumgrenzten Organellen, z. B. Pflanzen, Tiere

Die Grundzüge von Transkription und Translation wurden zunächst an *Prokaryoten* genauer erforscht. Man erkannte, dass ein *Promotor*, also die Erkennungs- und Bindungsstelle der RNA-Polymerase, die Leserichtung der Polymerase vorgibt. An den DNA-Einzelstrang, der von 3' nach 5' verläuft, werden die RNA-Nucleotide mit einer Geschwindigkeit von ca. 2500 Nucleotiden pro Minute komplementär angelagert. Er stellt den *codogenen Strang* dar und gibt den Sinn der m-RNA, d. h. ihre Basensequenz vor. Die Basenfolge der entstehenden m-RNA kann man aber leicht am gegenüberliegenden DNA-Strang ablesen, indem man Thymin (T) durch Uracil (U) ersetzt.

Die m-RNA ist bei *Prokaryoten* schon während ihrer Synthese frei zugänglich. Die Ribosomen können am zuerst entstehenden freien 5'-Ende bereits ansetzen, während die Transkription der folgenden Abschnitte noch erfolgt. Ist das erste Ribosom ein Stück auf der m-RNA vorgerückt, setzt schon ein weiteres an dem wieder frei gewordenen 5'-Ende an. So wird die m-RNA gleichzeitig mehrfach abgelesen, an jeder m-RNA befinden sich mehrere Ribosomen, der Komplex wird *Polysom* genannt.

Neu synthetisierte Proteinmoleküle können bereits eine halbe Minute nach Beginn der Transkription in der Bakterienzelle nachgewiesen werden. Allerdings wird die dabei verwendete m-RNA auch schon nach wenigen Minuten wieder abgebaut. Diese kurze Lebensdauer ist für Bakterien biologisch bedeutsam angesichts der kurzen Generationszeit, die unter günstigen Bedingungen weniger als 30 Minuten betragen kann. Viele verschiedene m-RNA-Moleküle können in kurzer Zeit wirksam werden, die synthetisierten Proteine können sofort die verschiedensten Stoffwechsel- und Entwicklungsschritte steuern. Auch eine schnelle Reaktion auf wechselnde Umweltbedingungen ist möglich, indem die jeweils benötigten Proteine erzeugt werden können, die Synthese aber nicht länger fortdauert als es dem momentanen Bedarf entspricht. Nucleotide abgebauter m-RNA werden wieder verwendet.

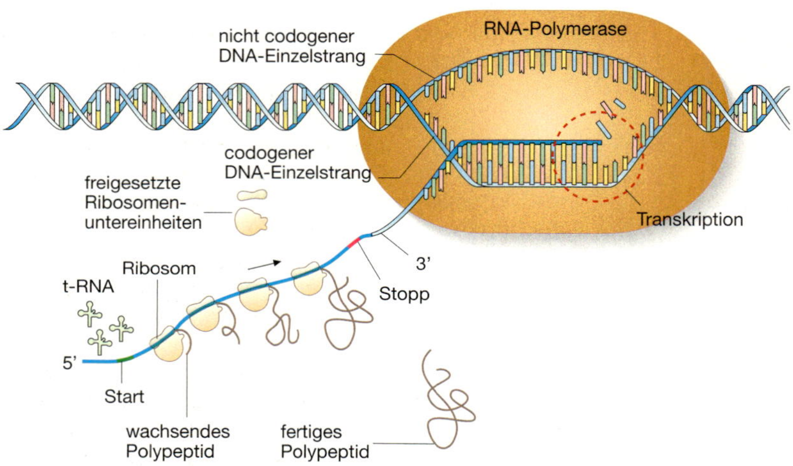

1 Schema der Proteinbiosynthese bei Prokaryoten

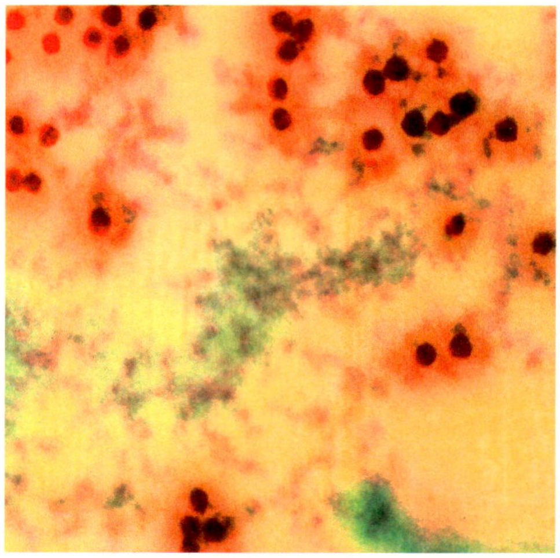
2 Polysomen

Zettelkasten

Stabile und instabile RNA

Die DNA-Matrix dient nicht nur zur Transkription von *messenger-RNA*, sondern auch zur Synthese von *ribosomaler-RNA* und *transfer-RNA*. Das E. coli-Genom enthält 7 Gene für die r-RNA-Synthese und 80 für die t-RNA-Synthese, der Rest codiert für m-RNA zur Proteinsynthese. Alle RNA-Typen werden mit etwa gleicher Rate gebildet. Von der gesamten RNA in einer Bakterienzelle bestehen dagegen 75 bis 80 % aus r-RNA, 10 bis 20 % aus t-RNA und nur 5 bis 10 % aus m-RNA. r-RNA ist stabiler.

Der Strukturbestandteil der Ribosomen, die m-RNA, ist dagegen kurzlebig (instabil) und wird schon wenige Minuten nach der Synthese wieder abgebaut. Das versetzt die Bakterienzelle in die Lage, auf die sich schnell ändernden Umweltbedingungen (z. B. Nährstoffangebot) mit der Produktion geeigneter Enzyme zu antworten. m-RNA kann außerdem gezielt ausgeschaltet werden, indem sie von Enzymen in Stücke zerschnitten wird oder sich mit einem komplementären Strang zum Doppelstrang zusammenlagert und nicht mehr abgelesen werden kann.

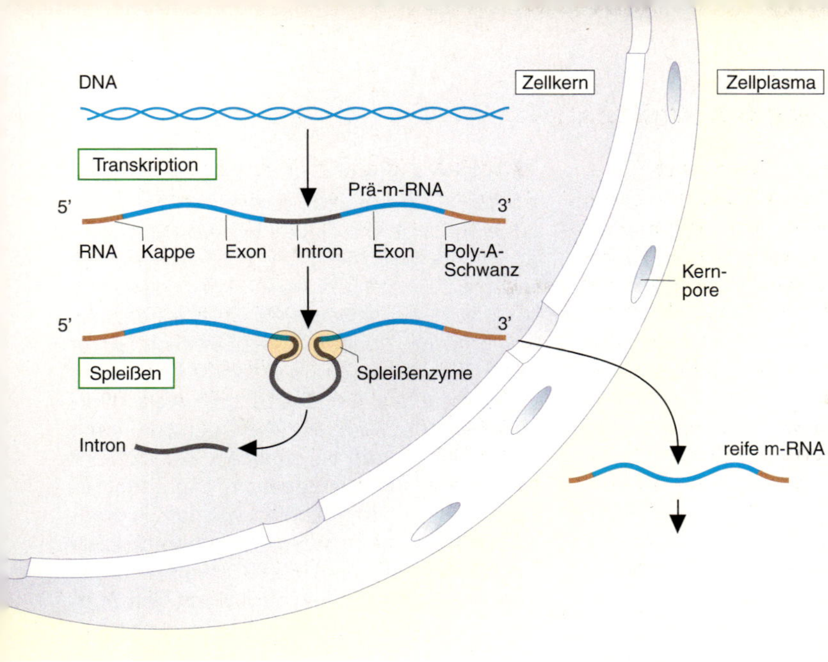

1 Spleißen der RNA bei Eukaryoten

Proteinbiosynthese bei Eukaryoten

Bei Eukaryoten verläuft die Proteinbiosynthese prinzipiell in den gleichen Phasen ab wie bei Prokaryoten. Auffällig ist, dass die durch Transkription entstehende m-RNA bei Eukaryoten zunächst ungleich länger ist als es das codierte Protein erfordern würde. Sie ist ein Vorläufer *(Prä-m-RNA)* und muss vor der Translation in eine funktionsfähige m-RNA umgewandelt werden. Nur einige Abschnitte des RNA-Stranges, die *Exons*, enthalten die Information für das Protein. Dazwischen liegen nicht informationstragende Abschnitte, die *Introns*. Sie können zwischen 50 und 30000 Nucleotide lang sein. Sie werden an vorbestimmten Stellen durch Schneideenzyme zu einer Schleife zusammengelegt und ausgeschnitten. Die *Exons* werden zur eigentlichen m-RNA verknüpft. Dieser gesamte Vorgang heißt *Spleißen*. Bei Prokaryoten existieren keine Introns und daher gibt es keine Spleiß-Vorgänge.

Eukaryotische m-RNA-Moleküle haben eine wesentlich höhere Lebensdauer als prokaryotische. An ihr 3'-Ende wird nämlich nach der Transkription eine Schutzgruppe aus 150 bis 200 Adenin-Nucleotiden *(Poly-A-Schwanz)* angehängt, die den enzymatischen Abbau deutlich verlangsamt. Am 5'-Ende wird eine „Kappe" aus methyliertem Guanin aufgesetzt. Sie ist wichtig für den Kontakt zur kleinen Ribosomen-Untereinheit zu Beginn der Translation. Die reife *m-RNA* wird aus dem Zellkern über die Kernporen zum *rauen Endoplasmatischen Retikulum* transportiert. An dessen Ribosomen findet dann die Translation statt.

Nach ihrer Synthese an den Ribosomen werden viele eukaryotische Proteine noch verändert. Beim unreifen *Insulin* z.B. gibt es zwei Aminosäureabschnitte, die dem Endprodukt Insulin in den Körperflüssigkeiten fehlen. Die *Präsequenz* ermöglicht den Eintritt in das Endoplasmatische Retikulum. Sie wird dort entfernt. Die *Prosequenz* wird ebenfalls im ER abgetrennt. Erst in dieser Form kann das Molekül an den Insulinrezeptor binden. Lysosomale Verdauungsenzyme werden mit einem Mannose-Phosphatrest etikettiert und werden erst aufgrund dessen den Lysosomen zugeführt. Fehlt der Zuckerrest aufgrund genetischer Defekte, gelangen die Enzyme in die Körperflüssigkeiten und fehlen in den Lysosomen.

Zettelkasten

DNA in Chloroplasten und Mitochondrien

Chloroplasten und Mitochondrien werden von Zellen nicht neu gebildet, sondern vervielfältigen sich durch Teilung. Beide Zellorganellen besitzen eigene DNA, die sich vom Genom des Zellkerns z.B. dadurch unterscheidet, dass sie keine Introns besitzt (Abb. 1). Die mitochondriale DNA ist haploid (keine Rekombination) und relativ klein. Die DNA liegt wie bei Prokaryoten ringförmig geschlossen vor und ist nicht mit Histonen verbunden. Mitochondriale Gene werden in den Mitochondrien transkribiert und an eigenen Ribosomen, die bakteriellen Ribosomen ähneln, translatiert. Mitochondriale DNA codiert für einige Enzyme des Energiestoffwechsels, für t- und r-RNA-Moleküle.

Das Chloroplasten-Genom ist ebenfalls ringförmig geschlossen und trägt bis zu 120 Gene. Auch die Ribosomen der Chloroplasten ähneln bakteriellen. Aufgrund dieser Ähnlichkeiten vermutet man, dass sich die Chloroplasten und Mitochondrien der Eukaryoten aus aufgenommenen Prokaryoten entwickelt haben *(Endosymbionten-Hypothese)*.

Aufgaben

① Menschliches Insulin kann von „umprogrammierten" Bakterienzellen erzeugt werden. Man überträgt dazu die für Insulin codierende Nucleinsäure. Mit welchen Schwierigkeiten ist aufgrund der unterschiedlichen Proteinbiosynthese von Pro- und Eukaryoten zu rechnen?

② Mithilfe der Endosymbionten-Hypothese wird erklärt, wie eukaryotische Zellen zu ihren Organellen gekommen sein könnten. Ein Teil der Komplexität eukaryotischer Zellen beruht also darauf, dass weniger komplexe Einzelzellen eine Symbiose eingegangen sind. Erläutern Sie.

Regulation der Genexpression

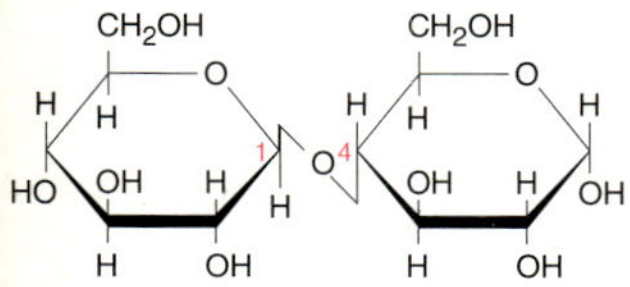

Lactose

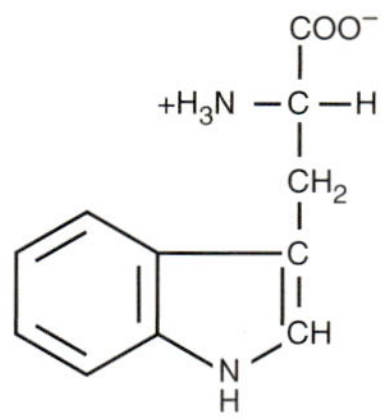

Tryptophan

Lactose und Tryptophan

Viele Proteine werden in Zellen ständig benötigt, z. B. die Enzyme des Energiestoffwechsels oder die strukturbildenden Proteine des Zellskeletts. Andere Proteine sind nur unter besonderen Bedingungen erforderlich, bei Bakterien z. B. wenn anstelle von Glucose der Zucker Lactose als Nährstoff angeboten wird. Gene, die ständig transkribiert werden, nennt man *konstitutive Gene*, solche, die je nach Bedarf kurzfristig an- oder abgeschaltet werden, *regulierte Gene*.

Das Operon-Modell

Welcher Mechanismus für das An- und Abschalten von Genen verantwortlich ist, untersuchten die Forscher FRANCOIS JACOB und JACQUES MONOD an Bakterien. Für das vorgeschlagene Operon-Modell zur Regulation der Genaktivität erhielten die beiden Forscher zusammen mit ANDRE LWOFF 1965 den Nobelpreis. Ihre Vorhersagen zur Regulation der Genaktivität auf Transkriptionsniveau wurden später mithilfe molekularbiologischer Methoden bestätigt. Das Modell gilt auch für viele eukaryotische Gene. (→ 154/155)

Substrat-Induktion

Von einem Regulatorgen wird ein Repressorprotein fortlaufend erzeugt. Ist keine Lactose (Milchzucker) vorhanden, ist der *Repressor* an einen bestimmten DNA-Abschnitt, den *Operator*, gebunden (Abb. 1, oben) und blockiert die Transkription der Gene des Lactosestoffwechsels. Dringt von außen Lactose als *Effektor* (Abb. 1 unten) in die Zelle ein, lagern sich die Lactosemoleküle an den Repressor an. Der ändert daraufhin seine Raumstruktur, löst sich von der DNA ab und ist inaktiviert. Die RNA-Polymerase hat „freie Bahn“ und transkribiert die Gene des Lactosestoffwechsels. Die translatierten Enzyme spalten den Zweifachzucker Lactose in Glucose und Galactose, die dann im Stoffwechsel des Bakteriums weiter verwertet werden können. Der Operator ist mit einem Schalter zu vergleichen, der darüber entscheidet, ob die Gene des Lactosestoffwechselweges transkribiert werden. Promotor, Operator und die von ihnen kontrollierten Gene bilden eine Funktionseinheit, das *Operon*. Beim lac-Operon bewirkt das Substrat (Lactose), dass der Syntheseweg angeschaltet wird.

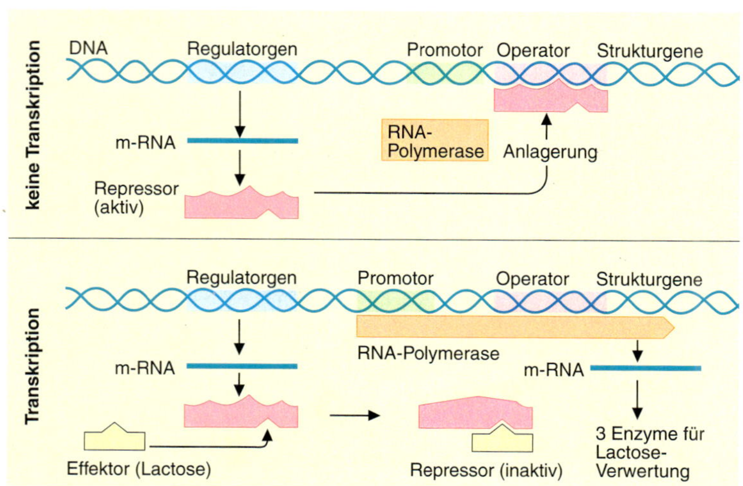

1 Substrat-Induktion: Das lac-Operon von E. coli

Endprodukt-Repression

Bei der Endproduktrepression bewirkt die hohe Konzentration des Endprodukts, dass der Syntheseweg abgeschaltet wird (*negative Rückkopplung)*. Der Syntheseweg der Aminosäure Tryptophan ist ein solcher negativ rückgekoppelter Vorgang: Durch ein Regulatorgen wird ein Repressorprotein erzeugt, das inaktiv ist, es bindet nicht an seinen Operator auf der DNA. Die Gene, die für die Enzyme des Tryptophanstoffwechselwegs codieren, werden ungehindert in m-RNA transkribiert, diese dann translatiert (Abb. 39. 1 oben). Die Tryptophankonzentration steigt infolgedessen in der Zelle an, bis es immer wahrscheinlicher wird, dass ein Tryptophanmolekül mit einem Repressorprotein in Kontakt kommt und bindet (Abb. 39.1 unten). Der Repressor ändert daraufhin seine Raumstruktur, wird aktiviert und lagert sich an seinen Operator an. Das Tryptophanoperon wird blockiert, die Transkription der Tryptophangene wird gestoppt, die Tryptophansynthese kommt zum Erliegen. Bei fallenden Tryptophanspiegeln löst sich das Tryptophanmolekül aber wieder vom Repressorprotein, die Blockade ist reversibel. Das ist biologisch auch sinnvoll, weil Bakterien auf diese Weise flexibel reagieren und sich veränderlichen Umweltbedingungen anpassen können.

Transkriptionsaktivatoren

Transkriptionsaktivatoren sind Proteine, welche die Transkription eines Gens gezielt steigern. Das Schwermetall Kupfer wird als Spurenelement in geringen Konzentrationen

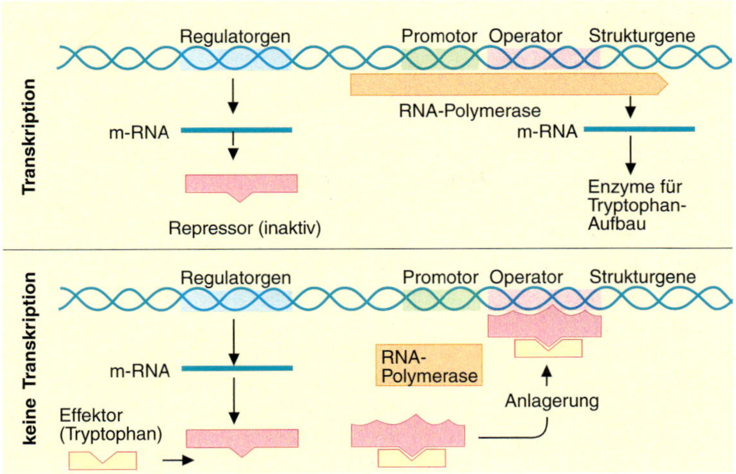

1 Endprodukt-Repression: Das Tryptophan-Operon von E. coli

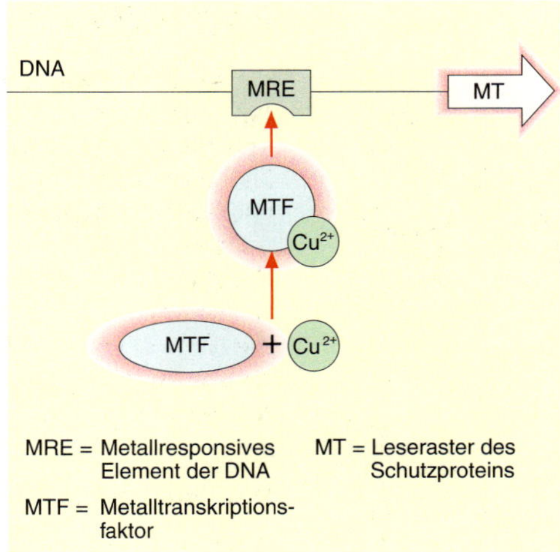

2 Gen-Induktion bei Hefezellen

in allen Zellen benötigt. Zu hohe Konzentrationen dieses Schwermetalls können Zellen jedoch so stark schädigen, dass sie absterben. Hefezellen reagieren auf erhöhte Kupferkonzentrationen, indem sie Kupfer bindende Schutzproteine synthetisieren, die die Ionen unschädlich machen. Dringen Kupferionen in die Hefezellen, binden und aktivieren sie einen Transkriptionsfaktor (MTF). Dieser Komplex bindet an die Steuerungssequenz (MRE) des Gens (MT), das für das Schutzmolekül codiert. Die Polymerase erkennt diesen Komplex und transkribiert das Gen.

Zettelkasten

Induktion durch Hormone

Die größte Masse eines Getreidekorns macht der Mehlkörper aus, der aus abgestorbenen Zellen und dem Reservestoff Stärke besteht. Umgeben wird er von der *Aleuronschicht*, die aus lebenden Zellen besteht. Die Stärke dient dem Embryo während der Keimung als Nährstoff. Gibt man ein Getreidekorn in Wasser, quillt es, das Amylase-Gen der Aleuronzellen wird aktiviert und nach einer gewissen Zeit wird das Enzym Amylase in den Mehlkörper abgegeben. Stärke wird von diesem Enzym zu Zucker abgebaut, der in den Embryo transportiert wird. Die Expression des Amylase-Gens wird vom Embryo durch das Hormon *Gibberellin* veranlasst.

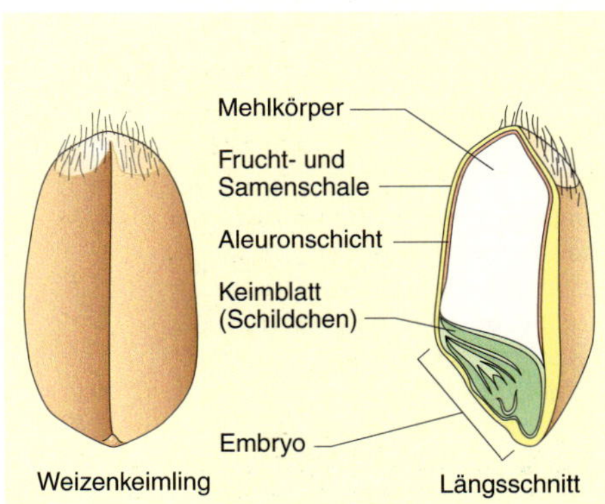

Versuch zur Genregulation bei Weizenkörnern

100 mg lösliche Stärke werden zusammen mit 1 g Agar in 100 ml Wasser aufgekocht. Der flüssige Agar wird in eine Petrischale gegeben. Weizenkörner werden 3 Stunden in Wasser gehalten. Die gequollenen Körner werden in der Mitte quergeschnitten und beide Hälften mit der Schnittfläche auf den Stärke-Agar gelegt. Nach 24 Stunden wird der Agar zum Stärkenachweis mit verdünnter Iod-Kaliumiodidlösung überschichtet.

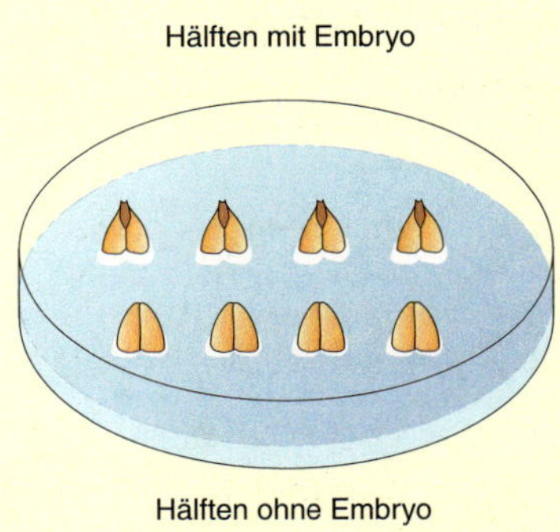

Aufgaben

① Wie erklären Sie die Entfärbung des Agars?
② Warum haben sich unterschiedlich große Höfe gebildet?
③ Mit welchem Ergebnis rechnen Sie bei Weizenkörnern, bei denen vor dem Versuch der Embryo abgetrennt wurde?
④ Das Hormon Gibberellin kann künstlich synthetisiert werden. Mit welchem Ergebnis rechnen Sie, wenn dem Stärke-Agar Gibberellin zugegeben wird?

Genregulation

Die Zellen in Kulturen einzelliger Organismenarten, die durch Teilungen aus einer Gründerzelle hervorgegangen sind, und auch die meisten Körperzellen mehrzelliger Arten besitzen identisches genetisches Material. Für die Funktion ausreifender Zellen und ausdifferenzierter Zellen ist jeweils eine festgelegte Auswahl an Genen erforderlich, einige werden erst bei Bedarf aktiviert. Chemische Umwelteinflüsse (z. B. Nährstoffe), physikalische Umwelteinflüsse (z. B. Licht) und Hormone können Genaktivierungen auslösen. Als Folge dieser Genaktivierungen werden Genprodukte, also Proteine gebildet, häufig handelt es sich um Enzyme, mit deren Hilfe die Zellen ihre Stoffwechselwege kontrollieren.

Versuche mit Hefezellen

Mit einfach zu handhabenden eukaryotischen Einzellern wie der Bäckerhefe *Saccharomyces cerevisiae* lassen sich Versuche zur Genregulation durchführen. Bei Anwesenheit von Sauerstoff können Hefezellen eine Reihe von Kohlenhydraten abbauen, wobei CO_2 gebildet wird. An der CO_2-Entwicklung kann die Stoffwechselaktivität der Hefen abgelesen werden.

Material:
Bäckerhefe, Glucoselösung 5 %, Galactoselösung 5 %, Zentrifuge, 2 Gärröhrchen, 3 Gaswaschflaschen

Durchführung:
5 g Bäckerhefe werden in einem gut belüfteten Gefäß zwei Tage lang in 100 ml einer 5%igen Glucoselösung gehalten, sodass sich die Zellen vermehren können. Anschließend wird gut durchgeschüttelt, damit sich die Zellen in der Suspension gleichmäßig verteilen. Von der Suspension überführt man je 30 ml in ein Gefäß mit 70 ml einer 5%igen Glucoselösung und 30 ml in ein Gefäß mit 70 ml einer 5%igen Galactoselösung, belüftet und lässt wieder einen Tag stehen.
Nach erneutem Schütteln zentrifugiert man je 10 ml aus den beiden Kulturen, gießt den Überstand ab und schwemmt die Zellen mit je 10 ml Galactoselösung auf (gut schütteln!). Jede Zellsuspension wird in ein Gärröhrchen überführt.

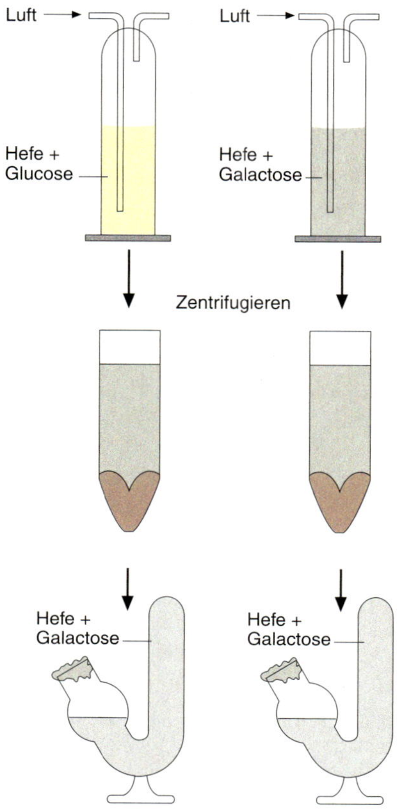

Aufgaben

① Beobachten Sie die Kohlenstoffdioxidentwicklung in den beiden Gärröhrchen in Zeitabständen von einigen Stunden. Protokollieren Sie die Gasbildung und legen Sie eine Grafik an. Vergleichen Sie die Ergebnisse miteinander.
② Worauf dürften die sich ergebenden Unterschiede zurückzuführen sein?
③ Liegt Genregulation durch Induktion oder Repression vor?
④ Das Versuchsergebnis lässt auf den ersten Blick auch die alternativen Schlüsse zu, dass in der Glucoselösung die Galactose verwertenden Zellen ausgestorben sind oder dass zufällig nur Zellen hineingelangt sind, die Galactose nicht verwerten können.
Zeigen Sie, dass diese Erklärungsversuche nicht mit den Versuchsergebnissen in Einklang stehen.

Versuche mit Pflanzen

Pflanzliche Hormone *(Phytohormone)* kontrollieren die biologischen Abläufe von Pflanzenzellen und damit die Genaktivität. Das gasförmige Ethylen beeinflusst Fruchtreifung, Frucht- und Blattfall sowie das Wachstum. Ethylen wird z. B. von reifen Früchten produziert und freigesetzt.

Material:
Petrischalen, reife Äpfel, Kressesamen, Haushaltspapier, Lineal, Aluminiumfolie, Glasglocken, 3 cm große Erbsenkeimlinge, unreife Tomaten bzw. Bananen, Spiritus, Aluminiumoxid, Seesand, Gasbrenner, Reagenzgläser, pneumatische Wanne, Gummischlauch, Glasrohr, durchbohrter Stopfen, Becherglas, Stativ

Durchführung:
Keimung von Kressesamen: Zwei Petrischalen werden mit feuchtem Haushaltspapier ausgelegt, darauf werden jeweils 30 Kressesamen gelegt. In Petrischale 2 werden zu den Samenkörnern reife Apfelstückchen auf Aluminiumfolie liegend gegeben. Die Petrischalen werden drei Tage verschlossen gehalten.

Aufgabe

⑤ Wieviel Prozent gekeimter Samen befinden sich in den beiden Ansätzen? Vermessen Sie die Wurzellängen und bilden Sie Mittelwerte. Unterscheiden sich die beiden Ansätze?

Unter zwei Glasglocken werden Blumentöpfe mit gleichaltrigen Erbsenkeimlingen gesetzt. Unter Glasglocke 2 werden zusätzlich zwei reife Äpfel gelegt.

Aufgabe

⑥ Beobachten Sie die beiden Ansätze eine Woche lang. Protokollieren Sie die Unterschiede.

Unter zwei Glasglocken werden jeweils zwei unreife Tomaten oder Bananen gelegt. Unter Glocke 2 werden zusätzlich zwei reife Äpfel gegeben.

Aufgaben

⑦ Beobachten Sie die Ansätze eine Woche lang. Protokollieren Sie das Reifen der Früchte, also Fruchtfarbe und Zeit. Worin unterscheiden sich die beiden Ansätze?

(8) Stellen Sie Ethylen her (s. Abb.). Bringen Sie das reine Gas anstelle der Ethylen produzierenden reifen Äpfel in die Versuchsansätze. Protokollieren Sie die Veränderungen im Vergleich zur ethylenfreien Kontrolle.

(9) Fassen Sie die Versuchsergebnisse zur Wirkung des Phytohormons Ethylen zusammen. Welche Prozesse hemmt, welche fördert es?

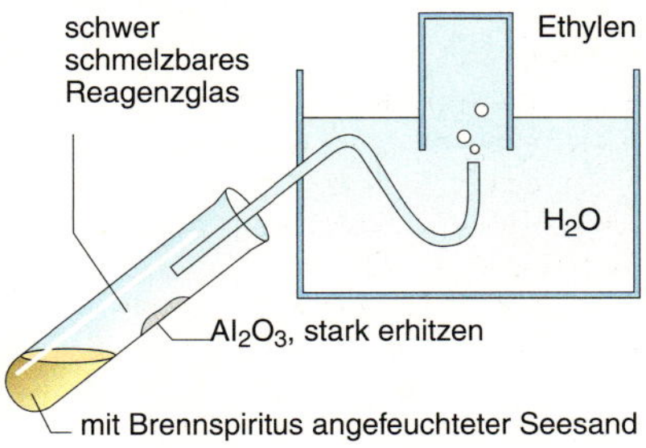

Keimung und Licht

Das Sprosswachstum und die Chlorophyllbildung hängen bei der Samenkeimung von den Lichtbedingungen ab.

Material:
mindestens 30 Samen von Senf oder Kresse, 1 Kopf Endiviensalat, 3 Bechergläser 100 ml, Filterpapier, 3 Kartonscheiben, Lineal

Durchführung:
Auf die Böden der drei Bechergläser legt man Filterpapier und gibt jeweils 5 ml Wasser dazu. Auf das Filterpapier legt man jeweils 10 Samen und deckt anschließend die Bechergläser mit Kartonscheiben ab, damit das Wasser nicht verdunsten kann.

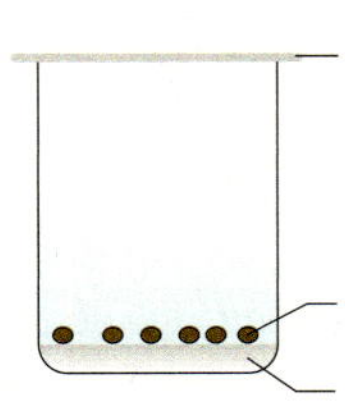

Anschließend werden alle drei Gläser im selben Raum und damit bei etwa gleicher Temperatur gelagert. Glas 1 wird am Fenster, Glas 2 an einen dämmrigen Ort und Glas 3 im Dunkeln gehalten. In den Bechergläsern entwickeln sich Keimlinge, die nach 4 bis 7 Tagen entnommen werden (s. Abb.).

Aufgaben

(10) Vergleichen Sie die Pflanzenkeimlinge der drei Ansätze. Protokollieren Sie die Unterschiede in tabellarischer Form. Achten Sie dabei besonders auf die Färbung, die Länge der Keimsprossen sowie die Größe der am Sprossende befindlichen Keimblätter. Vergleichen Sie die Festigkeit der Sprosse miteinander.

(11) Messen Sie mithilfe eines Lineals die Länge der Sprosse der drei Ansätze. Berechnen Sie jeweils die Längen-Mittelwerte und geben Sie prozentual die Unterschiede an.

(12) Erklären Sie schlüssig an der unterschiedlichen Färbung der im Hellen und im Dunkeln gekeimten Pflanzen, dass die Aktivität von Genen durch Licht beeinflusst wird.

(13) Halbieren Sie einen Salatkopf des Endiviensalats. Vergleichen Sie die Färbung und Festigkeit äußerer und innerer Blätter. Beschreiben und erklären Sie die Unterschiede.

Kallus-Kulturen der Möhre

Ausdifferenzierte Zellen lassen sich experimentell entdifferenzieren. Auf Nährböden gebracht bilden diese Zellen Klumpen locker zusammenhängender Zellen *(Kalli)*. Werden diese voneinander getrennt und dann zusammen mit Phytohormonen *(Auxine, Cytokinine)* gezüchtet, wachsen vollständige Pflanzen heran, die genetisch identisch sind. Die Gentechnik der Pflanzen kommt ohne Kallus-Technik zur vegetativen Vermehrung nicht aus. Wurden pflanzliche Zellen z. B. mit einem Resistenzgen gegen ein Herbizid versehen, werden sie mit der Kallus-Technik vermehrt. Nach Vereinzelung wachsen nur Zellen auf Nährböden zu vollständigen Pflanzen heran, die auch das übertragene Gen enthalten. Auf diese Weise können Pflanzenklone in nahezu unbegrenzter Zahl gezüchtet werden. Im Versuch unten werden Gewebe-Kalli herangezüchtet.

Material:
Möhrensamen oder Sonnenblumenkerne, 70%-Ethanol, Filtrierpapier, sterile Petrischalen, Steril-Tunnel, Pinzette, Skalpell, MS-Nährsalze (Life Tech 10632), Agar, pH-Elektrode oder Indikatorpapier, Enghals-Erlenmeyerkolben, Becherglas, Kochtopf oder Autoklave, 1n HCL, abgekochtes (keimfreies) Wasser, wasserfester Filzstift

Durchführung:
Alle Materialien und Chemikalien, mit denen das Pflanzenmaterial in Berührung kommt, müssen keimfrei sein (30 min in kochendem Wasser). Das Filtrierpapier wird in Ethanol gebadet, in Petrischalen gegeben und im Trockenschrank bei 80 °C getrocknet (Trockenschrank vorher bei höchster Temperatur 30 min keimfrei machen). Die Samenkörner werden zur Oberflächen-Sterilisierung 15 s in Ethanol und dann 2-mal in keimfreiem Wasser gebadet. Die sterilisierten Samenkörner werden in mit feuchtem Filtrierpapier ausgelegten Petrischalen zum Keimen gebracht. 0,2 g MS-Nährsalz, 1,33 g Agar werden in 200 ml Leitungswasser gelöst, der pH-Wert mit HCL auf pH 5.8 eingestellt. Das Ganze wird 30 min gekocht und dann sofort in Petrischalen gegeben. Bei geschlossenem Deckel aushärten lassen. Unter dem Steril-Tunnel (s. Abb.) werden in einer Petrischale aus einem Keimlingsstiel 5 mm lange Stücke geschnitten, 6 davon werden auf den Nähragar gelegt. Bei Raumtemperatur werden die geschlossenen Petrischalen im Dunkeln gehalten.

Aufgabe

(14) Ziehen Sie die Konturen der Kalli auf dem Boden der Petrischale wöchentlich mit einem wasserfesten Filzstift nach. Beobachten Sie die Kallusbildung drei Wochen lang. Protokollieren Sie die Veränderungen.

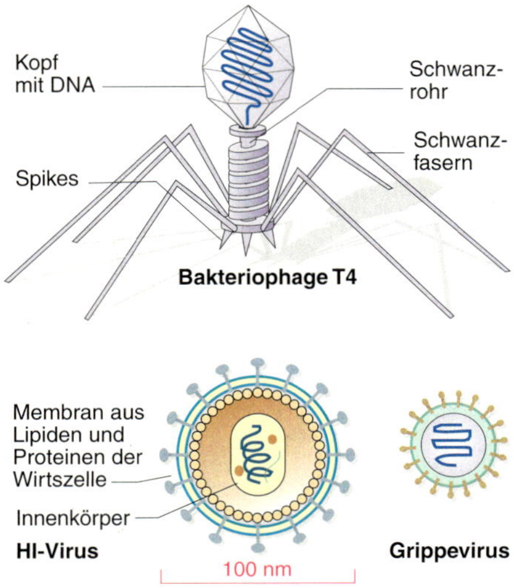

1 Bau verschiedener Viren

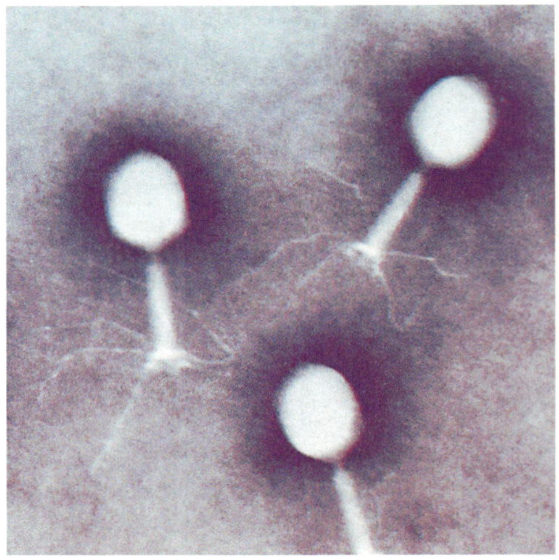

2 T2-Bakteriophagen

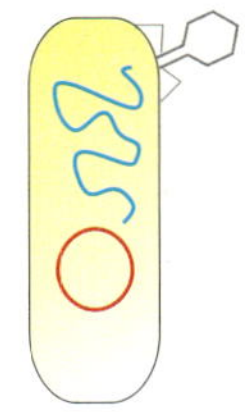

Nach ca. 5 min:
Umsteuerung der Bakterienzelle, Vervielfältigung der Phagennucleinsäuren

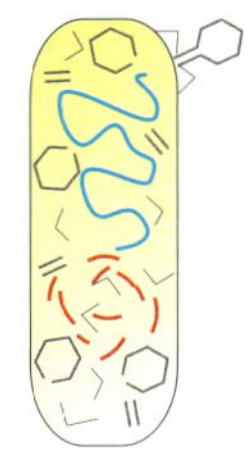

Nach ca. 6 –15 min:
Synthese von Phagenproteinen und -bauteilen

Nach ca. 20 min:
Phagenreifung

Viren: Nucleinsäure macht sich selbstständig

Viren sind mit einer Größe unter 500 nm deutlich kleiner als Bakterien. Sie bestehen im Wesentlichen aus einer Proteinhülle, die ein oder mehrere Nucleinsäuremoleküle (DNA oder RNA) enthält. Da Viren nicht zellulär aufgebaut sind und keinen eigenen Stoffwechsel aufweisen, kann man sie nicht als Lebewesen ansehen. Zur Vermehrung benötigen Viren lebende Zellen und führen oft zu deren Tod. Viren, die Bakterienzellen befallen, bezeichnet man als *Bakteriophagen* (kurz: *Phagen*).

Der *lytische Vermehrungszyklus* lässt sich in *Adsorption, Injektion, Umsteuerung, Phagenreifung* und *Lysis* unterteilen. Bei der Adsorption heftet sich ein Phage mit den Schwanzfasern und seinen Spikes an bestimmte Rezeptormoleküle auf der Oberfläche seines Wirtsbakteriums an. Das hohle Schwanzrohr durchdringt enzymatisch die Zellwand und injiziert die Phagen-Nucleinsäure. Ein Phagen-Genom besteht aus etwa 100 Genen, die nun durch die „versklavte" Bakterienzelle transkribiert und translatiert werden können. Eines der ersten Phagen-Genprodukte ist ein Enzym, das die Bakterien-DNA zerschneidet. Die entstandenen Nucleotide dienen der Replikation der Phagen-Nucleinsäure. Damit hat das Phagengenom die komplette Kontrolle über die Bakterienzelle. Währenddessen läuft auch die Synthese von Phagenproteinen durch die Ribosomen der Bakterienzelle an. Viren besitzen nur wenige Proteintypen, die sich selbstständig aufgrund ihrer Form und Ladungsverteilung zur Phagenhülle zusammenlagern und die Phagen-Nucleinsäure umschließen. Das Enzym Lysozym löst schließlich die Bakterienzellwand auf, die Bakterienzelle platzt und setzt 50 bis 200 Phagen frei *(Lysis)*.

Beim *lysogenen Vermehrungszyklus* werden die Phagengene in der Wirtszelle nicht sofort aktiv, sondern bauen sich in das Wirtsgenom ein. Man bezeichnet das eingebaute Phagengenom als *Prophagen*. Ein Prophage wird vor jeder Zellteilung zusammen mit dem Bakteriengenom repliziert und auf die Tochterzellen übertragen. Erst bei bestimmten Umweltbedingungen gliedert sich der Prophage aus dem Bakteriengenom aus und leitet die Lysis ein.

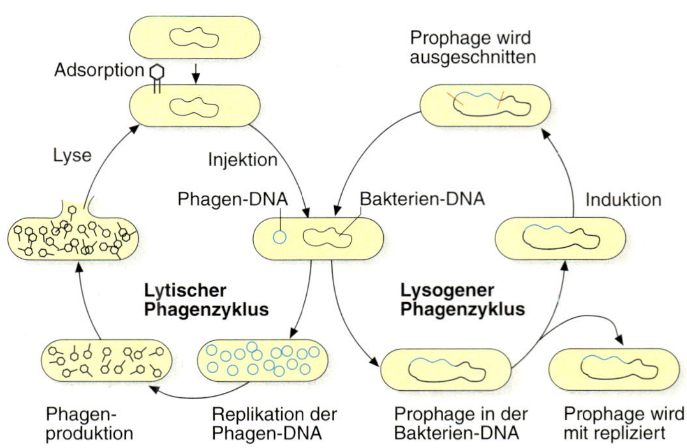

3 Phagenzyklus

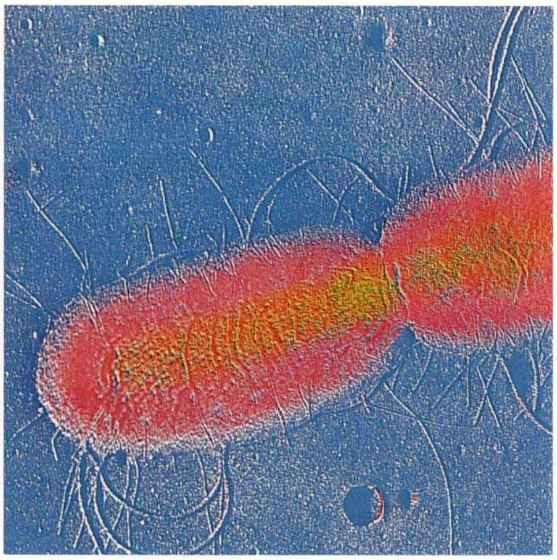

1 Bakterium Escherichia coli

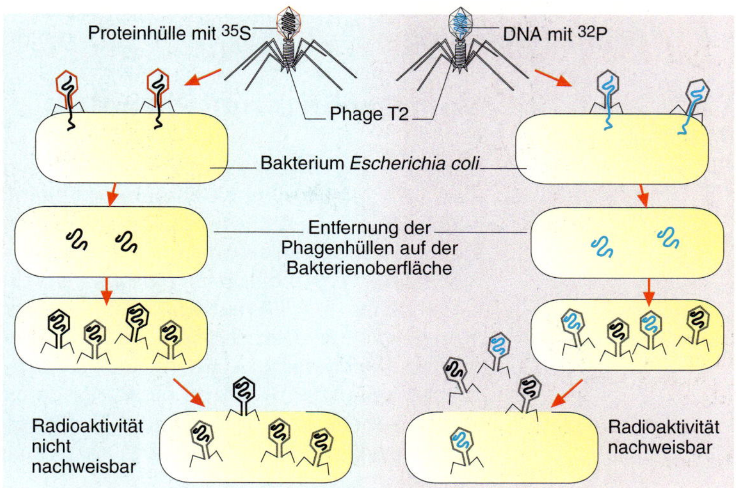

2 Experiment von Hershey und Chase

Bakterien und Viren: Versuchsobjekte der Genetik

Die wichtigsten Erkenntnisse der Molekulargenetik wurden zunächst nicht an Eukaryotenzellen gewonnen, sondern an *Bakterien*, also Prokaryoten. Bakterien sind nur etwa 1 – 2 µm lang und 0,5 µm dick. Die Zellmembran ist etwas anders aufgebaut als bei Eukaryoten und von einer starken Zellwand aus *Murein* umgeben (s. Seite 18). Im Zellplasma liegen als einzige Zellorganellen Ribosomen, sie ähneln den Ribosomen eukaryotischer Mitochondrien und Plastiden. Die Erbinformation einer Bakterienzelle liegt als verknäulter DNA-Ring frei im Plasma, ist also nicht wie bei den Eukaryoten von einer Kernhülle umgeben. Dieses so genannte *Bakterienchromosom* bildet zusammen mit dem umgebenden Plasma das *Kernäquivalent*. Darüber hinaus können kleinere ringförmige *Plasmide* aus DNA vorhanden sein, sie verdoppeln sich unabhängig vom Bakterienchromosom, einige können sich zeitweise in das Bakterienchromosom eingliedern. Im Gegensatz zu den Viren besitzen Plasmide kein extrazelluläres Stadium, möglicherweise haben sich Viren aus Plasmiden entwickelt.

Bakterien teilen und vermehren sich auf geeigneten Nährböden sehr schnell, jeder Zellteilung geht eine DNA-Replikation voraus. Innerhalb weniger Minuten entsteht ein Klon aus Tochterzellen, jeweils mit einer identischen DNA-Kopie. In 1 ml Bakterienkultur können sich mehrere Milliarden Bakterien befinden, darunter findet man immer wieder genetisch veränderte Bakterienzellen. Sie unterscheiden sich meist in ihren biochemischen Fähigkeiten von den Wildtypzellen; so können sie z. B. Antibiotika widerstehen *(Resistenzmutanten)* oder bestimmte Substanzen nicht mehr aufbauen *(Mangelmutanten)*. Alle Mutationen setzen sich im Phänotyp durch, da es kein homologes Doppel des Genoms gibt, das fehlende oder veränderte Gene ausgleichen könnte. Die bei diploiden Eukaryoten notwendige Unterscheidung von dominant und rezessiv vererbten Genen entfällt daher bei Prokaryoten.

Im Jahre 1952 zeigten Alfred Hershey und Martha Chase durch Experimente mit dem Bakterium Escherichia coli und dem Phagen T2, dass tatsächlich die DNA und nicht die Proteine Träger der Erbanlagen sind. Sie markierten die Phagen-DNA mit einem Phosphorisotop (^{32}P), und in einem zweiten Experiment die Phagen-Proteinhülle mit einem Schwefelisotop (^{35}S). Nur die radioaktiv markierte DNA fand sich in den neu gebildeten Phagen, aber nicht die radioaktiv markierten Proteine (Abb. 2). Damit zeigten sie, dass die DNA Träger der Vererbung ist.

Aufgaben

① An Bakterien und Phagen wurden wichtige Erkenntnisse der Genetik gewonnen. Vergleichen Sie die Vor- und Nachteile gegenüber eukaryotischen Versuchsobjekten wie Hefe, Erbse oder Drosophila.

② Hershey und Chase bestätigten mit ihren Markierungsexperimenten die Ergebnisse von Avery und Grittith zur Transformation. Vergleichen Sie.

Arabidopsis thaliana (Ackerschmalwand)
2n = 10 Chromosomen
115 500 000 Basenpaare
ca. 29 000 Gene
ca. 1800 Transkriptionsfaktoren

Ackerschmalwand (Wildtyp)

Vom Genotyp zum Phänotyp

Um zu untersuchen, wie die Basensequenz der DNA letztlich zum sichtbaren Merkmal eines Organismus führt, braucht man einen geeigneten Modellorganismus. Die *Ackerschmalwand (Arabidopsis thaliana)* ist ein unscheinbares Wildkraut aus der Familie der Kohlgewächse *(Kreuzblütler)*. Es hat in den letzten Jahren Karriere in den Genlabors gemacht, unter den Pflanzen nimmt es damit in der Genetik eine Rolle ein, die Taufliegen *(Drosophila melanogaster)* bei den Versuchstieren hatten.

Verschiedene Eigenschaften machen Arabidopsis zu einer idealen Pflanze für Kreuzungsexperimente: Im Labor können viele Individuen auf engem Raum (etwa 300 Pflanzen pro Quadratmeter) gezogen werden. Die Pflanze wird etwa 20 cm hoch, ihre behaarten Blätter bilden eine bodennahe Rosette. Die kleinen Blüten bilden Blütenstände und sind leicht künstlich zu bestäuben, auch Selbstbestäubung ist möglich. Bei 25 °C und Dauerlicht erreichen die Pflanzen schon nach 6 Wochen Samenreife und bilden kleine Schoten mit je 30 bis 50 Samen. Eine einzige Pflanze bringt etwa 10 000 Samen hervor, die leicht auf Blumenerde oder Zuchtmedien keimen. Die Ackerschmalwand wird schon seit Jahren in der botanischen Forschung verwendet, daher sind viele phänotypische Varianten bekannt. Zahllose weitere Varianten wurden durch zufällige Änderungen am Genom *(Mutationen)* künstlich erzeugt (Abb. 1).

Im Jahr 2000 war Arabidopsis die erste Pflanzenart, deren DNA vollständig sequenziert werden konnte. Das Genom von Arabidopsis ist sehr übersichtlich, es ist deutlich kleiner als das der Taufliege und enthält etwa 29 000 für Proteine codierende Gene (s. Randspalte). Die Genexpression wird auch hier von Proteinen kontrolliert, die an bestimmte DNA-Sequenzen *(Promotoren)* binden. Solche *Transkriptionsfaktoren* sind gewissermaßen Schalter im Genom, die über die jeweils abgelesene DNA und damit über die Abschrift als m-RNA entscheiden.

Gene müssen nicht nur im Verlauf der Entwicklung eines Organismus rechtzeitig angeschaltet und abgelesen werden, sondern sie können auch als Antwort auf äußere Reize aktiv werden. Dabei kann es sich um un-

2 Ackerschmalwand bei Trockenheit

1 a) Varianten der Ackerschmalwand in Blattbehaarung (links Wildtyp)

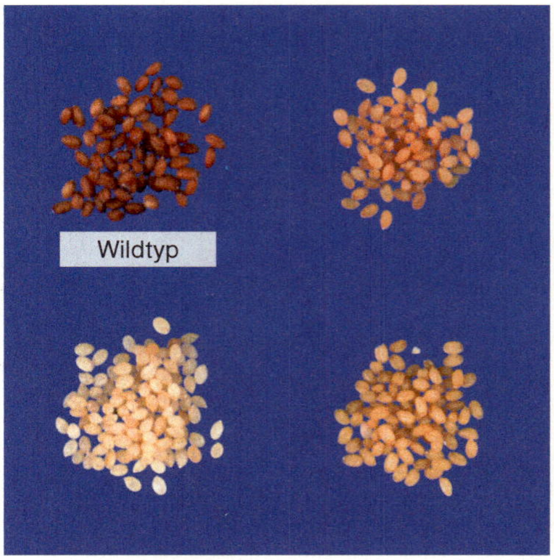

1 b) Samenfarbe

terschiedlichste Faktoren wie Trockenheit, UV-Bestrahlung, Licht, Hitze, Kälte, Mineralstoffmangel, Giftstoffe im Boden oder um den Angriff eines Pilzes oder Bakteriums handeln.

Die Funktion eines Gens lässt sich oft eingrenzen, wenn man es ausschaltet und untersucht, wie sich sein Fehlen auf Aussehen und Entwicklung auswirkt. In der botanischen Genomforschung sucht man dazu aus der Vielzahl vorhandener Varianten diejenige mit dem fehlenden Gen heraus und beobachtet deren Wachstum und Gestalt. Der Bestand an m-RNA in einem Gewebe ist ein Maß für die Gesamtheit der in einem Gewebe aktiven Gene, er lässt sich ebenso wie der Proteinbestand mit automatisierten Verfahren ermitteln. Ein Vergleich mit der unveränderten Pflanze *(Wildtyp)* zeigt, welche Gene z. B. an der Bildung von Haaren oder Farbstoffen beteiligt sind. So erfährt man etwas über die Funktion der Gene und der zugehörigen Proteine.

Auf diese Weise fand man bei Arabidopsis ein Gen, das bei Wassermangel besonders intensiv abgelesen wird. Das Dürre-Gen lässt Pflanzen mit bestimmten Giftstoffen besser fertig werden, die im trockenen Boden vermehrt anfallen. Pflanzenvarianten, bei denen dieses Gen künstlich überaktiviert wird, gedeihen bei Trockenheit besser als der Wildtyp (Abb. 44.2). Andere Ackerschmalwand-Varianten färben sich bei erhöhten Stickstoffdioxid-Konzentrationen rötlich. Möglicherweise könnte das die Minenräumung in Zukunft effizienter gestalten, denn dieses Gas entweicht aus im Boden vergrabenen Landminen.

Die Gensequenzen von Arabidopsis sind in Datenbanken weltweit frei zugänglich. Sie tragen auch zum Verständnis von Nutzpflanzen bei, denn verwandte Arten wie Raps oder Kohl besitzen oft vergleichbare Gene: Kennt man die Funktion eines Gens bei Arabidopsis, kann auf die Funktion des Gens der verwandten Art geschlossen werden.

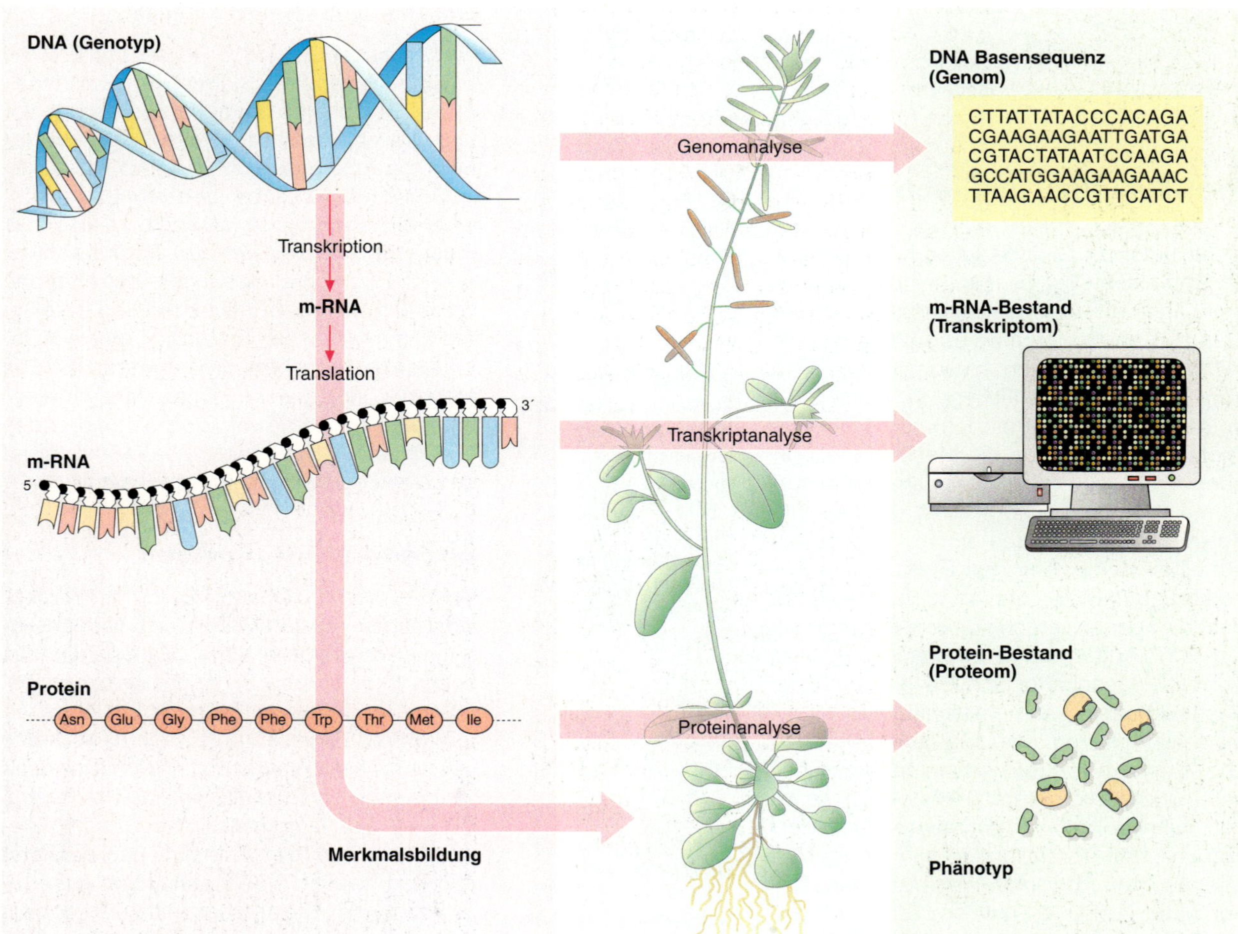

1 Prinzip der Genomforschung

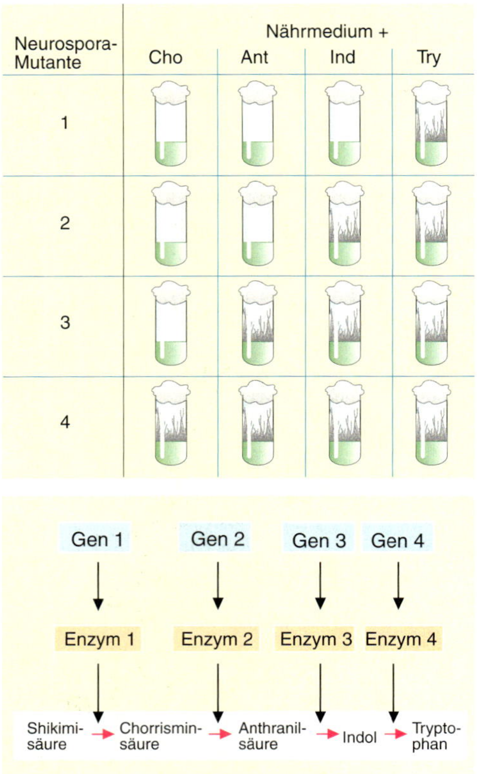

1 Mangelmutanten bei Neurospora

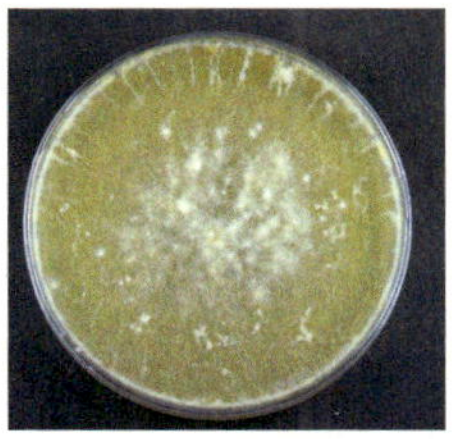

Neurospora

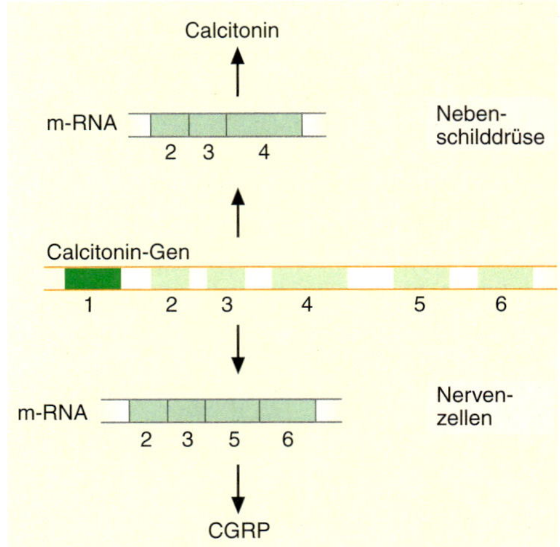

2 Ein Gen, zwei Genprodukte durch Spleißen

Proteinaufbau und -abbau

Gene bilden die Grundlage für die Merkmalsbildung eines Organismus. In ihrer Gesamtheit bilden die Gene eines Organismus den *Genotyp*, seine Merkmale den *Phänotyp*. Die meisten Gene werden zunächst als m-RNA abgelesen und anschließend in Polypeptide übersetzt. Aber erst die funktionstüchtigen Proteine kontrollieren die Merkmalsausprägung. Während Prokaryoten nahezu ihre gesamte DNA geradlinig in RNA und dann in Polypeptide übersetzen, nutzen Eukaryoten nur einen kleinen Teil ihrer DNA zur Proteincodierung und dies oftmals nicht geradlinig, denn es können verschiedene Mechanismen der RNA-Aufbereitung zwischen Gen und Protein eingeschaltet sein. Die gleiche DNA-Basensequenz kann verschiedene Merkmale kontrollieren. Man sagt auch, Genotyp und Phänotyp von Eukaryoten seien „weich" miteinander „verdrahtet". Historisch gesehen führten viele Experimente zu widersprüchlichen Vorstellungen von einem Gen und machten Abwandlungen der Gendefinition nötig. Nicht alle Gene codieren für Enzyme, viele verschlüsseln über die m-RNA die Sequenz von Struktur-Polypeptiden, Transkriptionsfaktoren oder von t-RNA und r-RNA. Ein Gen codiert also für eine RNA. Aber auch hier gibt es Sonderfälle:

Gen
ein RNA codierender DNA-Abschnitt

Genotyp (Erbbild)
Gesamtheit aller Gene (Erbanlagen) eines Organismus

Phänotyp (Erscheinungsbild)
Gesamtheit der Merkmale eines Organismus

Proteom
Gesamtheit der Proteine eines Zelltyps

Genom
Gesamtheit der genetischen Information (codierende und nicht codierende DNA-Abschnitte) einer Zelle

Ein-Gen-ein-Enzym-Hypothese

Die Genetiker GEORGE W. BEADLE und EDWARD L. TATUM hatten 1941 Stämme des Schimmelpilzes Neurospora entdeckt, die nicht in der Lage waren, aus Shikimisäure die lebensnotwendige Aminosäure Tryptophan herzustellen. Erst nach Zugabe einzelner Stoffwechselzwischenprodukte (Abb. 1) konnte das Wachstum angeregt werden. Daraus schlossen die Forscher, dass den betreffenden Stämmen die am Stoffwechselweg beteiligten Enzyme fehlten und führten dies auf Defekte an den zugehörigen Genen zurück. Das Merkmal „erfolgreiche Tryptophansynthese" baut auf einer Kette von Enzym codierenden Genen auf. Es ist ein *polygenes Merkmal*, jedes Gen codiert dabei für ein Enzym.

Ein-Gen-eine-RNA-Hypothese

Das Calcitonin-Gen ist in Zellen der Nebenschilddrüse und in Zellen des Nervensystems (Rückenmark) aktiv. Es besteht aus sechs Exons (Abb. 2). In der Nebenschilddrüse werden nur die Exons 2 bis 4 in der reifen m-RNA belassen und diese dann in das Hormon Calcitonin translatiert. In Nervenzellen hingegen enthält die reife m-RNA nur die Exons 2, 3, 5, 6 (man spricht von *zelltypspezifischem Spleißen*), Translationsprodukt ist das Neuropeptid CGRP *(calcitonin gene related protein)*. Ein und dasselbe Gen codiert in verschiedenen Geweben also für unterschiedliche Genprodukte.

RNA-Edition

Bei der *RNA-Edition* wird die Basensequenz einer transkribierten m-RNA nachträglich verändert. Vom Protein Apolipoprotein B kennt man zwei Varianten unterschiedlicher Funktion: eine größere (ApoB 100), die in vielen verschiedenen Zelltypen von Säugetieren exprimiert wird (Bindungspartner von Cholesterin) sowie eine kleinere (ApoB 48), die nur in Zellen des Dünndarms vorkommt und dort am Fettabbau beteiligt ist. Beide Varianten werden von der gleichen m-RNA codiert. In Dünndarmzellen wird aber im Gegensatz zu anderen Körperzellen ein Cytosin der m-RNA in Uracil umgewandelt. Das entsprechende Sinn-Codon wird in ein Stopp-Codon umgewandelt, die Translation kommt frühzeitig zum Abbruch. Es entsteht ein kürzeres Proteinmolekül.

Das Proteasom – gezielter Proteinabbau

In einer Zelle liegen Tausende verschiedener Proteine vor. Analog zum Begriff *Genom* bezeichnet der Begriff *Proteom* die Gesamtheit aller Proteine einer Zelle. Proteine können in der Zelle miteinander in Wechselwirkung treten und dabei übergeordnete Strukturen ausbilden, wie z. B. Enzymkomplexe. Diese werden meist nicht mit molekularbiologischen, sondern mit biochemischen Methoden *(Elektrophorese, Kristallographie)* sowie der Elektronen- und Immunfluoreszenzmikroskopie untersucht.

Die auf diese Weise gefundenen *Proteasomen* haben in Zellen die Aufgabe, Proteine, die nicht mehr benötigt werden, abzubauen (A. CIECHANOVER, A. HERSHKO, J. ROSE; Nobelpreis 2004). Sie kommen im Zellkern und im Cytoplasma praktisch aller Organismenarten vor. Proteasomen sind große zylinderförmige Komplexe, die aus mehreren Dutzend Proteinen gebildet werden. In der Mitte besitzen Proteasomen einen Kanal. Proteine, die abgebaut werden sollen, z. B. nicht mehr benötigte Enzyme, werden in der Zelle zunächst markiert, indem das Protein Ubiquitin angehängt wird. Dieser Komplex wird von den kappenförmigen Enden des Proteasoms erkannt, d. h. gebunden. Das abzubauende Protein wird in den Kanal des Proteasom transportiert und dabei entfaltet. Ein Teil der Proteine, die den Kanal bilden, sind *Proteasen*, also Enzyme, die Proteine zerschneiden. Der mittlere Teil bildet die katalytisch aktive Komponente. Die anfallenden Aminosäuren können von der Zelle zum Aufbau neuer Proteine wiederverwertet werden.

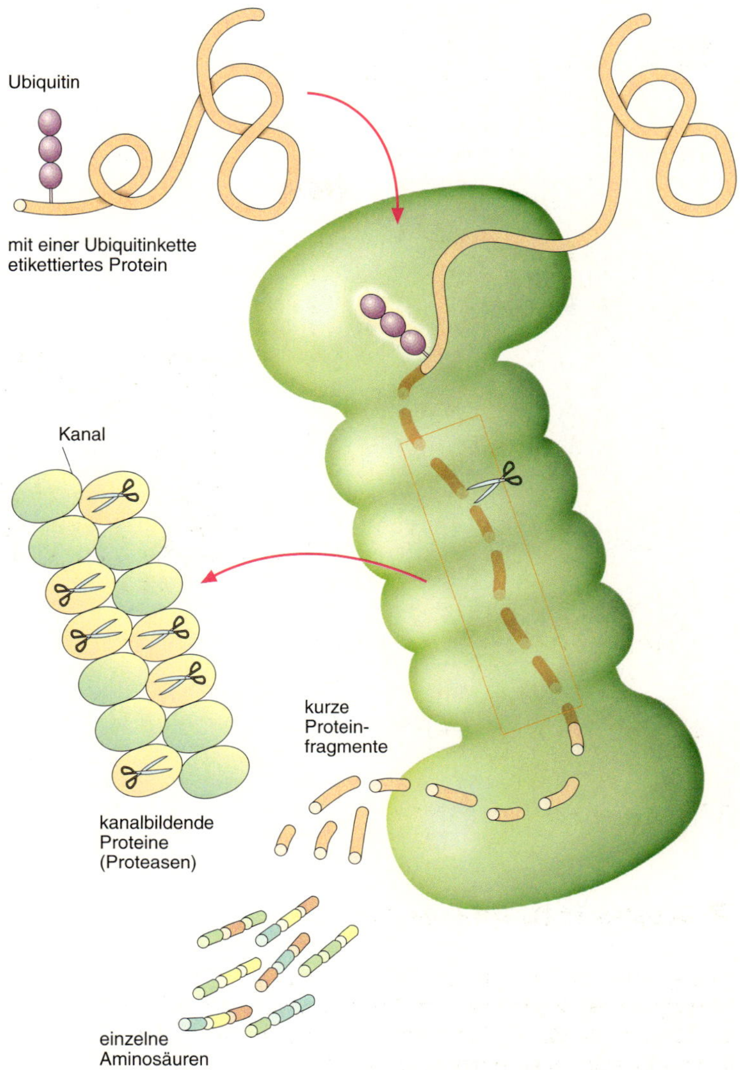

1 Proteasomen bauen markierte Proteine in Zellen ab

Aufgaben

① Am Shikimisäure-Tryptophan-Stoffwechselweg sind vier Enzyme beteiligt (Abb. 46.1). Die untersuchten Neurospora-Stämme tragen genetische Defekte in den beteiligten Genen. Geben Sie an, welches Gen jeweils mutiert ist.

② Es kommt auch vor, dass einzelne Gene mehrere Merkmale beeinflussen *(Polyphänie)*. Erklären Sie die phänotypischen Auswirkungen des Defekts, der beim Menschen zur Mukoviszidose führt (s. Seite 114/115).

③ Die ursprüngliche molekularbiologische Definition eines Gens als „Bauanleitung für ein Enzym" musste erweitert werden. Begründen Sie.

Polygenie
Mehrere Gene kontrollieren ein Merkmal.

Polyphänie
Einzelne Gene beeinflussen mehrere Merkmale.

Das Proteom: Proteinbestand einer Zelle

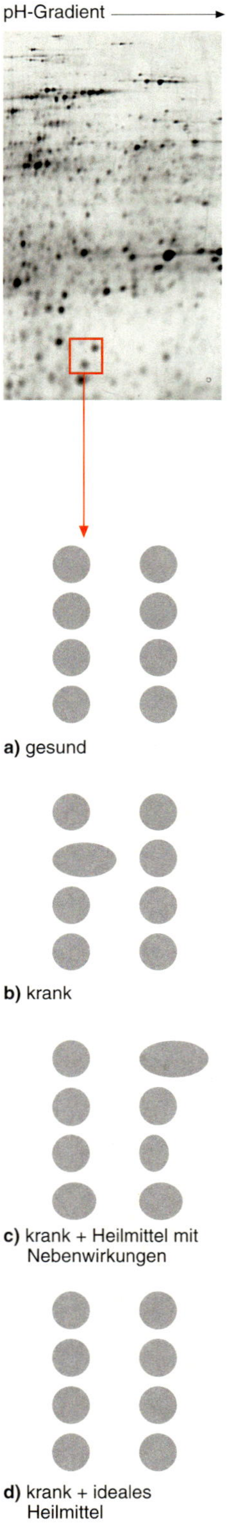

Elektrophorese-Gel mit Proteinmuster und schematische Ausschnitte

Vermutlich enthält das menschliche Genom nicht mehr als 30 000 Gene, die für Proteine codieren. Nur einige davon werden in den verschieden differenzierten Zellen jeweils abgelesen. Andererseits wird die Zahl der Proteintypen, die im Leben eines einzigen Menschen in den verschiedenen Zellen vorkommen, auf bis zu 1 Million geschätzt.

Dieser offensichtliche Widerspruch zeigt, dass Gene keine einfache Blaupause für Proteine sind: Aus der Basensequenz der DNA lassen sich die in einer Zelle vorhandenen Proteine nicht direkt ablesen. Trotz gleichen Genoms unterscheidet sich z. B. der Proteinbestand einer erwachsenen Taufliege von dem der Larve, in der Larve enthalten wiederum Ganglienzellen und Speicheldrüsenzellen unterschiedliche Proteine. Das liegt nicht nur daran, dass jeweils andere Gene aktiv sind, sondern auch an nachträglichen Abwandlungen der transkribierten m-RNA. Ein Gen kann außerdem für mehrere Proteine codieren, fertige Proteine können nachträglich verändert oder mit anderen Molekülen verknüpft werden (s. Seite 46). Viele Genprodukte werden erst nach einer komplexen Bearbeitung und Zusammensetzung in der Zelle funktionsfähig, wie z. B. die Tubulineinheiten nach ihrer Verknüpfung zu Mikrotubuli (s. Seite 22/23) oder die Ribosomen, bestehend aus Proteinen und ribosomaler RNA (Abb. 2).

Der Proteinbestand einer Zelle, das *Proteom*, variiert also je nach Gewebe, Alter oder bei Erkrankungen, er ist ausgesprochen flexibel. Im Vergleich dazu ist das Genom unveränderlich, denn jede Zelle in einem Organismus enthält normalerweise zeitlebens die gleiche genetische Information.

Nach der Gensequenzierung ist die Entschlüsselung des Proteoms in den Mittelpunkt genetischer und medizinischer Forschung gerückt. Dazu werden die Proteine mittels *Gelelektrophorese* nach ihrer Masse und dann im pH-Gradienten nach ihrer Ladung getrennt. Jeder Punkt auf der Gelmatrix entspricht einem Proteintyp, der sich aus dem Gel herausschneiden lässt (s. Randspalte oben). Mit biochemische Verfahren lassen sich die einzelnen Proteine identifizieren. Um auch das Zusammenwirken von Proteinen erfassen zu können, analysiert man Proteine außerdem in intakten Membranen und sucht sogar nach Methoden, die Proteine in der lebenden Zelle sichtbar machen.

Kennt man Bau, Menge und Funktion einzelner Proteine im gesunden Gewebe (s. Randspalte a), lässt sich oft besser verstehen, wie sie durch bestimmte Krankheiten verändert werden und warum Menschen unterschiedlich auf Medikamente reagieren. Das könnte der erste Schritt zu einer individuellen medikamentösen Behandlung von Krankheiten sein (s. Randspalte): Ein ideales Heilmittel (d) stellt das durch Krankheit veränderte Proteinmuster (b) wieder her, indem es die jeweiligen Proteinanteile korrigiert. Es wirkt sich aber nicht auf unbeteiligte Proteine aus (d), hat also keine Nebenwirkungen.

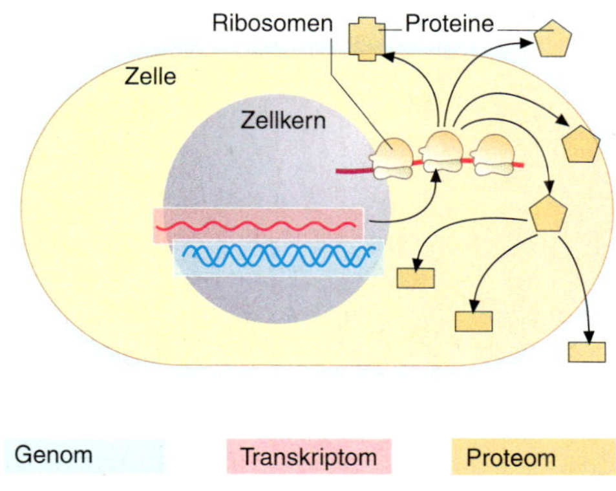

1 Beziehung Genom, Transkription und Proteom

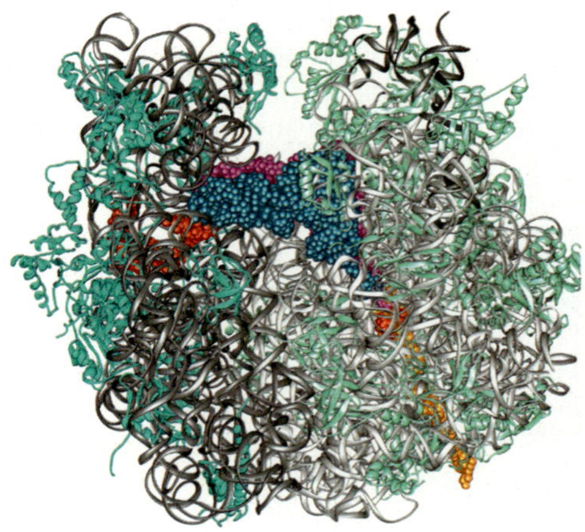

2 Proteinanalyse eines 70S-Ribosoms

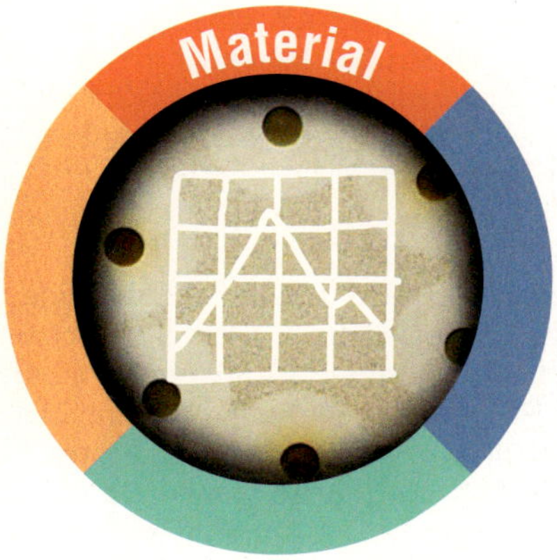

Wirkung von Hemmstoffen

Seit der Entdeckung des Penicillins 1928 durch ALEXANDER FLEMING sind *Antibiotika* aus der Medizin nicht mehr wegzudenken. Neben verbesserter Hygiene und den Schutzimpfungen sind sie der Hauptgrund dafür, dass Infektionskrankheiten durch Bakterien inzwischen viel von ihrer Gefährlichkeit für den Menschen eingebüßt haben. Ein Stoff, der als Antibiotikum Verwendung finden soll, muss zwei Bedingungen genügen: Er muss gegen Bakterien wirksam, aber für den Menschen ungefährlich und gut verträglich sein. Von Interesse sind daher die Unterschiede zwischen menschlichen und prokaryotischen Zellen.

Für Bakterien lebenswichtig ist z. B. die Zellwand, die aus langen vernetzten Molekülen besteht. *Penicilline* werden von wachsenden Bakterienzellen anstelle der Stoffe zur Vernetzung der Zellwand eingebaut, erfüllen aber diese Aufgabe nicht. Die Zellwände lösen sich auf, die Bakterien „zerfließen“. *Cephalosporine* wirken ähnlich. *Sulfonamide* hemmen die Synthese der Folsäure, einem lebenswichtigen Stoff für alle Zellen. Sie wirken nicht auf den Menschen, weil er Folsäure ohnehin nicht synthetisieren, sondern nur als Vitamin der B-Gruppe aufnehmen kann.

Unterschiede gibt es auch im Bereich der Replikation und der Proteinbiosynthese. Bestimmte Stoffe hemmen diese Vorgänge bei Bakterien, nicht aber in eukaryotischen, also auch menschlichen Zellen und sind dann oft als Antibiotikum geeignet. An der Replikation sind bei Pro- und Eukaryoten unterschiedliche Enzyme beteiligt. Das bakterielle Enzym *Gyrase* gehört zur Klasse der *Topoisomerasen*, die bei der Replikation dafür sorgen, dass die DNA-Doppelhelix beim Öffnen nicht überdreht wird. Dazu brechen sie das DNA-Molekül kurzfristig und kleben es wieder. *Gyrase-Hemmer* blockieren nur die Replikation von Bakterien und verhindern ihre Vermehrung. Sie werden bei einer Reihe von Entzündungskrankheiten, z. B. Harnwegs-, Blasen- und Niereninfekten als Medikament eingesetzt.

Eine Reihe von Antibiotika (s. Tabelle und Abb.) wirken als Hemmstoffe der Transkription und Translation. Außer ihrer Bedeutung in der Medizin haben sie auch in der molekulargenetischen Grundlagenforschung Verwendung gefunden.

Aufgaben

① Welche Antibiotika (s. Tabelle) kann man in der Medizin einsetzen? Begründen Sie Ihre Auswahl.

② Das wirksame Gift der Knollenblätterpilze ist *Amanitin*. Eine Knollenblätterpilzvergiftung wirkt oft deshalb tödlich, weil die Symptome (Erbrechen, Durchfall, Leberschäden ...) erst nach 8 bis 24 Stunden nach dem Verzehr auftreten. Begründen Sie diese lange Latenzzeit!

③ *Puromycin* führt in Bakterien zur Entstehung stark verkürzter und damit unbrauchbarer Proteine. Wieso?

④ „*Kirromycin* macht Bakterien unbrauchbar.“ Begründen Sie.

⑤ Ein einziges Molekül des Diphtherie-Toxins kann eine Zelle töten. Begründen Sie diese Aussage.

⑥ J. D. WATSON experimentierte mit Puromycin und fand, dass es an einen Teil der Ribosomen gut, an den anderen nicht gebunden wird. Er schloss daraus auf das Vorhandensein der A- und P-Stelle der Ribosomen. An welcher Stelle des Ribosoms und in welcher Phase der Translation dürfte Puromycin gebunden werden?

Hemmstoff	Wirkung auf die Proteinbiosynthese
Actinomycin D	verbindet sich mit Prokaryoten-DNA
Rifampicin	bindet an die RNA-Polymerase von Prokaryoten
Amanitin	bindet an die RNA-Polymerase von Eukaryoten
Streptomycin	bindet an die kleine Ribosomen-Untereinheit bei Prokaryoten
Tetracycline	verhindern Bindung der t-RNA an das Bakterien-Ribosom
Puromycin	wird anstelle einer beladenen t-RNA an das Ribosom gebunden
Chloramphenicol, Erythromycin	binden sich fest an Bakterien-Ribosomen
Kirromycin	verhindert das Vorrücken der t-RNA von der A- an die P-Stelle bei Prokaryoten
Cycloheximid	verhindert die Verknüpfung der Aminosäure am Eukaryoten-Ribosom
Diphtherie-Toxin	Enzym; verändert chemisch einen wichtigen Translations-Faktor und macht ihn unbrauchbar

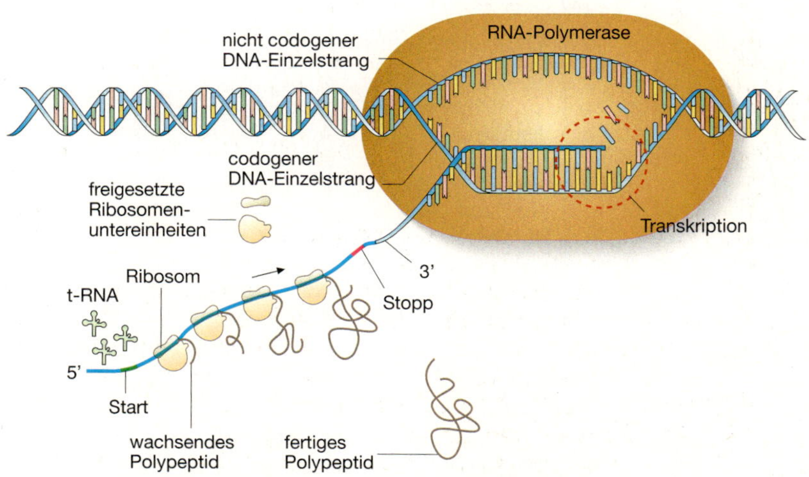

1 Zusammenfassung der Proteinbiosynthese bei Prokaryoten

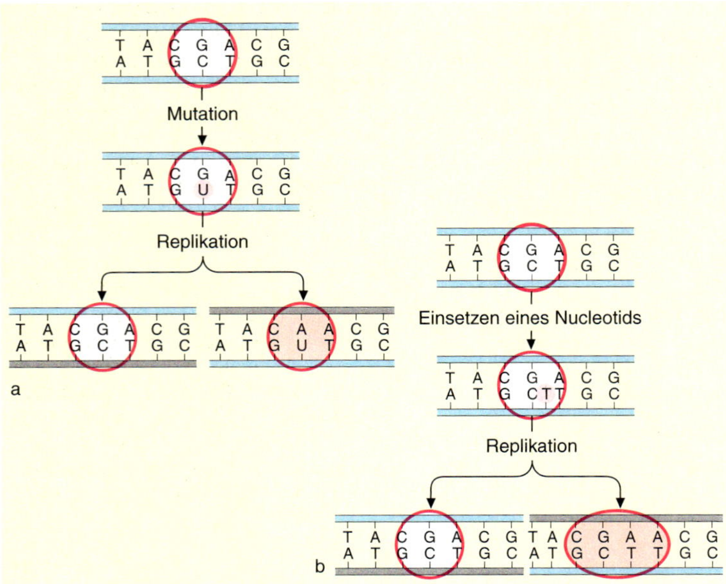

1 Punktmutationen (a) und Rastermutationen (b)

Mutationen können ein einzelnes Gen *(Genmutation)*, die Struktur eines Chromosoms *(Chromosomenmutation)* oder die Chromosomenanzahl *(Genommutation)* betreffen.

Genmutationen

Genmutationen sind auf der Ebene eines einzelnen Gens wirksam. Man unterscheidet *Punktmutationen* und *Leserastermutationen*. Bei einer Punktmutation wird eine einzelne Base ausgetauscht. Bei Bakterien sind rund 70 % aller Mutationen Punktmutationen, die meisten Mangelmutanten beruhen darauf. Durch den Austausch einer DNA-Base ist die Aminosäuresequenz des codierten Enzyms verändert, es ist meistens funktionsuntüchtig. Bei einer Leserastermutation werden Basen zusätzlich eingefügt *(Insertion)* oder entfernt *(Deletion)*. In beiden Fällen wird das Leseraster des m-RNA-Triplettcodes verschoben, wenn es sich nicht um drei Basen oder ein Vielfaches davon handelt. Es resultiert ein völlig anderes Protein. Während Genmutationen bei haploiden Bakterien auf den Phänotyp durchschlagen, sind diploide Organismen besser geschützt: Die meisten Stoffwechselerkrankungen sind rezessiv, d. h. die unveränderte Variante des Gens übernimmt die Aufgabe des mutierten Gens.

DNA-Schäden und Reparatur

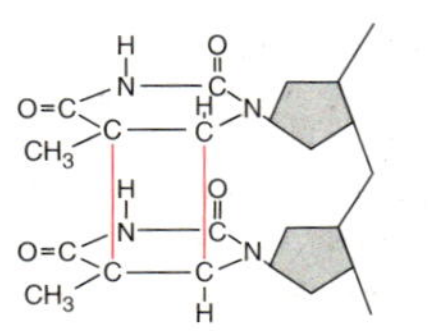

Thymindimere

Mutationen sind Veränderungen der genetischen Information. Sie werden verursacht durch *Mutagene* wie z. B. UV-Strahlung und Chemikalien, aber sie treten auch spontan auf wegen der chemischen Labilität der DNA-Bausteine. Mutationen sind ungerichtet, es ist nicht vorhersagbar, an welcher Stelle des Genoms sie eintreten. Untersuchungen an Bakterienkulturen haben gezeigt, dass auf 1 000 000 Gene in einer Generation etwa 1 bis 10 Mutationen kommen (d. h. 10^{-6} bis 10^{-5} Mutationen pro Gen und Generation).

Aufgabe

① Eine Punktmutation wirkt sich aufgrund der Redundanz des genetischen Codes nicht immer aus. Man spricht von einer *stillen Mutation*. Zeigen Sie dies an einem Beispiel.

Mutationsrate
Zahl der Mutationen pro Gen und Generation

Zettelkasten

DNA-Reparaturmechanismen

Spezielle DNA-Polymerasen sind in der Lage ein fälschlicherweise eingebautes, also nicht komplementäres Nucleotid, vom neu synthetisierten Strang wieder abzuspalten. Diese Reaktion findet während der Replikation statt, wenn die Base keine Wasserstoffbrückenbindungen zum Matrizenstrang ausbilden kann.

UV-Licht wird von den Purin- und Pyrimidinringsystemen der DNA-Basen absorbiert. Benachbarte Thymine verbinden sich dann oft kovalent zu Dimeren (s. Randspalte), die keine Wasserstoffbrücken zu Adenin ausbilden können. Bleibt der Schaden unbemerkt, bricht die nächste Replikation an dieser Stelle ab. Das „Reparaturenzym" *Photolyase* trennt Thymindimere wieder. Interessant ist, dass das Enzym durch sichtbares Licht aktiviert wird. In der Natur kommt UV-Licht nie ohne sichtbares Licht vor.

Die Base Guanin wird durch *Ethylmethansulfonat* (EMS) in O^6-Methylguanin umgewandelt, das mit Thymin anstatt mit Cytosin paart. Bei nachfolgenden Replikationen wird das Basenpaar G – C in A – T umgewandelt. In dem Bakterium E. coli macht das Enzym O^6-Methylguanin-DNA-Methyltransferase die chemische Veränderung des Guanins wieder rückgängig und verhindert so die Punktmutation. Bei Anwesenheit von EMS wird die Produktion des Entgiftungsenzyms induziert.

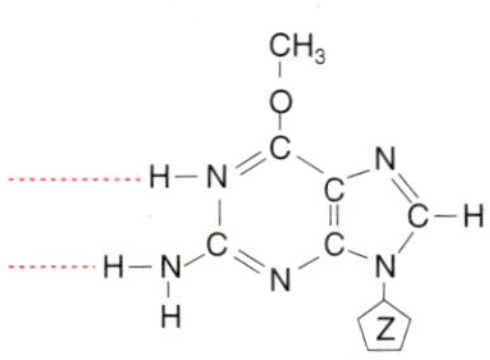

O^6-Methylguanin

Mutagene

Mutagene lösen Mutationen bei allen Lebewesen im Prinzip nach dem gleichen Mechanismus aus. Dafür sprechen experimentelle Befunde, aber auch die Tatsache, dass immer die DNA Träger der Gene ist und als Makromolekül gleichartig reagiert. Mutationen in Körperzellen können Zellen so schwer schädigen, dass sie absterben. Der Zellverlust kann durch Teilung benachbarter Zellen ausgeglichen werden. Sind allerdings Gene betroffen, die das Wachstum der Zelle kontrollieren, können sich Tumore bilden. Mutationen in Keimzellen hingegen haben für den betroffenen Organismus keine Konsequenzen, aber für seine Nachkommen.

Chemische Mutagene

Basenanaloga sind basenähnliche Stoffe, die bei der Replikation als Platzhalter fungieren. 5-Bromuracil (5BU) leitet sich von Thymin ab, dessen Methylgruppe durch Brom ersetzt wurde. 5BU wird bei der Replikation anstelle des Thymins eingebaut. 5BU kann erwartungsgemäß mit A paaren, nach spontaner chemischer Umlagerung aber auch mit G. Geschieht dies

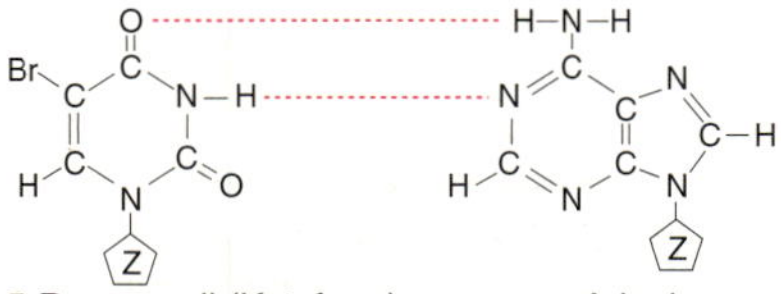

5-Bromuracil (Ketoform) Adenin

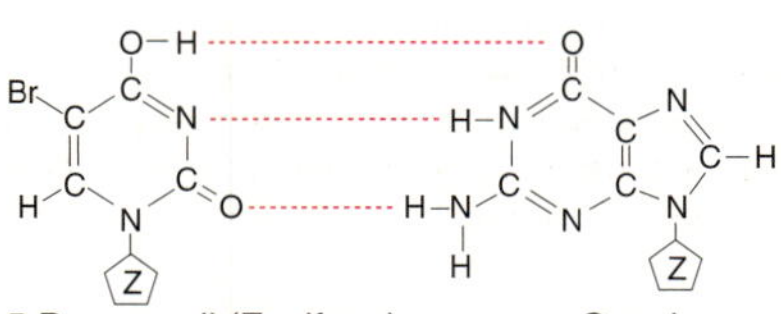

5-Bromuracil (Enolform) Guanin

während der Replikation, weist eines der DNA Tochtermoleküle ein 5BU — G anstelle des ursprünglichen A — T-Basenpaares auf. Nach einer weiteren Replikation trägt das Tochtermolekül mit dem G — C-Paar eine Punktmutation, die es bei den folgenden Replikationen weitergibt.

Ethidiumbromid (EB) ist ein Farbstoff zur Sichtbarmachung von DNA-Banden im Elektrophorese-Gel. Das EB-Molekül hat die Abmessungen eines Basenpaares und kann sich zwischen DNA-Basenpaare schieben. Dadurch wird die Doppelhelix gedehnt und entwunden. An den entsprechenden Stellen kommt es oft zum Abbruch der DNA-Replikation; zudem werden häufig Nucleotide zusätzlich eingebaut, es kann eine Leserastermutation resultieren (s. Seite 50). Mit EB gefärbte Elektrophoresegele müssen als Sondermüll entsorgt werden. Ganz ähnlich wie EB wirkt auch der im Zigarettenrauch enthaltene Teerstoff *Benzanthracen*.

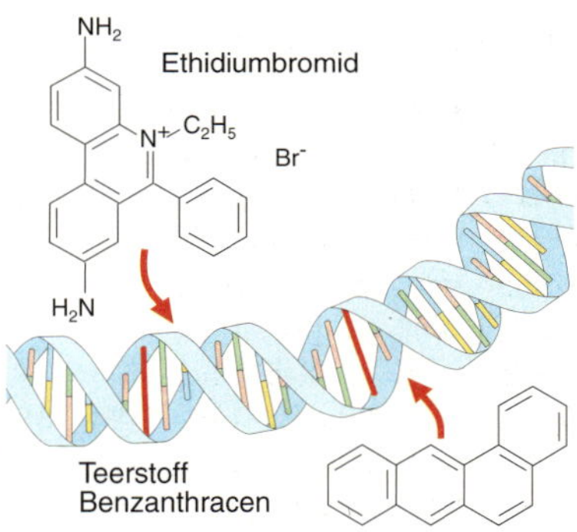

Physikalische Mutagene

Wärme ist eines der wichtigsten Mutagene. Unter Wärmeeinwirkung werden die Bindungen zwischen Purinbasen (A, G) und ihren Zuckern gespalten. Depurinierte DNA-Bereiche, die nicht repariert werden, können bei der Replikation Punktmutationen oder Deletionen verursachen. Man schätzt, dass pro Tag in jeder menschlichen Zelle bis zu 10 000 depurinierte Stellen entstehen können.

Strahlung

Röntgen- und **Gammastrahlung** sowie **korpuskuläre Strahlen** (Alpha-, Betastrahlen) geben beim Eindringen in Zellen Energie ab. Trifft die Strahlung auf ein Makromolekül wie die DNA, können die Folgen drastisch ausfallen. Es werden Strangbrüche, kovalente Verknüpfungen zwischen Nucleotiden und Zerstörung der DNA-Basen beobachtet. Indirekte Schäden entstehen, wenn die Strahlung mit zellulären Wassermolekülen reagiert. Dabei werden Hydroxyl-Radikale (·OH) freigesetzt, die oxidative DNA-Schäden verursachen.

Strahlenforscher haben rund 100 verschiedene durch ionisierende Strahlung gebildete Reaktionsprodukte von DNA-Nucleotiden identifiziert, darunter auch 8-Oxoguanin (8-OxoG). Während der Replikation kann gegenüber einem 8-OxoG am Matrizenstrang sowohl ein Cytosin als auch ein Adenin-Nucleotid eingebaut werden.

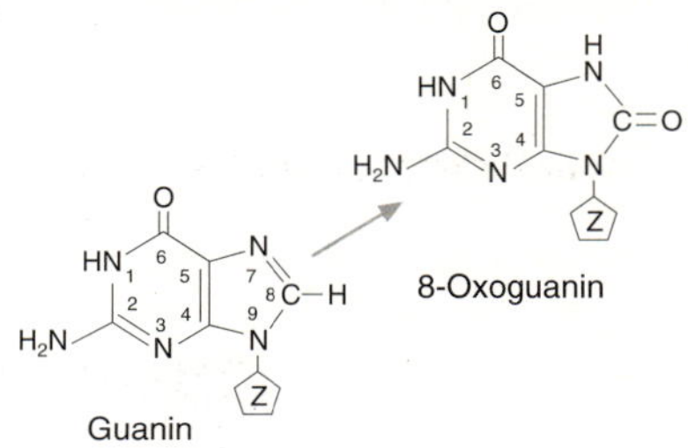

Mutagenitätstest nach Ames

B. N. Ames entwickelte 1970 einen einfachen *Mutagenitätstest* mit einen Stamm des Bakteriums *Salmonella typhimurium*, der aufgrund einer Punktmutation die Aminosäure Histidin nicht bilden kann. Auf Nährböden ohne Histidin kann die Mangelmutante nicht wachsen, also keine Kolonien bilden. Gibt man mutagene Substanzen auf die Nährböden, kommt es vereinzelt zu *Rückmutationen*. Deren Zahl kann an der Kolonienzahl auf der Agarplatte direkt abgelesen werden. Je stärker die Mutagenität einer zu testenden Chemikalie ist, desto größer ist die Zahl der Kolonien nach dem Einwirken. Bei der Beurteilung von Chemikalien muss allerdings bedacht werden, dass viele Ausgangsverbindungen erst durch den Stoffwechsel der Leber in Mutagene verwandelt werden.

Der im Zigarettenrauch enthaltene Teerstoff Benzpyren z. B. wird in der Leber durch Oxidation so abgewandelt, dass er sich zwischen Basenpaare und DNA schieben kann. Deswegen werden zu testende Chemikalien mit einem Leberextrakt vorbehandelt, um deren Mutagenität im menschlichen Körper (in vivo) abschätzen zu können.

Chromosomenmutation: Umbau durch Bruch und Fusion

DNA-Moleküle können brechen dann von der Zelle auch wieder verknüpft werden. Gelegentlich gehen dabei DNA-Abschnitte verloren oder werden neu, aber falsch kombiniert. Bei *unbalancierten* Chromosomenmutationen ist die Genmenge verändert, bei *balancierten* bleibt die Genmenge gleich. Die veränderte Position von Genen kann ihre Wirkung aber stark beeinflussen bzw. sie völlig unwirksam werden lassen.

Ein Einzelbruch zerlegt ein Chromosom in zwei Teile, nur eines davon trägt das Centromer, also die Ansatzstelle des Spindelapparates *(endständige Deletion)*. Das centromerfreie Fragment geht bei der nächsten Zellteilung verloren. Das Bruchstück mit dem Centromer kann zwar in eine Tochterzelle gelangen und repliziert werden. Ihm fehlt aber ein endständiges Telomer, daher „verklebt" das offene Chromosomenende mit dem offenen Ende der Schwesterchromatide. Das langgestreckte Verschmelzungsprodukt enthält nun zwei Centromere und wird bei der nächsten Mitose leicht zerrissen.

Bricht ein Chromosom zweimal, kann ein mittlerer Chromosomenabschnitt verloren gehen *(Deletion)*. Die freien Enden verbinden sich dann. Eine schwere Erbkrankheit des Menschen, das *Katzenschreisyndrom*, geht auf eine Deletion im Chromosom 5 zurück.

Wird ein durch zwei Brüche entstandenes Fragment um 180° gedreht und wieder in das gleiche Chromosom eingebaut, liegt eine *Inversion* vor. Die Genmenge bleibt dabei unverändert, nicht aber die Reihenfolge der Gene. Während der Meiose ist die Rekombination in diesem umgedrehten Abschnitt erschwert, er wird deswegen meist unverändert als Einheit *(„Supergen")* vererbt. Chromosomenmutationen lassen sich lichtmikroskopisch am Bandenmuster von Riesenchromosomen gut erkennen, bei denen veränderte und nicht veränderte homologe Chromosomen gepaart sind (s. Randspalte).

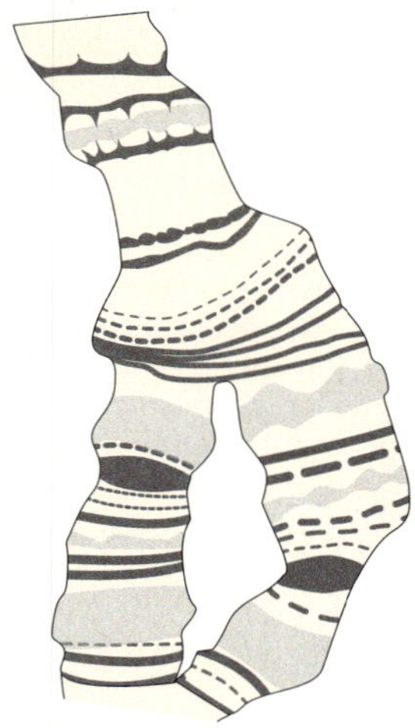

Riesenchromosom mit Chromosomenmutation (Inversion)

Chromosomenfragmente können auch an anderer Stelle desselben oder eines anderen Chromosoms eingebaut werden *(Translokation)*. Im Extremfall verschmelzen zwei ganze Chromosomen miteinander wie bei der *Translokations-Trisomie* (s. Seite 113).

Ein Sonderfall ist die *Duplikation*, bei der ein zuvor verdoppelter Chromosomenabschnitt wieder eingebaut wird. Die Vervielfachung einer Nucleotidsequenz verursacht z. B. die Erbkrankheit *Chorea Huntington (Veitstanz*, s. Seite 124). Eine Duplikation kann aber auch zur Bildung neuer Gene führen, wenn Gen und Duplikat durch Mutationen verändert werden. Es bilden sich *Genfamilien*, wie z. B. die Globin-Genfamilie, die für die Bestandteile des Säuger-Hämoglobins codiert.

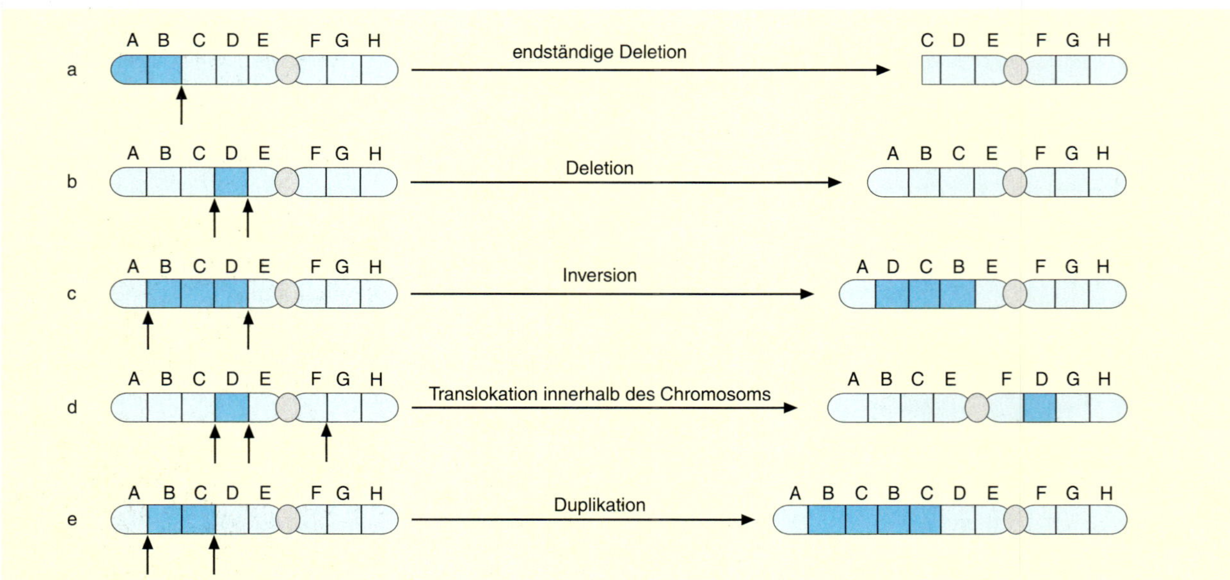

1 Chromosomenmutationen schematisch

Melanin-Mutanten

Das schwarzbraune Pigment *Melanin* (griech. *melas* = schwarz, düster) in Haut und Haaren schützt den Körper vor der mutagenen Wirkung von Licht- und UV-Strahlen.
Melanin entsteht in Hautzellen *(Melanocyten)* mit speziellen Organellen *(Melanosomen)* und gelangt über Zellausläufer in benachbarte Zellen. Dort bilden sich Melanosomkappen auf der dem Licht zugewandten Seite des Zellkerns (Abb. 1).

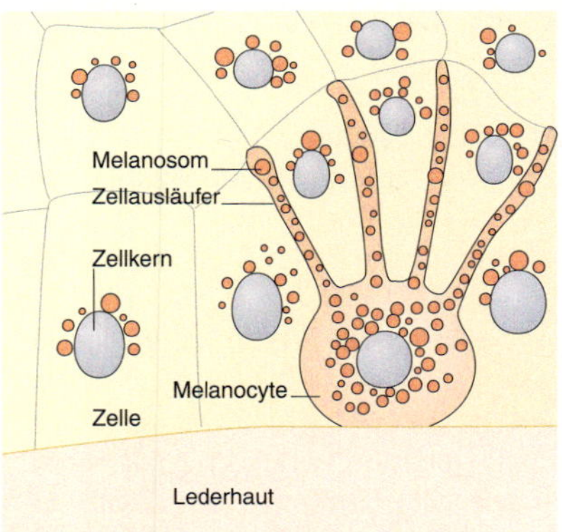

1 Melaninbildung in der Oberhaut

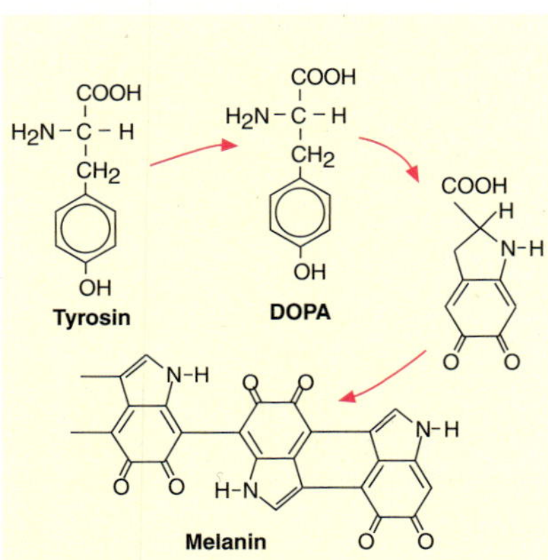

2 Syntheseweg des Melanins

Melanin wird aus der Aminosäure Tyrosin über mehrere Reaktionsschritte gebildet (Abb. 2). Verschiedene Mutationen können diesen Syntheseweg stören und zur Unter- bzw. Überproduktion von Melanin führen.

Albinismus

Schon seit mehreren Jahrhunderten sind immer wieder Igel mit weißlichem Stachelkleid und rötlichen Augen beobachtet worden (Abb. 3). Allerdings fällt diese ungewöhnliche Färbung erst auf, wenn man die Igel durch ein Bad von ihrer natürlichen Schmutzschicht befreit. Auch bei Mäusen, Kaninchen, vielen Vögeln, einigen Reptilien und beim Menschen kennt man solche Albinos. Sie können aufgrund einer Genmutation kein Melanin bilden.

3 Junger Albino-Igel

Aufgaben

① Warum haben Albinos weiße Haare, rosige Haut und eine hellblaue, im Gegenlicht rötliche Iris der Augen?

② Albinismus wird rezessiv vererbt. Stellen Sie in einem Schema dar, wie es bei zwei phänotypisch normal gefärbten Eltern zu Albino-Jungen kommen kann. Wie sehen die Nachkommen von Albino-Eltern aus?

③ Bei Amseln, Kaninchen und Mäusen kommen recht häufig Albino-Junge zur Welt, erwachsene Tiere sieht man im Freiland aber nur selten. Wie lässt sich das erklären?

④ Auf den Shetland-Inseln wurde der Igel vor einigen hundert Jahren vom Menschen eingeführt. Hier beobachtet man heute eine besondere Häufung von Albino-Tieren. Welche Erklärung haben Sie dafür?

⑤ Neben den reinweißen Albinos gibt es auch Tiere, bei denen nur einige Hautbereiche kein Melanin bilden, sie sind gescheckt. Erklären Sie dies mit dem Zeitpunkt der Mutation.

⑥ Nennen Sie Hinweise, dass es sich bei den als Schimmel bezeichneten weißhaarigen Pferden nicht um Albinos handelt.

Leberfleck und Melanom

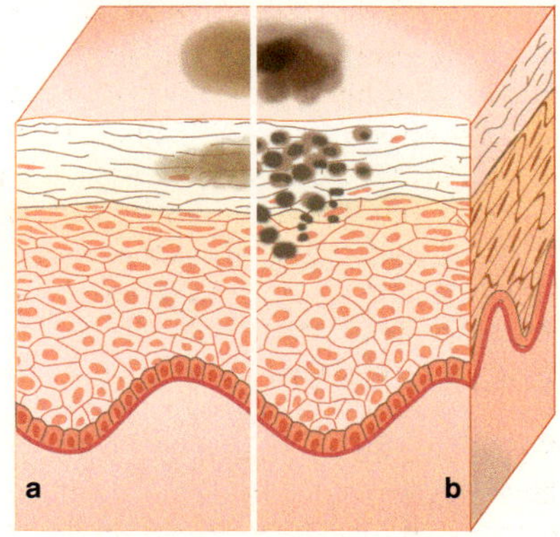

4 a) Leberfleck b) Melanom

Die Hautfarbe des Menschen variiert je nach Melaningehalt von hell bis dunkel. Melanin bildet sich in der Haut vermehrt bei Sonneneinstrahlung. Bei intensiver UV-Strahlung reagieren hellhäutige Menschen mit einem Sonnenbrand, sie neigen außerdem häufiger zu Hautkrebs.

Aufgaben

⑦ Als Leberflecken bezeichnet man kleine, dunkle Muttermale der Haut (Abb. 4a). Wie entstehen sie?

⑧ In seltenen Fällen kann sich aus einem harmlosen Muttermal ein bösartiger Hauttumor, ein *Melanom*, entwickeln (Abb. 4b, 5). Erkundigen Sie sich bei Ihrem Arzt oder im Internet über Methoden der Früherkennung.

⑨ Bei Hautkrebserkrankungen sind vor allem Hautbereiche betroffen, die dem Sonnenlicht ausgesetzt sind. In den letzten 50 Jahren haben sie um das 6-fache zugenommen. Erklären Sie, inwieweit diese Häufung mit Schönheitsidealen, Freizeitgestaltung und Umweltveränderungen zusammenhängen könnte.

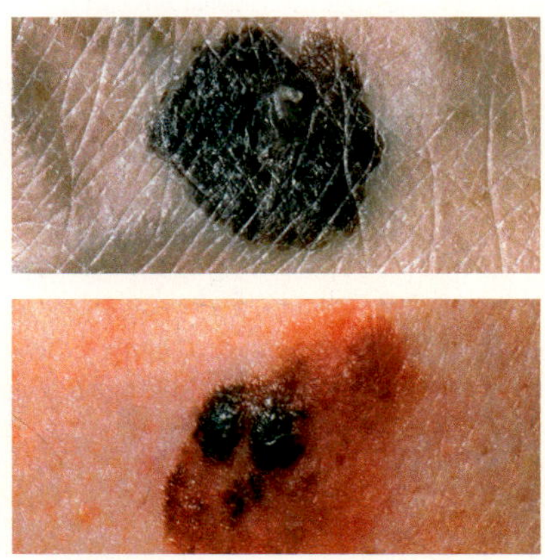

5 Melanome

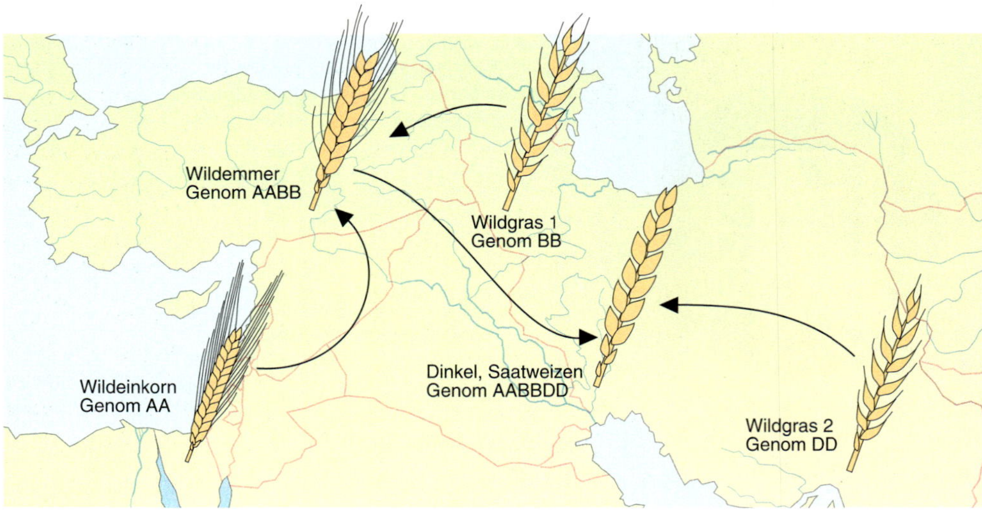

1 Entstehung des Saatweizens

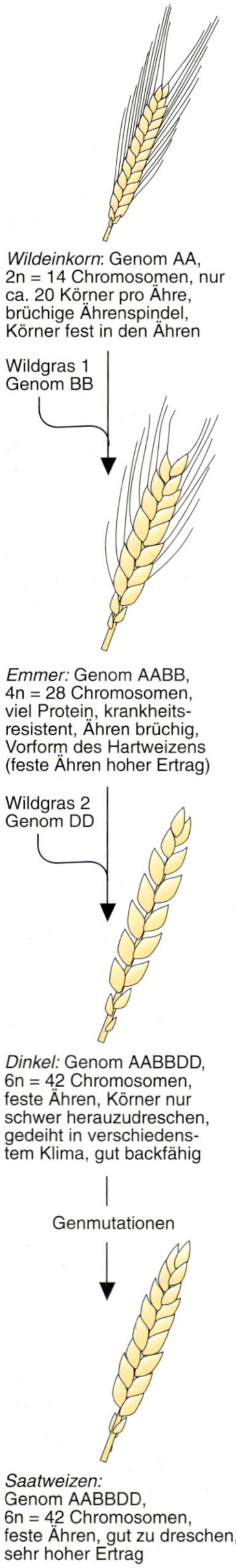

Entstehung des Saatweizens

Genommutation: Veränderung der Chromosomenanzahl

In einer Zelle ist das Mengenverhältnis zwischen DNA und Cytoplasma so eingestellt, dass sich der Stoffwechsel optimal lenken lässt. Diese Kern-Plasma-Relation bestimmt letztlich die Größe der Zellen. Die DNA-Menge im Kern ist bei Eukaryoten durch Anzahl und Größe der Chromosomen festgelegt. Eine Veränderung der Chromosomenanzahl kann zur regulären Entwicklung eines Lebewesen gehören, kann aber auch auf Mutationen zurückgehen.

Bei den meisten Tieren und höheren Pflanzenarten befinden sich in den Körperzellen zwei homologe Chromosomensätze, sie sind *diploid* (2n), nur die Keimzellen haben einen einfachen Chromosomensatz, sie sind *haploid* (1n). Bei Moosen und Farnen wechseln sich dagegen Generationen aus diploiden und haploiden Zellen regelmäßig ab (s. Seite 61). Letztere sind meist zarter gebaut. Das gilt auch für Pflanzen, bei denen man die Haploidie künstlich, z. B. durch Bestäubung mit sterilem Pollen, erzeugt hat. *Haploidie-Mutanten* von Tieren sind dagegen meist nicht lebensfähig.

Bleibt nach der Mitose oder Meiose eine Zellteilung aus, entstehen Vielfache des Chromosomensatzes im Kern *(Polyploidie)*. Zellen, Gewebe und Früchte polyploider Pflanzen sind besonders groß. Daher ist die künstliche *Polyploidisierung* ein verbreitetes Verfahren in der Pflanzenzucht. Man benutzt Zellgifte wie das Alkaloid *Colchicin* aus der Herbstzeitlosen *(Colchicum autumnale)*, um die Ausbildung des Spindelapparates zu verhindern und Pflanzen mit großen Früchten zu erhalten. Beim Menschen kann gelegentlich bei der Befruchtung einer Eizelle durch zwei Spermien der dreifache Chromosomensatz in der Zygote beobachtet werden. Die daraus hervorgehenden Keime sind nicht lebensfähig (69, XXY oder 69, XXX).

Werden Chromosomen bei der Zellteilung fehlerhaft auf die Tochterzellen verteilt, kann ein Chromosom fehlen oder überzählig sein. Das Fehlen eines Chromosoms hat in der Regel dramatischere Folgen als ein zusätzliches drittes Chromosom *(Trisomie)*. Bei der Tomate kennt man Trisomien von jedem Chromosom, die Sorten lassen sich phänotypisch unterscheiden. Beim Menschen sind nur wenige Trisomien von Autosomen überhaupt lebensfähig. Sind sie es, resultieren schwere Fehlbildungen: Trisomie 21 *(Down-Syndrom)*, Trisomie 18 *(Edwards-Syndrom)* oder Trisomie 13 *(Patau-Syndrom)*. Ein zusätzliches oder fehlendes Gonosom beim Menschen ist weniger auffällig, z. B. *Klinefelter-Syndrom* 47, XXY oder *Turner-Syndrom* 45, X0. Selten treten mehrere zusätzliche Gonosomen auf (s. Seite 112).

Aufgaben

① Werden Chromosomensätze nahe verwandter Arten miteinander kombiniert, entsteht eine nicht homologe Polyploidie (s. Seite 55). Wie entstand der Saatweizen (Abb. 1)?

② Informieren Sie sich über die Symptome von Klinefelter- und Turner-Syndrom.

1 Verbreitung des Brillenschötchens

Allopolyploidie ist bei Pflanzen weit verbreitet und von großer Bedeutung in der Evolution: Mindestens ein Drittel aller höheren Pflanzen und fast alle unsere Kulturpflanzen sind aus der Verschmelzung von Keimzellen verschiedener Arten oder Sorten *(Hybridisierung)* bei vorausgehender oder anschließender Vervielfältigung der beiden Genome hervorgegangen. Solche Pflanzen haben meist größere Verbreitungsgebiete als die Elternarten, aus denen sie hervorgegangen sind (Abb. 1). Sie können sich an verschiedene Umweltbedingungen besser anpassen, und aufgrund dessen weiter nach Norden, höher ins Gebirge und tiefer in Wüstengebiete eindringen. Obwohl man die Zusammenhänge nicht genau kennt, kann man sagen, dass sich offenbar die Fähigkeiten zweier verschiedener Genome in Hybriden verstärken *(Heterosis)*.

Polyploidie: Doppelt ist besser

allopolyploide Sorten

Saatweizen, Hafer, Reis, Raps, Zwetschge, Tabak, Erdbeere, Ananas, Triticale [A (Weizen) x B (Roggen)], Brotweizen (ABC) sowie viele Zierpflanzen- und Wildkrautarten,

autopolyploide Sorten
Apfelsorte „Boskop" (3n), Bananensorte „Gros Michel" (3n), Kaffee (2n, 4n, 6n, 8n), Erdnuss (4n), Kartoffel (4n)

allos (gr.) = fremd
autos (gr.) = eigen, selbst

Die Vervielfachung vollständiger Chromosomensätze nennt man *Polyploidie*. Entsprechend der Zahl vorhandener Chromosomensätze werden griechische Ordnungszahlen verwendet: triploid (AAA) bedeutet 3n, tetraploid (AAAA) 4n usw. Bei Säugetieren werden polyploide Keime meist schon vor der Geburt abgestoßen, sie sind nicht lebensfähig oder unfruchtbar. Im Pflanzenreich hingegen ist Polyploidie weit verbreitet, denn durch vegetative Vermehrung können sich auch sterile Individuen fortpflanzen.

Geradzahlig polyploide Arten (4n, 6n, usw.) bilden oft befruchtungsfähige *(fertile)* Keimzellen, denn in der Meiose finden meist alle Chromosomen bei der Paarung der Homologen einen Partner. Ungeradzahlig polyploide Arten (3n, 5n) bilden meist befruchtungsunfähige *(sterile)* Keimzellen, weil einige Chromosomen eines Satzes bei der Meiose keinen homologen Partner finden. Diese ungepaarten Chromosomen werden zufällig auf die Tochterkerne verteilt oder eliminiert, dadurch entstehen unvollständige Chromosomensätze. Gehen Polyploide aus der Vervielfachung des Genoms (A) einer reinen Art hervor, sind die Chromosomensätze homolog (z.B. AAAA). Man spricht von *Autopolyploidie*. Verschmelzen Keimzellen, also Chromosomensätze verschiedener Arten miteinander (A x B) und werden vorher oder danach vervielfältigt (AABB), spricht man von nicht homologer Polyploidie *(Allopolyploidie)*. Allopolyploide Pflanzen können auch aus Keimzellen entstehen, die durch Polyploidisierung diploid wurden (AA x BB).

Bei der Hybridisierung verschmelzen Chromosomensätze zweier verschiedener Arten miteinander, die entstandenen Hybriden sind meist steril, weil die zahlenmäßig und strukturell unterschiedlichen Chromosomen der beiden Genome (A und B) nicht paaren und in der Meiose nur fehlerhaft auf die Keimzellen verteilt werden können. Nur Hybride mit verdoppelten Chromosomensätzen (AA / BB), können die Chromosomen in der Meiose korrekt verteilen: Die homologen Chromosomen paaren jeweils miteinander, die Keimzellen sind fertil und ihre Herausbildung wurde im Laufe der Evolution offensichtlich begünstigt. Autopolyploide Pflanzen leiden oftmals an Inzuchterscheinungen, zudem kommt es häufig zur Paarung von mehr als zwei Homologen während der Meiose, zu Fehlverteilungen der Chromosomen und damit zu sterilen Keimzellen.

Aufgaben

① Warum fehlen bei der Bananensorte „Gros Michel" Samenkörner?
② Bei der Banane ist das Fehlen von ausgereiften Samenkörnern für den Verbraucher angenehm. Wie aber lösen Züchter das Problem, die Sorte für den Anbau zu vermehren?
③ Abbildung 1 zeigt die heutige Verbreitung diploider und tetraploider Populationen des Brillenschötchens in Mitteleuropa. Die Tetraploiden haben nach Beendigung der Pleistozän-Eiszeit große frei gewordene Areale neu besiedelt. Begründen Sie, dass Polyploide größere Verbreitungsgebiete haben als die diploiden Eltern.

Gene und Umwelt

Modifikation
nicht erbliche Abwandlung von Merkmalen durch Umweltfaktoren

Reaktionsnorm
genetischer Rahmen für die Merkmalsausprägung

1871 entdeckte HERMANN HENKING, dass Spermien von Feuerwanzen zu 50 % ein besonderes Chromosom aufweisen. Er nannte es X-Faktor. Mit solchen Spermien befruchtete Eizellen entwickeln sich zu Weibchen. Das war der erste Beweis für den Zusammenhang zwischen einem Chromosom und einem Merkmal. 90 Jahre später gelang es, durch die Übertragung eines einzigen Gens männlicher Mäuse das Geschlecht weiblicher Mäuse umzukehren: Diese transgenen Mäuse waren zwar steril, glichen aber ansonsten Männchen und verhielten sich auch so. Man spricht von *genotypischer Geschlechtsbestimmung*, wenn Gene über das Geschlecht entscheiden.

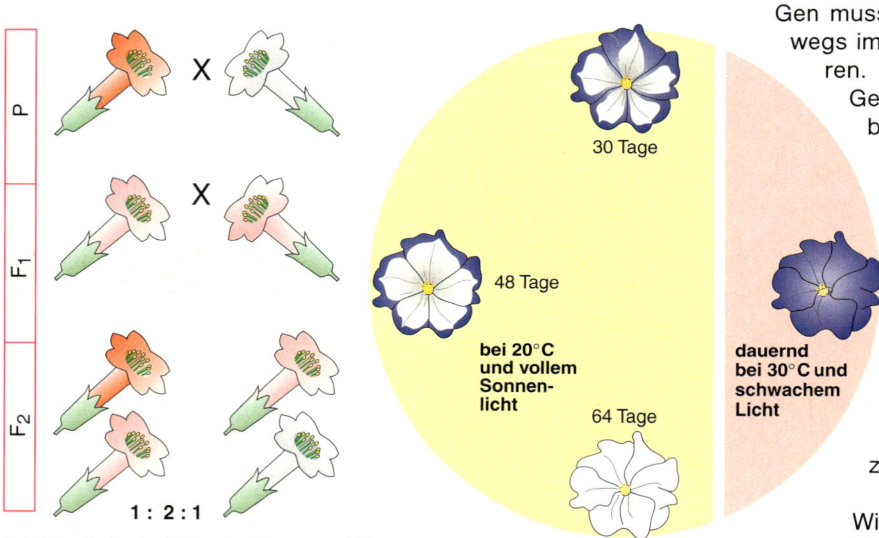

1 Blütenfarbe bei Wunderblume und Petunie

Petunie

Im Gegensatz dazu steht die Beobachtung, dass aus den Eiern von Sumpfschildkröten *(Emys orbicularis)*, die bei einer Temperatur unter 27,5 °C ausgebrütet wurden, ausschließlich Männchen schlüpfen, bei Temperaturen über 29,5 °C dagegen Weibchen, zwischen 27,5 °C und 29 °C beide Geschlechter. Auch bei vielen Krokodilen und Eidechsen hängt das Geschlecht von der Bruttemperatur ab. Bei der *phänotypischen Geschlechtsbestimmung* entscheiden Umweltfaktoren über das Geschlecht.

Wie beim Merkmal „Geschlecht" wirken sich Gene und Umwelt auch bei anderen Merkmalen sehr unterschiedlich aus. So lassen sich bei der Wunderblume an den Blütenfarben Rot, Weiß, Rosa die mendelschen Regeln eines intermediären Erbgangs verfolgen (s. Seite 66), die Blütenfarbe ist ein erblich bedingtes Merkmal. Bei der Petunie beeinflussen dagegen Umweltfaktoren die Blütenfarbe *(Modifikation)*.

Umweltfaktoren können den Phänotyp von Lebewesen also verändern (modifizieren). Die *Modifikation* eines Merkmals ist nicht erblich. Modifikationen lassen sich auf eine veränderte Genexpression zurückführen, aber nicht auf veränderte Gene. Nach heutiger Auffassung enthalten Gene die Rahmeninformation für eine mögliche Merkmalsbildung, diese kann im Zusammenspiel mit anderen Genen und Umweltfaktoren unterschiedlich stark abgewandelt werden. Damit legen Gene die *Reaktionsnorm* fest. Ein bestimmtes Gen muss bei veränderter Umwelt keineswegs immer zu demselben Phänotyp führen. Umgekehrt können verschiedene Genotypen bei bestimmten Umweltbedingungen ähnliche Phänotypen aufweisen. Eine Unterscheidung zwischen Modifikationen und erblich bedingten Merkmalen ist oft nur möglich, wenn man genetisch gleiche Individuen (Zwillinge, Klone) unter verschiedenen Umweltbedingungen beobachtet. Dabei erweisen sich einige Merkmale, z. B. die Blutgruppen des Menschen, als *umweltstabil*, andere dagegen als *umweltlabil*, z. B. das Körpergewicht.

Wie Gene und Umwelt bei der Merkmalsbildung zusammenspielen, betrifft auch die gesellschaftlich wichtige Frage, ob der Mensch ein Produkt seiner Gene oder ein Produkt seiner Umwelt durch Sozialisation und Erziehung ist. Daraus lassen sich unzählige provozierende Fragen ableiten, die in verschiedenen Zeiten und Kulturen oft unterschiedlich beantwortet wurden: Lässt sich bei geeigneter Umwelt die Entstehung von Kriminalität verhindern? Ist die Bevorzugung sozialer Berufe bei Mädchen das Ergebnis einseitig geschlechtsbezogener Erziehung oder geht sie auf angeborenes Pflegeverhalten zurück? Ist Übergewicht erblich bedingt oder Ergebnis übernommener Ernährungsgewohnheiten oder beides?

Aufgabe

① Erklären Sie anhand Abbildung 1, wodurch die Blütenfarbe der Petunie beeinflusst wird.

Modifikationen

Die Ausprägung von Merkmalen hängt oft davon ab, unter welchen Umweltbedingungen ein Organismus lebt oder aufgewachsen ist. Die Umwelt modifiziert den Phänotyp. Dabei sind Merkmale unterschiedlich stark beeinflussbar. Bei gleichem Genotyp können Modifikationen fließende Übergänge oder klar voneinander unterschiedene Phänotypen zeigen *(umschlagende Modifikation)*. Bei Merkmalen mit fließenden Übergängen, wie Länge, Größe oder Gewicht, ist oft schwer zu entscheiden, ob es sich um Modifikationen handelt oder ob sie genetisch fixiert und damit erblich sind.

Saisondimorphismus

Das *Landkärtchen* ist mit 28 – 40 mm der kleinste europäische Fleckenfalter. Im Laufe eines Jahres entwickeln sich normalerweise zwei Generationen. Schmetterlinge, die im Frühling schlüpfen, sind braunrot, die Sommerform ist dagegen fast schwarz mit hellen Streifen.

Aufgabe

① Laborversuche haben gezeigt, dass die beiden saisonabhängigen Erscheinungsformen Modifikationen sind. Nennen Sie mögliche Umweltfaktoren, die die Genexpression regulieren könnten und entwickeln Sie ein Versuchsschema, um dafür den Beweis anzutreten.

Augenform der Taufliege

Die Taufliege besitzt runde Facettenaugen aus 700 bis 900 Einzelaugen. Neben diesem Wildtyp kennt man zwei Mutanten *(Infrabar, Bar)* mit veränderter Augenform und weniger Einzelaugen im Phänotyp. Wildtyp und Mutanten wurden bei unterschiedlichen Temperaturen aufgezogen und in Bezug auf die Anzahl der Einzelaugen miteinander verglichen.

Aufgaben

② Vergleichen Sie die Anzahl der Einzelaugen bei Wildtyp und Mutanten und beschreiben Sie den Einfluss der Aufzuchttemperatur.

③ Bestimmen Sie die Aufzuchttemperatur, bei der Taufliegen trotz unterschiedlichen Genotyps die gleiche Anzahl von Einzelaugen haben.

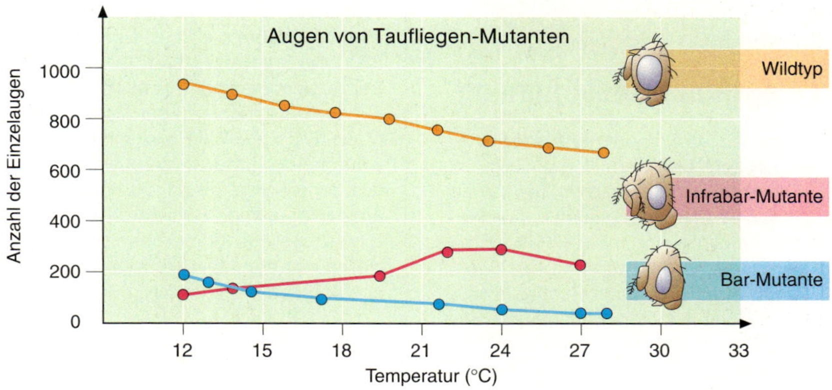

Blütenröhre des Tabaks

Von der Tabakpflanze *Nicotiana longiflora* gibt es Varianten unterschiedlicher Länge der Blütenröhren. In einem klassischen Experiment (1910 – 1916) kreuzte S. EAST Tabakpflanzen (P_1 und P_2) mit deutlich unterschiedlicher Länge der Blütenröhre und maß die Röhrenlänge bei der F_1-Generation.

Aufgaben

④ Stellen Sie die Ergebnisse grafisch dar, indem Sie die Blütenröhrenlänge auf der x-Achse und die Anzahl der Nachkommen auf der y-Achse eintragen.

⑤ Berechnen Sie die Mittelwerte der Blütenröhrenlänge in der P_1-, P_2- und F_1-Generation. Tragen Sie diese in die Grafik ein und vergleichen Sie sie.

Tabakblüten *Nicotiana longiflora*

⑥ Die Länge der Blütenröhre wird durch Gene und Umweltfaktoren beeinflusst. Begründen Sie.

Generation	P_1	P_2	F_1
Klassenmitte (mm)	Anzahl der Pflanzen		
34 ±1	1		
37 ±1	21		
40 ±1	140		
43 ±1	49		
46 ±1			
49 ±1			
52 ±1			
55 ±1			4
58 ±1			10
61 ±1			41
64 ±1			5
67 ±1			40
70 ±1			3
73 ±1			
76 ±1			
79 ±1			
82 ±1			
85 ±1			
88 ±1		13	
91 ±1		45	
94 ±1		91	
97 ±1		19	
100 ±1		11	
Gesamtanzahl			
Mittelwert Röhrenlänge			

Geschlechtsbestimmung

Die meisten Samenpflanzen, aber auch viele Tierarten (Regenwurm, Weinbergschnecke) sind *Zwitter*, bei ihnen werden vom gleichen Individuum weibliche und männliche Keimzellen gebildet. Bei *getrenntgeschlechtlichen Organismen* unterscheiden sich dagegen männliche und weibliche Individuen. Am Anfang ihrer Entwicklung haben die Zellen aber auch hier noch die Möglichkeit, beide Geschlechter auszubilden. Diese *bisexuelle Potenz* wird durch Gene oder Umweltfaktoren zur männlichen oder weiblichen Seite verschoben. Wird dieser Vorgang gestört, entstehen Individuen, die nicht eindeutig männlich oder weiblich sind *(Intersexe)*.

Genotypische Mechanismen

XX/XY-Mechanismus

Männchen und Weibchen vieler diploider Tierarten besitzen in ihren Körperzellen zwei Autosomensätze und zwei *Gonosomen*. Eines der beiden Geschlechter hat jeweils unterschiedliche Geschlechtschromosomen und kann deshalb zwei unterschiedliche Keimzelltypen bilden. Man spricht vom *heterogametischen Geschlecht* (gr. *heteros* = andersartig; gr. *gametes* = Keimzelle). Das Geschlecht, das nur einen Keimzelltyp bildet, ist *homogametisch* (gr. *homoios* = gleichartig).

Löwe XY, Löwin XX

Bei allen Säugetieren ist wie beim Menschen das weibliche Geschlecht homogametisch (XX), das männliche heterogametisch (XY). Dies gilt auch für viele Fische, Käfer und den Grasfrosch. Die Männchen dieser Tiere können Spermien mit unterschiedlichem Karyotyp bilden: X oder Y. Bei Säugern bewirkt die Anwesenheit des Y-Chromosoms die Ausbildung männlicher Geschlechtsmerkmale. Für diese Entwicklung ist nur eine bestimmte Region des Y-Chromosoms verantwortlich, die man beim Menschen SRY, bei der Maus Sry nennt. SRY und Sry weisen zwar teilweise übereinstimmende Basensequenzen auf, SRY funktioniert aber nicht in der Maus. Die Sry/SRY-Expression lässt während der Embryonalentwicklung aus der Keimdrüsenanlage Hoden entstehen, ohne SRY entwickeln sich Eierstöcke. Die Keimdrüsen produzieren Hormone, die die weitere Geschlechtsdifferenzierung regulieren.

ZW/ZZ-Mechanismus

Weibliche Vögel sind heterogametisch (ZW). Sie können zwei unterschiedliche Eizelltypen erzeugen (Z oder W). Die homogametischen Männchen produzieren nur einen Spermientyp (Z). Das gilt z. B. auch für viele Reptilien, Molche, Schmetterlinge und den Krallenfrosch.

Pfauenhenne ZW, Pfauenhahn ZZ

Diplo-Haplo-Mechanismus

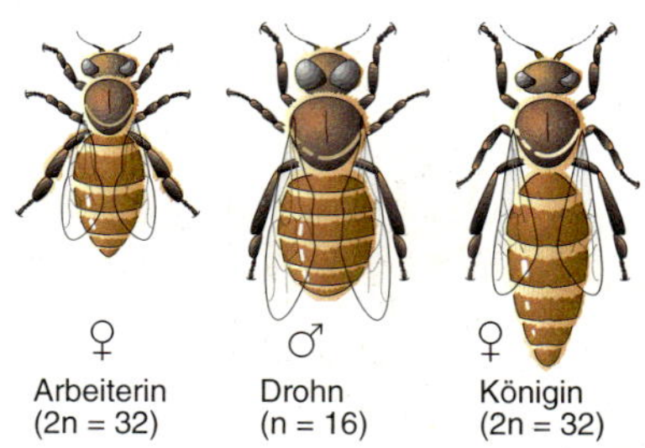

Bei Bienen und Wespen entstehen aus befruchteten Eizellen diploide Weibchen, aus unbefruchteten Eizellen haploide Männchen. Aus einer befruchteten Eizelle kann eine geschlechtsreife Königin oder eine Arbeitsbiene mit verkümmerten Geschlechtsorganen entstehen. Dabei spielt die Ernährung die entscheidende Rolle. Königinnenlarven bekommen ausschließlich Futtersaft aus den Kopfdrüsen der Ammenbienen. Arbeiterinnenlarven werden auch mit Pollen gefüttert. Der Umweltfaktor „Nahrung" bestimmt zwar die unterschiedliche Entwicklung der Weibchen, jedoch nicht das Geschlecht.

Phänotypische Mechanismen

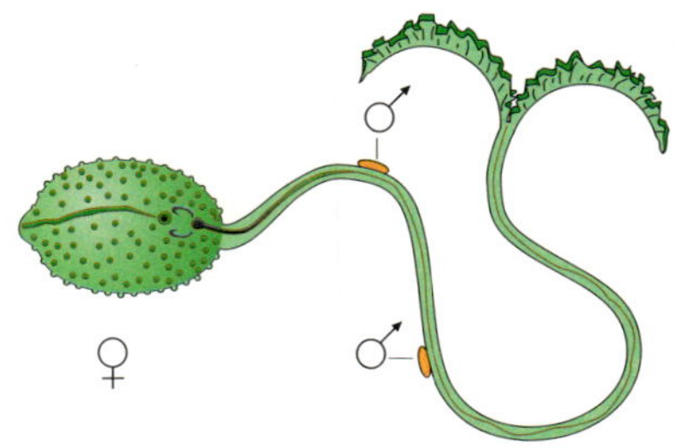

Bei *Bonellia*, einem im Meer lebenden Igelwurm, hängt die Geschlechtsentwicklung von Umweltfaktoren ab. Im freien Wasser entwickeln sich die Larven zu etwa 15 cm langen Weibchen, die ihren rüsselartigen Kopflappen bei der Nahrungssuche bis zu einem Meter weit ausstrecken können. Setzt sich die Larve dagegen an der Oberfläche eines erwachsenen Weibchens fest, entsteht ein nur 1 bis 3 mm kleines Männchen. Verantwortlich für die unterschiedliche Entwicklung sind chemische Signale der Körperoberfläche des erwachsenen Weibchens.

Geschlechtsumwandlungen sind von *Anemonenfischen* (s. Abb.) bekannt, die in Korallenriffen leben. Sie sind eigentlich Zwitter. Beim äußerlich männlichen Anemonenfisch wird die Eizellproduktion jedoch durch die Anwesenheit eines größeren Weibchens im gemeinsamen Revier unterdrückt. Entfernt man das Weibchen, wandelt sich das Männchen in ein laichbereites Weibchen um.

Ausprägung der Geschlechtsmerkmale

Bei vielen Arten kann man auch ohne aufwändige Chromosomenanalyse ein weibliches Tier von einem männlichen unterscheiden, denn oft lässt schon der Phänotyp das Geschlecht erkennen. *Sekundäre Geschlechtsmerkmale* betreffen Färbung, Form, Körperanhänge oder Körpergröße, als *primäre Geschlechtsmerkmale* bezeichnet man die Geschlechtsorgane und ihre Anhangsorgane.

Eierstöcke und Hoden der Säugetiere gehen auf die gleiche Keimdrüsenanlage im Nierenbereich des Embryos zurück, hier sind außerdem sowohl Eileiter als auch Samenleiter angelegt. Die Keimdrüsenanlage entwickelt sich am langsamsten von allen Organsystemen – ihre Funktionsfähigkeit ist für den Embryo noch nicht so lebenswichtig wie Nervensystem oder Blutgefäßsystem. Ein Embryo ist geschlechtlich also noch nicht festgelegt. Fehlt in den Zellen das Y-Chromosom mit dem geschlechtsbestimmenden Gen SRY (s. Seite 58), entwickelt sich die Keimdrüsenanlage zum Eierstock, die Samenleiteranlagen verkümmern. Von den Eierstöcken gebildete weibliche Hormone *(Östrogene)* unterstützen die weitere Entwicklung. Ist das Y-Chromosom vorhanden, entwickeln sich Hoden aus der Keimdrüsenanlage und bilden männliche Sexualhormone *(Androgene)*. Dadurch wird eine männliche Entwicklung eingeleitet, die Eileiteranlagen verkümmern. Die Geschlechtsbestimmung der Säugetiere betrifft also primär die Keimdrüsen, deren Hormone direkt oder indirekt Kontrollgene aktivieren.

Bei der Taufliege Drosophila liegt ebenfalls ein XX/XY- Mechanismus der Geschlechtsbestimmung vor. Trotzdem verläuft die Geschlechtsdifferenzierung nach einem vollkommen anderen Muster, denn es gibt keine im gesamten Organismus wirkenden Sexualhormone. Die Geschlechtsbestimmung erfolgt vielmehr innerhalb jeder einzelnen Zelle, bei Fehlentwicklungen können daher Mosaiktiere mit weiblichen und männlichen Zellbereichen entstehen (s. Randspalte). Es gibt auch kein geschlechtsbestimmendes Gen auf dem Y-Chromosom, selbst wenn das komplette Y-Chromosom fehlt (X0), entwickelt sich eine männliche Taufliege. Entscheidend ist das Verhältnis der Anzahl von X-Chromosomen zur Anzahl von Autosomensätzen. Bei einer diploiden Zelle mit zwei X-Chromosomen beträgt es $2:2 = 1$, es entwickelt sich ein Weibchen. Bei nur einem X-Chromosom ist das Verhältnis $1:2 = 0{,}5$ und es entsteht ein Männchen.

Bei Bienen entscheidet die Anzahl der Autosomensätze über das Geschlecht: Diploide Individuen werden zu Weibchen, haploide zu Männchen. Damit sich ein Weibchen entwickeln kann, müssen von einem geschlechtsbestimmenden Gen zwei verschiedene Allele vorhanden sein. Vermutlich werden die von diesen heterozygoten Allelen gebildeten Proteine nachträglich zu einem aktiven Signalmolekül zusammengesetzt, das die Transkription weiterer Gene reguliert und die weibliche Entwicklung einleitet. Haploide Bienen bilden kein Signalmolekül und werden zu Männchen.

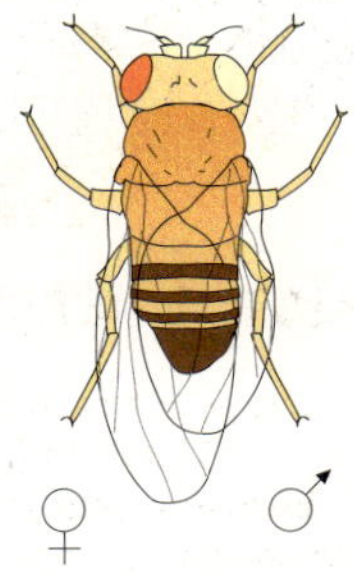

Mosaiktier („Halbseitengynander") der Taufliege

gr. *gyn* = weiblich
gr. *andros* = männlich

Zettelkasten

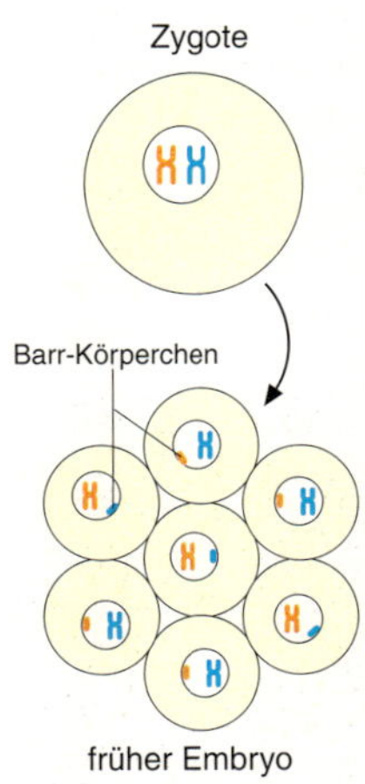

Barr-Körperchen

Obwohl weibliche Säugetiere (XX) doppelt so viele X-Chromosomen wie männliche Individuen (XY) enthalten, kommt es nicht zu einer Überdosierung X-chromosomaler Gene. In jeder Zelle wird eines der beiden X-Chromosomen so stark verdichtet und inaktiviert, dass es lichtmikroskopisch als so genanntes *Barr-Körperchen* sichtbar wird. Dabei ist es dem Zufall überlassen, welches der beiden X-Chromosomen inaktiviert wird. Bei Katzen wird die Fellfarbe (orange / schwarz) durch ein X-Gen codiert. Weibliche Katzen, bei denen ein X-Chromosom das Gen für orange, das andere für schwarze Fellfarbe trägt, erscheinen orange-schwarz gefleckt. Schildpatt-Zeichnung kommt bei Katern, die nur ein X-Chromosom besitzen, nicht vor.

Ungeschlechtliche und geschlechtliche Fortpflanzung

Fortpflanzung
Erzeugung von Nachkommen und Weitergabe der genetischen Information von einer Generation zur nächsten.

Leben geht nur aus Leben hervor, das setzt die Weitergabe der genetischen Information von Generation zu Generation voraus. Die *Fortpflanzung* zählt daher neben Wachstum und Stoffwechsel zu den zentralen Kennzeichen des Lebens. Die genetische Information soll möglichst identisch an die Nachkommen weitergegeben werden, nur dann sind die Nachkommen von Kaninchen wieder Kaninchen, von Buschwindröschen wieder Buschwindröschen. Andererseits ermöglicht eine gewisse Variabilität erst die Evolution der lebendigen Vielfalt. Fortpflanzung findet also im Spannungsfeld genetischer Kontinuität und Variabilität statt. Dabei hängt es von den Umweltfaktoren ab, ob mehr oder weniger variable Merkmale den Nachkommen günstigere Fortpflanzungschancen bieten.

Polypengeneration der Ohrenqualle

Ungeschlechtliche Fortpflanzung

Bei der *ungeschlechtlichen (vegetativen, asexuellen) Fortpflanzung* entstehen Nachkommen aus nur einem Elternteil, sie enthalten eine Kopie der elterlichen Erbanlagen. Bakterien teilen sich in Tochterzellen, bei eukaryotischen Einzellern entstehen im Rahmen der Mitose aus einer elterlichen Zelle zwei Tochterzellen. Asexuelle Fortpflanzung ist stets mit einer Vermehrung verbunden. Dabei geht jeder Zellteilung eine DNA-Verdopplung voraus. Genetische Variabilität geht bei ungeschlechtlicher Fortpflanzung auf neue Mutationen zurück, die selten vorteilhaft sind. Diese Art der Fortpflanzung sichert also die Kontinuität der genetischen Information. Auch viele Mehrzeller vermehren sich ungeschlechtlich: Süßwasserpolypen können seitliche Knospen bilden, die sich bereits nach wenigen Tagen ablösen und zu selbstständigen Tieren entwickeln. Die Knospen gehen aus wenig spezialisierten Zellen hervor. Solche undifferenzierten, teilungsfähigen Zellen bezeichnet man als *Stammzellen.* Mit biotechnischen Verfahren können auch aus Stammzellen von Wirbeltieren oftmals wieder komplette, genetisch identische Organismen gewonnen werden *(Klone).* Bei Pflanzen ist die ungeschlechtliche Fortpflanzung häufig anzutreffen. Sie wird auch gärtnerisch beim Teilen von Stauden, bei Stecklingen, Ablegern und Absenkern genutzt, um identisches Pflanzenmaterial zu gewinnen. Mehrzellige Pflanzen und Pilze können sogar aus einer einzelnen Zelle entstehen, die sich ohne Befruchtung weiterentwickelt. Solche Zellen bezeichnet man als *Sporen.* Sporen sind Ausbreitungs- und Überdauerungszellen, die meist in speziellen Fortpflanzungsorganen, den *Sporangien,* gebildet werden.

1 Medusengeneration der Ohrenqualle

Geschlechtliche Fortpflanzung

Zellen, die nur nach einer Befruchtung zu einem vollständigen Organismus heranwachsen können, bezeichnet man als *Keimzellen (Gameten).* Sie entstehen in ebenfalls spezialisierten Organen, bei Pflanzen und Pilzen bezeichnet man diese als *Gametangien*, bei Tieren als *Keimdrüsen (Gonaden).* Befruchtungsvorgänge sind charakteristisch für die *geschlechtliche (sexuelle) Fortpflanzung.* Bei der Befruchtung verschmelzen die Genome zweier elterlicher Keimzellen, es entsteht eine Zygote mit neu kombinierter genetischer Information. Sexuelle Fortpflanzung erhöht damit die Merkmalsvariabilität in Populationen. Jeder Keimzellbildung geht eine Halbierung des Chromosomenbestandes auf den einfachen Satz voraus, sonst würde sich das Genom der Nachkommen nach jedem Befruchtungsvorgang verdoppeln. Diese Reduktion des Chromosomenbestandes findet im Rahmen einer speziellen Zellteilung, der *Meiose*, statt (s. Seite 62). Geschlechtliche Fortpflanzung gibt es sowohl bei Einzellern als auch Mehrzellern. Bei

Sporen
Fortpflanzungszellen, aus denen ohne Befruchtung ein Individuum hervorgeht. Sporen können haploid oder diploid sein.

Keimzellen (Gameten)
Fortpflanzungszellen, aus denen erst nach einer Befruchtung ein Individuum hervorgeht, Keimzellen sind haploid.

vielen Algen sehen alle Keimzellen gleich aus. Meistens kommen Keimzellen aber in zwei Typen vor: Die weibliche Keimzelle *(Oocyte, Eizelle)* ist größer und unbeweglich, die männliche Keimzelle *(Spermatocyte, Spermazelle)* ist kleiner und beweglich.

Generationswechsel

Bestimmte einzellige Algen *(Chlamydomonas)* vermehren sich zunächst ungeschlechtlich. Sobald sich die Umweltbedingungen verschlechtern, gehen sie zur geschlechtlichen Fortpflanzung über und bringen so neue Varianten hervor. Die Wahrscheinlichkeit für besser angepasste Individuen wird erhöht. Ein Wechsel von ungeschlechtlicher und geschlechtlicher Fortpflanzung wird aber nicht immer durch Umweltfaktoren ausgelöst. Bei zahlreichen Arten ist ein solcher Wechsel fester Bestandteil der Entwicklung und genetisch gesteuert. Meerespolypen vermehren sich ungeschlechtlich durch Quereinschnürungen. Die tellerartig gestapelten Tochterindividuen lösen sich ab und entwickeln sich zu freischwimmenden Medusen *(Quallen)*. Die Meduse bildet Keimdrüsen, in denen die Keimzellen für die geschlechtliche Fortpflanzung gebildet werden. Aus der Zygote geht wieder ein Polyp hervor. Ungeschlechtlich und geschlechtlich entstandene Generationen wechseln sich also regelmäßig ab *(Generationswechsel)*.

1 Generationswechsel bei Farnen und Samenpflanzen

Kernphasenwechsel

Auch bei Pflanzen findet ein Generationswechsel statt. Dieser ist aber nicht immer offensichtlich, da die Geschlechtsgeneration sehr unscheinbar sein kann. Die typische *Farnpflanze* mit ihren gefiederten Blattwedeln entspricht der ungeschlechtlichen Generation, dem diploiden *Sporophyten*. In Sporangien auf der Blattunterseite entstehen durch meiotische Teilung haploide Sporen. Aus diesen Meiosporen wachsen mitotisch und ohne Befruchtung zarte Pflanzen, die *Prothallien* heran. Sie stellen den haploiden *Gametophyten* dar, also die geschlechtliche Generation. Sie bilden durch mitotische Teilung haploide männliche und weibliche Keimzellen. Nach der Befruchtung geht aus der Zygote wieder eine diploide Farnpflanze hervor (Abb. 1). Bei den *Nacktsamern* stellt der Nadelbaum die ungeschlechtliche Generation, also den diploiden Sporophyten dar. Er bildet meiotisch zwei verschiedene Sorten Meiosporen und zwar *Embryosackzellen* in den Samenanlagen der Fruchtblätter und *Pollenkörner* in den Staubblättern. Die Embryosackzellen wachsen in der Samenanlage derselben Pflanze zum mikroskopisch kleinen weiblichen Gametophyten heran und bringen mitotisch Eizellen hervor. Die Pollenkörner werden verbreitet und entwickeln sich auf einem anderen Fruchtblatt zum männlichen Gametophyten, der mitotisch Spermazellen bildet. Nach der Befruchtung wächst die Zygote zum diploiden Embryo heran. Der Embryo mit seiner Umhüllung wird als *Samen* bezeichnet und entwickelt sich zu einem Nadelbaum.

Den Wechsel von diploider und haploider Generation bezeichnet man als *Kernphasenwechsel*. Die *Haplophase* wird durch die Meiose eingeleitet, die *Diplophase* durch die Befruchtung.

Befruchtung und Meiose

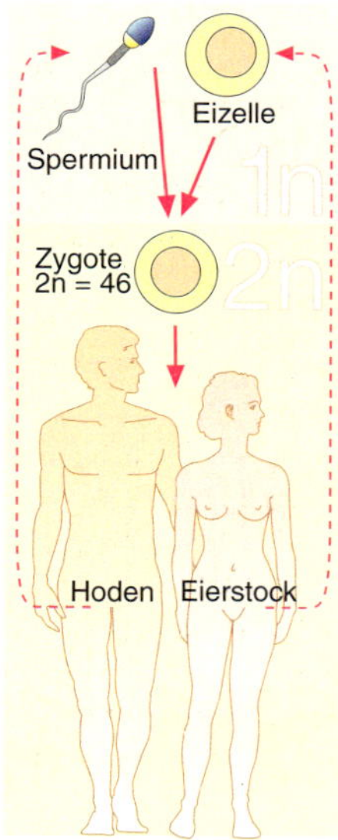

Entwicklungszyklus des Menschen

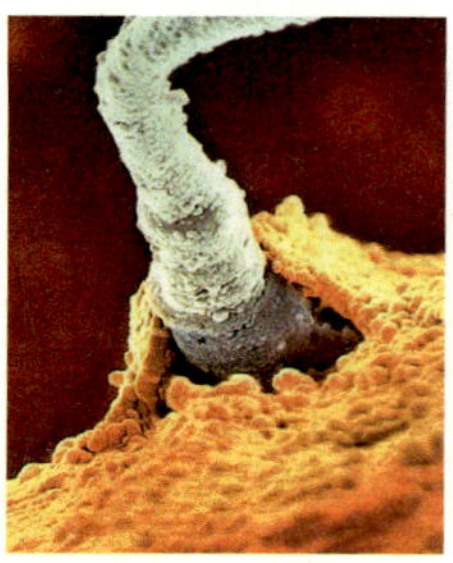

Charakteristisch für die sexuelle Fortpflanzung ist die Vereinigung zweier haploider Keimzellen (n) zu einer diploiden Zygote (2n). Als *Befruchtung* bezeichnet man die Verschmelzung der Zellkerne zweier Keimzellen. Der Befruchtung ($n + n \rightarrow 2n$) geht eine *Besamung* voraus, wobei eine Spermazelle in die Eizelle eindringt. Wie die höheren Pflanzen sind fast alle Tiere Diplonten, nur die Keimzellen sind haploid (s. Randspalte).

Für die sexuelle Fortpflanzung müssen sich die Geschlechtspartner erkennen und in ihrer Paarungsbereitschaft synchronisiert sein. Entsprechend aufwändig sind die sexuellen Verhaltensmuster. Bei im Wasser lebenden Tieren, wie Fischen und Amphibien, geben die Partner Keimzellen in das Wasser ab, die Spermien gelangen durch Eigenbewegung zu den Eizellen. Es handelt sich um eine äußere Besamung. Bei den meisten Landtieren hat sich die direkte Übertragung der Spermazellen in den weiblichen Fortpflanzungsapparat im Rahmen einer *Begattung (Kopulation)* als vorteilhaft erwiesen. Bei dieser inneren Besamung werden die empfindlichen Keimzellen vor dem Austrocknen geschützt und Verluste gering gehalten.

Keimzellen werden in spezialisierten Organen *(Keimdrüsen, Gonaden)* aus diploiden Urkeimzellen gebildet. Zur Entstehung haploider Keimzellen müssen die beiden Chromosomensätze durch eine besondere Zellteilung, die *Meiose* (*meiosis* griechisch: *Minderung)*, auf einen einfachen Satz reduziert werden. Wie der Mitose geht auch der Meiose eine Verdopplung der DNA voraus. Jede Urkeimzelle enthält also beim Eintritt in die Meiose zwei Chromosomensätze (2n), wobei die Chromosomen aus jeweils zwei Chromatiden bestehen (4C).

Die Chromatiden werden in zwei Teilungsschritten (Meiose I, Meiose II) zufallsgemäß auf vier Keimzellen (1n, 1C) verteilt:

- **Meiose I:** Die homologen Chromosomen werden auf zwei haploide Tochterzellen verteilt (1n, 2C), die genetische Information wird neu kombiniert.
- **Meiose II:** Die Schwesterchromatiden werden an den Centromeren getrennt und auf bis zu vier haploide Keimzellen (1n, 1C) verteilt.

Männliche und weibliche Keimzellen *(Gameten)* differenzieren sich anschließend unterschiedlich. Dabei bildet die Eizelle mit verschiedenen Hilfszellen und Hüllen das *Ei*. Die Spermazellen reifen zu begeißelten *Spermien* heran.

Aufgaben

① Nennen Sie Gemeinsamkeiten und Unterschiede bei der Bildung weiblicher und männlicher Keimzellen (Seite 63).

② Stellen Sie die Vorgänge bei Mitose und Meiose in Form einer Tabelle einander gegenüber.

Zettelkasten

Befruchtung bei Säugetieren

Bei der Besamung binden zunächst Spermien mithilfe von Rezeptormolekülen an Oberflächenmoleküle der Eihülle *(Schlüssel-Schloss-Prinzip)*. So wird sichergestellt, dass nur Keimzellen derselben Art miteinander verschmelzen. Die Bindung löst die *Akrosomreaktion* aus: Die vordere Spitze des Spermienkopfes, das *Akrosom*, durchdringt mithilfe von Enzymen die Eihülle. Sobald die Membranen in Kontakt kommen, vereinigen sie sich; Spermienkopf und Mittelstück werden aufgenommen. Dadurch wird die *Rindenreaktion* ausgelöst: Die Eizelle scheidet eine Substanz aus, ihre Oberfläche ist für weitere Spermien undurchdringbar. Das verhindert eine Mehrfachbefruchtung. Der Eizellkern beendet die Meiose II (1n, 1C), Eizell- und Spermazellkern replizieren (1n, 2C) und verschmelzen (2n, 4C). Die Zygote enthält damit einen mütterlichen und einen väterlichen Chromosomensatz, ihr Cytoplasma und die Mitochondrien stammen von der Eizelle. Vereinzelt von der Spermazelle übernommene Mitochondrien werden meist abgebaut.

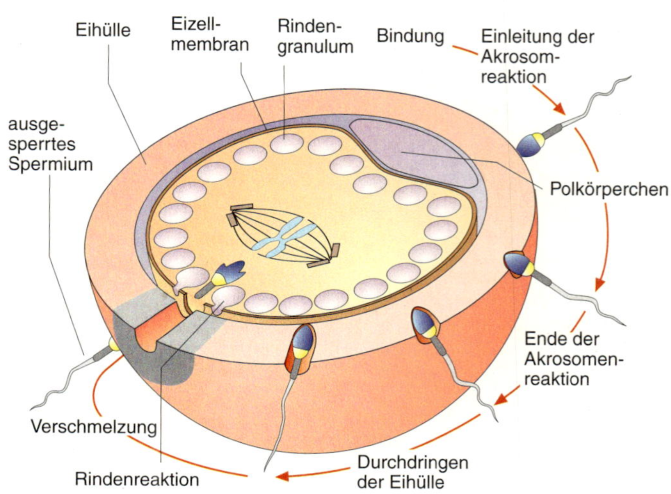

Meiose: Bildung haploider Zellen

Die Meiose dient der Reduktion des Chromosomensatzes eines Diplonten (2n) auf 1n sowie der Rekombination der Gene. Sie besteht aus den Teilungsschritten Meiose I und II, die sich in weitere Phasen unterteilen lassen.

Das Ergebnis der Meiose sind haploide Keimzellen, aus denen durch Befruchtung eine Zygote hervorgehen kann, die wiederum diploid ist. Diese wächst durch mitotische Teilungen zum Organismus heran (→ 152/153).

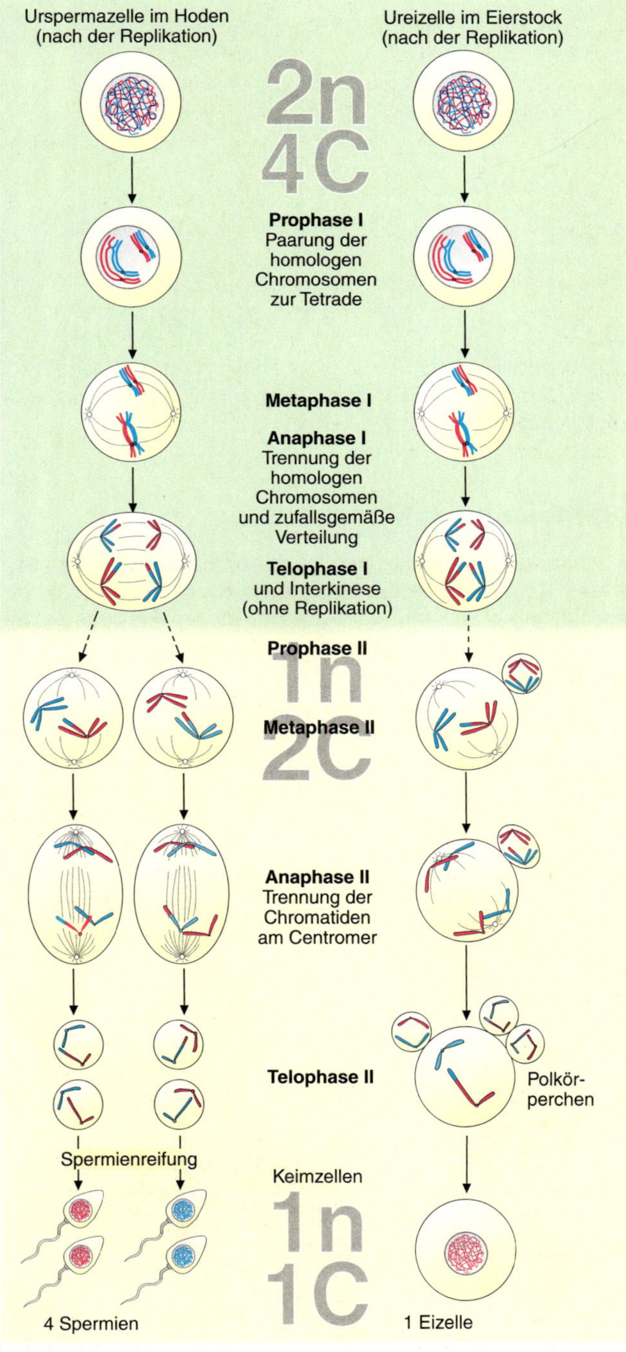

Meiose I

Prophase I: Die Chromosomen beginnen sich zu verdichten. Es kann Wochen dauern, bis sie lichtmikroskopisch zu erkennen sind. Die homologen Zweichromatid-Chromosomen lagern sich dabei exakt aneinander. Bei dieser Homologenpaarung entsteht eine *Tetrade* aus vier Chromatiden; lichtmikroskopisch zählbar sind n Tetraden. Jede Tetrade wird durch einen Proteinfaserkomplex zusammengehalten, der einen DNA-Stückaustausch zwischen homologen Chromatiden vermittelt. Dieses sog. *Crossingover* (s. Seite 73) trägt zur Rekombination der genetischen Information bei. In der späten Prophase weichen die Homologen auseinander, man erkennt nun die Crossingover-Bereiche als Kreuzungen *(Chiasmata)*, normalerweise mindestens ein Chiasma pro homologem Chromosomenpaar. Der Proteinfaserkomplex wird abgebaut. Die Auflösung von Kernmembran und Kernkörperchen steht am Ende der Prophase I; der *Spindelapparat* bildet sich.

Metaphase I: Die durch Crossingover rekombinierten n Chromosomenpaare ordnen sich unter Vermittlung der Spindelfasern in der Äquatorialebene an.

Anaphase I: Die Chromosomenpaare werden getrennt und vom Spindelapparat jeweils zu den Zellpolen transportiert. Dabei werden die Partner zufällig auf die Pole verteilt. Dadurch wird die genetische Information ein zweites Mal rekombiniert.

Telophase I und Interkinese: An den Zellpolen können Kernhüllen um die Zweichromatid-Chromosomen (1n, 2C) entstehen. Die Chromosomen lockern sich in den Tochterzellkernen nur unwesentlich auf, sie sind also mikroskopisch zu erkennen und replizieren nicht.

Meiose II

Prophase II: Die Zweichromatid-Chromosomen verdichten sich, die Kernhülle zerfällt ggf.

Metaphase II: Die Chromosomen ordnen sich unter Vermittlung des Spindelapparates in der Äquatorialebene an.

Anaphase II: Die Schwesterchromatiden werden am Centromer getrennt und zu den entgegengesetzten Zellpolen transportiert.

Telophase II: Um die Einchromatid-Chromosomen entstehen Kernhüllen; die Zellkerne der Keimzellen (1n, 1C) werden gebildet.

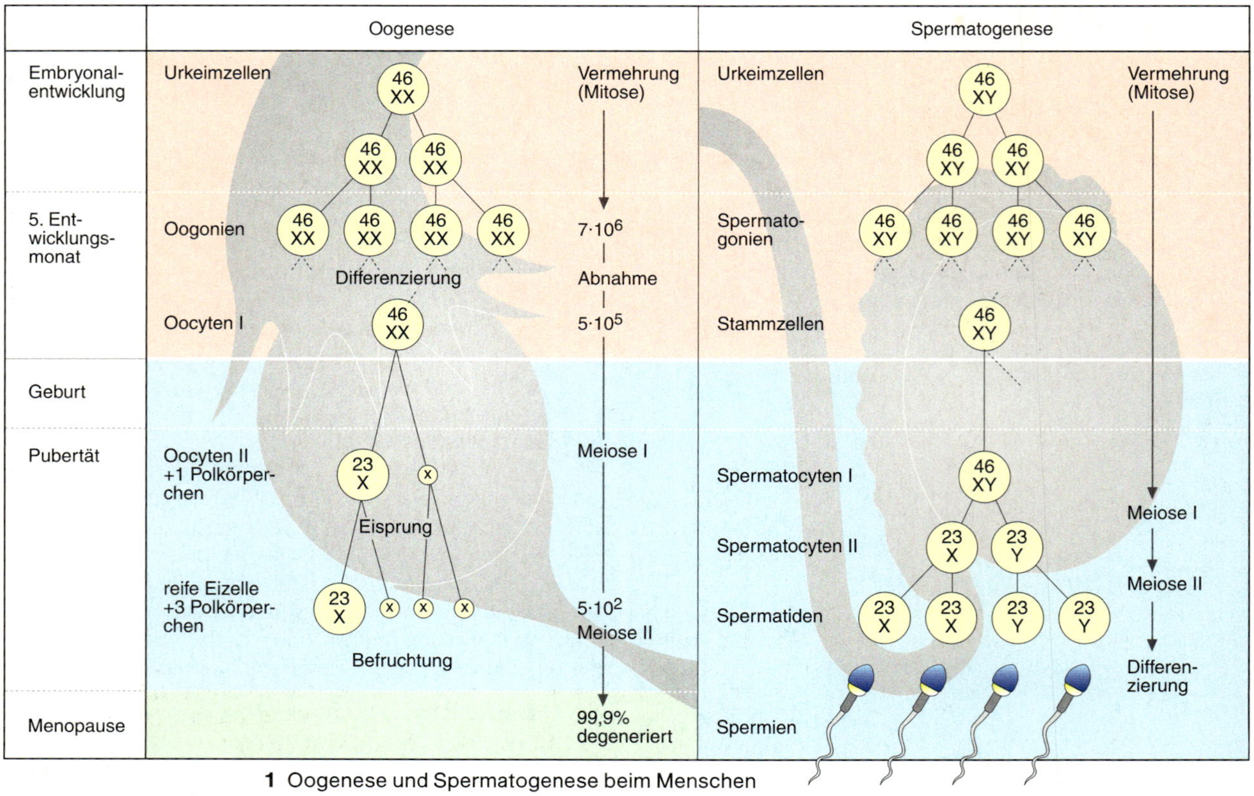

1 Oogenese und Spermatogenese beim Menschen

Oogenese und Spermatogenese beim Menschen

Sobald Eizelle und Spermium miteinander verschmelzen, ist das Geschlecht des Keimes festgelegt: Trägt die Spermazelle ein X-Chromosom, entwickelt sich eine Frau (XX), trägt die Spermazelle ein Y-Chromosom, entwickelt sich ein Mann (XY). Die Zygote ist also bereits geschlechtlich determiniert, die geschlechtliche Differenzierung des Menschen nimmt aber noch Jahre in Anspruch. In die Gonadenanlage des Embryos wandern schon in der 4. bis 6. Embryonalwoche Urkeimzellen (2n, 2C) ein, die sich mitotisch vermehren. In der 8. Embryonalwoche sind sie als *Oogonien* (XX) bzw. als *Spermatogonien* (XY) differenziert. Von nun an verläuft die Entwicklung bei Frau und Mann unterschiedlich.

Im 5. Monat der Embryonalentwicklung enthält ein weiblicher Keim etwa 7 Millionen Oogonien, die ihre mitotischen Teilungen beenden. Die Oogonien wachsen zu *Oocyten I* heran, sie werden dabei von *Follikelzellen* umhüllt und ernährt. Schon jetzt wird die spätere Entwicklung des Keimes vorbereitet, denn das Ei steuert nicht nur seinen einfachen Chromosomensatz, sondern auch fast das gesamte Cytoplasma zur Embryonalentwicklung bei. Nach der *Replikation* (2n, 4C) treten die Oocyten I in die *Meiose* ein, wobei sie bis zur Pubertät in der Prophase I verharren (Abb. 1). Ihre Anzahl ist jetzt auf etwa 500 000 reduziert und sinkt weiter, wobei die Follikel wachsen. Nur ca. 500 davon werden sich im Leben der Frau zu reifen Eizellen entwickeln. Unter Einfluss von Hypophysenhormon setzt pro Menstruationszyklus eine Oocyte I die Meiose I fort, es entsteht eine *Oocyte II* (1n, 2C) mit einem Polkörperchen. Die Oocyte II beginnt die Meiose II, verlässt den Follikel *(Eisprung)* und gelangt über den Eileiter in die Gebärmutter. Wird sie auf diesem Weg von einem Spermium befruchtet, beendet sie die Meiose II. Die Zygote (2n, 4C) entwickelt sich zum Embryo.

Beim Mann erfolgt die Differenzierung der Spermatogonien erst während der Pubertät. Ein Teil entwickelt sich unter dem Einfluss von Hypophysenhormonen zu Spermatocyten I und tritt in die Meiose ein (Abb. 1). Ein anderer Teil behält seine mitotische Teilungsfähigkeit und kann jahrzehntelang neue Spermatocyten I hervorbringen. Nach der Meiose I und II differenzieren sich die Spermazellen zu Spermien.

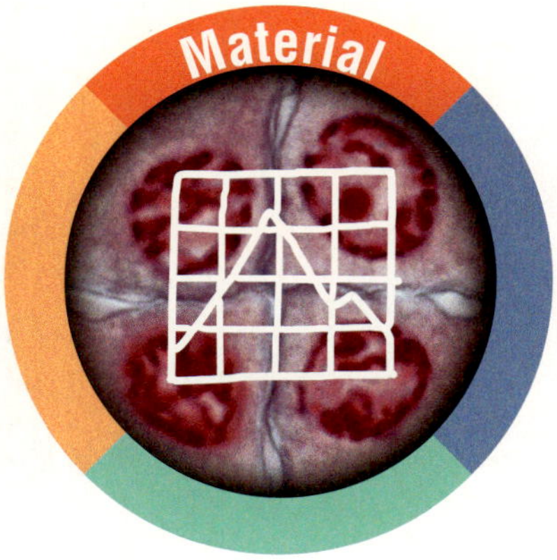

Meiose

Die Meiose wurde anhand lichtmikroskopischer Kennzeichen in verschiedene Phasen unterteilt. Tatsächlich handelt es sich jedoch um einen kontinuierlichen Vorgang, der sich besser als Film darstellen ließe. Die Dauer einzelner Phasen kann sehr unterschiedlich sein.

Aufgabe

① Beschreiben Sie die Ereignisse während der Meiose-Phasen und ordnen Sie die Fotos (Abb. 1) diesen Phasen zu.
Wodurch lassen sie sich eindeutig von Mitosephasen der gleichen Art unterscheiden?

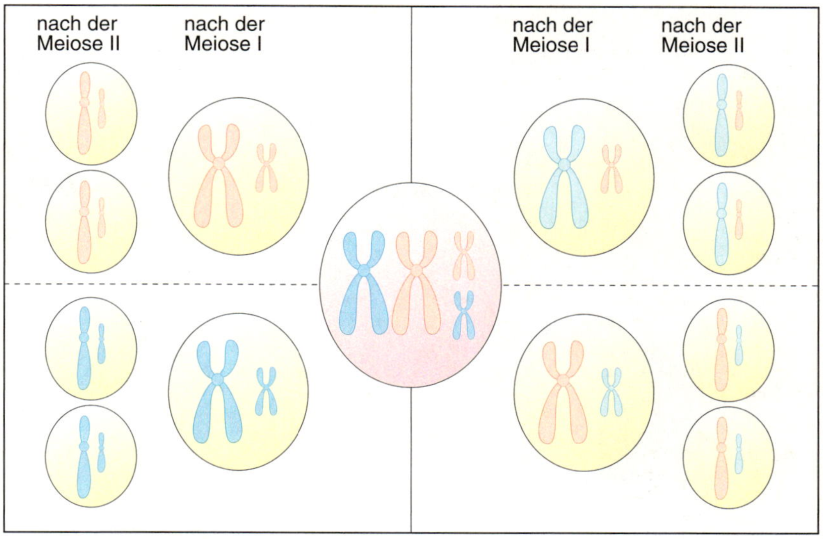

2 Kombinationsmöglichkeiten

In der Anaphase I der Meiose werden die Chromosomenpaare getrennt. Dabei entscheidet der Zufall, wie die aus zwei Chromatiden bestehenden mütterlichen und väterlichen Chromosomen auf die beiden neu entstehenden Zellen verteilt werden. Bei n = 2 Chromosomenpaaren können rechnerisch 2n = 4 verschiedene Kombinationen in der Meiose I entstehen (Abb. 2). In der anschließenden Meiose II werden die Schwesterchromatiden getrennt.

Aufgaben

② Skizzieren Sie nach dem Muster von Abb. 2 die Gesamtzahl aller Kombinationsmöglichkeiten bei n = 3 Chromosomen.

③ Berechnen Sie die Anzahl der Kombinationsmöglichkeiten bei der Entstehung menschlicher Keimzellen.

④ Wie viele Kombinationsmöglichkeiten ergeben sich bei der anschließenden Befruchtung?

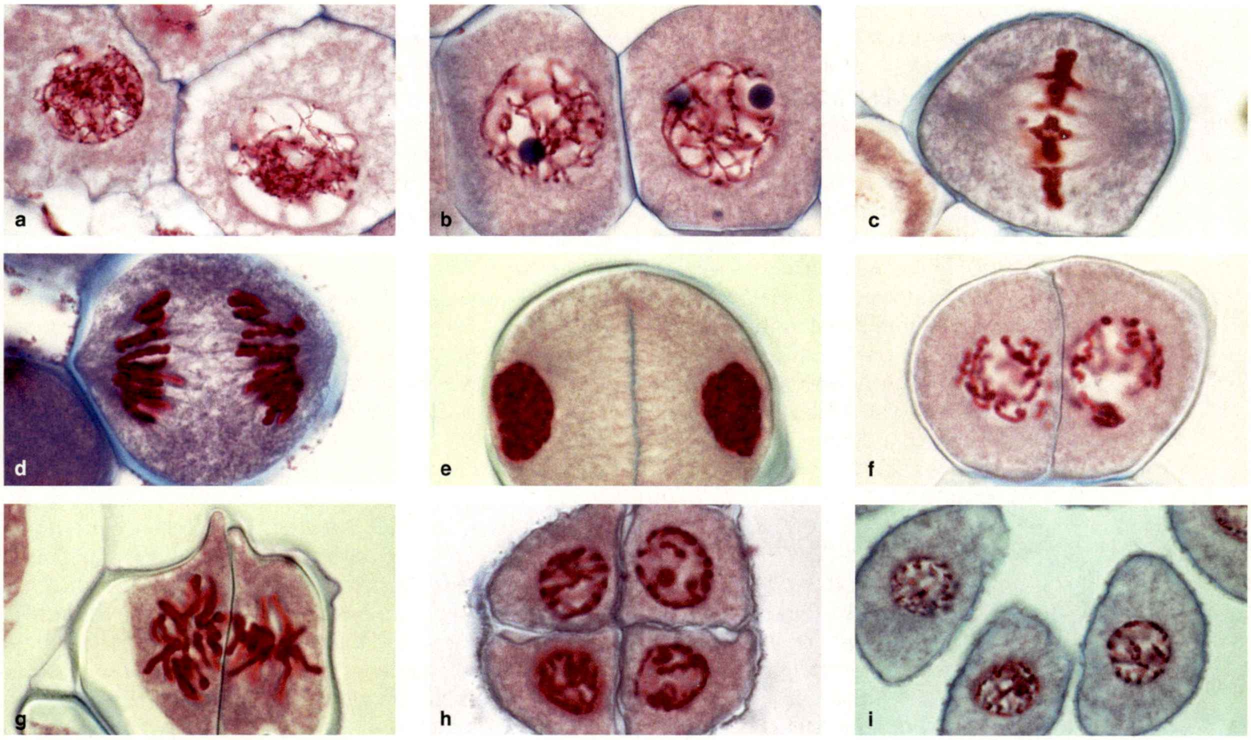

1 Meiosephasen bei der Pollenbildung (Lilie)

Johann Gregor Mendel

Merkmal	Gegensätzliche Eigenschaften
Stiellänge	lang : kurz
Blütenlage	axial : terminal
Hülsengestalt	voll : eingeschnürt
Hülsenfarbe	gelb : grün
Blütenfarbe	violett : weiß

1 Untersuchte Merkmalspaare an der Gartenerbse

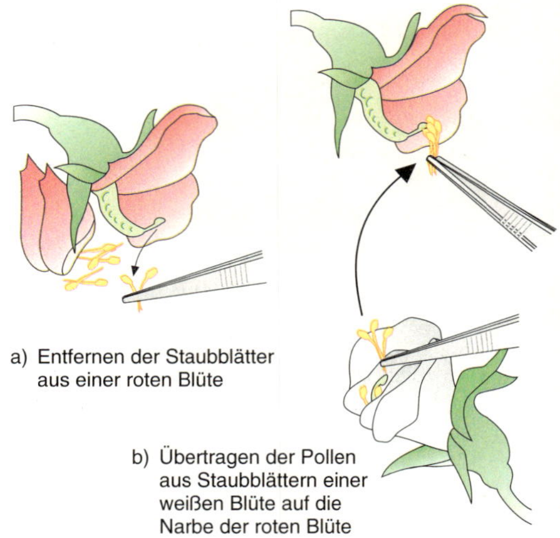

2 Mendels Methode der Fremdbestäubung

Vererbungslehre von Mendel und Chromosomentheorie

kantige und runde Erbsen

Allel
alternative Form eines Gens

Noch Mitte des 19. Jahrhunderts war man der Meinung, „cytoplasmatische Mischungen" seien dafür verantwortlich, dass Kinder Eigenschaften von Vater und Mutter besitzen. Weder konnte man sich vorstellen, welcher Natur diese Mischungen waren, noch dass man Vererbung wissenschaftlich untersuchen könne. Der Augustinermönch Johann Gregor Mendel (1822 – 1884) im Kloster zu Brünn war anderer Meinung. Er wollte wissen, nach welchen Gesetzmäßigkeiten Eigenschaften in Eltern- und Nachkommengenerationen auftreten. Mendel führte seine Versuche mit der Gartenerbse durch. Er wählte Merkmale aus, die in zwei deutlich unterscheidbaren Varianten auftreten, z. B. runde und kantige Erbsensamen, aber keine Mischformen *(intermediäre Form)*. Da Mendel mit hunderten Pflanzennachkommen rechnete, wählte er zudem Merkmale aus, die ohne großen Aufwand auszuwerten waren. Die in Abbildung 1 aufgeführten Merkmale waren zudem stabil, d. h. wenn bei den Pflanzen eine Selbstbefruchtung vorgenommen wurde, sahen alle Nachkommen wie die Eltern aus. Sie waren durch Inzucht reinerbig *(homozygot)*.

Monohybridkreuzungen

Mithilfe der Kreuzbefruchtung erforschte Mendel den Erbgang der Merkmalspaare, indem er z. B. Pollen von Pflanzen aus runden Erbsensamen auf die Fruchtblätter von Pflanzen aus kantigen übertrug *(Monohybridkreuzung)*. Die sieben von Mendel durchgeführten monohybriden Kreuzungen ergaben ein klares Bild. Die erste Pflanzengeneration (F_1) besaß nur eine elterliche Eigenschaft, z. B. runde Erbsensamen. Sie waren uniform **(1. mendelsche Regel,** *Uniformitätsregel)*. Führte Mendel jedoch bei den Pflanzen der F_1-Generation Kreuzbestäubungen durch, tauchten in der nächsten Generation (F_2) die Merkmale, die in der F_1-Generation nicht erschienen, wieder auf. Aus der uniformen F_1 erhielt er z. B. 5474 runde und 850 kantige Samen. Dieses Muster beobachtete Mendel bei allen sieben Merkmalspaaren. Er verglich die Ergebnisse und kam zu dem Schluss, dass bei Berücksichtigung der Streuung das wirkliche Verhältnis 3 : 1 sei **(2. mendelsche Regel,** *Spaltungsregel)*. Mendel schloss aus dem übereinstimmenden Vererbungsmuster, dass jedes Merkmal von einem unteilbaren (Erb-)Faktor kontrolliert wird und dass dieser in unterschiedlicher Form vorliegen kann (z. B. R für runde Erbsen, r für kantige). Da ein elterliches Merkmal im Erscheinungsbild der F_1 verschwand und dann in der F_2 wieder auftauchte, schloss Mendel, dass die F_1 zwei Formen besitzen müssen (R, r).

Die mendelschen Faktoren lassen sich molekularbiologisch als *Gene* verstehen. Die meisten eukaryotischen Zellen sind *diploid*, sie besitzen zwei homologe Ausgaben jedes Chromosoms. Gene eukaryotischer Organismen können in einer Zelle in zwei verschiedenen Varianten vorliegen, die *Allele* genannt werden. Den Genotyp (Rr) bezeichnen wir als *heterozygot*, (RR) und (rr) als *homozygot*. Der Genotyp (Rr) weist das beobachtbare Merkmal (Phänotyp) „runde

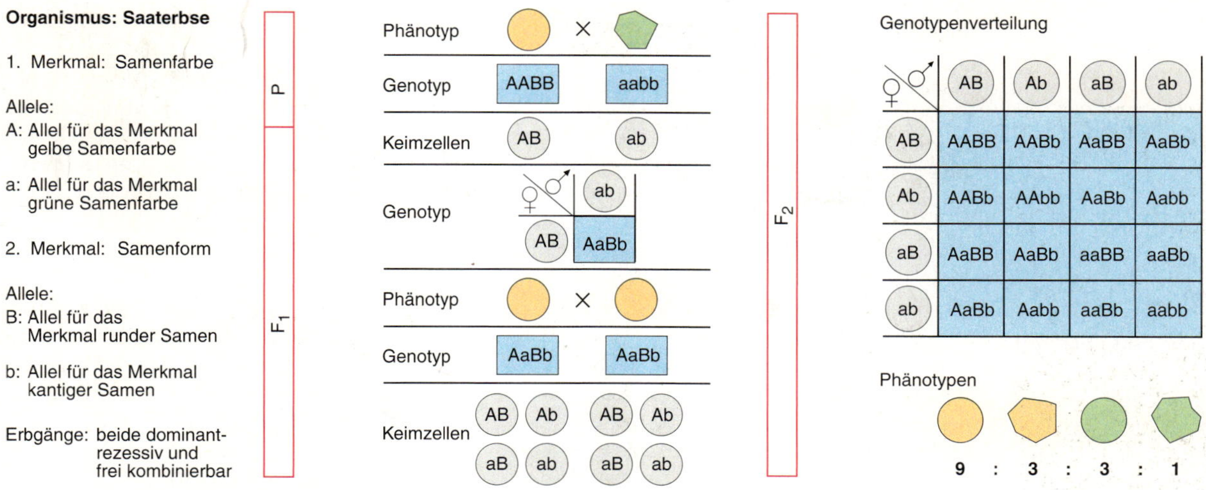

1 Kreuzungsschema zur 3. mendelschen Regel

Erbsen" auf. Das Allel (R) dominiert das Allel (r): Allele können dominant oder rezessiv sein. Treten phänotypische Mischformen auf, sind Allele intermediär.

MENDEL suchte nach einer Erklärung für das Verhältnis von 3 : 1 in der F_2-Generation. Die Pflanzen der F_1-Generation besitzen den Genotyp (Rr), daher kann die F_1-Kreuzung wie folgt beschrieben werden: (Rr) x (Rr). Aus dieser Kreuzung können kantige Samen entstehen, die den Genotyp (rr) besitzen. Sie haben ein rezessives Allel von jedem Elternteil geerbt. Wir wissen heute, dass sich die Allele der Eltern während der Keimzellbildung *(Meiose)* trennen. Bei der Befruchtung verschmelzen weibliche und männliche Keimzellen zur Zygote. So werden zwei der elterlichen Allele zusammengeführt.

Aufgaben

① MENDEL experimentierte auch mit Erbsenpflanzen, die sich in zwei Merkmalen unterschieden *(Dihybride)*. Leiten Sie aus Abbildung 1 die **3. mendelsche Regel** *(Unabhängigkeitsregel)* ab: Merkmalspaare können beim dihybriden Erbgang in neuen Kombinationen auftreten.

② Es gibt weit mehr Gene als Chromosomen. Das bedeutet, dass zahlreiche Gene auf einem Chromosom liegen müssen und dann natürlich auch zusammen (gekoppelt) vererbt werden.
Welche Veränderungen würden sich in dem dargestellten Erbgang ergeben, wenn die Allelpaare gelb-grün und rund-kantig auf demselben Erbsenchromosom lägen?

Zettelkasten

Physiologische und molekularbiologische Deutung der Dominanz

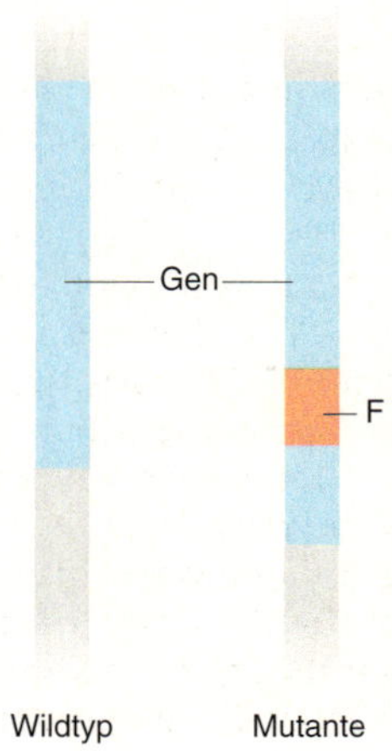

MENDEL führte die Merkmale seiner runden und kantigen Erbsensamen auf hypothetische Erbfaktoren zurück. Heute lassen sich diese Merkmalsunterschiede über das Genprodukt bis zum Gen hin zurückverfolgen.

In runden Erbsensamen wird Saccharose (Rohrzucker) unter der Wirkung eines Enzyms in Stärke umgewandelt. In kantigen Samen ist dieses Enzym aufgrund einer Mutation nicht aktiv, die Saccharosekonzentration bleibt hoch. Die Früchte nehmen während des Wachstums aus diesem Grund osmotisch mehr Wasser auf. Wenn sie austrocknen, geben sie dies aber auch wieder ab, sie schrumpfen. Das (r)-Allel ist die mutierte Form. Eine Pflanze des Genotyps (rr) wandelt Saccharose nicht in Stärke um, bei heterozygoten (Rr) Pflanzen reicht die Enzymkonzentration noch aus, um den Saccharosespiegel zu senken, (Rr)-Pflanzen haben runde Früchte, (R) ist dominant über (r). Durch Einfügung eines rund 800 Basenpaare großen DNA-Fragments (F) in das codierende Gen (s. Abb.) wurde die Struktur des Stärke bildenden Enzyms so stark verändert, dass es nicht mehr aktiv ist.

Man kennt mehrere Fälle, in denen auf diese Weise Gene durch Einfügung von DNA-Fragmenten verändert wurden und ihre Funktion verloren haben. Beispiele sind spontane Escherichia coli- und Drosophila-Mutanten.

Statistische Natur der mendelschen Regeln

Der Mais ist eine wichtige Pflanze in der genetischen Forschung. Die eingeschlechtlichen Blüten lassen sich durch Papiertüten abdecken. So wird im Experiment unkontrollierte Bestäubung verhindert. Die Maiskörner enthalten die Embryonen der Folgegenerationen. Für Vererbungsexperimente eignen sich Samenmerkmale besonders, denn man kann sie überprüfen, ohne die Pflanze aufziehen zu müssen.

Wie bei Erbsen, so findet man auch beim Mais glatte und kantige Maiskörner. Das Allel für glatt ist dominant (Allel A). Entsprechend gehört zu kantig das rezessive Allel a. Kreuzt man heterozygote, glatte F_1-Pflanzen miteinander, so müssten nach der 2. mendelschen Regel unter den Körnern der F_2-Generation drei Teile glatt und ein Teil kantig sein. Die Auszählung von drei Maiskolben lieferte folgende Ergebnisse:

	glatt	kantig	gesamt	Verhältnis glatt : kantig	relative Häufigkeit glatt	kantig
1. Kolben	209	76	285	2,75 : 1	0,733	0,267
2. Kolben	164	71	235	2,31 : 1	0,698	0,302
3. Kolben	201	56	257	3,59 : 1	0,782	0,218

In keinem Fall findet man das Verhältnis 3 : 1, sondern nur Werte, die ihm nahe kommen. Das tatsächliche Ergebnis ist vom Zufall abhängig. Bei der Auswertung von Kreuzungen ermittelt man die Häufigkeit eines Merkmals durch Auszählung. Daraus lässt sich die relative Häufigkeit als Verhältnis von glatten bzw. kantigen Maiskörnern zur Gesamtzahl bestimmen. Die Ergebnisse weichen mehr oder weniger von den nach den mendelschen Regeln zu erwartenden Wahrscheinlichkeitswerten (0,75 für glatt, 0,25 für kantig) ab.

Zufallsereignisse, wie die Neukombination der Allele, lassen sich in Computersimulationen veranschaulichen (Abb. 1). Jeder Punkt stellt die relative Häufigkeit von glatten Maiskörnern in einer Kreuzungsreihe dar.

Ergebnis: Je größer die Anzahl der untersuchten Nachkommen ist, umso dichter liegt die relative Häufigkeit am Wahrscheinlichkeitswert. Schon MENDEL analysierte seine Kreuzungsergebnisse und untersuchte viele tausend Nachkommen.

Aufgaben

① Ermitteln Sie die relative Häufigkeit kantiger Körner anhand der Tabelle für mehrere Kolben zusammen. Kombinieren Sie dazu die Ergebnisse von Kolben 1 + 2, 1 + 3, 2 + 3 sowie 1 + 2 + 3.
Was zeigen die Vergleiche der Häufigkeiten mit dem theoretisch zu erwartenden Wert?

② Ein braunäugiger Vater und eine blauäugige Mutter erwarten nach drei braunäugigen Kindern ihr viertes Kind. Sie meinen, nach der 2. mendelschen Regel müsste es blauäugig sein. Wie ist eine solche Aussage zu bewerten?

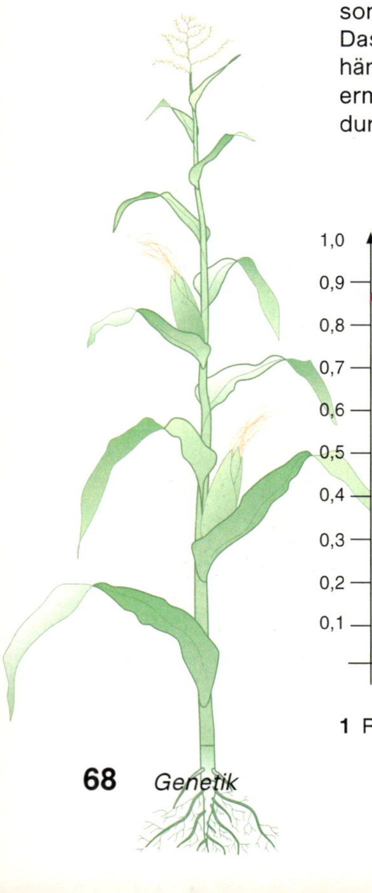

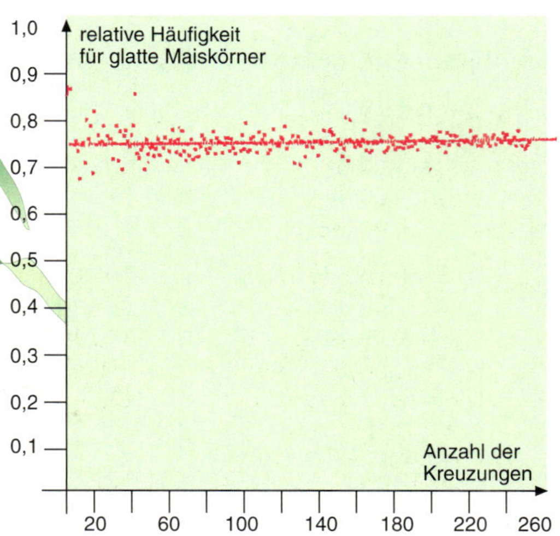

1 Relative Häufigkeit

2 Maiskolben (kantig/glatt)

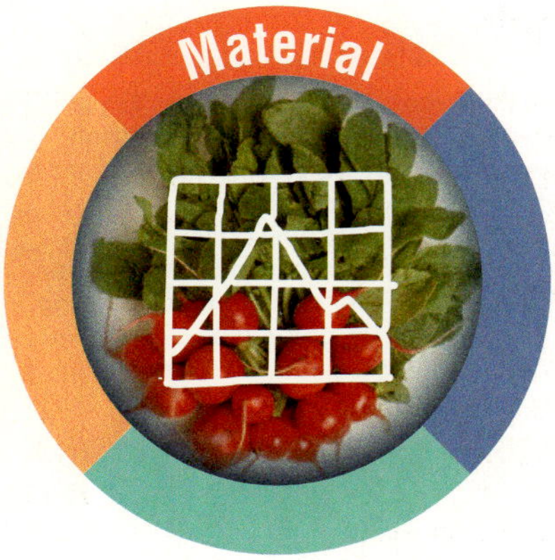

Übungsprogramm: mendelsche Regeln

Entscheiden Sie sich bei den folgenden 10 Fragen für eine Antwort. Wenn Sie die zugehörigen Ziffern aufsuchen, stellen Sie fest, ob Sie die Frage richtig oder falsch beantwortet haben. Die Ziffer nach dem Pfeil zeigt, an welcher Stelle Sie weitermachen müssen.

1 Ein Hobbygärtner züchtet Radieschen mit verschiedenen Formen: lang (Genotyp ll) und kugelrund (kk). Aus der Kreuzung lang x kugelrund entstehen nur ovale Radieschen. Welcher Erbgang liegt hier vor?
dominant-rezessiv → *13*
intermediär → *27*

2 Weil ihm die ovalen Radieschen gefallen, kreuzt er sie untereinander mit dem Ziel, wieder nur ovale zu erhalten. Hat er Erfolg mit dieser Kreuzungsmethode?
ja → *23*
nein → *20*

3 Wie viel Prozent der Nachkommen sind homozygot, wenn in drei Kreuzungen nur die phänotypisch gleichen F_2- Radieschen miteinander gekreuzt werden?
50 % → *19*
mehr als 50 % → *25*

4 Der Gärtner hat herausgefunden, dass auch die Farbe der Radieschen einen intermediären Erbgang hat: rot (rr), weiß (ww), rosa (rw). Wie viele Phänotypen sind zu erwarten, wenn ovale, rosa gefärbte Radieschen untereinander gekreuzt werden?
4 Phänotypen → *15*
9 Phänotypen → *11*

5 In welchem Zahlenverhältnis treten die neun Phänotypkombinationsmöglichkeiten in der F_2-Generation auf? Lösen Sie diese Aufgabe mit einem Kombinationsquadrat!
→ *28*

6 Kugelrunde rosafarbene Radieschen werden miteinander gekreuzt. Wie viele unterschiedliche Phänotypen erwarten Sie unter den Nachkommen der nächsten Generation?
3 Phänotypen → *21*
6 Phänotypen → *26*

7 Welche mendelsche Regel wenden Sie für diese Kreuzung an?
2. Regel → *18*
3. Regel → *16*

8 Aus welcher Kreuzung gehen nur ovale Radieschen mit rosa Farbe hervor?
oval/rosa x oval/rosa → *12*
kugel/rot x lang/weiß → *24*

9 Führt auch eine andere Kreuzung nur zum Ergebnis oval/rosa?
ja → *17*
nein → *14*

10 Wenn Sie bis hierher durchgehalten haben, dürfte es Ihnen nicht mehr schwer fallen, das Kombinationsquadrat für einen trihybriden Erbgang aufzustellen. Welches Zahlenverhältnis der Phänotypen (A/B/C) erwarten Sie bei dominant rezessiven Allelen (Aa/Bb/Cc)?
→ *22*

11 Richtig! Jedem möglichen Genotyp entspricht ein charakteristischer Phänotyp. → *5*

12 Falsch! Diese Kreuzung würde wieder zur Aufspaltung führen (vergl. 28). → *9*

13 Falsch! Ovale Radieschen sind heterozygot (kl). Bei Dominanz eines Allels würde sich die entsprechende Form durchsetzen. → *2*

14 Falsch! Auch die andere homozygote Kombination kugel/weiß x lang/rot führen zu uniformen Nachkommen.
→ *10*

15 Falsch! Vier Kombinationsmöglichkeiten gibt es beim dihybriden dominant-rezessiven Erbgang. Beim intermediären Erbgang sind es dagegen neun: kugel/rot, kugel/rosa, kugel/weiß, oval/rot, oval/rosa, oval/weiß, lang/rot, lang/rosa, lang/ weiß.
→ *5*

16 Nicht unbedingt falsch, weil es formal ein dihybrider Erbgang ist. Besser wäre aber die 2. Regel, weil die Phänotypen im Verhältnis 1 : 2 : 1 aufspalten. → *8*

17 Richtig! Man könnte auch kugel/weiß x lang/rot kreuzen. → *10*

18 Richtig! Die Phänotypen spalten im Verhältnis 1 : 2 : 1 auf. → *8*

19 Falsch! Die Kreuzung kl x kl führt zwar zu 50 % homozygoten Nachkommen, aber ll x ll und kk x kk ergeben ausschließlich homozygote Radieschen. Insgesamt werden mehr als 50 % homozygote Nachkommen entstehen. → *4*

20 Richtig! Nach der 2. mendelschen Regel spalten die Phänotypen beim intermediären Erbgang in der F_2-Generation im Verhältnis 1 : 2 : 1 auf.
→ *3*

21 Richtig! Es können nur wieder kugelrunde Radieschen mit allen 3 Farben sein. → *7*

22 Es gibt acht Phänotypkombinationen (ABC : ABc : AbC : aBC : Abc : aBc : abC : abc), die im Verhältnis 27 : 9 : 9 : 9 : 3 : 3 : 3 : 1 auftreten. → *29*

23 Falsch! Ovale Radieschen sind heterozygot (kl). Wenn sie miteinander gekreuzt werden, spaltet die nächste Generation (F_2) auf: rund (kk) : oval (kl) : lang (ll) = 1 : 2 : 1 auf. → *3*

24 Richtig! Die beiden Eltern sind homozygot. Ihre Nachkommen sind uniform. → *9*

25 Richtig! (Zur Erklärung siehe 19).
→ *4*

26 Falsch! Es sind nur 3 Kombinationen möglich: kugel/rot, kugel/rosa, kugel/weiß. → *7*

27 Richtig! Die ovalen Radieschen sind heterozygot (kl). Dies ergibt beim intermediären Erbgang die ovale Form. → *2*

28 Die neun Phänotypen kugel/rot, kugel/rosa, kugel/weiß, oval/rot, oval/rosa, oval/weiß, lang/rot, lang/rosa, lang/weiß treten im Verhältnis 1 : 2 : 1 : 2 : 4 : 2 : 1 : 2 : 1 auf. → *6*

29 Vielen Dank für Ihre Geduld!

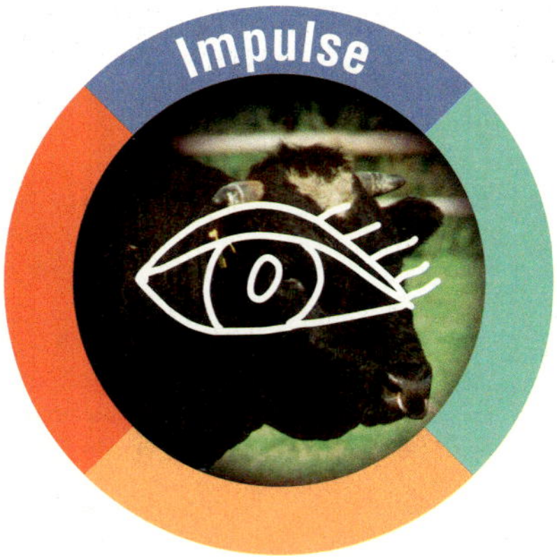

Johann Gregor Mendel (1822 – 1884)

Mendels Lebenslauf

In früheren Jahrhunderten haben Klostermitglieder oft wichtige Beiträge zur Naturwissenschaft geleistet. Vergleichen Sie die Biographie Mendels mit der von Albertus Magnus, Hildegard von Bingen oder Franz von Assisi.

Informieren Sie sich über die gesellschaftliche Stellung von Klöstern damals und heute, was ist aus dem Augustinerkloster in Brünn geworden?

Mendels Methode

„Künstliche Befruchtungen, welche an Zierpflanzen deshalb vorgenommen wurden, um neue Farben-Varianten zu erzielen, waren die Veranlassung zu den Versuchen, ...
Die Auswahl der Pflanzengruppe, ... muss mit möglichster Vorsicht geschehen, wenn man nicht in Vorhinein allen Erfolg in Frage stellen will. Die Versuchspflanzen müssen nothwendig constant differirende Merkmale besitzen. Die Hybriden derselben müssen während der Blüthezeit vor der Einwirkung jedes fremdartigen Pollens geschützt sein oder leicht geschützt werden können ... Fälschungen durch fremden Pollen, wenn solche im Verlaufe des Versuches vorkämen und nicht erkannt würden, müssten zu ganz irrigen Ansichten führen. Verminderte Fruchtbarkeit, oder gänzliche Sterilität einzelner Formen, wie sie unter den Nachkommen vieler Hybriden auftreten, würden die Versuche sehr erschweren oder ganz vereiteln. Um die Beziehungen zu erkennen, in welchen die Hybridformen zu einander selbst und zu ihren Stammarten stehen, erscheint es als nothwendig, dass die Glieder der Entwicklungsreihe in jeder einzelnen Generation vollzählig der Beobachtung unterzogen werden." (Mendel)

Beschreiben Sie, inwieweit die Erbse den von Mendel im Text aufgeführten Anforderungen an eine Versuchspflanze entspricht (s. Seite 66).
Auch der Mais ist eine beliebte Pflanze für Kreuzungsversuche. Beschreiben Sie, wie sich hier die Fremdbestäubung vermeiden lässt und testen Sie das Verfahren selbst anhand von Ziermais.

Mendel und Darwin

Mendel besaß ein Exemplar der zweiten deutschsprachigen Auflage von Darwins „Entstehung der Arten". Darin hatte er viele Sätze unterstrichen oder mit Randbemerkungen versehen. In der Brünner Klosterbibliothek war fast die gesamte darwinsche Literatur der 1860er- und 70er-Jahre vorhanden.
Darwin bedauerte in seinem Werk, dass die Gesetze der Vererbung fast gänzlich unbekannt waren, denn er sah die Vererbung als eine entscheidende Komponente seiner Theorie an.

Können die mendelschen Regeln auch die Entstehung neuer Arten erklären, war Mendel ein Darwinist?

Späte Anerkennung Mendels

Mendels Veröffentlichungen fanden in der Fachwelt wenig Beachtung, denn es war nicht üblich, Mathematik oder Statistik für biologischen Experimente zu verwenden. Im Jahre 1900 wurden die wesentlichen Ergebnisse Mendels gleichzeitig und unabhängig von Carl Correns, Erich von Tschermak-Seysenegg und Hugo de Vries neu gewonnen. Hugo de Vries stieß erst nachträglich bei der Literatursuche auf Mendels Vorarbeiten: „Diese wichtige Abhandlung wird so selten zitiert, dass ich sie selbst erst kennenlernte, nachdem ich die Mehrzahl meiner Versuche abgeschlossen und die im Text mitgeteilten Sätze daraus abgeleitet hatte." Correns, ein Schüler

22.7.1822: Johann Gregor Mendel wird in Heinzendorf, Nordmähren geboren.
1834 – 1843: Schüler am Gymnasium in Troppau
1843: Eintritt als Novize in das Augustinerkloster St. Thomas in Altbrünn; Ordensname: Gregor
1843 – 1848: Theologiestudium
1848: Priesterweihe
1849 – 1851: Gymnasiallehrer im südmährischen Znaim
1851 – 1853: Studium der Naturwissenschaften (Chemie, Physik, Zoologie und Botanik) in Wien
1853: Mendel wird Mitglied im königl. zool.-bot. Verein

des Botanikers NÄGELI, veröffentlichte 1905 den Briefwechsel von MENDEL und NÄGELI, wodurch viele nicht publizierte Ergebnisse MENDELS der Nachwelt zugänglich wurden. Das Versuchsobjekt von CORRENS war die Wunderblume *(Mirabilis jalapa)*.

Informieren Sie sich über das Prioritätsrecht in der Wissenschaft.

Die Kreuzung roter und weißer Wunderblumen folgt dem intermediärem Erbgang. Wie lässt sich die Entstehung der rosa Farbe molekulargenetisch erklären?

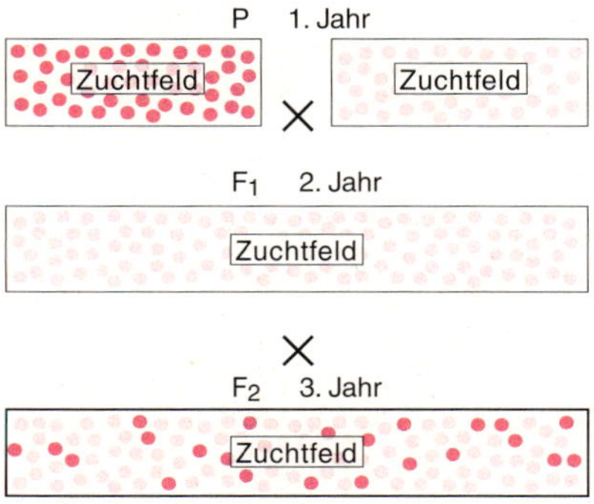

Die mendelschen Regeln bilden nicht nur das theoretische Fundament der Genetik, sondern haben vor allem auch eine praktische Bedeutung. In der Zucht von Kulturpflanzen und Nutztieren konnte nun sehr viel gezielter und vorausschauender vorgegangen werden.

Zu genau?

Der englische Statistiker RONALD A. FISHER kam 1936 bei der Überprüfung von MENDELS Daten zu folgendem Ergebnis: „Mendel's data were too good to be true". Er meinte, experimentell gewonnene Daten müssten stärker vom erwarteten Ergebnis abweichen. Später wurde dieser Verdacht immer wieder aufgegriffen, z. B. von J. HODGES, 1975 („Mendel stopped counting just at the point where his accumulating data happened very closely to fit his theoretical expectation") oder von FEDERICO DI TROCCHIO (1994) in seinem Buch „Der große Schwindel". Diese Vermutungen wurden mehrfach zurückgewiesen, so zeigte FRANZ WEILING (1995), dass MENDELS Kritiker von falschen statistischen Voraussetzungen ausgingen, dass ihnen botanisches Hintergrundwissen fehlte oder dass ihnen nicht die Originalquellen, sondern fehlerhafte Übersetzungen vorlagen.

Jede wissenschaftliche Arbeit muss reproduzierbar sein, ebenso müssen Primärdaten aufbewahrt werden. Begründen Sie diese Prinzipien zur Sicherung guter wissenschaftlicher Praxis.

MENDEL hat aus rein praktischen Gründen mit bestimmten Pflanzenarten experimentiert. Hätte er die nach ihm benannten Regeln auch aufgrund von Versuchen mit Bakterien, also Prokaryoten formulieren können?

Mendels Regeln in der Zucht

Entwickeln Sie die drei mendelschen Regeln bei der Kreuzung von Rinderrassen. Welche reinerbigen neuen Rassen sind durch die Kreuzung entstanden?

Viele Kultursorten von Pflanzen lassen sich auch mit ihren Wildformen kreuzen. Welche Vor- und Nachteile können sich dabei ergeben?

Erbgang mit zwei Merkmalpaaren

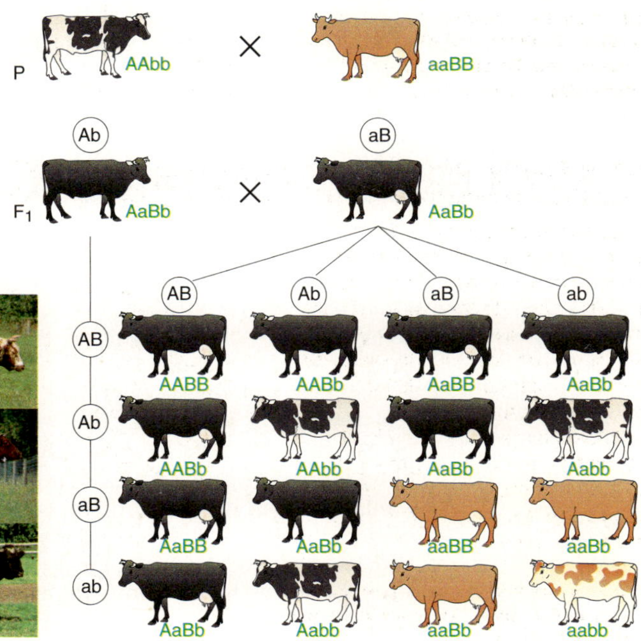

1854 – 1868: Lehrer der Experimentalphysik an der Oberrealschule in Brünn
1858 – 1864: Kreuzungsversuche mit Erbsen
1865: Vorträge über seine Experimente vor dem Naturforschenden Verein in Brünn
1866: Veröffentlichung der „Versuche über Pflanzenhybriden" im Band IV der Verhandlungen des Naturforschenden Vereins
1867 – 1873: Reger Briefwechsel mit dem Münchner Botaniker KARL VON NÄGELI, der MENDELS Theorien jedoch ablehnt
1868: Berufung zum Abt und Prälaten des Klosters
6.1.1884: Tod nach langem Herzleiden in Brünn

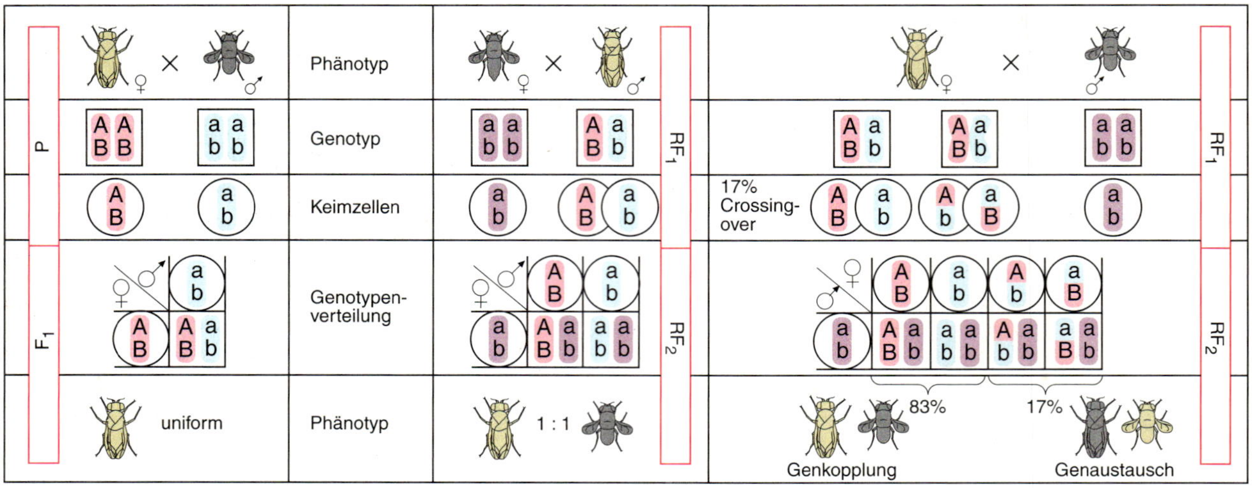

1 Kopplung von Genen bei Drosophila

Organismus:
Drosophila

1. Merkmal:
Flügelform

Allele:
A: Allel für das Merkmal normalflügelig
a: Allel für das Merkmal stummelflügelig

2. Merkmal:
Körperfarbe

Allele:
B: Allel für das Merkmal braune Farbe
b: Allel für das Merkmal schwarze Farbe

Beide Erbgänge dominant-rezessiv und gekoppelt

A/B bzw. a/b Symbole für gekoppelte Gene

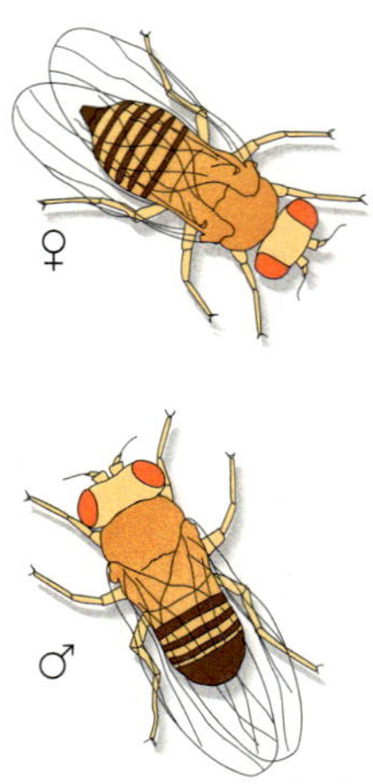

Drosophila (Wildtyp)

Gekoppelte Vererbung und Austausch von Genen

Die Taufliege *Drosophila melanogaster* ist ein Modellorganismus in der Genetik. An ihr wurden grundlegende Mechanismen der Vererbung zuerst untersucht. Diese nur wenige Millimeter großen Tiere finden sich auf reifem Obst ein und können leicht gezüchtet werden. Die Anzahl der Nachkommen ist groß (500 Eier pro Weibchen), die Generationsdauer beträgt nur 12 Tage. Neben dem *Wildtyp* der Fliege gibt es viele gut unterscheidbare *Mutanten*. Drosophila hat außerdem nur acht Chromosomen ($2n = 8$) im diploiden Satz, die sich leicht präparieren und untersuchen lassen (s. Kasten Seite 73).

Der amerikanische Biologe THOMAS HUNT MORGAN führte tausende von Versuchen mit Drosophila durch. Als er bei einer Zweimerkmalskreuzung schwarze, stummelflügelige Männchen mit reinerbigen Wildtypweibchen (normale Körperfarbe, normale Flügel) kreuzte, erhielt er in der F_1-Generation erwartungsgemäß einheitliche Nachkommen, nämlich nur Wildtypfliegen (1. mendelsche Regel). Die Rückkreuzung zwischen einem Männchen der F_1- und einem schwarzen, stummelflügeligen Weibchen führte zu Wildtypfliegen und schwarzen Stummelflüglern im Zahlenverhältnis 1 : 1 (Abb. 1). Dieses Ergebnis widerspricht der 3. mendelschen Regel von der unabhängigen Neukombination der Erbanlagen. Es wird aber erklärbar, wenn man davon ausgeht, dass mit einem Chromosom gleichzeitig mehrere Gene weitergegeben werden. Man spricht von einer *Kopplungsgruppe,* im Kreuzungsschema stehen gekoppelte Gene untereinander.

In vielen Kreuzungsexperimenten stellte MORGAN fest, dass Drosophila vier Gruppen gekoppelter Gene besitzt. Dies stimmt mit der Anzahl der Chromosomen im einfachen Chromosomensatz überein und bestätigt die Chromosomentheorie der Vererbung.

Weitere Kreuzungsversuche MORGANS mit schwarzen, stummelflügeligen Mutanten von Drosophila erbrachten ein überraschendes Ergebnis. Bei der umgekehrten Rückkreuzung eines heterozygoten Weibchens der F_1- mit einer männlichen Drosophilamutante der homozygoten P-Generation traten doch alle vier möglichen Merkmalskombinationen auf. Das Zahlenverhältnis entsprach jedoch nicht der Theorie MENDELS (1 : 1 : 1 : 1), sondern die meisten Fliegen glichen phänotypisch den Eltern. Nur 17 % der Nachkommen waren Einfachmutanten (s. Abb. 1 rechts). MORGAN glaubte zunächst an einen Fehler in der Versuchsdurchführung, erhielt aber immer das gleiche Ergebnis. Es musste demnach zur Trennung gekoppelter Gene gekommen sein *(Kopplungsbruch)*.

Die Chromosomentheorie liefert auch für diese Beobachtungen eine plausible Erklärung: Während der Prophase I der Meiose paaren sich die homologen Zweichromatid-Chromosomen, sodass sie untereinander DNA-Abschnitte austauschen können. Dieser als *Crossingover* bezeichnete Stückaustausch lässt sich in der Metaphase I als Überkreuzung *(Chiasma)* erkennen, wenn sich die Homologen wieder trennen. Ehemals auf demselben Chromosom liegende Allele werden durch Crossingover auf verschiedene Homologe verteilt. Dies geschieht in einem geordneten Prozess, bei dem Enzyme dafür sorgen, dass einander entsprechende Bereiche der Chromosomenarme getrennt und neu verknüpft werden (Abb. 1). So kann es zu einer Neukombination zuvor gekoppelt vererbter Allele kommen.

Dies wurde bestätigt, als man bei den Zweiflüglern, zu denen Drosophila gehört, eine Besonderheit der Meiose feststellte: Chiasmata sind nur bei der Eizellbildung, nicht aber bei der Spermienbildung zu beobachten. Dies deckt sich exakt mit den Ergebnissen der Versuche. Es tritt nur dann eine Entkopplung auf, wenn bei der Rückkreuzung heterozygote Weibchen verwendet werden.

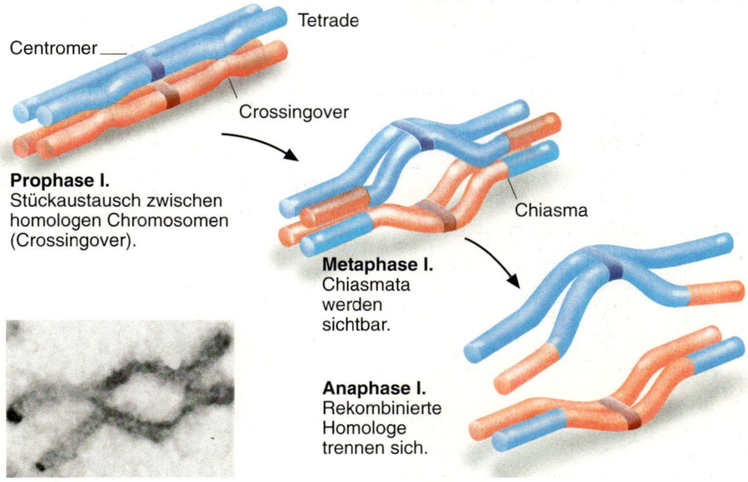

1 Crossingover und nachfolgende Chiasmabildung

Zettelkasten

Die Genkarte – ein Lageplan für Gene

MORGAN fand durch Auszählen der Phänotypen bei jedem gekoppelten Genpaar einen anderen Prozentsatz von Kopplungsbrüchen. Diesen charakteristischen Wert nannte er *Austauschwert*. Zum Beispiel ist das Gen für hellrote Augen (cinnabar: cn) mit schwarz (black: b) und stummelflügelig (vestigial: vg) gekoppelt. Für die Gene b und cn beträgt der Austauschwert 9%, bei cn und vg ist er 9,5%.

Zur Erklärung der unterschiedlichen Werte entwickelte THOMAS HUNT MORGAN eine Theorie. Er setzte voraus, dass die Gene auf dem Chromosom *linear hintereinander* liegen und dass ein Crossingover an allen Stellen des Chromosoms gleich wahrscheinlich ist. Dann steigt mit dem Abstand der Genorte auch der Austauschwert. Er kann also als relatives Maß für die Entfernung zweier Gene auf dem Chromosom angesehen werden.

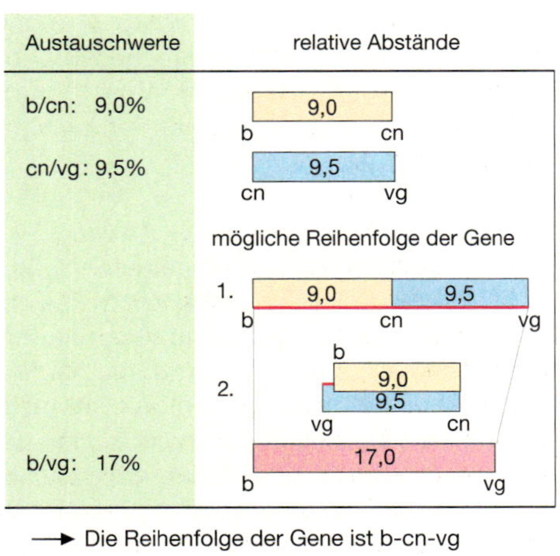

Mit zwei Austauschwerten lässt sich die Reihenfolge von drei Genen allerdings nicht festlegen. Erst ein drittes Kreuzungsexperiment, bei dem im genannten Beispiel der Austauschwert von vg und b ermittelt wird, bringt Klärung *(Dreipunktanalyse)*. Das Ergebnis von 17% ist mit der Reihenfolge vg-b-cn nicht vereinbar, passt aber recht gut zur Anordnung b-cn-vg (s. Abbildung).

Der Austauschwert b/vg (17%) ist allerdings kleiner als die Summe der Austauschwerte b/cn und cn/vg (18,5%). Dieser Wert wäre bei Addition der relativen Abstände zu erwarten gewesen. Zur Erklärung nahm MORGAN an, dass gleichzeitig mehrere Crossingover-Ereignisse bei einer Kopplungsgruppe möglich sind. Auch das wird durch die mikroskopische Beobachtung der Chiasmata am Chromosom bestätigt. Wenn sowohl zwischen b und cn als auch zwischen cn und vg je ein Crossingover stattfindet *(Doppel-Crossingover)*, werden die Gene b und cn bzw. cn und vg entkoppelt. Die Gene b und vg bleiben allerdings weiterhin in Kopplung, weil sie wieder auf dem gleichen Chromosom liegen. Deshalb liegt der experimentell gefundene Wert unter dem errechneten. Wenn zwei Genorte sehr weit voneinander entfernt liegen, so ist die Entkopplung genauso wahrscheinlich wie die Kopplung. Solche Gene erscheinen deshalb ungekoppelt.

MORGAN und sein Team bestimmten durch Dreipunktanalysen die relativen Abstände vieler Genorte und erhielten so *Genkarten* für die vier Chromosomen von Drosophila. In den Karten wird der prozentuale Austauschwert benachbarter Gene als dimensionslose *Morgan-Einheit* angegeben (1 cM = 1 centi-Morgan).

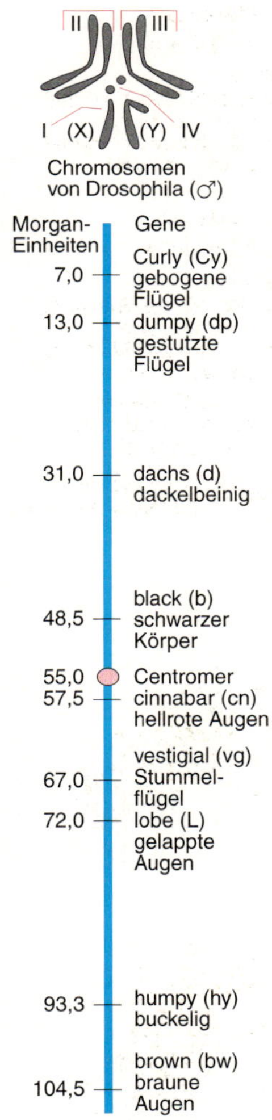

Genkarte für Chromosom II

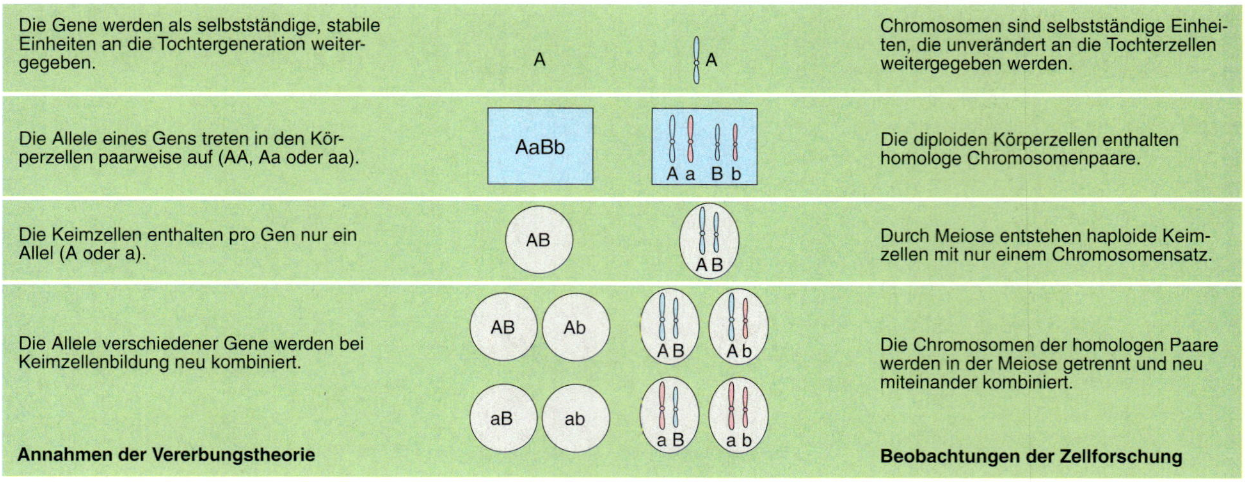

1 Gegenüberstellung von Annahmen der Vererbungslehre und Beobachtungen der Zellforschung

Die Chromosomentheorie der Vererbung

„Die Gesetze, welche die Vererbung beherrschen, sind völlig unbekannt."
CHARLES DARWIN, 1859

Chromosomentheorie der Vererbung
„Die Chromosomen sind die Träger der Vererbung."
BOVERI und SUTTON, 1903

Dass Gene, also letztlich biochemische Makromoleküle, die Grundlage der Vererbung bilden, erscheint uns heute fast so selbstverständlich, wie die Tatsache, dass die Erde eine Kugel ist. Dabei unterschätzt man leicht die intellektuelle Leistung der Entdecker, die ohne das heutige Hintergrundwissen und die technischen Möglichkeiten zu solchen Erkenntnissen gelangten.

In den „Versuchen über Pflanzenhybriden" (1866) sprach MENDEL von hypothetischen „Zellelementen", die für die Merkmalsunterschiede bei den Hybriden verantwortlich sein könnten. Zu seiner Zeit wurden gerade die ersten leistungsstarken Mikroskope entwickelt, man erkannte den zellulären Aufbau von Lebewesen und die Bedeutung des Zellkerns. Außerdem beobachtete man „Kernschleifen" in den Zellen, die 1888 von WILHELM WALDEYER als Chromosomen bezeichnet wurden. Von nun an begann man die zellbiologischen Vorgänge bei der Zellteilung und Befruchtung besser zu verstehen. Zu einer Verknüpfung der Befunde aus der Vererbungslehre und der Zellbiologie kam es aber noch nicht. MENDELS Theorie geriet zunächst in Vergessenheit und wurde erst 1900 von HUGO DE VRIES, CARL CORRENS und ERICH VON TSCHERMAK-SEYSENEGG wieder entdeckt und bestätigt.

Im Jahr 1903 verknüpften THEODOR H. BOVERI und WILLIAM SUTTON die zellbiologischen Kenntnisse über Chromosomen mit den Ergebnissen aus den Kreuzungsexperimenten MENDELS: „Wir sehen also hier auf zwei Forschungsgebieten, die sich ganz unabhängig voneinander entwickelt haben, Resultate erreicht, die so genau zusammenstimmen, als sei das eine theoretisch aus dem anderen abgeleitet;... so wird die Wahrscheinlichkeit, dass die in den mendelschen Versuchen verfolgten Merkmale wirklich an bestimmte Chromosomen gebunden sind, außerordentlich groß." Die *Chromosomentheorie der Vererbung* wurde im 20. Jahrhundert durch viele Experimente eindrucksvoll bestätigt und leitete die Entwicklung der Genetik als eigenständige Wissenschaft ein.

In der *klassischen Genetik* versuchte man, vom Phänotyp auf die Chromosomen bzw. Gene zurückzuschließen. Man erkannte, dass Enzymketten für die Merkmalsausprägung verantwortlich sind. Seit der Aufklärung der DNA-Struktur lässt sich auch umgekehrt von der DNA-Sequenz auf Merkmale schließen. Die *molekulare Genetik* hat die Erklärung vieler in der klassischen Genetik exakt beschriebenen Vorgänge ermöglicht.

Aufgabe

① Die Wissenschaftsgeschichte lehrt, dass sich revolutionierende Erkenntnisse oftmals dann ergeben, wenn verschiedene Disziplinen (z. B. Molekularbiologie, Biophysik, Anatomie, Physiologie) gemeinsam an einem Gegenstand forschen und auch ihre Methoden aufeinander abstimmen. Begründen Sie dies am Beispiel der Chromosomentheorie der Vererbung (Abb. 1).

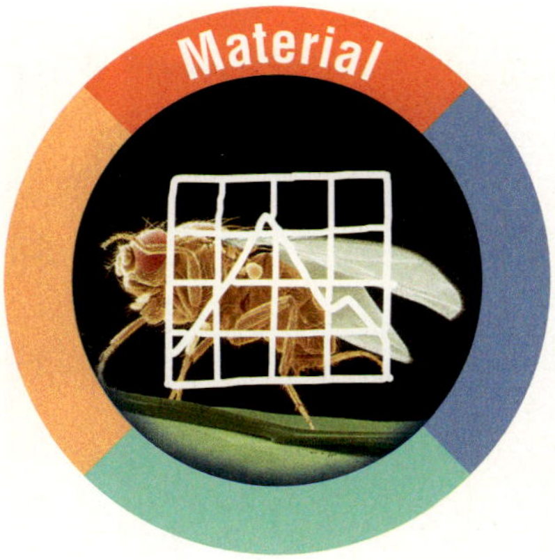

Drosophilagenetik

Wildtyp und Mutanten

In der von Mor gan eingeführten Symbolik werden Wildtyp-Allele mit „+" bezeichnet. So haben reinerbige Wildtypfliegen mit braunem Körper zwei Allele +, die ebenholzfarbene Mutante *„ebony"* besitzt zwei rezessive Allele e. Im dihybriden Erbgang kann diese Symbolik zu Verwechslungen führen, da zwei *unterschiedliche* Wildtyp-Allele die *gleiche* Bezeichnung bekommen. Werden z. B. ebenholzfarbene Mutanten mit Fliegen gekreuzt, deren Flügel eingerollt sind *(„curled")*, so treten im Kreuzungsschema die Allelenpaare cu und + auf. Um in solchen Fällen Verwechslungen zu vermeiden, findet sich in manchen Genetikbüchern eine Symbolik, in der zur Verdeutlichung beim Wildtyp-Allel immer das zugehörige mutierte Allel angegeben wird: e und e^+ bzw. cu und cu^+.

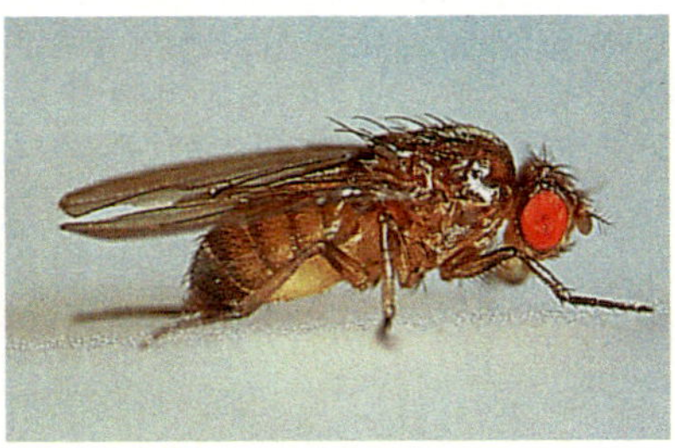

Körperfarbenmutante „ebony"

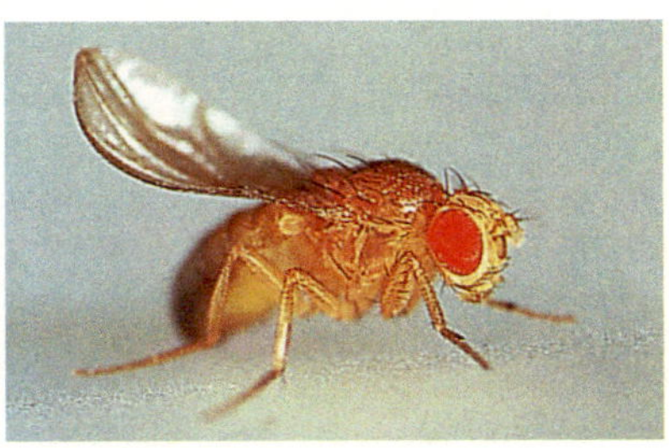

Flügelmutante „curly"

Aufgaben

① Reinerbige ebenholzfarbene Fliegen werden mit reinerbigen Fliegen gekreuzt, deren Flügel eingerollt sind. Ermitteln Sie mithilfe der Genkarte, ob in diesem Fall eine Genkopplung vorliegt.

② Erstellen Sie das Kreuzungsschema bis zur F_1-Generation. Wildtyp-Allele sind e^+ bzw. cu^+.

Augenfarben

Von Drosophila existieren zahlreiche Mutanten mit veränderter Augenfarbe. Gut erkennbar sind die Farben „cinnabar" (hellrot), „brown" (braun) und „white" (weiß). Am Zustandekommen der Augenfärbung des Wildtyps sind mehrere Wildtypallele beteiligt:
bw: Allel für die Bildung eines braunen Farbstoffes
cn: Allel für die Bildung eines hellroten Farbstoffes
w^+: Allel für die Farbstoffaufnahme in die Pigmentzellen

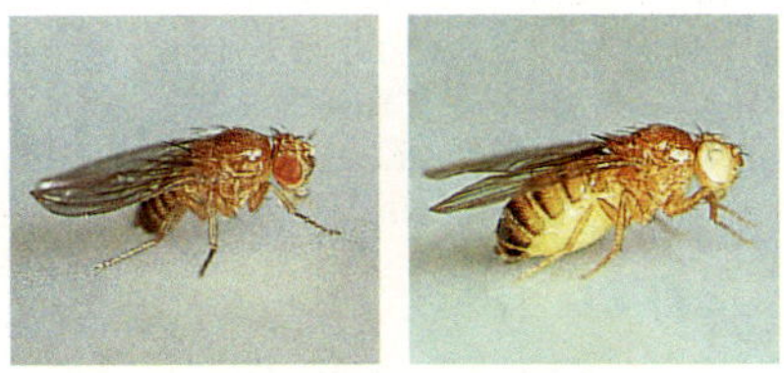

Augenfarbenmutante „brown" (links) und „white" (rechts)

Bei Wildtypfliegen mit roten Augen sind beide Farbstoffe in den Pigmentzellen der Komplexaugen. Das Allel w^+ befindet sich auf dem X-Chromosom.

Aufgaben

③ Warum haben Fliegen mit dem Genotyp $\frac{cn}{cn}$ (alle übrigen Allele Wildtyp) hellrote Augen?

④ Reinerbige Tiere mit hellroten Augen werden mit reinerbigen gekreuzt, die braune Augen haben. Geben Sie den Genotyp und die Augenfarbe der Tiere in der F_1-Generation an.

⑤ Männchen mit dem Genotyp $\frac{cn\ bw}{cn\ bw}$ werden mit Weibchen aus der F_1-Generation gekreuzt. Aus dieser Kreuzung gehen folgende Phänotypen hervor: Wildtyp (281), Augen braun (281), Augen hellrot (293), Augen farblos (208). Erklären Sie dies durch ein Kombinationsquadrat und berechnen Sie den Austauschwert der Gene cn und bw. Vergleichen Sie Ihr Ergebnis mit der Genkarte.

⑥ Reinerbige Weibchen mit der Einfachmutation „white" werden mit reinerbigen Wildtypmännchen gekreuzt. Ermitteln Sie über ein Kreuzungsschema, welche Genotypen und Phänotypen bei den Männchen bzw. Weibchen der F_1-Generation auftreten. Beachten Sie dabei, dass männliche Fliegen das X-Chromosom von der Mutter bekommen und dass auf dem Y-Chromosom kein Gen für die Augenfärbung ist.

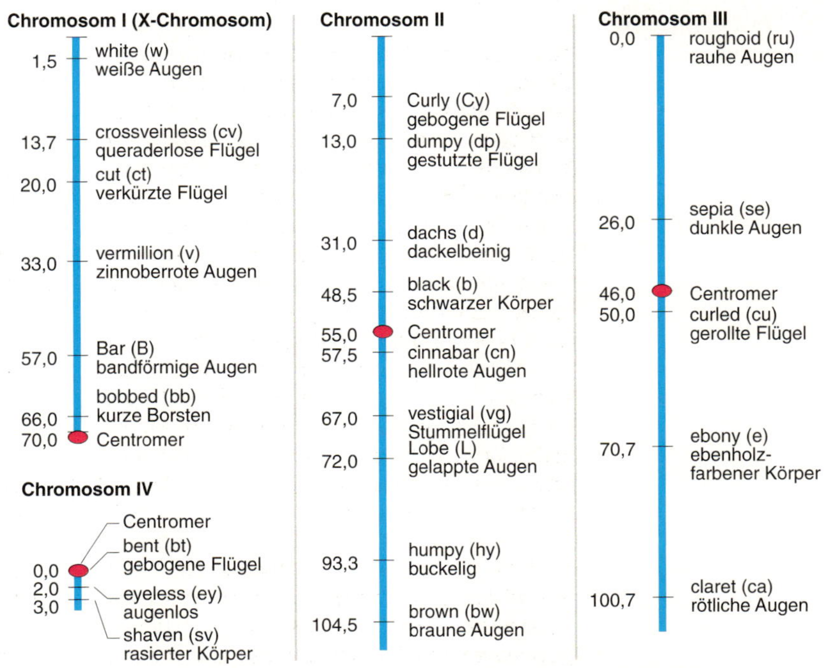

Chromosomen der Taufliege mit Genorten von Mutationen und Morgan-Einheiten

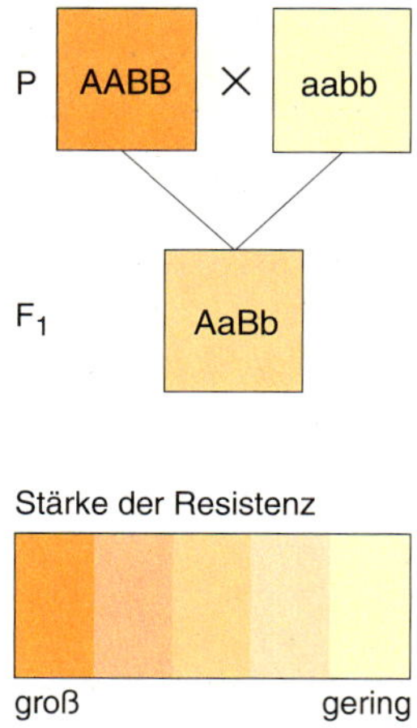

F_2	AB	Ab	aB	ab
AB	AABB	AABb	AaBB	AaBb
Ab	AABb	AAbb	AaBb	Aabb
aB	AaBB	AaBb	aaBB	aaBb
ab	AaBb	Aabb	aaBb	aabb

1 Kartoffekäferresistenz bei Kreuzung verschiedener Sorten

2 Verschiedenfarbige Mäuse aus einem Wurf

Kartoffelkäfer und deren Larven

Polygenie
Ein Merkmal wird von mehreren Genen bestimmt.

Polygenie: Mehrere Gene bestimmen ein Merkmal

Die Wildform der Kartoffel stammt aus Südamerika und ist gegen den Befall von Kartoffelkäfern (s. Randspalte) recht widerstandsfähig. Man schätzt, dass an dieser erblichen Resistenz etwa 10 verschiedene Gene beteiligt sind *(Polygenie)*. Die Resistenz ist dann am besten, wenn alle 20 Allele der Resistenzgene in der Form vorliegen, die Resistenz bewirkt. Mit jedem rezessiven Allel wird die Resistenz abgeschwächt. Weil sich die Wirkungen der Allele summieren, spricht man von *additiver Polygenie*.

Ein typisches Kennzeichen für additive Polygenie sind abgestufte Unterschiede in den Phänotypen. Bei nur zwei Resistenzgenen, deren Allele gleich stark wirken, ergeben sich bereits 5 Phänotypen, die in der F_2-Generation im Zahlenverhältnis 1 : 4 : 6 : 4 : 1 auftreten (Abb. 1). Bei 3 Genen sind 7 verschiedene Phänotypen in dem Zahlenverhältnis 1 : 6 : 15 : 20 : 15 : 6 : 1 zu erwarten. Solche Abweichungen von den mendelschen Zahlenverhältnissen sind ein typisches Anzeichen für einen polygenen Erbgang.

Bei der Züchtung von Nutzpflanzen stand in der Vergangenheit oft das Zuchtziel „Ertragssteigerung" im Vordergrund, während die Schädlingsresistenz weniger beachtet wurde. Heute versucht man in der Pflanzenzucht, die Resistenzallele durch gezielte Kreuzungen mit resistenten Wildformen wieder in den Genotyp der Nutzpflanzen „einzubauen". Dies ist im integrierten Pflanzenschutz eine der Möglichkeiten, den Einsatz von schädlichen Pestiziden zu verringern.

Schwarze Mäuse können verschiedenfarbige Nachkommen haben (Abb. 2). LUCIEN CUÉNOT entdeckte, dass die Fellfarbe polygen vererbt wird. Das B-Gen sorgt mit dem dominanten Allel B für die Bildung eines schwarzen Farbstoffes, mit dem Allel b für ein braunes Pigment. Das C-Gen ermöglicht mit dem Allel C die Farbstoffproduktion, das rezessive Allel c verhindert sie. Schwarze Mäuse besitzen beide dominanten Allele (B und C). Die Genotypen bbCC oder bbCc führen zu einer Braunfärbung. Wenn das Allel c *homozygot* vorliegt, treten Albinos auf, weil dann das B-Gen nicht aktiv werden kann.

In diesem Fall spricht man von *komplementärer Polygenie*, da sich zwei Gene in ihrer Wirkung ergänzen bzw. die Wirksamkeit eines Gens von einem anderen Gen abhängt.

Weitere Gene (A, D und S) ermöglichen eine Vielzahl anderer Farbvarianten: graumeliertes Wildtyphaar (AA/Aa), verstärkte (DD/Dd) oder abgeschwächte (dd) Pigmentierung und scheckiges Fell (ss).

Aufgaben

① Ermitteln Sie in einem Kreuzungsschema das Zahlenverhältnis, mit dem schwarze, braune und weiße Mäuse aus der Kreuzung schwarzer Mäuse mit dem Genotyp BbCc hervorgehen sollten.

② Begründen Sie durch Angabe von Genotypen, dass es möglich ist, aus einfarbig schwarzen Mäusen auch braungescheckte zu züchten.

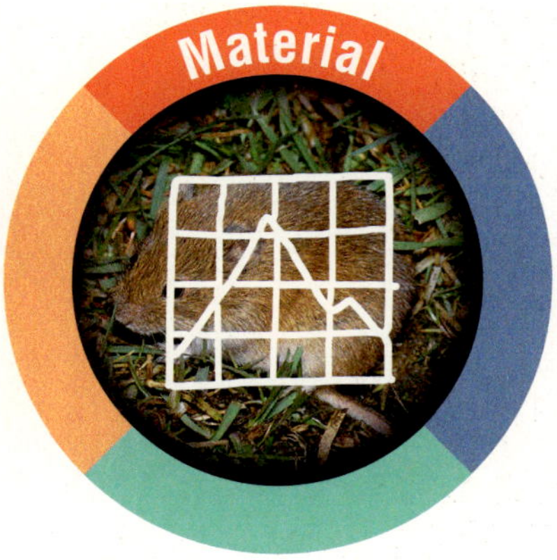

Farbenspiel durch Gene

Allele können tödlich sein

Die Wildform der Maus ist graumeliert. Dieser Farbeffekt wird durch ein Ringelmuster der Deckhaare hervorgerufen. Die Haarspitze ist schwarz. Es folgen ein oder mehrere gelbliche Bereiche. Für diesen *Agouti-Effekt* ist das Allel A zuständig. 1904 untersuchte LUCIEN CUÉNOT Mäuse mit gelblichen, ungeringelten Haaren und nannte das verantwortliche Allel A^y (y = *yellow*).

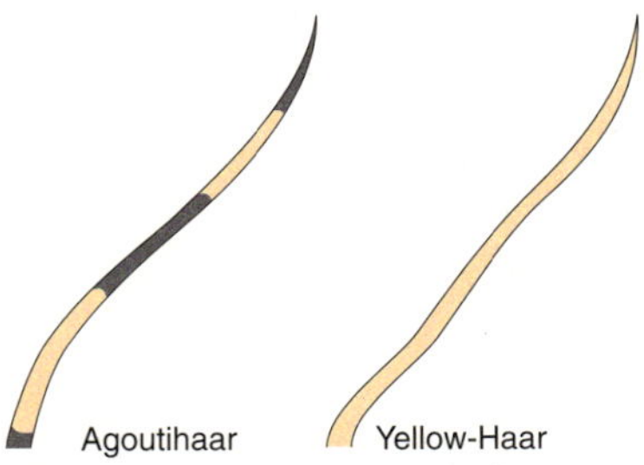

Er kreuzte gelbliche Mäuse mit reinerbigen Wildformen und erhielt in der Nachkommenschaft gelbe und graumelierte Mäuse im Verhältnis 1 : 1.

Als CUÉNOT gelbe Mäuse untereinander kreuzte, entstanden gelbe und graumelierte Mäuse im Verhältnis 2 : 1. Die Untersuchung der Gebärmutter trächtiger Weibchen ergab, dass $^1/_4$ der Embryonen abgestorben war.

Aufgaben

① Welche Genotypen haben gelb gefärbte Mäuse? Welches der beiden Allele ist das dominante?

② Stellen Sie den Versuch mit gelben Mäusen in einem Kreuzungsschema dar.
Erklären Sie am Beispiel der Mäuse den Begriff *„rezessiver Letalfaktor"* (*letal* = tödlich).

Die Färbung der Wellensittiche

Die Wildform der Wellensittiche lebt in Australien und hat eine grüne Grundfärbung. Dies ist auf zwei Pigmente im Gefieder zurückzuführen. Im Innern der Federn befindet sich ein blauer Farbstoff, im äußeren Bereich ein gelber. Die Federn der Wildform erscheinen so für den Betrachter grün.

Seit 1840 wurden vom Wellensittich verschiedene Farbvarianten gezüchtet. Am bekanntesten sind die hellblauen, gelben und weißen Sittiche.

Wenn man die Federn dieser Farbvarianten untersucht, stellt man fest, dass beim blauen Sittich das gelbe Pigment fehlt. Gelbe Wellensittiche besitzen kein blaues Pigment und weiße haben ein pigmentfreies Gefieder.

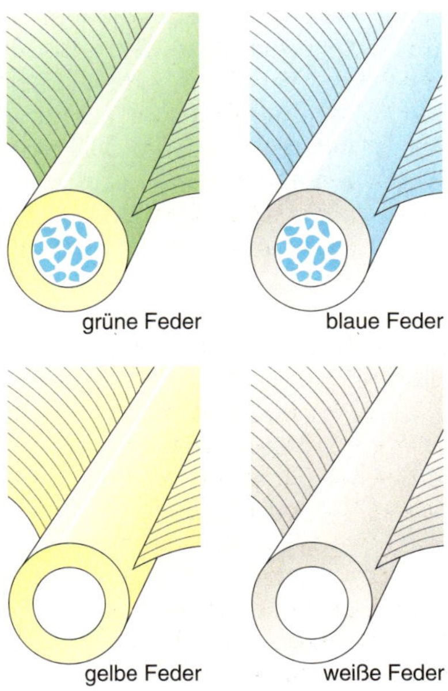

Die Vererbung der Gefiederfarbe lässt sich erklären, wenn man annimmt, dass für jedes der beiden Pigmente ein eigenes Gen zuständig ist, wobei jeweils das dominante Allel die Bildung des Farbstoffes bewirkt: A = Allel für die Bildung des blauen Pigments; B = Allel für die Bildung des gelben Pigments. Die beiden Allele a und b führen zu keiner Pigmentbildung.

Aufgaben

③ Wellensittiche, die für beide Gene heterozygot sind, werden miteinander gekreuzt. Stellen Sie das Kreuzungsergebnis in einem Kombinationsquadrat dar.

④ Formulieren Sie das Kreuzungsschema für die Rückkreuzung der doppelt heterozygoten Wellensittiche.

Die Blütenfarbe von Erbsen

Die rote Blütenfarbe mancher Erbsen ist auf einen Farbstoff zurückzuführen, der in zwei Reaktionsschritten hergestellt wird. Jeder Schritt wird durch ein zuständiges Gen ermöglicht. Fällt nur ein Gen aus, wird der Farbstoff nicht gebildet.

Aufgaben

⑤ Welche Form der Polygenie liegt hier vor?

⑥ In einem Versuch werden zwei weiß blühende Pflanzen miteinander gekreuzt. Alle Nachkommen aus dieser Kreuzung sind rot blühend. Suchen Sie dafür mit einem Kreuzungsschema eine Erklärung.

⑦ Welche Nachkommen erwarten Sie, wenn die rot blühenden Pflanzen aus Versuch 2 einer Selbstbestäubung unterzogen werden? Geben Sie das Kombinationsquadrat an und ermitteln Sie das voraussichtliche Zahlenverhältnis der Phänotypen.

⑧ Bei der Kreuzung zweier rot blühender Erbsen treten 342 rot und 117 weiß blühende Nachkommen auf. Erklären Sie dieses Ergebnis mit einem Kreuzungsschema.

Gene außerhalb des Zellkerns

Aufgrund molekularbiologischer Forschungen wissen wir heute, dass nicht alle Gene eukaryotischer Zellen im Zellkern angesiedelt sind. Chloroplasten und auch Mitochondrien besitzen eigene Gene, die Fähigkeit zur Replikation ihrer DNA, komplette Biosyntheseapparate sowie die Fähigkeit, sich durch Teilung zu vermehren. Eine Reihe von Pflanzenarten (Petunie, Tabak, Gerste, Wunderblume) geben Chloroplasten nur über die Eizelle an die nächste Generation weiter. Aus dem Pollen wird bei der Befruchtung nur der Spermakern übertragen. Man spricht deswegen von *mütterlicher Vererbung* der Chloroplasten und Mitochondrien. Beim Rhododendron werden Chloroplasten sowohl über Pollen als auch über die Eizellen weitergegeben.

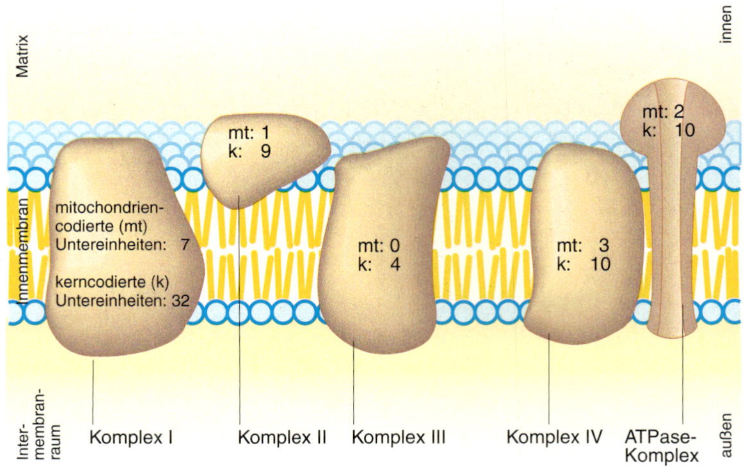

1 Herkunft einiger Atmungskettenenzyme

Gene in Chloroplasten

Als erster beobachtete Carl Correns das Phänomen mütterlicher Vererbung 1909 an *Wunderblumen.* Diese Pflanzenart besitzt grüne, weiße und grün-weiß gefleckte (panaschierte) Zweige und Blätter. Unter dem Mikroskop sah Correns, dass grüne Pflanzenteile aus Zellen mit grünen Chloroplasten bestehen, weiße Teile aus Zellen mit Chloroplasten ohne Chlorophyll (s. Randspalte). Correns bestäubte Fruchtblätter in Blüten grüner Zweige mit Pollen aus Blüten unterschiedlich gefärbter Zweige. Er erhielt nur vollständig grün gefärbte Hybriden. Bestäubte er Fruchtblätter aus Blüten weißblättriger Zweige erhielt er ebenfalls nur weißblättrige Nachkommen, unabhängig vom verwendeten Pollen. Werden Blüten an Zweigen mit gefleckten Blättern bestäubt, erhält man unabhängig vom verwendeten Pollen Pflanzen mit grünen, weißen oder panaschierten Teilen. Tochterpflanzen weisen also immer den Phänotyp der Mutterpflanze auf. Correns vermutete aufgrund dieser Beobachtung, dass sich das für die Chlorophyllbildung verantwortliche Gen nicht im Zellkern, sondern in den Chloroplasten befinden muss.

Gene in Mitochondrien

Die Spermien der meisten Tierarten enthalten einige hundert, Eizellen mehrere hunderttausend Mitochondrien. Auch wenn bei der Befruchtung einige Mitochondrien mit den Spermien in die Zygote gelangen sollten, verdanken die Nachkommen ihr mitochondriales Genom fast ausschließlich ihren mütterlichen Vorfahren.

Kooperation mit dem Zellkern

Die Chloroplasten-DNA enthält rund 100 Protein codierende Gene. Man schätzt, dass für den Aufbau und die Funktion von Chloroplasten aber mindestens 1000 verschiedene Proteine benötigt werden. Molekularbiologen haben herausgefunden, dass der größte Teil dieser Proteine vom Zellkern codiert, im Cytoplasma hergestellt und dann in die Chloroplasten transportiert wird. Ein typisches Beispiel ist das Enzym *Ribulose-1,5-bisphosphat-carboxylase-oxidase (Rubisco)*, das eine Schlüsselfunktion bei der CO_2-Fixierung der Fotosynthese hat. Das Enzym besteht aus acht identischen großen und acht identischen kleinen Untereinheiten. Das Gen für die große Untereinheit befindet sich im Chloroplasten-Genom, das für die kleine Untereinheit im Zellkern. Ähnlich verhält es sich bei Mitochondrien. Beim Menschen wird der überwiegende Teil mitochondrialer Proteine ebenfalls im Zellkern codiert. Die Enzyme der Atmungskette stellen ein Mosaik kern- und mitochondriencodierter Proteine dar (s. Abb. 1).

Aufgaben

① Der genetische Apparat von Chloroplasten und Mitochondrien besitzt einige auffällige Gemeinsamkeiten und unterscheidet sich darin vom genetischen Apparat des Zellkerns. Benutzen Sie die diesbezüglichen Informationen auf Seite 37 und legen Sie eine Tabelle an.

② Mütterliche Vererbung gehorcht nicht den mendelschen Regeln. Begründen Sie.

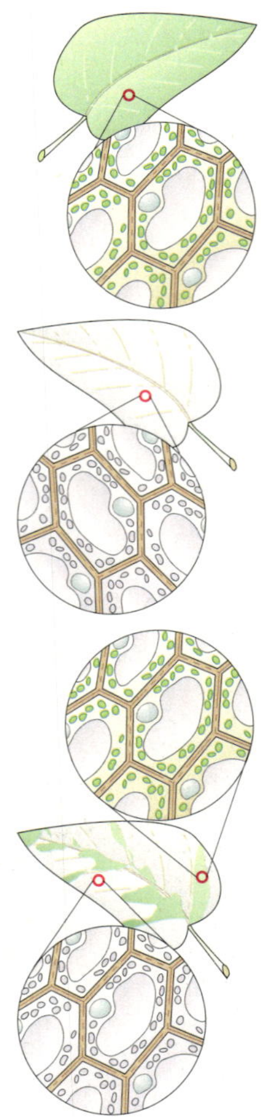

Transposition: „Springende“ Gene

„Springende“ Gene *(Transposons)* sind kurze DNA-Abschnitte (bis zu 10 000 Basen lang), die ihre Position auf einem Chromosom verändern können. Transposons können auch von Chromosom zu Chromosom springen. Sie besitzen ein Gen, das für die Transposase codiert. Es handelt sich dabei um ein Enzym, das die Transposons veranlasst, sich aus der umgebenden DNA zu lösen und sich an anderer Stelle wieder einzugliedern.

Transposons sind in allen Organismenarten gefunden worden. Über ihre biologische Bedeutung wird spekuliert. Sie bewirken eine Rekombination des Genoms und erhöhen damit die genetische Vielfalt; bei Bakterien tragen Transposons oft Resistenzgene gegen Antibiotika. Bei Eukaryoten von der Hefe bis zum Menschen weisen viele Transposons große Ähnlichkeit mit Retroviren (z. B. HI-Virus) auf. Sie stammen also vermutlich von diesen Viren ab oder sind noch aktive Retroviren. Man spricht deswegen auch von *Retrotransposons*.

Gesprenkelte Maiskörner

Maispflanzen *(Zea mays)* eignen sich sehr gut für genetische Untersuchungen. Viele unterschiedliche Farbvarianten der Körner sind leicht zu unterscheiden und gezielte Kreuzungen werden erleichtert, weil weibliche und männliche Blüten getrennt sind (einhäusig, eingeschlechtig). Aus diesen Gründen wurde Mais in der ersten Hälfte des 20. Jahrhunderts neben Drosophila zum genetisch am besten untersuchten Organismus.

In den 20er-Jahren beschäftigen sich Genetiker mit Maiskolben, die durch gesprenkelte Körner auffielen. Man wusste schon, dass die Zellen dieser Körner das dominante Gen C enthalten, das durch eine somatische Mutation die Fähigkeit zur Bildung eines violetten Farbstoffes verloren hatte. Anscheinend konnten aber einige Zellen durch eine erneute Mutation des Gens den Farbstoff wieder herstellen. Eine solche Rückmutation war nicht überraschend. Erstaunlich jedoch war die Regelmäßigkeit, mit der sie in den Zellen der betroffenen Maiskörner immer wieder auftrat.

Transponierbare Elemente

In den 40er-Jahren untersuchte die amerikanische Genetikerin Barbara McClintock die gesprenkelten Maiskörner. Sie erkannte unter dem Mikroskop, dass die Sprenkelung bei Pflanzen auftrat, deren Chromosomen an einer ganz bestimmten Stelle gebrochen und mit veränderter Struktur wieder zusammengewachsen waren. Sie nahm an, dass diese Brüche auf eine labile Chromosomenstelle zurückzuführen sind, die sie *Dissoziator-Element* (Ds) nannte. Bei weiteren Kreuzungen stellte sich überraschenderweise heraus, dass die am Ds-Element auftretenden Chromosomenbrüche auch viele anderen Stellen des gleichen Chromosoms oder sogar anderer Chromosomen betreffen können. Das Ds-Element konnte also anscheinend an verschiedenen Stellen der Chromosomen „springen“, eine Annahme, die dem bis dahin geltenden Konzept fest lokalisierter Gene widersprach.

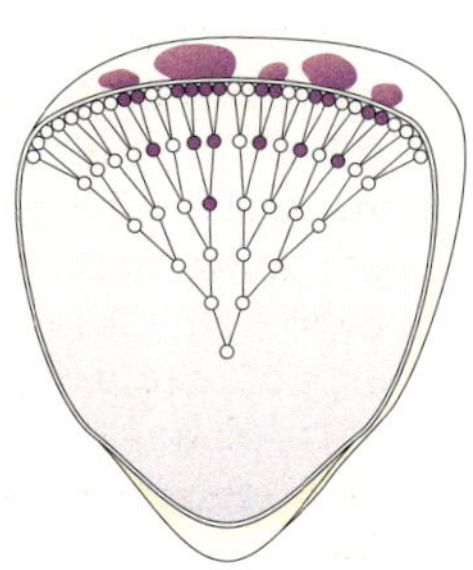

McClintock hatte das erste *„springende“ Gen* oder *transponierbare genetische Element* entdeckt. Sie stellte weiter fest, dass zur Transposition ein *Aktivator-Element* (Ac) notwendig ist, bei dem es sich ebenfalls um ein „springendes“ Gen handelt. Ac kann selbstständig die Position wechseln, während Ds nur transponierbar ist, wenn es durch Ac aktiviert wird.

Maiskörner mit dem aktiven Gen C sind violett gefärbt. Wenn sich in den Zellen eines Maiskorns das Ds-Element im Bereich des C-Gens befindet und das Ac-Element fehlt, wird die Farbstoffsynthese unterdrückt: Die Körner sind farblos. Wenn die Zellen aber zusätzlich das Ac-Element enthalten, kann im Verlauf der Zellvermehrung durch Mitose das Ds-Element wieder aus dem Bereich des C-Gens herausspringen. Diese Zellen und alle daraus hervorgehenden Tochterzellen besitzen dann wieder die Fähigkeit der Farbstoffsynthese: Das Maiskorn wird scheckig. Je später diese Transposition während der Entwicklung des Maiskorns auftritt, desto kleiner werden die violetten Flecken.

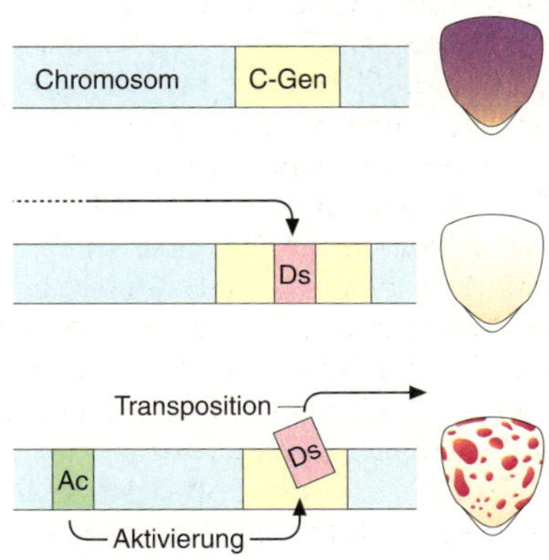

Als McClintock 1951 ihre Ergebnisse erstmals öffentlich präsentierte, stieß sie auf Unverständnis der Fachkollegen, die die Chromosomen als wohlgeordneten Datenspeicher ansahen, in dem Sprünge nur zum Chaos führen mussten. Die Beobachtungen an Maiskörnern wurden als kuriose Ausnahmeerscheinungen abgetan.

Mit der Zeit erkannten immer mehr Genetiker, dass McClintocks Arbeit über bewegliche Elemente beim Mais ein fundamentales molekularbiologisches Prinzip beschreibt, das in allen Organismenarten anzutreffen ist. Für ihre bahnbrechenden Arbeiten wurde McClintock 1983 ein Nobelpreis zuerkannt.

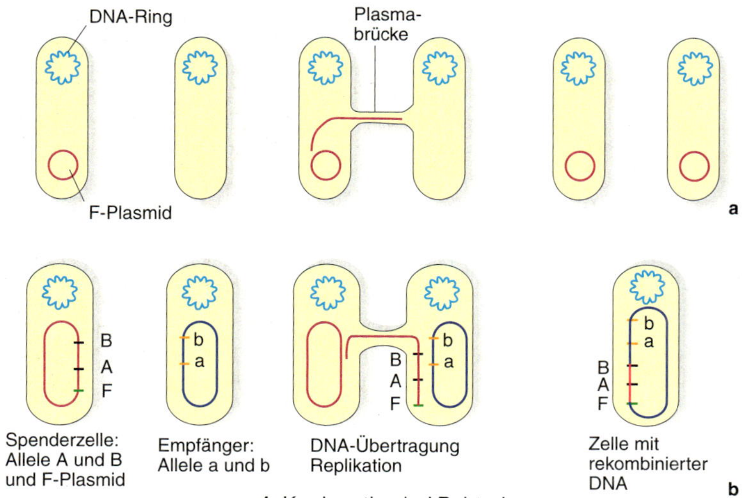

1 Konjugation bei Bakterien

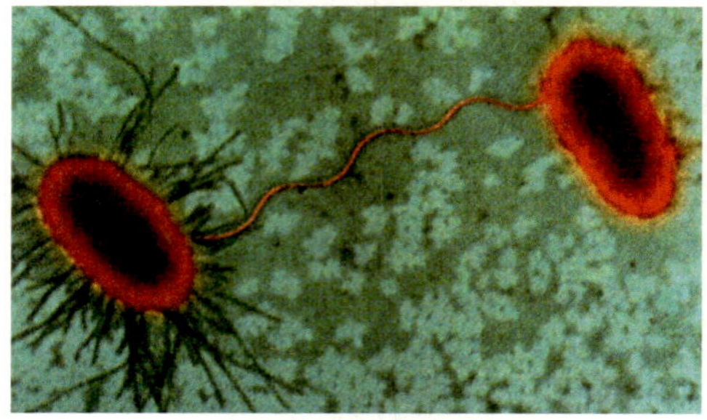

Konjugation bei Bakterien: Plasmabrücke

Genetische Rekombination bei Prokaryoten

Konjugation
DNA-Übertragung von einer Bakterienzelle auf eine andere über eine Plasmabrücke

Transformation
Aufnahme und Einbau von freier DNA in Bakterien oder andere Zellen

Transduktion
Einschleusen von Fremd-DNA in eine Zelle mithilfe von Phagen

Transposition
Verschiebung von DNA innerhalb eines Genoms

Bei Eukaryoten ist die genetische Rekombination fester Bestandteil der sexuellen Fortpflanzung. Bei Prokaryoten gibt es zwar weder Meiose noch Befruchtung, aber auch Bakterien können genetische Information neu kombinieren und so die genetische Variabilität in ihrer Population erhöhen. Das sichert ihre Anpassungsfähigkeit gegenüber veränderten Umweltbedingungen.

Eine direkte DNA-Übertragung von einer Bakterienzelle zur anderen bezeichnet man als *Konjugation*, dabei stellt eine Plasmabrücke den Zellkontakt zwischen zwei Bakterien her. Ein gut untersuchtes Beispiel ist die Übertragung des *Fertilitäts-Plasmids* beim Bakterium *Escherichia coli* (Abb. 1a). Zellen mit dem F-Plasmid heißen F^+, ohne F-Plasmid F^-. Das F-Plasmid enthält etwa 25 Gene, die zur Herstellung der Plasmabrücke benötigt werden. Es wird vor seiner Übertragung vervielfältigt: F^- ist der DNA-Empfänger („weiblich"), F^+ der DNA-Spender („männlich"). Alle Nachkommen tragen das F-Plasmid. Das F-Plasmid baut sich zeitweise in das Bakterienchromosom ein, man bezeichnet die Zellen dann als *Hfr-Zellen („high frequency of recombination",* Abb. 1b). Bei der Ablösung vom Bakterienchromosom kann das F-Plasmid weitere Gene mit sich reißen, die bei einer Konjugation dann ebenfalls übertragen werden. Auf diese Weise kann der DNA-Empfänger Gene für neue Merkmale erwerben. Die Plasmabrücke zwischen den Bakterien ist recht instabil, schon Erschütterungen unterbrechen daher die DNA-Übertragung. Das kann man zur Genkartierung nutzen: Je länger man die Plasmabrücke bestehen lässt, desto mehr Gene werden übertragen (→ 152/153).

Die natürliche Rekombinationsfähigkeit von Bakterien wird auch in der Gentechnik genutzt: Bei der *Transformation* nehmen Bakterienzellen freie DNA aus ihrer Umgebung auf und bauen sie in ihr eigenes Genom ein. Das nutzten AVERY und seine Mitarbeiter zum Nachweis, dass die DNA Träger der genetischen Information ist (s. Seite 10).

Bei der *Transduktion* sind Viren für die DNA-Übertragung verantwortlich. Bei der Phagenbildung in der Wirtszelle können kleine Teile der Wirts-DNA mit in die Phagenhülle übernommen werden und in andere Wirtszellen gelangen.

Im Falle der *Transposition* werden DNA-Abschnitte innerhalb des Bakterienchromosoms verschoben oder auf ein Plasmid übertragen, oft werden diese Transposons vorher verdoppelt.

Aufgaben

① Eine Hypothese besagt, dass Viren sich von Plasmiden ableiten lassen. Begründen Sie.
② Warum ist die Unterscheidung zwischen rezessiv und dominant bei Prokaryoten nicht angebracht (s. Seite 43)?
③ Vergleichen Sie die Transposons der Bakterien mit den „springenden Genen" beim Mais (s. Seite 79).

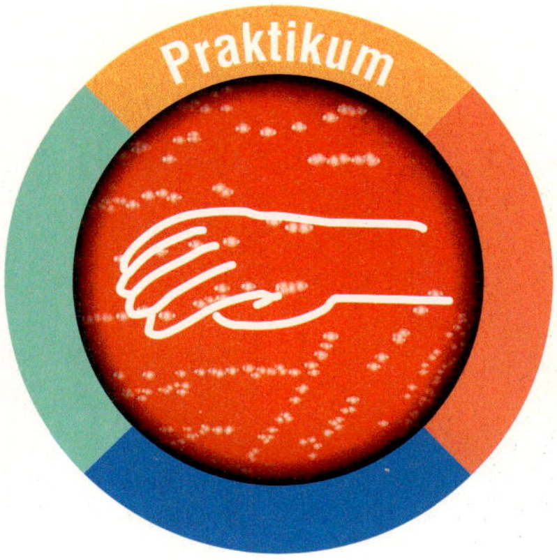

Jogurtkulturen

Bakterien stellen die häufigste Lebensform auf unserem Planeten dar. Da sie einfach zu kultivieren sind, sich rasch vermehren und damit Probenmaterial in beinahe unbegrenzter Menge zur Verfügung steht, sind sie auch in der Genetik gut untersucht.

Steriles Arbeiten, Sicherheit

Um sicherzustellen, dass keine krankheitserregenden Bakterienarten gezüchtet werden, müssen alle Oberflächen und Chemikalien, mit denen die zu untersuchenden Bakterien in Berührung kommen, keimfrei *(steril)* sein. Vor Benutzung werden alle Geräte und auch der Nähragar 30 min in kochendem Wasser sterilisiert (am besten in einem Schnellkochtopf oder Autoklaven). Nach den Versuchen werden alle Bakterienkulturen und Geräte ebenfalls durch Kochen sterilisiert. Beim Umgang mit Bakterien sind die einschlägigen Sicherheitsbestimmungen (Lehrer fragen!) zu beachten.

Anzüchten von Jogurt-Bakterien

Material:
Jogurt (Natur), Nährpulver (z. B. Nutrient broth, Beckton-Dickinson), Agar, Metall-Spatel, Glas-Spatel, Magnet-Heizrührer, Erlenmeyerkolben (100 ml Enghals), Auslaufpipetten (10 ml), Waage (Genauigkeit 100 mg), Brutschrank, Schnellkochtopf, Impföse, Alkohol, Thermometer, Gasbrenner, wasserfester Filzstift, UV-Lampe, Streptomycin (50 mg/ml), Filterpapier, Locher, Aluminiumfolie

Gussplattenverfahren:
Suspendieren Sie eine Spatelspitze Jogurt in 10 ml Leitungswasser (gut schütteln). Nährpulver (0,8 g) und Agar (1,0 g) werden in 100 ml Leitungswasser aufgekocht. Der Nähr-Agar wird auf 40 °C abgekühlt (Thermometer-Kontrolle). Die folgenden Schritte müssen zügig durchgeführt werden, Agar geliert bei 35 °C. Agar in 2 Petrischalen (je 10 ml) geben. In Petrischale 1 (mit Filzstift auf dem Boden markieren) wird 1 ml Jogurt-Bakteriensuspension hinzupipettiert und gut durchgemischt. In Petrischale 2 wird keine Probe gegeben. Nach dem Aushärten werden beide Petrischalen verschlossen — mit dem Deckel nach unten, damit kein Kondenswasser auf die Kulturen gelangt — im Brutschrank (37 °C) 24 Stunden oder auf der Fensterbank (48 Stunden, Raumtemperatur) gehalten. In dieser Zeit wachsen die Bakterienkolonien.

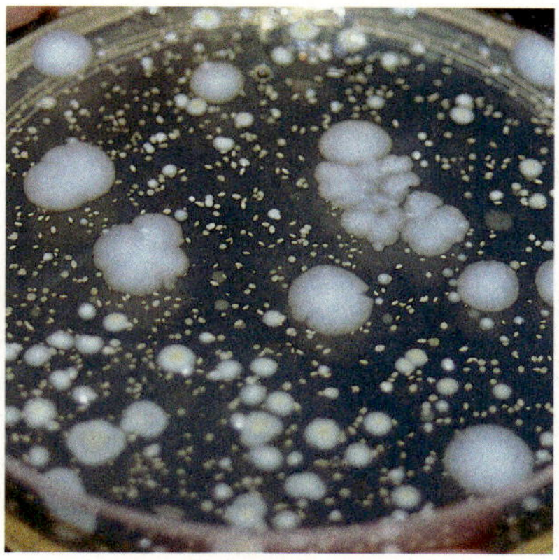

1 Bakterienkolonien im Agar

Markenkulturen zur Jogurtherstellung enthalten Gram-positive Bakterien (Bifidobakterien, und Lactobacillen) und Gram-negative Bakterien (Streptokokken). Lactobacillen (s. Abb. 2) sind stäbchenförmig und unbeweglich, Bifidobakterien kugelig-rosettenförmig (Abb. 3), unbeweglich, Streptokokken kugelig und eigenbeweglich.

Aufgaben

① Entnehmen Sie den Kolonien mithilfe einer Impföse jeweils eine Probe, und streichen Sie diese auf einem Objektträger aus (tauchen Sie die Impföse nach jeder Probenentnahme in Alkohol und flammen Sie diese kurz über dem Gasbrenner ab). Mikroskopieren Sie bei der stärksten Vergrößerung.

② Unterscheiden sich die Bakterien in Form und Beweglichkeit? Konnten Sie Gram-positive und -negative Bakterienarten unterscheiden? Sind auf dem Jogurtbecher Angaben zu den Bakterienarten zu finden, die zur Herstellung verwendet wurden?

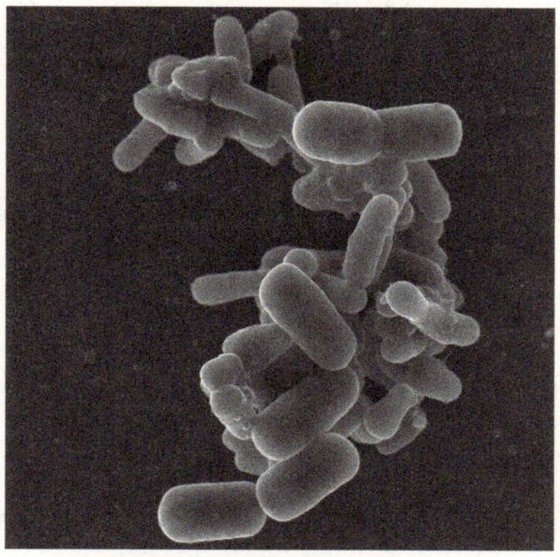

2 Lactobacillen im Jogurt

③ Informieren Sie sich beim Hersteller der Markenkulturen (Adresse, s. Jogurtbecher), welche Funktion die verschiedenen Bakterienarten bei der Jogurtherstellung haben.

④ In Petrischale 2 sollten keine Bakterienkolonien aufgewachsen sein. Warum wurde Petrischale 2 angesetzt?

⑤ Stanzen Sie aus Filterpapier mithilfe eines Lochers Plättchen aus. Diese werden in die Streptomycin-Lösung (Antibiotikum) getaucht. Nach dem Trocknen werden einige dieser Plättchen auf bakterienhaltige Gussplatten (zubereitet wie Petrischale 1) gelegt und dann bebrütet.
Mit welchem Ergebnis ist zu rechnen? Was beobachten Sie?

⑥ Petrischalen (zubereitet wie Petrischale 1) werden ohne Deckel (Kunststoff ist UV-undurchlässig) 3 min unter UV-Licht gehalten (Karton als Dunkelsturz; Lampe erst einschalten, wenn der Karton das Licht vollständig abschirmt. Vorsicht: UV-Licht schädigt die Augen, Brillen aus Kunststoff tragen).
Mit welchem Ergebnis ist nach der Bebrütung zu rechnen? Vergleichen Sie mit Ihren Beobachtungen.

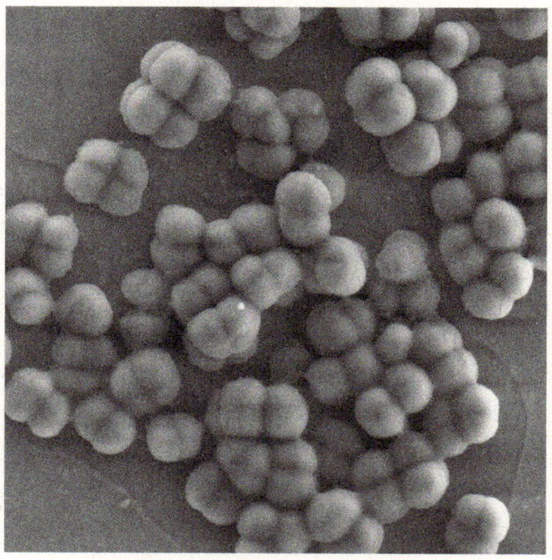

3 Bifidobakterien im Jogurt

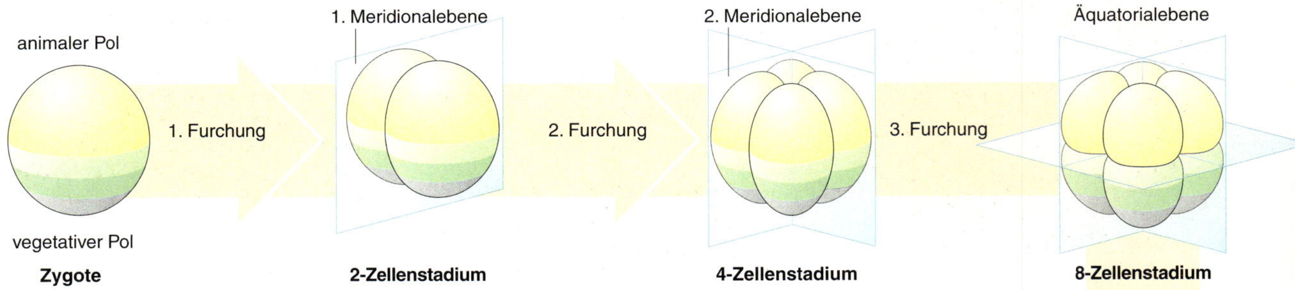

Von der Zygote zum Mehrzeller

Blauwal, Seeigel, Taufliege oder Mensch – sie alle sind durch zahllose Mitosen aus einer einzigen Zelle, der *Zygote*, hervorgegangen. Die Grundlage für die arttypische Entwicklung und Gestaltung der Organismen *(Ontogenese)* liegt in den Genen. Umweltfaktoren können modifizierend wirken.

Die ersten Teilungen einer befruchteten Eizelle sind besonders gut am Seeigel untersucht. Die dotterarme Eizelle des Seeigels ist polar gebaut, die etwas stärker dotterhaltige und pigmentierte Seite bezeichnet man als *vegetativen Pol*, die andere als *animalen Pol* (s. Abb.). Die Befruchtung durch eine Spermazelle löst Mitosen in der entstandenen Zygote aus. Nach den ersten Zellteilungen verlaufen äußerlich sichtbare Furchen vom animalen zum vegetativen Pol sowie äquatorial. Die Furchungen teilen das gesamte Plasma der Eizelle in etwa gleich große Zellen *(Blastomere)* auf. Diesen für dotterarme Zellen typischen Furchungstyp nennt man *total-äqual*.

Die Blastomeren teilen sich weiter, ohne dass das Plasma zunimmt. Die Tochterzellen werden also immer kleiner und enthalten jeweils einen Teil des mütterlichen Zellplasmas mit seinen ungleich verteilten Inhaltsstoffen. Alle Zellen haben damit zwar die gleiche genetische Ausstattung, unterscheiden sich aber in der Zusammensetzung des Plasmas. Es entsteht zunächst eine kompakte Zellkugel *(Morula)*, aus der sich dann eine Hohlkugel *(Blastula)* entwickelt. Den entstandenen Hohlraum bezeichnet man als *primäre Leibeshöhle*.

Auf die Furchung folgen Zellbewegungen und Zellverlagerungen, die man als *Gastrulation* zusammenfasst. Dabei entstehen drei Zellgruppen *(Keimblätter)*, aus denen später die Organe hervorgehen. Zunächst wandern einzelne Zellen des vegetativen Pols in den Hohlraum der Blastula, sie sind Vorläufer des mittleren Keimblatts *(Mesoderm)*. Danach stülpt sich der vegetative Pol in das Innere, sodass das ganze Gebilde einem eingedellten Ball ähnelt. Die so entstandene *Gastrula* besitzt einen Urdarm mit einer Mündung nach außen, dem *Urmund*. Die Zellen des Urdarms bilden das innere Keimblatt *(Entoderm)*. Die äußere Zellschicht wird zum *Ektoderm*. Aus dem Ektoderm entstehen Haut und Nervensystem, das Mesoderm bildet Bindegewebe sowie Muskulatur und umkleidet die *sekundäre Leibeshöhle*, aus dem Entoderm wird das Darmepithel. Aus der Gastrula entwickelt sich eine planktonische Larve *(Pluteus)*, die sich durch eine *Metamorphose* in einen Seeigel verwandelt.

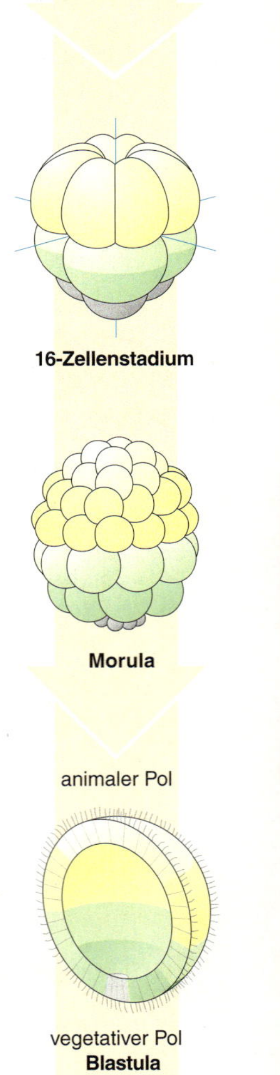

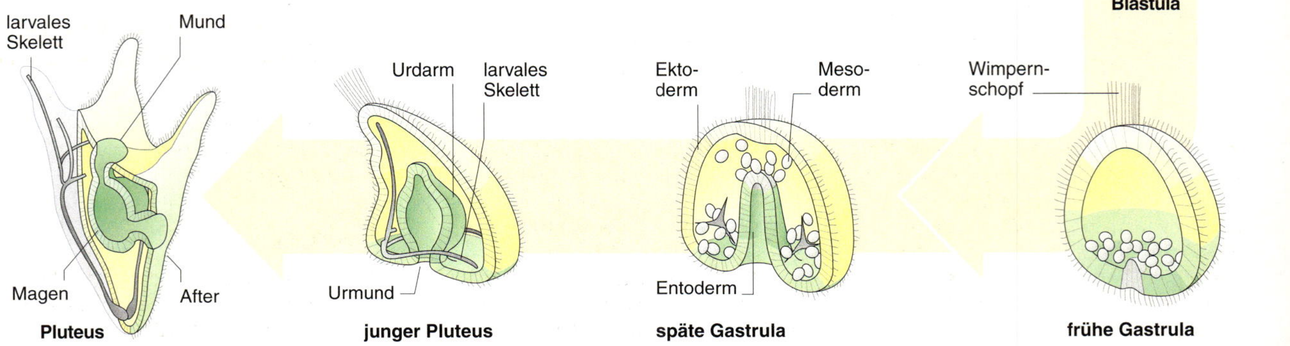

Seeigel-Entwicklung

Grundzüge der Entwicklungsbiologie wurden aus gutem Grund am Seeigelkeim entdeckt: Seeigel sind getrenntgeschlechtlich und produzieren sehr viele Eier und Spermazellen, diese verschmelzen im freien Wasser, Eier und frühe Furchungsstadien sind transparent und differenzieren sich schon nach ein bis zwei Tagen zu jungen Larven. Lebende Seeigel sind im Fachhandel für Meeresaquaristik erhältlich oder lassen sich bei Meeresbiologischen Instituten bestellen.

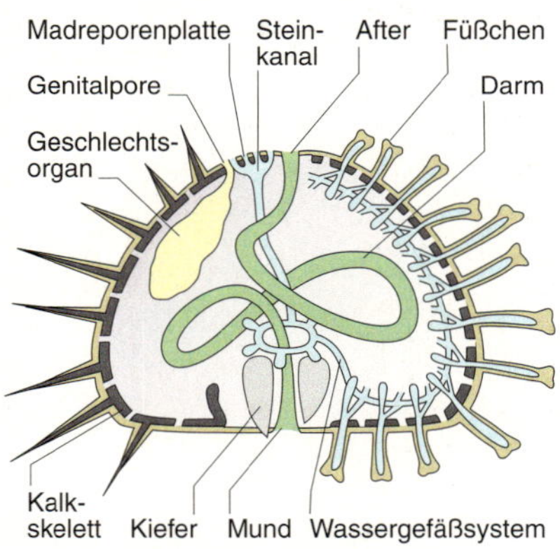

1 Schematischer Längsschnitt

Lebendhaltung von Seeigeln

Material:
Aquarium ohne Metallteile, Beleuchtung, Filter, Aquarium-Kies, Meersalz, pflanzliches Trockenfutter

Versuchstiere:
Besonders geeignet sind Seeigel-Arten, bei denen sich die Geschlechter bereits äußerlich leicht unterscheiden lassen, z. B. *Psammechinus miliaris* aus den Küstengewässern der Nordsee. Die Männchen dieser Art tragen Papillen an den fünf Genitalporen, die Weibchen hingegen nicht (Abb. 1).

Durchführung:
Das Meerwasser-Aquarium sollte schon etwa eine Woche vor dem Einsetzen der Seeigel vorbereitet werden; wählen Sie einen kühlen Standort (max. 18 – 20 °C). Bedecken Sie den Boden mit Aquarium-Kies. Für künstliches Meerwasser verrühren Sie 30 g Meersalz pro Liter Leitungswasser. Installieren Sie Beleuchtung, Filter und Belüftung.

2 Seeigel bei der Spermaabgabe

Gewinnung lebender Keimzellen

Material:
Bechergläser, Meerwasser, Pipetten, 0,6-molare KCl-Lösung, chinesische Tusche, Hohlschliffobjektträger, Deckglas

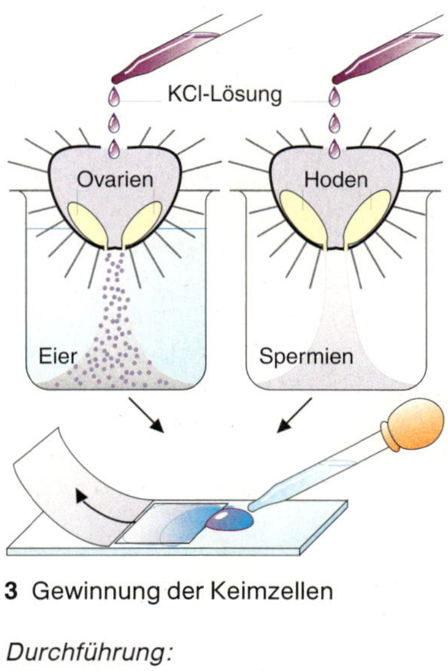

3 Gewinnung der Keimzellen

Durchführung:
Füllen Sie ein Becherglas randvoll mit Meerwasser und setzen Sie ein Seeigelweibchen mit der Mundseite nach oben so darauf, dass die Genitalporen in das Wasser eintauchen. Tropfen Sie nun mit einer Pipette 0,6-molare KCl-Lösung in die Mundöffnung. Dadurch kontrahieren sich die Muskeln an den Keimdrüsen. Der Seeigel nimmt dabei keinen Schaden. Eier werden abgegeben und sammeln sich am Boden des Gefäßes (Abb. 3). Sie können mehrere Stunden im Kühlschrank gelagert werden.

Setzen Sie einen männlichen Seeigel mit der Mundseite nach oben auf ein leeres Becherglas und tropfen Sie KCl-Lösung auf, um Sperma zu gewinnen. Zur Verdünnung geben Sie zwei Tropfen Sperma in 10 ml Meerwasser.

Lebendbeobachtung: Besamung

Durchführung:
Geben Sie einige Tropfen Meerwasser mit Eiern in einen Hohlschliff-Objektträger. Etwas Tusche verdeutlicht die Grenze zwischen Gallerthülle und Meerwasser. Legen Sie ein Deckglas auf und stellen Sie das Mikroskop auf ein Ei scharf ein. Geben Sie nun mit einer (anderen!) Pipette etwas verdünntes Sperma seitlich an das Deckglas und ziehen Sie es mit Filterpapier durch (Abb. 3).

Aufgaben

① Beobachten Sie am unbefruchteten Ei das Quellen der Gallerthülle, welche Funktion vermuten Sie?
② Wie weit dringt die Spermazelle in das Ei ein und mit welchen Teilen gelangt sie bis in das Eiplasma?
③ Wie wird nach der Besamung das Eindringen weiterer Spermazellen, (Mehrfachbefruchtung) verhindert?

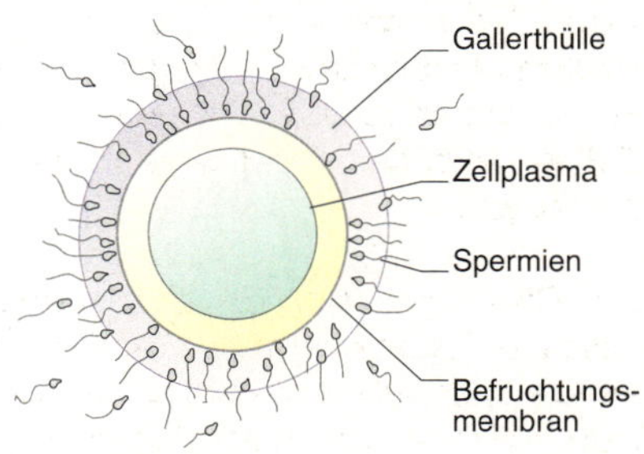

4 Befruchtung

Embryonalentwicklung

Mikroskopieren Sie 30 und 60 Minuten sowie ein bis zwei Tage nach der Besamung die Entwicklung der Keime (alternativ: Fertigpräparate, Fotos).

Aufgabe

④ Zeichnen und beschriften Sie die Stadien von der Zygote bis zur Pluteuslarve (s. Seite 82).

Ei- und Furchungstypen

Bei allen mehrzelligen Tieren verlaufen die ersten Schritte der Entwicklung von der Zygote zum vielzelligen Lebewesen – Furchung und Gastrulation – prinzipiell ähnlich. Vergleicht man die ersten Furchungsstadien, so findet man Unterschiede vor allem in der Größe und Anordnung der Blastomeren (Blastomerensymmetrie).

Die unterschiedlichen *Furchungstypen* hängen entscheidend von der Menge und Verteilung des Dotters in der Eizelle ab.

Dotter

Als *Dotter* bezeichnet man Reservesubstanzen, z. B. Proteine, Aminosäuren, Glykogen, Lecithin und Vitamine, die den Stoffwechsel des Keimes unterhalten, solange er noch keine Nährstoffe aufnehmen kann.

Dotter wird schon während der Eizellreifung im Muttertier gebildet und zwar in der Eizelle selbst, durch Hilfszellen, die die Eizelle als Follikel umgeben, oder als Sekretionsprodukt der Eierstöcke.

Das Eigelb eines Hühnereis z. B. ist die dotterreiche Eizelle, das umgebende Eiklar ist ein Sekret der Eierstöcke. Die Gesamtheit von Eizelle und Dotter, Eihülle oder Eischale ist das *Ei.*

Dotterreiche Eier werden oft von Tieren gebildet, die nur wenige Eier bilden, denen sie dann meist eine intensive *Brutpflege* zukommen lassen. Dotterarme Eizellen kennzeichnen Tiere mit Massenvermehrung, aber auch Säuger, deren Keime im Mutterleib über eine *Plazenta* mit Nährstoffen ver sorgt werden und deshalb weniger Vorräte benötigen.

Totale Furchung

Bei befruchteten dotterarmen Eizellen wird das gesamte Zellplasma in etwa gleich große Zellen *(Blastomere)* geteilt. Die beiden ersten Furchungen verlaufen meridional, die dritte mehr oder minder äquatorial. Sie teilt den Keim *äqual* in acht gleich große Zellen oder *inäqual* wie beim Seeigel in vier kleinere und vier größere Zellen (s. Seite 82). Die weiteren Furchungen liegen vom animalen Pol aus gesehen *radiär*, schräg versetzt *(spiral)*, oder seitwärts *(bilateral)* und legen so die späteren Körperachsen fest.

Partielle Furchung

Befruchtete dotterreiche Eizellen werden nur teilweise *(superfiziell* oder *discoidal)* gefurcht. Bei Insekten teilt sich der zentrale Zellkern zunächst mehrfach, die Tochterzellkerne wandern zur Peripherie der Zygote. Erst hier grenzen sich die Zellen durch Zellmembranen ab *(Periblastula)*. Bei Kriechtieren und Vögeln furcht nur die am animalen Pol liegende Keimscheibe *(Discoblastula)*. Die Dottermasse wird nicht geteilt.

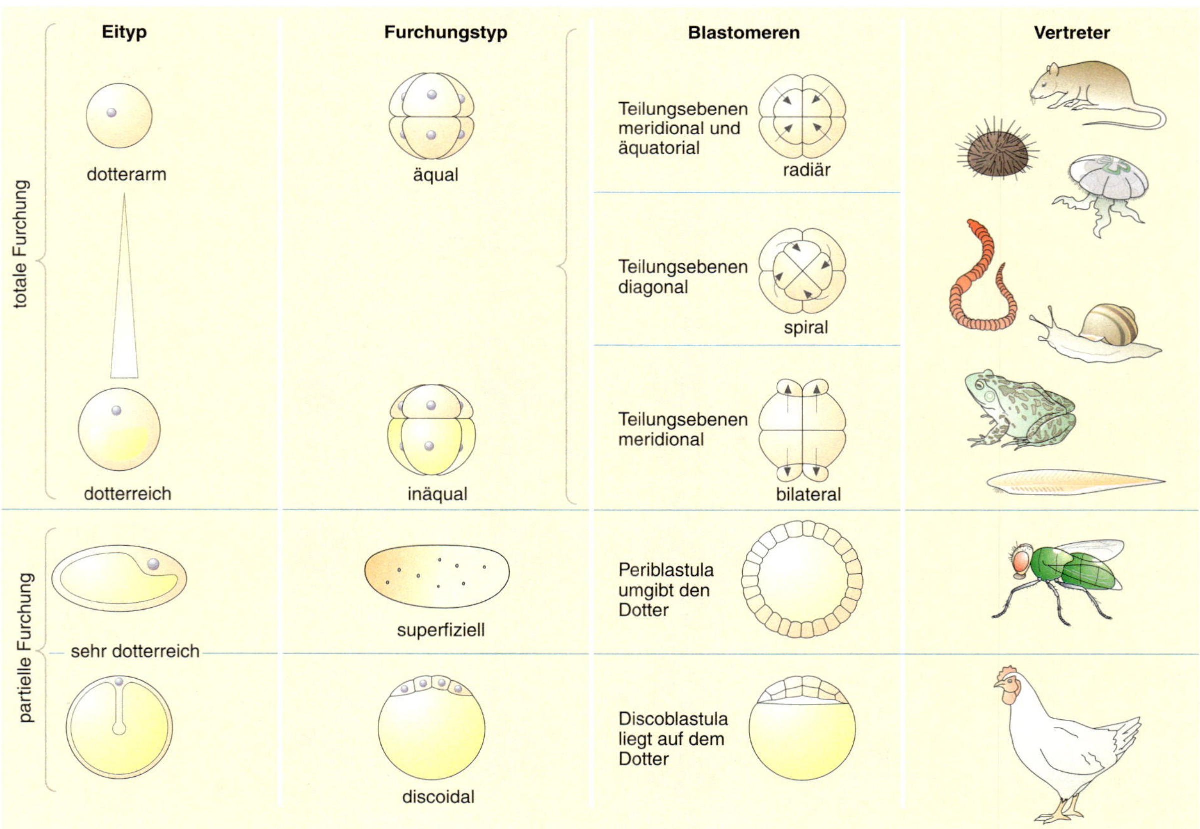

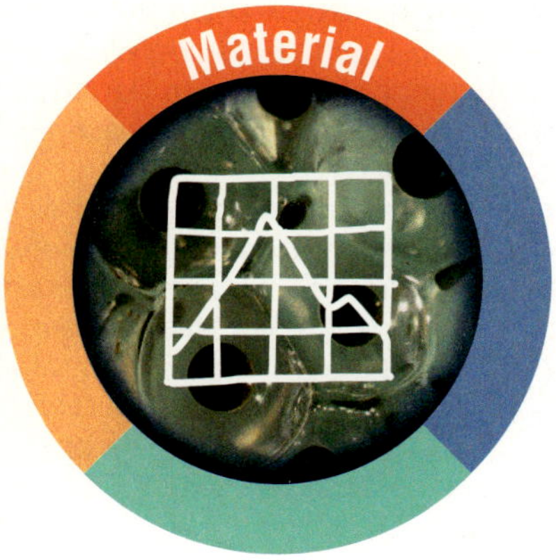

Klassische Experimente

Amphibien sind Modellorganismen für die Embryogenese von Wirbeltieren. Die Vorne-Hinten-Achse des erwachsenen Tieres entspricht der Verbindungsachse zwischen animalem und vegetativem Pol der Eizelle. Die zukünftige Bauchseite wird durch die Eintrittsstelle des Spermiums festgelegt, gegenüber entsteht ein anders pigmentierter Bereich, der graue Halbmond. HANS SPEMANN und HILDE MANGOLD (1901/1903) schnürten verschiedene Keime und stellten fest: Bei einer *Regulationsentwicklung* entsteht mindestens ein komplettes Tier, bei einer *Mosaikentwicklung* dagegen nur unvollständige Gebilde. Zellen sind determiniert, wenn sie sich bei einer Transplantation herkunftsmäßig und nicht ortsgemäß weiterentwickeln. Außerdem zeigten sie, dass bestimmte Zellgruppen *(Organisatoren)* die Entwicklung der Nachbarzellen beeinflussen *(Induktion)*.

Aufgaben

① Informieren Sie sich über die Fortpflanzung bei Amphibien und beschreiben Sie die Entwicklung von der Zygote bis zur Neurula (Abb. linker Teil).

② Leiten Sie aus den Schnürversuchen ab, welchen Einfluss der graue Halbmond auf die weitere Entwicklung hat (Abb. oben).

③ Trennt man die beiden Blastomeren im Zweizellstadium eines Seeigelkeimes voneinander, entwickeln sich zwei Larven, aus einem ebenso behandelten Fadenwurm-Keim geht kein lebensfähiges Tier hervor. Nennen Sie den Entwicklungstyp der Keime von Amphibien, Seeigel und Fadenwurm.

④ Leiten Sie aus den Transplantationsversuchen ab, wann die Determination im Amphibienkeim stattfindet (Abb. Mitte und unten).

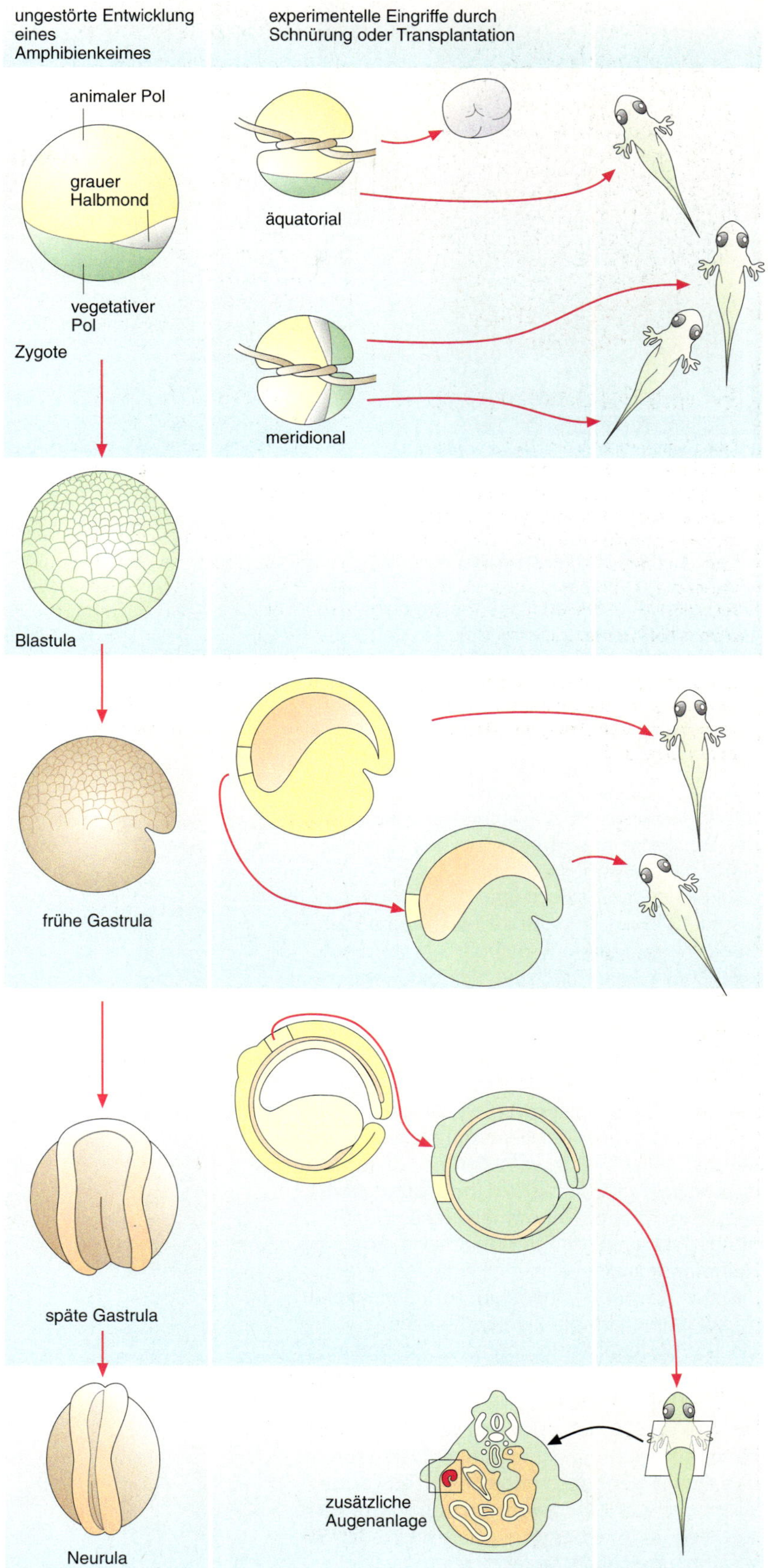

1 Froschlaich — Kaulquappe — Frosch

Vom Laich zum Frosch

Der Laich eines Grasfrosches besteht aus 1000 bis 4000 Eiern, die im Moment der Eiablage vom Männchen befruchtet werden. Gegenüber der Eintrittsstelle des Spermiums entsteht der graue Halbmond, die zukünftige Rückenseite des Keims. Die aufquellende Gallerthülle lässt die Zygoten zur Wasseroberfläche aufsteigen, dabei orientiert sich der dunkel pigmentierte animale Pol zur Sonne. Der Keim absorbiert das einstrahlende Licht, die Gallerthülle verhindert die Wärmeabgabe, sodass sich seine Temperatur um bis zu 10 °C erhöht. Unter diesen günstigen Bedingungen beginnt sich die Zygote rasch zu teilen. Bereits nach 24 Stunden liegt eine Blastula aus ca. 6000 Zelle vor (Abb. 1b). Der Furchungsmodus ist total-inäqual und bilateralsymmetrisch. Ein Schnitt durch die Blastula zeigt, dass sich der Blastulahohlraum, das *Blastocoel* (primäre Leibeshöhle), auf den animalen Teil beschränkt, während die vegetative Hälfte vom Dotter ausgefüllt ist. Deshalb erfolgt die Urdarmbildung nicht wie beim Seeigel durch einfache Einstülpung. Zunächst tritt unterhalb des grauen Halbmondes eine sichelförmige Rinne auf, die zum *Urmund* wird (Abb. 1c). Gleichzeitig schieben sich die kleinen Zellen des animalen Pols ringförmig über die Dotterzellen und lassen die gesamte Dottermasse wie einen Pfropf ins Innere einsinken (Abb. 1d). Der neu entstandene Hohlraum, der *Urdarm*, verdrängt mehr und mehr das Blastocoel. Aus dem Urdarmdach beginnt sich das dritte Keimblatt, das *Mesoderm*, abzugliedern. Es legt sich unmittelbar dem oberen Ektoderm an und umschließt zuletzt durch seitliche Verbreiterung den entodermalen Urdarmboden. Dieser rollt sich mit den freien Seiten ein und wird zum geschlossenen Darmrohr. Damit ist die *Gastrulation* abgeschlossen.

Das Wirbeltiernervensystem entwickelt sich aus speziellen Gewebefaltungen, die unter dem Begriff *Neurulation* zusammengefasst werden. Zunächst senkt sich das Ektoderm zu einer Rinne ein, die sich später zum *Neuralrohr* schließt und ins Innere verlagert wird (Abb. 1e). Aus dem Neuralrohr differenzieren sich später die Hirnteile und das Rückenmark (Abb. 1f).

Gleichzeitig zu diesen ektodermalen Entwicklungen hat das Mesoderm über dem Urdarm parallel zum Neuralrohr einen Strang ausgebildet, der als so genannte *Chorda dorsalis* Stützfunktion hat. Daneben bildet das Mesoderm Strukturen aus, die später zu Wirbelsäule, Körpermuskulatur, Geschlechtsorganen und Nieren werden. Äußerlich hat sich der Keim inzwischen in die Länge gestreckt. Drei Abschnitte werden zunehmend deutlicher sichtbar: Kopf, Rumpf und Schwanz. Der spätere Mund wird allerdings noch im Kopfbereich neu durchbrechen. Damit zählt auch der Amphibienkeim (wie der aller Wirbeltiere) zu den „Neumündern“ *(Deuterostomia)*.

Etwa eine Woche nach der Befruchtung hat der Keim Flossensaum, Augen und kleine Kiemen ausgebildet und kann als Kaulquappe die Gallerthülle verlassen. Bis zum geschlechtsreifen Frosch laufen noch tiefgreifende Umstrukturierungen ab, die man als *Metamorphose* bezeichnet.

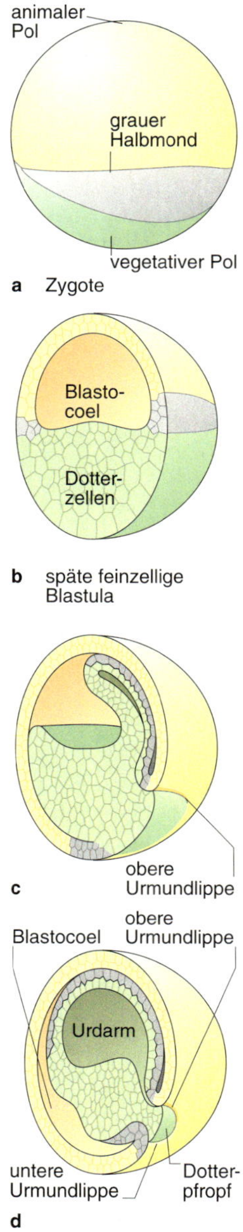

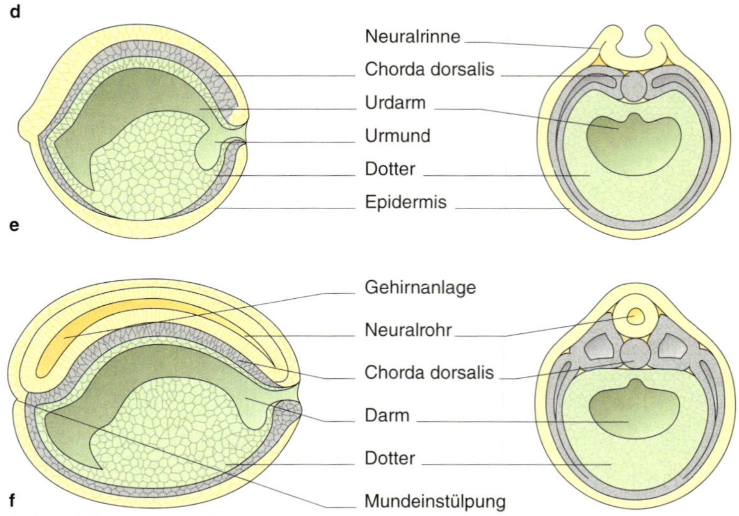

2 Amphibienentwicklung am Beispiel des Grasfrosches

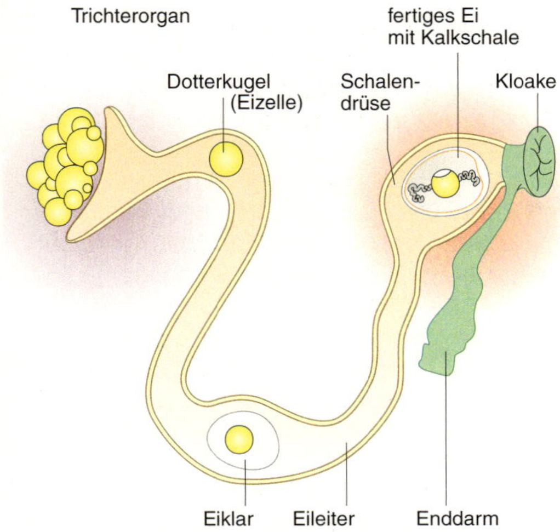

1 Entwicklung des Hühnereis im Eierstock

Vom Ei zum Küken

Das Ei eines Huhnes ist von Hüllen umgeben, die eine Entwicklung außerhalb des Wassers ermöglichen (s. Randspalte). Das *Eidotter* stellt die große Eizelle dar, sie ist durch Proteinfäden *(Hagelschnüre)* beweglich im Ei aufgehängt. Das *Eiklar* ist ein zusätzlicher Nahrungsvorrat für den Vogelkeim. Ein Vogelei wird direkt nach dem Eisprung befruchtet, solange die Eizelle noch nicht von Hüllen umgeben ist (Abb. 1). Bei der Eiablage ist der Vogelkeim daher schon einen Tag alt und hat durch *discoidale Furchung* eine Keimscheibe auf dem Eidotter gebildet.

Im Blastulastadium erkennt man das *Blastocoel* als weißliches Zentrum dieser Scheibe. Die Einfaltung bei der Gastrulation erfolgt über eine *Primitivrinne* („Urmund"). Die Primitivrinne könnte als ein enorm lang gestreckter Urmund gedeutet werden. Das Mesoderm entsteht durch Einwanderung von Ektodermzellen in die Primitivrinne. Dadurch bildet sich eine *Mesodermplatte*, die sich seit- und schwanzwärts ausbreitet. Die Gastrulation ist damit abgeschlossen.

Nach ca. 20 Stunden beginnt die Neurulation. Es bildet sich das *Neuralrohr* mit der Gehirnanlage. Gleichzeitig verschwindet der Primitivstreifen. Er macht dem wachsenden Mesoderm Platz, das eine Chorda abgliedert. Die weitere Entwicklung weist eine Besonderheit auf, die für die landbewohnenden Wirbeltiere (Reptilien, Vögel, Säuger) typisch ist: die *Embryonalhüllenbildung*. Beiderseits des Keims wölben sich Ektoderm- und darunter liegendes Mesodermmaterial kapuzenartig auf und umwachsen den gesamten Keim bis dieser, gegen Stöße und Austrocknung geschützt, in einer flüssigkeitsgefüllten Blase schwimmt. Der blasenförmige Innenraum wird *Amnionhöhle* genannt. Sie wird vom Amnion ausgekleidet. Die derbe Außenschicht nennt man *Serosa* (Abb. 2).

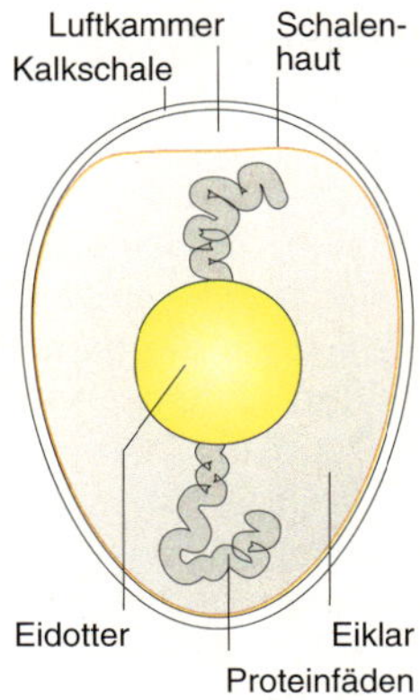

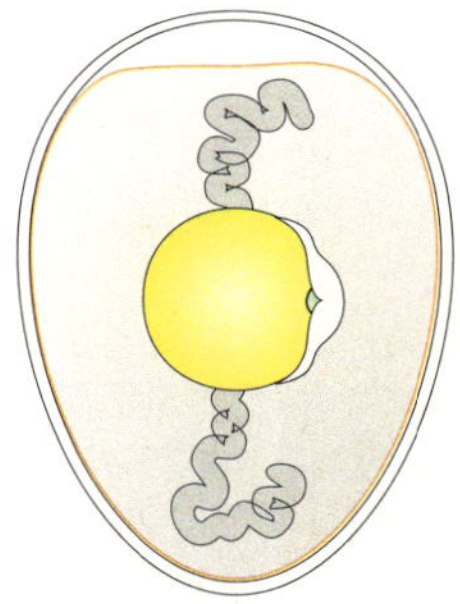
Blastula im Ei

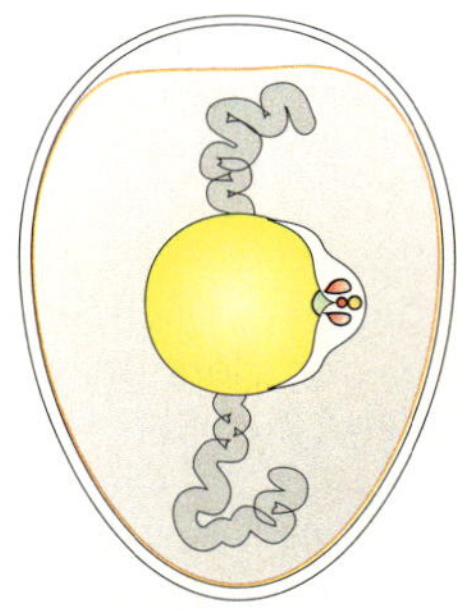
Neurula im Ei

Das Entodermmaterial des Darms hat in der Zwischenzeit den Dotter umschlossen und einen Dottersack gebildet. Etwas später wächst hinter dem Dottersack noch eine zweite große Entodermblase aus dem inzwischen gebildeten Darmrohr aus, die *Allantois*. Diese wird zum vielseitigen Stoffwechselorgan des jungen Keims: Über die zunehmend wachsende und inzwischen mit reichem Gefäßnetz versehene Oberfläche vollzieht sie den Gasaustausch durch die Kalkschale. Aus dem umgebenden Eiklar resorbiert sie wertvolle Eiweißstoffe und aus der Kalkschale das Calcium, das vom Embryo zum Aufbau des Knochenskeletts benötigt wird. Dadurch wird das Küken gestärkt und gleichzeitig die Schale für das spätere Schlüpfen vorbereitet. Als embryonale „Niere" nimmt die Allantois schließlich noch Ausscheidungsprodukte auf.

Nach 56 Bebrütungsstunden lassen sich fünf Gehirnabschnitte unterscheiden. Am Kopf fallen wenig später die Nasengrube und die Augen auf. Seitlich am Körper sind die Anlagen der Flügel und Beine als Knospen entstanden. Nach 21 Tagen ist das Küken schlüpfbereit. Der restliche Dottervorrat wurde ins Innere des Tieres verlagert, sodass es an den ersten zwei Tagen von diesem Nahrungsvorrat zehren kann.

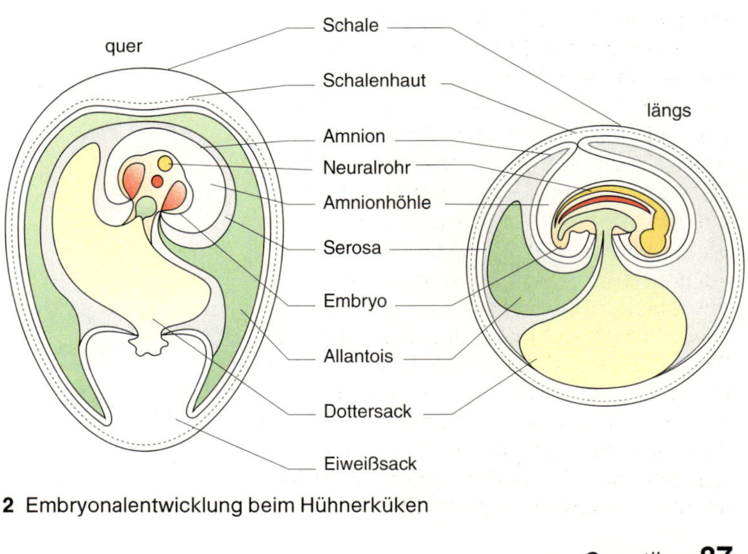

2 Embryonalentwicklung beim Hühnerküken

Individualentwicklung und Genregulation

Homunculus

Bicoid-Proteine
aktivieren
gap-Gene
gap-Proteine
aktivieren
Segmentierungsgene

Hierarchie von Genaktivierungen bei der embryonalen Musterbildung

Noch im 18. Jahrhundert waren viele Biologen der Meinung, Spermien enthielten den erwachsenen Organismus in verkleinerter Form (s. Randspalte). Heute wissen wir, dass erst die befruchtete Eizelle die genetische Information eines Individuums enthält, vergleichbar einem Bauplan. Aber ein Bauplan macht noch keinen Organismus. Im Verlauf der Embryonalentwicklung werden bestimmte Gene in genau festgelegter Reihenfolge aktiviert. Die Proteine dieser Entwicklungskontrollgene sind DNA-bindende Moleküle, die weitere Gene aktivieren. Der *embryonalen Musterbildung* liegt eine Hierarchie von Genaktivierungen zugrunde.

Maternale Effekte

Wesentliche Einsichten in die Steuerung von Entwicklungsprozessen haben wir Untersuchungen an der Taufliege *Drosophila melanogaster* zu verdanken. Entwicklungsbiologen versuchen die Mechanismen zu verstehen, die zum einen bei der Embryonalentwicklung des befruchteten Fliegeneies zur Bildung von Segmenten führen und zum anderen auch die Mechanismen, die deren Differenzierung bewirken.

Drosophila-Weibchen betreiben eine Art genetischer Brutpflege, sie geben nämlich Signalstoffe in die Eizelle ab. In den Eierstöcken umgeben mütterliche Zellen (Follikel- und Nährzellen) die Eizellen (s. Abb. 1). Die am vorderen Pol der Eizelle befindlichen mütterlichen Zellen „injizieren" die m-RNA für ein bestimmtes Protein *(Bicoid)* in die Eizelle. Wenn das Ei nach der Befruchtung abgelegt wird, beginnt am Vorderende der Eizelle die Translation der mütterlichen Bicoid-m-RNA. Das Bicoid-Protein diffundiert durch das Cytoplasma des Embryos. Es bildet sich ein Konzentrationsgradient aus. Dies ist leicht möglich, da in befruchteten Drosophila-Eizellen zunächst nur Kernteilungen stattfinden, ohne dass Zellmembranen gebildet werden. Der Konzentrationsgradient des Bicoid-Proteins lässt sich mithilfe von spezifischen Antikörpern sichtbar machen (Abb. 2).

Auch am hinteren Pol und an der Bauchseite des Embryos werden auf diese Weise mütterliche Proteine gebildet. Dadurch sind die Körperhauptachsen (zwischen Vorder- bzw. Hinterende, bzw. zwischen Bauch- und Rückenseite) der Taufliege festgelegt. Am vorderen Pol des Embryos, wo die Konzentration des Bicoid-Proteins am höchsten ist, bildet sich später der Kopf aus. Substanzen, die wie das Bicoid-Protein in Abhängigkeit von ihrer Konzentration die Zellentwicklung und damit die spätere Gestalt des Tieres kontrollieren, werden *Morphogene* genannt. Fehlen diese, entwickelt sich die Larve unvollständig. Eizellen von Bicoid-Mangelmutanten entwickeln sich zu Larven ohne Kopf und Brustsegmente. Die Eizellen können jedoch durch einen künstlichen Eingriff repariert werden: Wenn man in ihr vorderes Ende Cytoplasma von regulären Eizellen injiziert, wird der Gradient wieder hergestellt, die Entwicklung läuft ordnungsgemäß ab. Injiziert man das Cytoplasma jedoch in die Mitte der Eizelle, bildet sich dort ein Kopf aus.

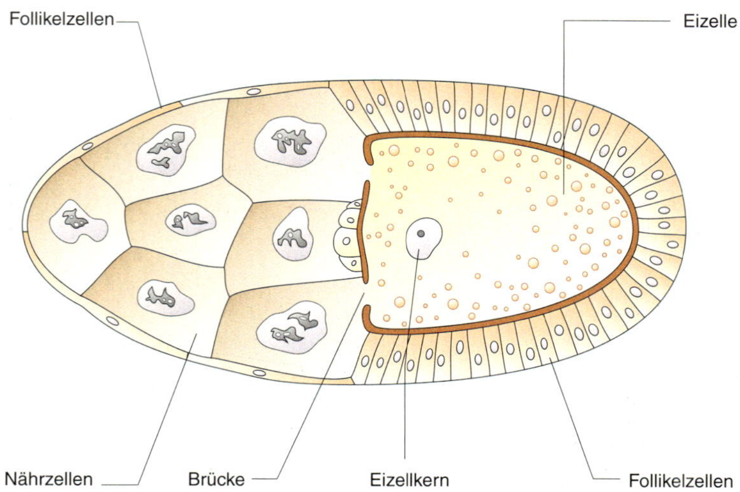

1 Follikel- und Nährzellen umgeben die Drosophila-Eizelle

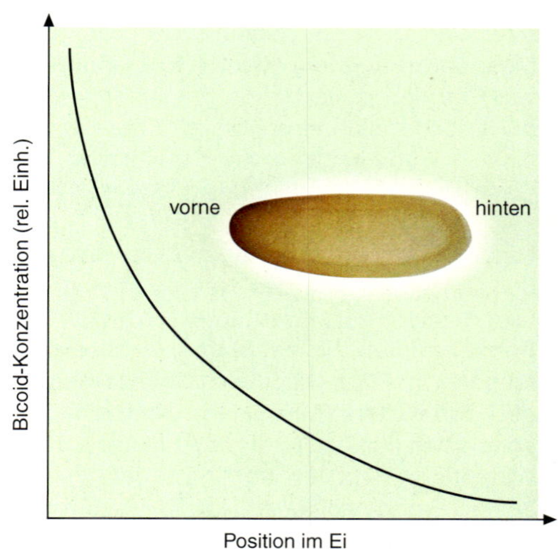

2 Konzentrationsgradient des Proteins Bicoid

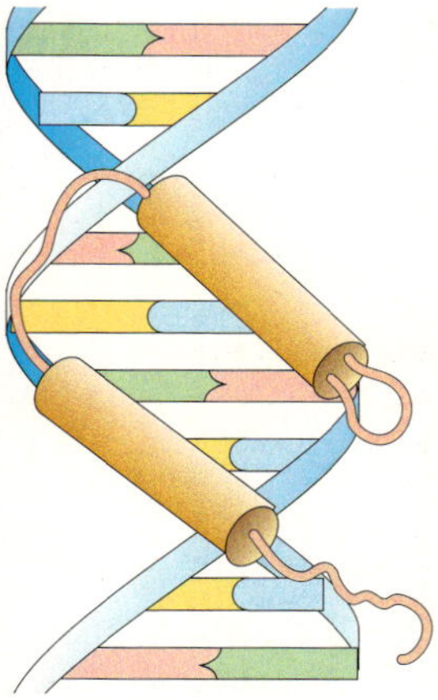

Homöodomänen binden DNA spezifisch

Homöotische Gene
Gene, die den Bauplan von Tieren bestimmen, indem sie die Entwicklung von Zellgruppen steuern. Die Produkte homöotischer Gene *(Homöoproteine)* besitzen einen Abschnitt *(Homöodomäne)*, der spezifisch an DNA binden kann.

1 Die Proteine der Segmentierungsgene

Die Bicoid-Proteine lösen die Bildung weiterer Proteine aus, die ihrerseits die so genannten *Segmentierungsgene* aktivieren (s. Randspalte Seite 88).

Abbildung 1 zeigt einen Drosophila-Embryo drei Stunden nach der Befruchtung. Zwei verschiedene Genprodukte von Segmentierungsgenen wurden mithilfe von Antikörpern sichtbar gemacht. Der Embryo weist ein Muster von 14 Streifen auf, wobei immer ein brauner auf einen grauen Streifen folgt. Zwischen den angefärbten Streifen liegen Bereiche, die keine Proteine von Segmentierungsgenen aufweisen und die sich deshalb nicht gefärbt haben. Die spätere Segmentierung des vielzelligen Embryos ist bereits drei Stunden nach der Befruchtung angelegt.

Differenzierung der Segmente

Nach der groben Einteilung in Segmente entscheiden die so genannten *homöotischen Gene* über die spezielle Ausstattung jedes einzelnen Drosophila-Segments. Auf diese Gene ist man durch bestimmte Mutationen aufmerksam geworden, die z. B. die Ausbildung von Beinen anstelle von Antennen im Kopfbereich bewirken.

Homöotische Gene sind sich in einer Sequenz von 180 Basenpaaren untereinander sehr ähnlich. Die entsprechende Aminosäuresequenz der codierten Proteine bildet die so genannte *Homöodomäne* (*Domäne* = strukturelle Einheit) aus, die spezifisch an DNA bindet. Bei den Genprodukten der homöotischen Gene handelt es sich also ebenfalls um regulatorische Proteine, die die Aktivität nachgeordneter Gene steuern.

Homöotische Gene sind nach ihrer Entdeckung bei Drosophila mittlerweile auch bei Wirbeltieren und ebenso beim Menschen gefunden worden. Überträgt man ein homöotisches Gen, das bei der Maus für die Augenbildung verantwortlich ist, auf eine Fliege, bildet diese ein zusätzliches Facettenauge aus. Dieser experimentelle Befund deutet daraufhin, dass homöotische Gene bei Insekten und Säugetieren ähnliche Funktion haben.

Aufgabe

① Mutationen in Bicoid-Genen werden phänotypisch erst in der Nachfolgegeneration sichtbar. Begründen Sie diese Aussage.

Zettelkasten

Entwicklung der Taufliege

Das Ei der Taufliege hat die Form eines länglichen Zylinders. Bei der Befruchtung dringt das Spermium in die Eizelle ein, sein Kern verschmilzt mit dem der Eizelle. Innerhalb von 2,5 Stunden bilden sich rund 5000 Zellkerne, die in einem gemeinsamen Cytoplasma schwimmen und zur Peripherie gelangen. Erst dann bilden sich um die Kerne Zellmembranen, der vielzellige Embryo entsteht. Nach 22 Stunden hat sich aus dem Embryo eine segmentierte, fressende Larve entwickelt.

Larve und ausgewachsene Fliege ähneln sich lediglich darin, dass sie aus sich wiederholenden, im Prinzip gleichartigen Abschnitten *(Segmenten)* zusammengesetzt sind. Nach Verpuppung und Metamorphose schlüpft die erwachsene Fliege. Die Segmente im Bereich des Kopfes sind dann miteinander verschmolzen und besitzen Sinnesorgane wie Augen, Antennen sowie Mundwerkzeuge. Sie haben sich differenziert. Die drei Brustsegmente ($B_1 - B_3$, s. Abb.) tragen Anhänge, also Flügel und Beine zur Fortbewegung. Der Hinterleib wird von 8 Segmenten ($H_1 - H_8$) gebildet.

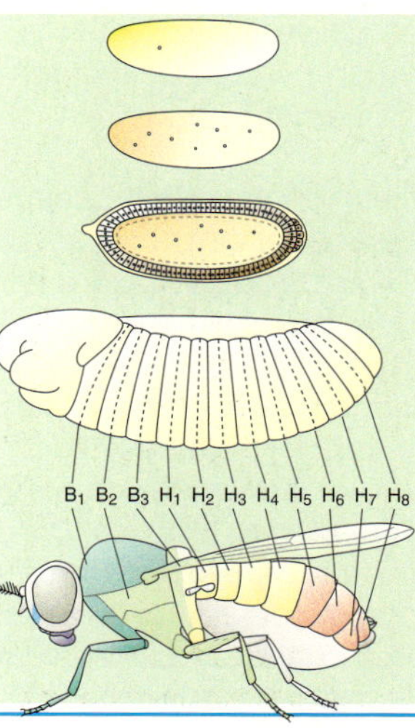

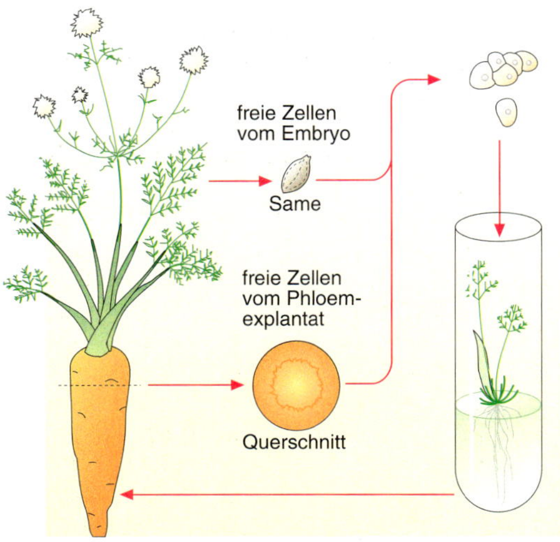

1 Regeneration einer Karotte

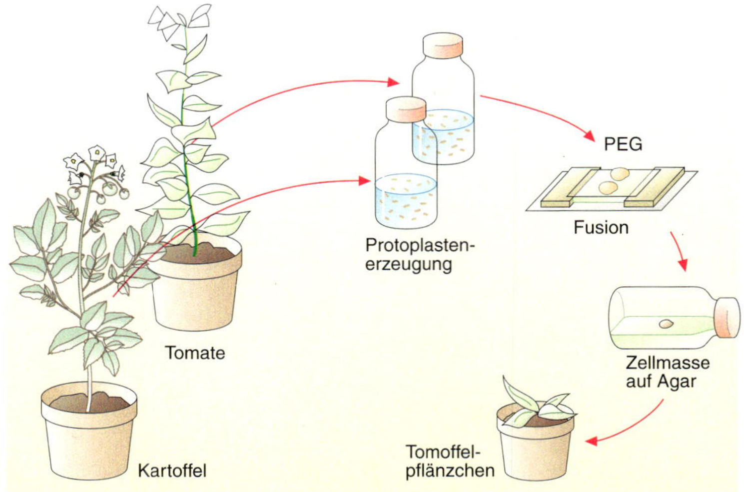

2 Zellfusion und Erzeugung der Tomoffel

Regeneration und Zellfusion

Nicht nur aus einer Zygote kann ein neues Individuum entstehen. Differenzierte pflanzliche Zellen können experimentell entdifferenziert werden. Aus ihnen können dann ganze Pflanzen erzeugt werden. Solche Zellen nennt man *omnipotent*, da aus ihnen ein vollständiger Organismus entstehen kann. Diese Regenerationsfähigkeit wird in der Pflanzenzucht nicht genutzt. Entfernt man aber mithilfe von Enzymen (Cellulasen, Pektinasen) die Zellwand pflanzlicher Zellen, bleibt der *Protoplast* (nackte Zelle) übrig. Aus solchen Protoplasten kann man mit geeigneten Zellkulturtechniken (s. Seite 40/41) vollständige genetisch identische Pflanzen *(Klone)* in beinahe unbegrenzter Menge heranziehen *(regenerieren)*. Klone aus Protoplasten sind auch in der Gentechnik unverzichtbar: Wurde z. B. in Blätter einer Pflanze ein Herbizid-Resistenzgen eingeschleust, so können deren Protoplasten isoliert und zu kompletten herbizidresistenten Pflanzen regeneriert werden.

Protoplasten können durch Zugabe von Polyethylenglukol miteinander verschmolzen werden. Diploide Zellen von unterschiedlichen Sorten der gleichen Art ergeben auf diese Weise tetraploide Zellen, die zu ganzen Lebewesen herangezogen werden können. Dies ist unter der Voraussetzung der Verträglichkeit der Genome auch bei Zellen nahe verwandter Arten möglich. Die Tomoffel, ein Bastard aus Tomate und Kartoffel, wurde durch Protoplastenfusion erzeugt. Beide Ursprungsarten gehören zur systematischen Gruppe der Nachtschattengewächse.

Zettelkasten

Zellfusion

Material: Blockschalen mit Deckglas, wasserfester Filzstift, Petrischalen (Glas), Klebeetiketten, Auslaufpipette (5 ml), Pinzette, Skalpell, Polyethylenglukol (PEG 6000, Serva 33137) Blätter, Blüten, Früchte verschiedener Pflanzenarten (z. B. Zwiebelschuppen roter und farbloser Zwiebeln, Blätter von Begonie, Usambara-Veilchen, Früchte von Paprika oder Tomate), 20 ml Protoplasten-Lösung (P), 1 ml PEG-Fusionslösung

Ansetzen der Lösungen: P1: Mannit-Lösung, 500 ml (kann bis zum Gebrauch eingefroren werden): $CaCl_2$ 2 H_2O (740 mg), KH_2PO_4 (14 mg), KNO_3 (50 mg), $MgSO_4$ 7 H_2O (123 mg), D (-) Mannit (36 g; Merck 105987) in 500 ml dest. Wasser lösen.
P2: Enzym-Lösung (frisch ansetzen): Cellulase-Pektin aus Trichoderma reesii (2.5 g; Serva 16421) in 50 ml dest. Wasser lösen.
9 Teile Lösung P1 und 1 Teil Lösung P2 = Protoplasten-Lösung (P)
PEG-Fusionslösung: PEG (9 g), $CaCl_2$ (31 mg), KH_2PO_4 (2 mg) in 20 ml dest. Wasser lösen (PEG löst sich nur langsam, seine Lösung ist zäh).

Plasmolyse, Verdauung der Zellwände und Anreicherung der Zellen: Das Pflanzenmaterial wird in sehr feine Streifen geschnitten, diese werden in Blockschälchen mit 4 ml Lösung P gelegt. Nach wenigen Minuten kann in der hypertonen Lösung die Plasmolyse der Zellen unter dem Mikroskop beobachtet werden. Die Protoplasten haben sich von der Zellwand abgelöst. Bei Zimmertemperatur werden die Zellwände innerhalb von 24 Stunden von den Enzymen Cellulase und Pektinase abgebaut. Zwei Tropfen der Protoplasten-Lösung P werden dicht nebeneinader auf einen Objektträger gegeben. Die Zellen mehrerer Steifen des gleichen Pflanzenmaterial werden in den einem Tropfen ausgeschüttelt, Zellen einer anderen Pflanzenart in den zweiten Tropfen.

Fusion: Ein Tropfen PEG-Fusionslösung wird so zwischen die beiden Tropfen gegeben, dass die drei Tropfen ineinanderlaufen. Der Flüssigkeitsstrom reißt die Protoplasten mit sich, sie treffen aufeinander, lagern sich einander an und verschmelzen (fusionieren) miteinander.

Aufgaben

① Mikroskopieren Sie nicht plasmolysierte und plasmolysierte Zellen, Protoplasten und fusionierte Protoplasten. Zeichnen Sie die Zellen.
② Warum wird vor der Fusion eine Plasmolyse ausgelöst?

Determinierung
Einschränkung der Entwicklungsmöglichkeiten einer Zelle

Differenzierung
Erreichen der endgültigen Gestalt und Funktion

omnipotente Stammzellen
(„zu allem fähig“) können einen vollständigen Organismus hervorbringen

pluripotente Stammzellen
können alle Zelltypen, aber keinen vollständigen Organismus hervorbringen

multipotente Stammzellen
können den Zelltyp des umgebenden Gewebes hervorbringen

Stammzelltypen des Menschen
embryonale Stammzellen: pluripotent, adulte Stammzellen: multipotent

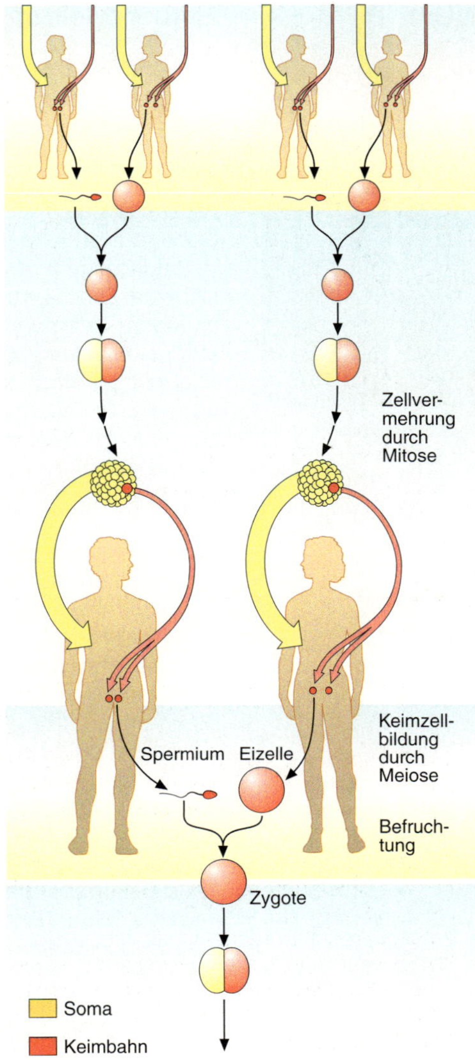

1 Keimbahn

Stammzellen: Alleskönner und Vielkönner

Aus den zunächst gleichartigen Zellen eines Mehrzellerkeims entstehen, wie einem Bauplan folgend, spezialisierte Zellen, z.B. Muskel-, Nerven- oder Darmzellen. *Entwicklung* bedeutet eigentlich nichts anderes als die zeit- und ortsgerechte *Differenzierung* von Zellen. Die Entwicklungsmöglichkeiten der Zelle werden dabei schrittweise eingeschränkt *(Determination)*.

Aus der befruchteten Eizelle eines Mehrzellers kann ein vollständiger Organismus hervorgehen, die Zygote ist eine *omnipotente Stammzelle*. Zu den omnipotenten Stammzellen des Menschen zählen auch die Zellen der ersten Zellteilungen, denn aus ihnen können noch eineiige Zwillinge entstehen. Bei den ersten Zellteilungen erhalten die Tochterzellen zwar die gleiche genetische Information, übernehmen aber unterschiedliche Bereiche des mütterlichen Zellplasmas. Konzentrationsunterschiede an m-RNA und Proteinen führen zu einer spezifischen Genexpression in den einzelnen Zellen, auch Nachbarzellen beeinflussen die weitere Entwicklung. Beim Menschen können Zellen aus dem Inneren der *frühen Gastrula* alle Zelltypen, aber keinen kompletten Organismus bilden. Diese *embryonalen Stammzellen* sind *pluripotent* und bringen vermutlich auch die *adulten Stammzellen* hervor. Das sind teilungsfähige Zellen, die im ausgewachsenen Organismus für die Gewebeerneuerung sorgen. Adulte Stammzellen sind *multipotent*, bei ihnen legt die zelluläre Umgebung fest, welche Zelltypen erzeugt werden: Adulte Stammzellen der Haut bilden nur Hautzellen, solche aus dem roten Knochenmark nur Blutzellen usw. Werden adulte Stammzellen aber aus dem Gewebeverband herausgelöst, können sie im Reagenzglas mithilfe verschiedener Wachstumshormone umprogrammiert werden. Stammzellen aus dem Nervensystem entwickeln sich dann z.B. zu Muskelzellen. Bei der Determinierung geht die genetische Gesamtinformation der Zelle also nicht verloren, sie wird nur nicht mehr abgerufen.

Einen Sonderweg schlagen die Keimzellen ein. Sie entstehen meiotisch aus Urkeimzellen und bilden nach einer Befruchtung ein neues Individuum, in dem wiederum auf gleiche Weise Keimzellen entstehen. Zellen dieser *Keimbahn* werden von den Körperzellen *(somatischen Zellen)* unterschieden (Abb. 1).

Aufgabe

① Das *Embryonenschutzgesetz* (ESchG) vom 13.12.1990 verbietet künstliche Veränderungen der Keimbahnzellen, § 8 lautet: „Keimbahnzellen im Sinne dieses Gesetzes sind alle Zellen, die in einer Zell-Linie von der befruchteten Eizelle bis zu den Ei- und Samenzellen des aus ihr hervorgegangenen Menschen führen, ferner die Eizelle vom Einbringen oder Eindringen der Samenzelle an bis zu der mit der Kernverschmelzung abgeschlossenen Befruchtung.“
Bezieht sich dieses Gesetz auch auf Stammzellen und wenn ja, auf welche Sorte?

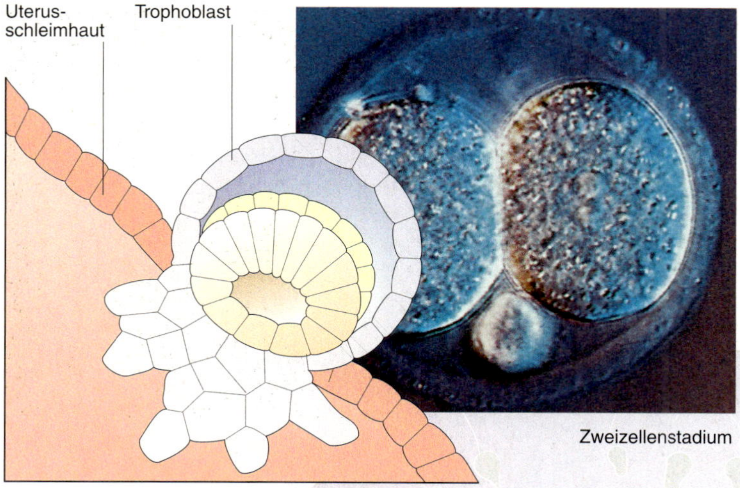

Zweizellenstadium

nach ca. 6 Tagen

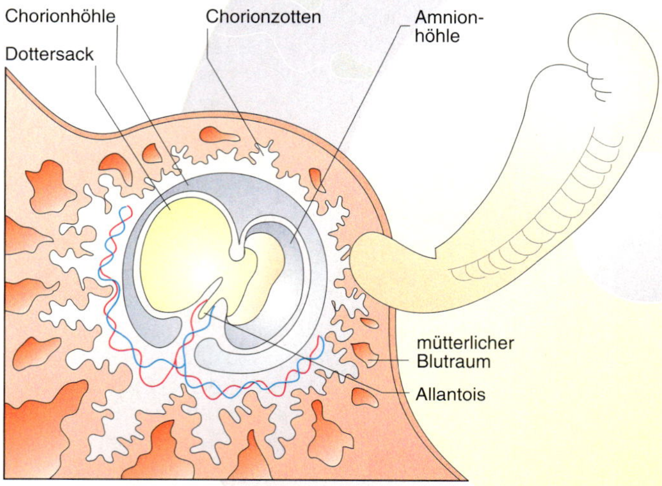

nach ca. 22 Tagen

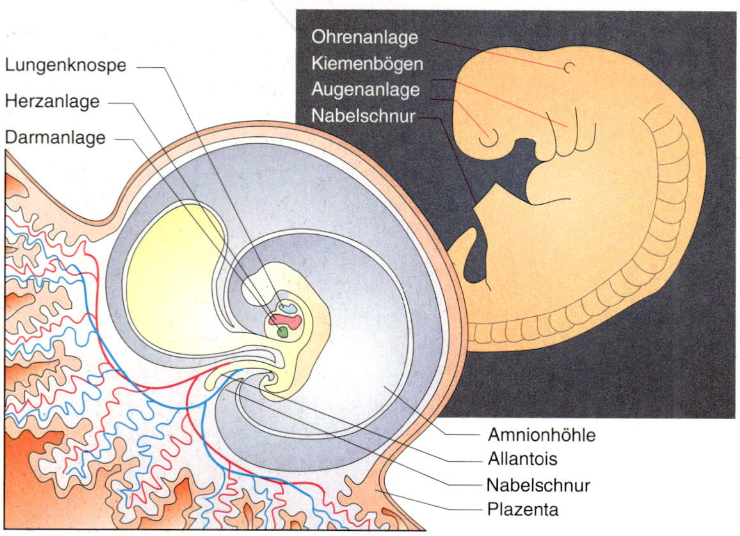

nach ca. 30 Tagen

Embryonalentwicklung

Ein Kind wird geboren. In ca. 40 Wochen wurden aus einer einzigen Zelle über 100 Billionen. Sie sind differenziert und im Körper des Kindes richtig angeordnet.

Bereits auf dem Weg durch den Eileiter zur Gebärmutter vollziehen sich entscheidende Veränderungen: Nach ca. 30 Stunden teilt sich die Zygote zum ersten Mal. Die Furchungen entsprechen dem total-äqualen Modus, wie er für die dotterarmen Eier der Säuger typisch ist. Nach drei Tagen ist durch wiederholte Teilungen bereits ein maulbeerartiger Keim *(Morula)* entstanden. Die Masse des Keims hat sich während dieser Zeit kaum verändert.

Anschließend beginnen sich die Zellen deutlich zu differenzieren: Eine Kugelhülle lässt sich von einem kleinen Kugelhaufen an der Innenwand der Hohlkugel unterscheiden. Nur aus Letzterem wird der eigentliche Embryo. Die Oberflächenzellen der Hohlkugel übernehmen Nährfunktion *(Trophoblast)*. Mit Erreichen dieses Blastulastadiums kann ab dem 6. Tag die Einnistung in die Gebärmutterschleimhaut beginnen. Der Trophoblast bildet dabei Zotten aus *(Zottenhaut* oder *Chorion)* und entwickelt sich mit einem Teil der Gebärmutterschleimhaut später zur Plazenta (Mutterkuchen) – einem Organ mit Versorgungsfunktion.

Die Anheftung des Keims an die mütterliche Gebärmutterschleimhaut ist ein komplexer Durchdringungsprozess. Mutter und Keim müssen hormonell genau aufeinander eingestellt sein. Das erste embryonale Signal ist das vom Trophoblasten gebildete Hormon HCG *(Humanes Choriongonadotropin)*. Es stimuliert den Gelbkörper zur Aufrechterhaltung der Östradiol- und Progesteronproduktion. Sonst würde eine Menstruation eintreten, durch die der Keim mit abgestoßen würde. Auf dem Nachweis von HCG beruhen alle gängigen Schwangerschaftstests.

Da der Embryo durch die väterlichen Erbanlagen für das mütterliche Immunsystem fremde Eiweiße trägt, müsste er eigentlich ebenso abgestoßen werden wie ein transplantiertes Organ. Das Immunsystem der Mutter wird jedoch gegen den Embryo ausgeschaltet. Das geschieht dadurch, dass der Trophoblast und die aus ihm hervorgegangene Plazenta nebst Nabelschnur keine spezifischen Eiweiße besitzen. Sie sind immunologisch „leer" und können daher vom mütterlichen Abwehrsystem nicht erkannt und attackiert werden. Mit der 3. Lebenswoche beginnen besonders einschneidende Veränderungen in der Entwicklung des Embryos. In der Embryoanlage bilden sich drei Hohlräume: Der *Dottersack*, die *Allantois*, eine Art embryonale Harnblase, und die *Amnionhöhle*, die spätere Fruchtblase. Im Embryo lassen sich außerdem die drei Keimblätter, das *Ektoderm*, das *Mesoderm* und das *Entoderm*, unterscheiden. Die Abkömmlinge der Keimblätter nehmen spezifische Aufgaben wahr und lassen sich im ausdifferenzierten Körper in ganz bestimmten Organsystemen wiederfinden. Der heranwachsende Embryo liegt zunächst als flacher Schild am Amnion, später löst er sich unter Bildung der Nabelschnur ab und schwimmt dann stoßsicher im Fruchtwasser der Amnionhöhle.

Bereits eine Woche später beginnt das embryonale Herz zu schlagen. Anlagen von Augen und Ohren sind vorhanden und die Arm- und Beinknospen werden angelegt. Der Embryo ist nun 4 mm lang und wächst bis zur 6. Woche auf die dreifache Länge. In dieser Zeit werden besonders Augen, Nase, Mund sowie die Extremitäten weiter ausdifferenziert. Das Gehirn und alle wichtigen Organe sind bereits angelegt. Nach Ablauf des 2. Monats funktioniert beim Embryo ein Zusammenspiel zwischen Sinneseindrücken aus seiner kleinen Umwelt und Reaktionen. Seine Hände haben sich in nur 14 Tagen als zum „Begreifen“ taugliche Werkzeuge herausgebildet. Der Embryo sammelt Erfahrungen und reagiert entsprechend.

Mit der 9. Woche beginnt die zweite Phase im Leben des jetzt *Fetus* genannten Ungeborenen. Alle wichtigen Organe und Strukturen sind angelegt, sodass die nun folgende Zeit ganz im Zeichen von Wachstum, Reifung und Entwicklung von Wahrnehmungen und Bewegungen steht. Mit dem 4. Monat ist auch die Plazenta fertig ausgebildet. Mütterliches und kindliches Blut fließen getrennt durch Membranen aneinander vorbei, ohne sich zu vermischen. Dabei kommt es zum Austausch von Nährstoffen, Gasen, Stoffwechselabbauprodukten, aber auch Giften. Drogen und Krankheitskeime können auf diesem Weg zum Fetus gelangen. Ab der zweiten Schwangerschaftshälfte nimmt der Fetus monatlich ca. 700 g zu, bis er ein durchschnittliches Gewicht von 3000 g erreicht hat. Dabei verschieben sich seine Körperproportionen beträchtlich. Erst die Geburt beendet die Nährstoffversorgung durch die Plazenta.

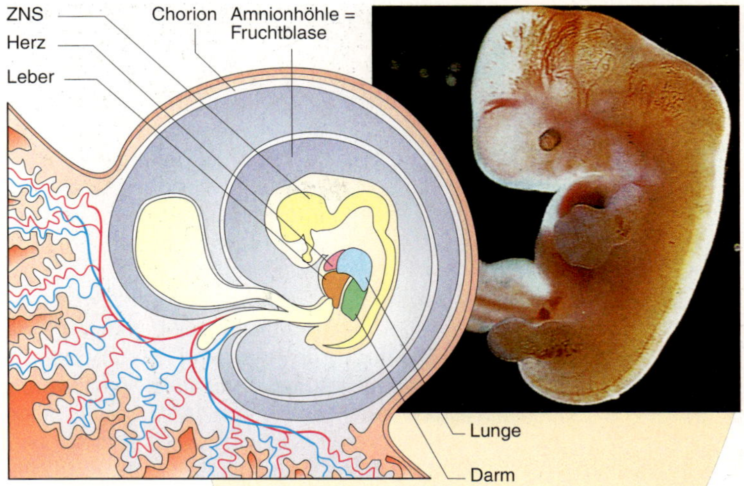

nach ca. 8 Wochen

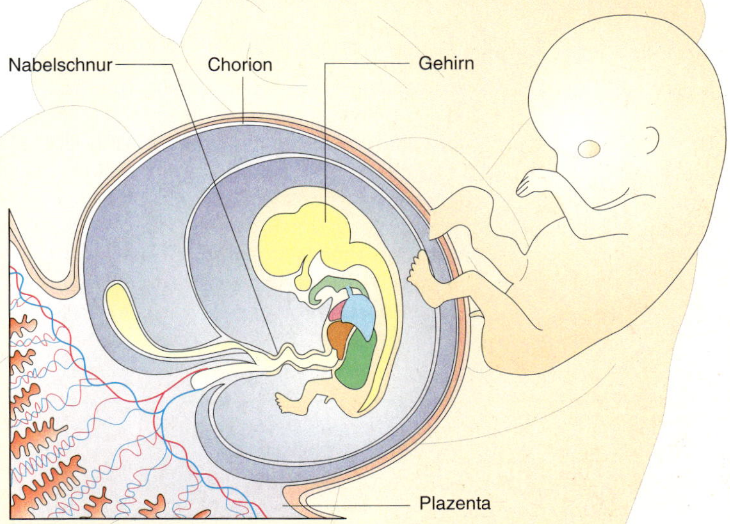

nach ca. 9 Wochen (Fetus)

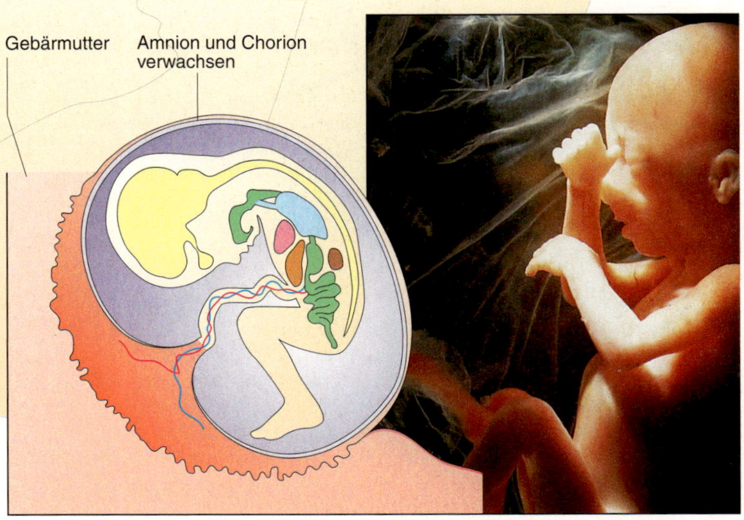

nach ca. 15 Wochen

Hormonale Empfängnisverhütung

Pearl-Index
(Anzahl der schwangeren Frauen von 100 Frauen, die die Methode 12 Monate lang anwenden)

keine Verhütung	85
Antibabypille	0,1–0,9
Minipille	0,4–3
Spirale	0,05–3
Basaltemperaturmessung	0,8–3
Kondom	2–12
Coitus interruptus	4–18
Pille danach	2–25
Sterilisation der Frau	0,2–0,3
Sterilisation des Mannes	0,1

Schon vor Jahrtausenden haben sich die Menschen mit Fragen der Empfängnisverhütung beschäftigt. Unter Einhaltung ganz bestimmter Rituale und ohne genaue Kenntnis der biologischen Zusammenhänge nahmen Frauen bestimmte Pflanzenextrakte, um eine Schwangerschaft zu vermeiden.

Heute steht mit der *hormonalen Empfängnisverhütung* eine sichere und weit verbreitete Methode zur Verfügung. Hormonpräparate verhindern als *Ovulationshemmer* die Reifung des Follikels und den Eisprung oder sie erschweren als *Besamungshemmer* das Aufsteigen der Spermien und die Befruchtung des Eis. Als *Nidationshemmer* (*Nidation* = Einnistung) stören sie den Aufbau der Gebärmutterschleimhaut und damit die Einnistung einer befruchteten Eizelle.

Die *Antibabypille* ist ein Hormonpräparat, das Östrogene und Gestagene in unterschiedlicher Zusammensetzung und Dosierung enthält. *Östrogene* sind weibliche Geschlechtshormone (z. B. Oestradiol), die u. a. den Eisprung und den Aufbau der Gebärmutterschleimhaut fördern. *Gestagene* (z. B. Progesteron) sind zur Erhaltung der Gebärmutterschleimhaut und damit der Schwangerschaft notwendig. Bei regelmäßiger Einnahme unterdrücken beide Hormone gemeinsam den Eisprung, indem sie eine Schwangerschaft vortäuschen. Intensive Forschung brachte hochwirksame Kombinationspräparate mit geringen Nebenwirkungen hervor. Die *Mikropille* enthält Östrogene in besonders niedriger Dosierung und berücksichtigt damit individuelle Verträglichkeiten. Die Minipille enthält, wie die *Dreimonatsspritze*, nur Gestagen, sie verhindert das Aufsteigen der Spermien und die Einnistung, aber nicht den monatlichen Eisprung. Auch die *„Pille danach"* besteht nur aus Gestagen, allerdings in hoher Dosierung. Sie muss in den ersten 12 bis 24 Stunden nach einem ungeschützten Geschlechtsverkehr eingenommen werden. Eine derartige Nachverhütung kann nur im Notfall, aber nicht als reguläre Empfängnisverhütung eingesetzt werden. Die „Pille danach" ist nicht zu verwechseln mit der *Abtreibungspille RU 486,* die durch Hormongaben eine bestehende Schwangerschaft abbricht.

Die *„Pille für den Mann"* soll die Spermienbildung verhindern oder Spermien unfruchtbar machen, ohne Einfluss auf die sexuelle Potenz und das männliche Erscheinungsbild.

Zettelkasten

Immunologische Empfängnisverhütung: Ein Impfstoff gegen Schwangerschaft

Neben den hormonalen Präparaten gibt es auch Verhütungsmethoden, denen immunologische Erkenntnisse zugrunde liegen. Das Schwangerschaftshormon HCG *(Humanes Choriongonadotropin)* wird direkt nach der Befruchtung vom Keim gebildet, sein Nachweis kann daher als Schwangerschaftstest dienen. HCG sorgt für die Einnistung des Keimes, indem es die Gestagenbildung fördert und so eine Regelblutung verhindert.

Wird HCG z. B. durch Antikörper ausgeschaltet, lässt sich also eine Schwangerschaft vermeiden. Damit eine Frau Antikörper gegen dieses körpereigene Hormon bildet, muss HCG zunächst gentechnologisch verfremdet werden. Nach einer Impfung bildet die Frau Antikörper gegen das verfremdete und gegen das körpereigene HCG. Der Schutz vor einer ungewollten Schwangerschaft hält etwa 12 bis 18 Monate.

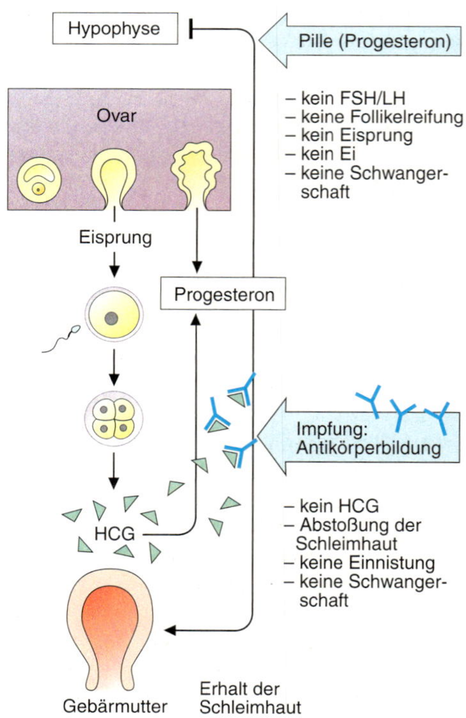

Aufgaben

① Stellen Sie in einer Tabelle Zusammensetzung und Wirkung der verschiedenen hormonellen Verhütungsmittel gegenüber.

② Das Verhütungsmittel *Norplant* wird vor allem zum Gebrauch in Entwicklungsländern propagiert. Es besteht aus mehreren Kapseln, die medizinisches Personal unter die Haut setzt. Etwa fünf Jahre lang geben die Kapseln Gestagen ab und verhindern eine Schwangerschaft. Diskutieren Sie mögliche Vorteile und Probleme einer Langzeitverhütung mit Norplant oder einer Impfung.

Fortpflanzung im Reagenzglas

Rund 700 000 Paare, die ungewollt kinderlos geblieben sind, suchen jährlich in Deutschland ärztlichen Rat. Man kennt verschiedene Ursachen für Unfruchtbarkeit. Bei der Frau gehören dazu: Hormonstörungen, die gestörte Aufnahme der Eizelle aus dem Eierstock in den Eileiter oder ein Eileiterverschluss; beim Mann gibt es z. B. eine zu geringe Spermienkonzentration oder bewegungsunfähige Spermien.

Bei beidseitigem Eileiterverschluss kann eine Befruchtung im Reagenzglas *(In-vitro-Fertilisation, IVF)* vorgenommen werden. Dazu wird bei der Frau die Heranreifung von mehreren Eizellen hormonell ausgelöst. Die Eizellen werden kurz vor dem Eisprung (Ultraschall-Kontrolle) aus den Eierstöcken abgesaugt und im Reagenzglas mit den Spermien des Partners zusammengebracht. Nach rund 18 Stunden wird mikroskopisch geprüft, ob eine Befruchtung stattgefunden hat. Die befruchteten Eizellen werden in Kultur gehalten bis mehrzellige Embryonen herangewachsen sind. Diese können dann mithilfe eines Katheters in die Gebärmutter eingespült werden. Zuvor muss die Frau mit Hormonen behandelt worden sein, damit sich die Gebärmutterschleimhaut so aufbaut, dass sich der Embryo einnisten kann.

Ist die Spermienkonzentration im Ejakulat eines Mannes zu gering oder die Spermien sind schlecht beweglich, können einzelne Spermien unter dem Mikroskop mithilfe einer feinen Glaskapillare direkt in das Plasma einer Eizelle injiziert werden. Die künstlich erzeugte Zygote entwickelt sich wie eine durch IVF befruchtete Eizelle.

Aufgaben

① Recherchieren Sie z. B. im Internet, wie die In-vitro-Fertilisation in Deutschland rechtlich geregelt ist (mögliche Suchbegriffe: Embryonenschutzgesetz, Fremdsamenspende, Eizellspende, Leihmutterschaft, überzählige Embryonen).

② Bei einer In-vitro-Fertilisation ist es möglich, verschiedene genetische Merkmale festzustellen (z. B. das Geschlecht oder die Veranlagung zu bestimmten Krankheiten). Man spricht von *Präimplantationsdiagnostik (PID*, s. Seite 117). Welche Regelungen hat der Gesetzgeber erlassen, um eine Auswahl von Embryonen nach bestimmten Merkmalen *(Embryonenselektion)* zu verhindern?

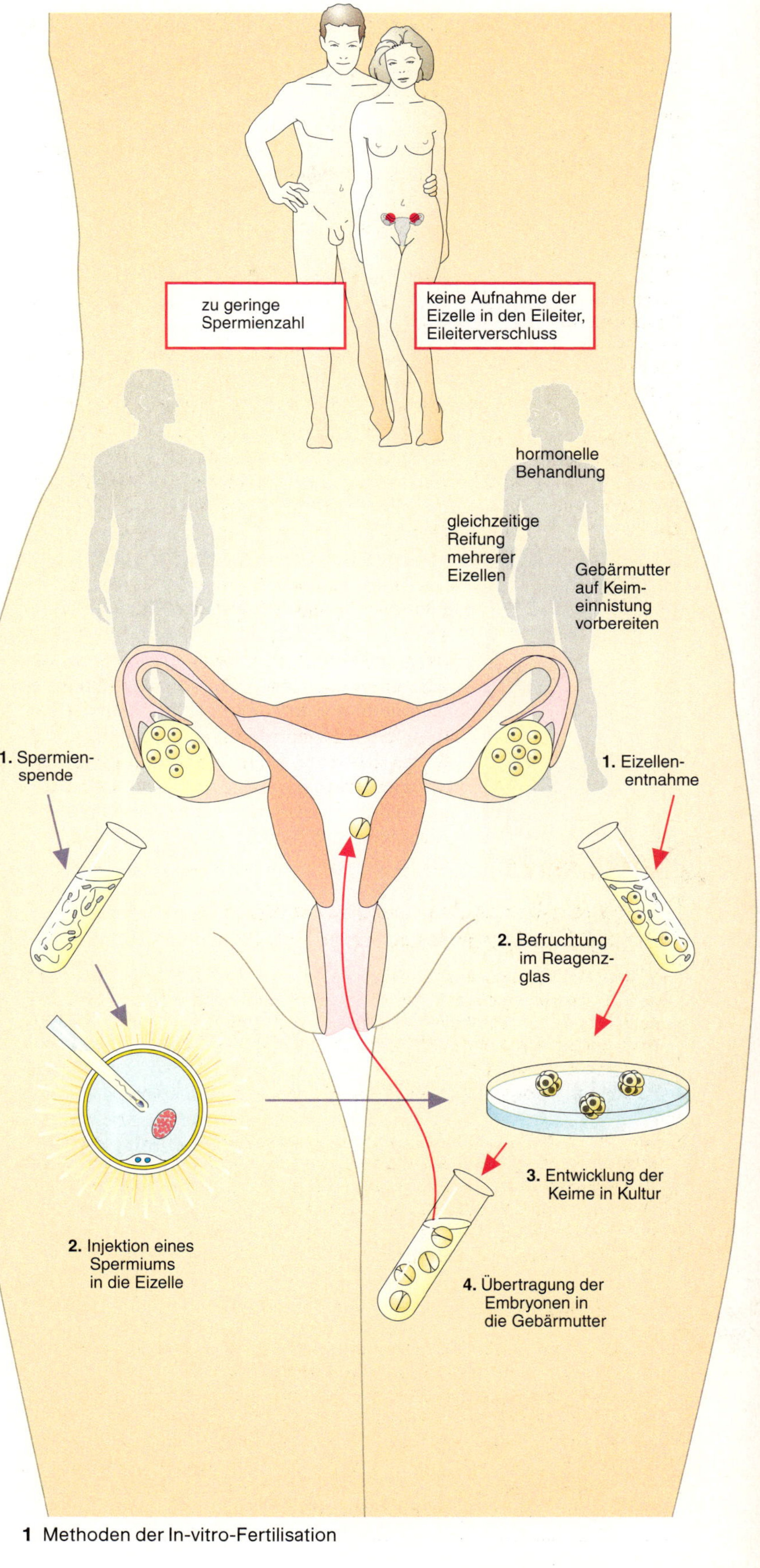

1 Methoden der In-vitro-Fertilisation

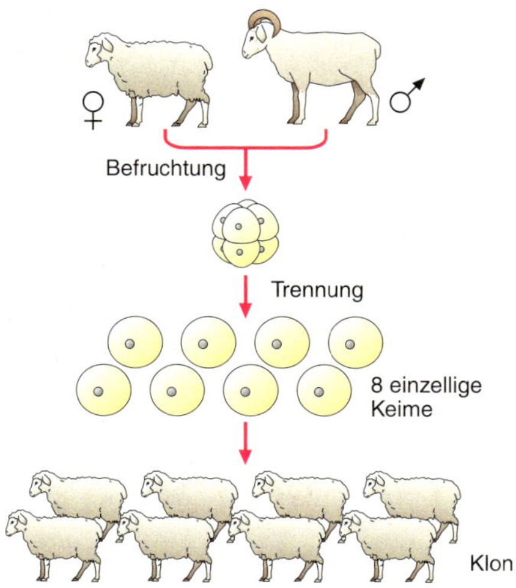

1 Klassisches Klonen

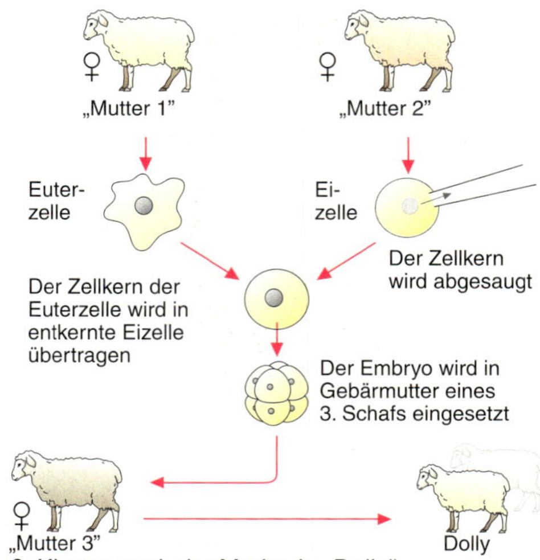

2 Klonen nach der Methode „Dolly"

Reproduktionstechnik und Klonen

Ein *Klon* ist der genetische Doppelgänger eines Lebewesens. In der Natur gibt es Klone z. B. bei Ablegern von Pflanzen, bei der Sprossung von Polypen, aber auch in Form von eineiigen Zwillingen. In Labors versucht man seit Jahren Klone von Nutztieren (z. B. Schaf, Schwein, Rind) zu erzeugen, um damit die unkontrollierte Neukombination des genetischen Materials bei der sexuellen Fortpflanzung auszuschalten und Individuen mit genau definierten Eigenschaften zu erzeugen. Die Erfolgsaussichten beim Klonen sind allerdings gering, d. h. oftmals müssen hunderte von Versuchen durchgeführt werden. Zudem leiden Klontiere häufiger an Krankheiten. Klonforscher untersuchen, warum es zu Organschäden, Immunschwäche und frühzeitigem Altern kommt.

1997 gelang es nach vielen Fehlversuchen erstmals, ein erwachsenes Säugetier zu klonen. Eizellen eines Schafs wurden entkernt, um ihnen den Zellkern von diploiden Euterzellen eines anderen Schafs einzusetzen. Nachdem man das Produkt zur Teilung gebracht hatte, wurde es in die Gebärmutter eines dritten Schafs verbracht. Die Tragzeit verlief erfolgreich. Das Klonschaf Dolly zeigte allerdings frühzeitige Alterserscheinungen (z. B. Arthritis). 2003 musste Dolly eingeschläfert werden. Schafe werden ca. 12 Jahre alt. Auffällig ist, dass das Kernspender-Schaf 6 Jahre alt war und Dolly 6 Jahre alt wurde, ihre Zellen erreichten also ein Alter von 12 Jahren. Einige Genetiker haben schon frühzeitig Dollys beschleunigtes Altern vorausgesagt. Die Telomere von Chromosomen gelten als zelluläre Lebensuhren, mit jedem Teilungsschritt werden sie etwas kürzer. Dollys Chromosomen stammten von einem älteren Spenderschaf, sie waren bereits verkürzt.

Beim Klonen nach der Methode „Dolly" wird der Kern einer spezialisierten Körperzelle (z. B. Euterzelle) in eine entkernte Eizelle verpflanzt. Durch die Poren eines Zellkerns werden in jeder Sekunde rund 50 000 größere Moleküle in beide Richtungen transportiert. Darunter befinden sich bei der Eizelle mit Euterzellkern auch solche Proteine des Eizellplasmas, die inaktivierte Gene des Euterzellkerns aktivieren. Für diese Umprogrammierung benötigt das Zellplasma nicht mehr als 24 Stunden. Proteine des Eizellplasmas beeinflussen vermutlich die DNA des Kerns, sodass dieser sich wie der Kern einer Zygote verhält, also entdifferenziert und teilungsaktiv wird. Der umprogrammierte Zellkern lässt aus der Eizelle einen vollständigen Organismus entstehen.

Aufgaben

① Vergleichen Sie das Klonen aus einer Euterzelle (Methode Dolly) mit dem klassischen Klonen.

② „Klonen" bedeutet die Anfertigung genetischer Doppelgänger, „Klonieren" die Vervielfältigung eines Gens. Reproduktionsbiologie und Gentechnik werden oft nicht auseinandergehalten. Warum war das Klonen des Schafes Dolly kein gentechnisches Experiment?

Klonen und Reproduktionstechniken in der Medizin

Klonphantasien?

Bei der Übertragung von Klontechniken aus der Tiermedizin auf den Menschen unterscheidet man das *reproduktive* und das *therapeutische Klonen*. Beim reproduktiven Klonen wird wie bei Dolly der Kern einer Körperzelle in eine entkernte menschliche Eizelle verpflanzt. Daraus würde sich in einer Leihmutter der genetische Doppelgänger der Kern spendenden Person entwickeln. Beim therapeutischen Klonen wird ebenfalls der Kern einer differenzierten Körperzelle in eine entkernte Eizelle eingebracht. Dem sich daraus entwickelnden Keim werden embryonale Stammzellen entnommen und in Kulturschalen vermehrt. Gibt man bestimmte Wachstumsfaktoren hinzu, können die verschiedensten Gewebetypen herangezüchtet werden. Da dieses Zellmaterial genetisch identisch mit demjenigen der kernspendenden Person ist, kann das Material im Bedarfsfalle gefahrlos in diese Person transplantiert werden. Man hofft mit dieser Technik in ferner Zukunft den beständigen Mangel an Organen zur Transplantation und auch die gefürchteten Abstoßungsreaktionen abstellen zu können.

Aufgaben

① Worin unterscheidet sich das reproduktive vom therapeutischen Klonen?

② Beide Formen des Klonens sind am Menschen in Deutschland wie in den meisten Staaten der Welt verboten. Während das reproduktive Klonen bei allen seriösen Wissenschaftlern abgelehnt wird, ist die Situation beim therapeutischen Klonen nicht eindeutig. Welche Meinung vertreten Sie?

③ Ian Wilmut, der wissenschaftliche „Vater" des Klonschafs Dolly, warnt vor Klonversuchen am Menschen. Es gäbe „reichlich Beweise, dass dies völlig unverantwortlich" wäre. Begründen Sie dies und beziehen Sie auch die Informationen von Seite 96 in Ihre Antwort ein.

④ Welche ethischen, religiösen und sozialen Gründe haben die Gesetzgeber in den meisten Ländern dazu bewogen, das Klonen an Menschen zu verbieten?

Reproduktionsgeschichten

Typen der Mutterschaft

Nach geltendem Recht ist Mutter, wer ein Kind geboren hat. Seit es In-vitro-Fertilisation und Embryonentransfer gibt, kann man drei Typen der Mutterschaft unterscheiden: die genetische, die physiologische (Leihmutter) und die soziale.

Streit um eingefrorene Embryonen

(AP-Meldung)
In den USA muss ein Gericht bei einem Scheidungsprozess klären, was mit eingefrorenen Embryonen geschehen soll. Das Ehepaar hatte sich nach langjähriger Kinderlosigkeit aus medizinischen Gründen zu einer In-vitro-Fertilisation entschlossen. Von den zehn Embryonen, die auf diese Weise entstanden waren, wurden der Frau drei eingespült und sieben eingefroren. Die Frau wurde nicht schwanger. Das Paar war den psychischen Belastungen dieser Zeit nicht gewachsen und ließ sich scheiden. Die Frau möchte sich auch nach der Scheidung ihren Kinderwunsch erfüllen. Sie möchte sich die eingefrorenen Embryonen einpflanzen lassen. Der Mann möchte die Übertragung gerichtlich verhindern.

Aufgaben

⑤ Die Manipulation an menschlichen Keimen ist in Deutschland zwar grundsätzlich verboten, Grundlagenforschung an importierten menschlichen embryonalen Stammzellen wird auf Antrag aber genehmigt. Informieren Sie sich über die rechtliche Auffassung in der Bundesrepublik Deutschland und auch in anderen Ländern.

⑥ Mithilfe der Reproduktionsmedizin kann das Alter, in dem eine Schwangerschaft möglich ist, beträchtlich erhöht werden. In Österreich ging z. B. der Kinderwunsch einer 61-jährigen Frau in Erfüllung. Dazu wurden einer jungen Spenderin Eizellen entnommen und in vitro mit Spermien des Partners der älteren Frau befruchtet. Die Embryonen wurden in die Gebärmutter der 61-Jährigen eingesetzt. Welchen Muttertyp repräsentiert die 61-Jährige? Welche sozialen Folgen können derartige Praktiken für die Eltern, die erzeugten Kinder und für die Gesellschaft haben?

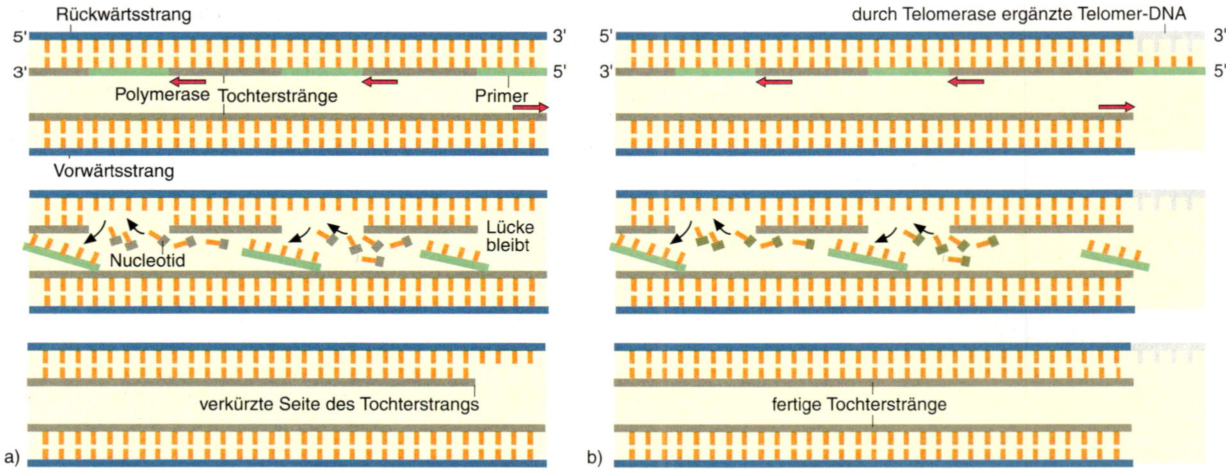

1 Verkürzung der Telomeren bei der Replikation: a) ohne Telomerase, b) mit Telomerase

Altern und Tod

Maximale Lebensdauer von Pflanzen
(in Jahren)

Eichenfarn	7
Haselnuss	120
Birnbaum	300
Zeder	1300
Mammutbaum	4000
Grannenkiefer	4700

Maximale Lebensdauer von Tieren
(in Tagen bzw. Jahren)

Rädertierchen	2–3 T
Taufliege	46 T
Regenwurm	10 J
Gorilla	60 J
Stör	152 J

Lebensdauer von Zellen des Menschen
(in Tagen)

Leberzelle	10-20
Dünndarmzelle	1,3-1,6
Weiße Blutzelle	1-3
Rote Blutzelle	120

Die Haut des Patienten ist faltig, die Haare grau, er leidet an Arthrose und Grauem Star. Man könnte ihn für einen Greis halten, tatsächlich ist er aber erst 12 Jahre alt und leidet am äußerst seltenen *Werner-Syndrom*: Mutationen auf Chromosom 8 haben einen veränderten Replikations-Enzym-Komplex hervorgebracht und lassen die Entwicklung im Zeitraffer ablaufen. Folgt auch das normale Altern einem genetischen Programm oder handelt es sich um einen Verschleiß von Zellen und Organen?

Für jede Organismenart lässt sich ein spezifisches Höchstalter angeben, das nur selten überschritten wird (s. Randspalte). Es erreichen heute zwar mehr Menschen das Greisenalter, aber nach wie vor wird kaum ein Mensch über 120 Jahre alt, besonders langlebige Menschen kommen nicht selten gehäuft in bestimmten Familien vor. Bei der Taufliege *Drosophila* und beim Fadenwurm *Caenorhabditis elegans* lassen sich langlebige Stämme züchten. Es wurden Gene identifiziert, die Lebenserwartung und Altern beeinflussen.

Die meisten Zellen in den Geweben eines Organismus erreichen bei weitem nicht das Lebensalter des Individuums und müssen durch neue Zellen ersetzt werden (s. Randspalte). Auch in Zellkulturen gehen sie nach 50 bis 60 Zellteilungen zugrunde. Die Lebensuhr der Zelle tickt mit jedem Zellzyklus. Das Zählwerk befindet sich in den *Telomeren* der Chromosomen (s. Seite 24), sie werden bei jeder Replikation verkürzt (Abb. 1). Wenn die Telomeren verbraucht sind, erliegt die Zelle dem *programmierten Zelltod*. Unbegrenzt teilungsfähige Zellen (Stammzellen, Tumorzellen) können mit dem Enzym *Telomerase* die Telomeren-DNA nachsynthetisieren, sie bleiben daher unbegrenzt teilungsfähig (Abb. 1b). Ob man über die Beeinflussung der Telomerase auch das Lebensalter einer Zelle beeinflussen kann, ohne dass daraus eine Tumorzelle entsteht, ist unklar.

Aber auch Nerven- und Herzmuskelzellen altern und sterben, obwohl sie sich so gut wie gar nicht teilen. Hier spielt die Telomerenverkürzung also eine untergeordnete Rolle. Bei ihnen stellt man allerdings eine allmähliche Anhäufung von Schadstoffen fest. Reaktive *Sauerstoff-Radikale* bilden sich bei der Zellatmung in den Mitochondrien und rufen oxidative Schäden an Nucleinsäuren, Proteinen und Lipiden hervor. Sind Antioxidantien aus der Nahrung nicht in ausreichender Konzentration vorhanden, können geschädigte Zellen absterben. Die zelluläre Schadensuhr bestimmt die mittlere Lebensdauer eines Individuums. In stoffwechselaktiven Zellen bzw. Organismen häufen sich besonders schnell Schadstoffe an, hier ist der Verschleiß größer. Das könnte die im Vergleich zu großen Tieren geringere Lebenserwartung kleinerer, und damit stoffwechselaktiverer Arten erklären.

Das Altern von Zellen hat also genetische und physiologische Ursachen und kann mit einer Theorie alleine nicht befriedigend erklärt werden.

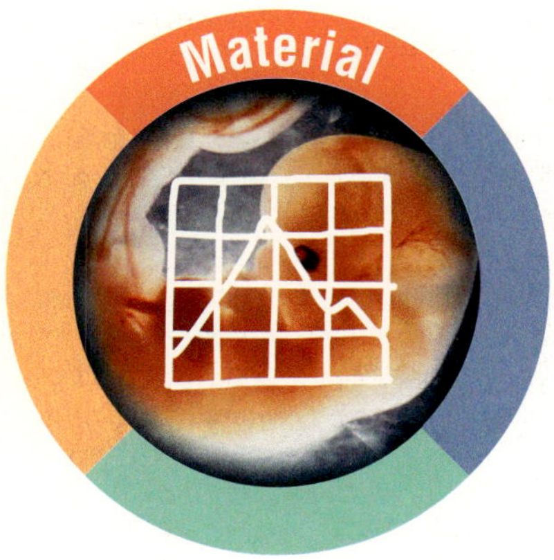

Programmierter Zelltod

Typen des Zelltodes

Einem erwachsenen Frosch fehlt der Schwanz der Kaulquappe. Er wurde nicht etwa abgeworfen, sondern „zurückgebildet“, d. h. die Zellen wurden in einem geordneten Prozess abgebaut und ihre Bestandteile dem Organismus zugeführt. Dieser genetisch gesteuerte (programmierte) Zelltod *(Apoptose)* formt ebenso wie die Zellteilung Gewebe und Organe. Durch Apoptose werden überflüssige, beschädigte, infizierte oder anders veränderte Zellen beseitigt. Weist das genetische Programm für den Zelltod Fehler auf, kann das zu Krankheiten und Fehlentwicklungen führen. Es gilt heute als gesichert, dass zu viele Apoptose-Vorgänge Schlaganfall, Herzinsuffizienz, Alzheimer und Parkinson begünstigen. Zu wenig Apoptose lässt Zellen ungehindert wachsen und fördert die Krebs- und Tumorbildung. Mediziner hoffen auf eine pharmakologische Kontrolle des Zelltodes und der damit verbundenen Krankheiten.

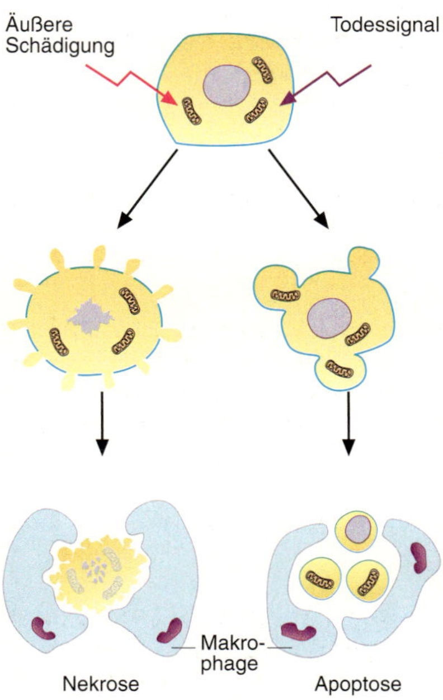

1 Vergleich Nekrose/ Apoptose

Aufgaben

① Zellen sterben auch nach Gewalteinwirkung oder Verbrennung. Erläutern Sie anhand Abb. 1, wie sich dieser als *Nekrose* bezeichnete Zelltod von der Apoptose unterscheidet.

② Die Nekrose wird oft einem „Mord“, die Apoptose einem „Selbstmord“ gleichgesetzt. Erklären Sie.

Formgebung durch Apoptose

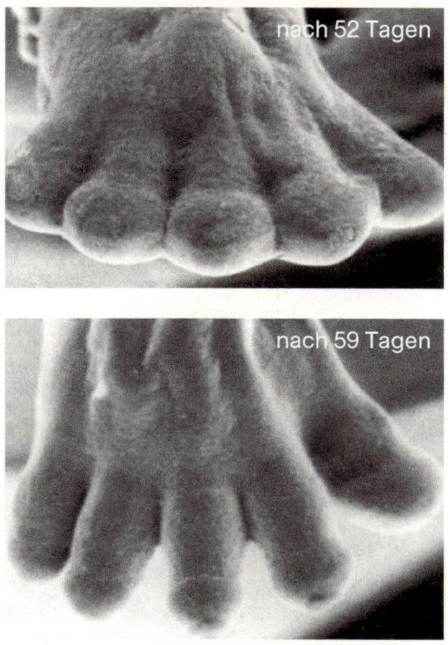

2 Fuß eines menschlichen Embryos

Aufgaben

③ Beschreiben Sie die Entwicklung des menschlichen Fußes und bringen Sie diese Entwicklung mit der Apoptose in Zusammenhang (Abb. 1).

④ Bei vielen Tieren werden in der Entwicklung Zell- und Gewebeteile zurückgebildet. Nennen Sie Beispiele, für die Apoptose verantwortlich sein könnte.

Ablauf der Apoptose

Die Apoptose lässt sich in drei Hauptphasen unterteilen: In der ersten Phase aktiviert ein von außen kommendes Signal (zellschädigende Stoffe, Entzug von Zellkontakten, Wachstumsfaktoren oder Hormonen) oder ein intrazellulärer Prozess (Fehler im Zellzyklus, DNA-Schädigung) das Apoptose-Programm. In der betroffenen Zelle bewirkt das Kontrollprotein P 53 die Synthese von Apoptose fördernden Genprodukten, sodass diese gegenüber den Apoptose hemmenden Stoffen überwiegen. P 53 fällt damit das Todesurteil über die Zelle, indem abbauende Enzyme aktiviert werden. In der zweiten Phase wird die Zelle zerstört: Bestimmte Proteasen zerlegen die Proteine, Nucleasen zerlegen die DNA. In der dritten Phase schnüren sich von der sterbenden Zelle membranumschlossene Vesikel ab, die dann von Makrophagen aufgenommen und verdaut werden.

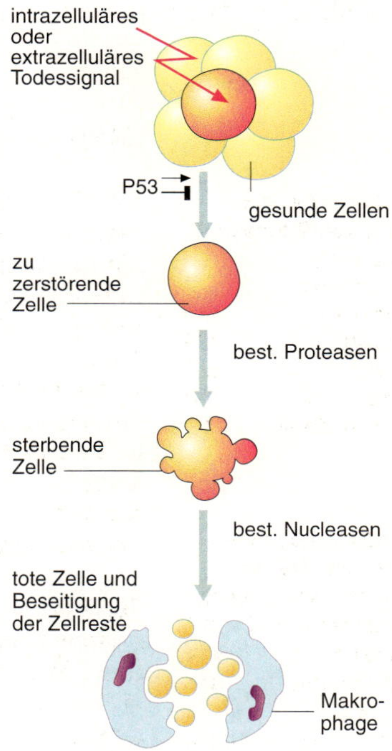

3 Hauptphasen der Apoptose

Aufgaben

⑤ Beim Menschen wird P 53 von einem Gen auf Chromosom 17 codiert. Es wird als Tumor-Suppressorgen bezeichnet, verhindert also die Entstehung von Krebs. Erklären Sie diese Wirkung.

⑥ Krebs auslösende Viren bilden ein Protein, das an P 53 bindet und es dadurch inaktiviert. Inwieweit begünstigt das die Vermehrung der Viren?

⑦ Rote Blutzellen besitzen keinen Zellkern und sind sehr kurzlebig. Warum werden gealterte Rote Blutzellen nicht durch Apoptose, sondern in einem speziellen Organ, der Leber, aufgenommen und verdaut?

Krebs — Folge fehlgesteuerter Gene?

Tumor
Geschwulst

gutartiger Tumor
z. B. Myom, Polyp

bösartiger Tumor
Krebs, z. B. Karzinom, Sarkom

Onkogen
Krebsgen

Proto-Onkogen
Gen, das Zellteilung und Wachstum kontrolliert und aus dem durch Mutation ein Onkogen entstehen kann.

Nach den Herz-Kreislauf-Erkrankungen ist *Krebs* in den Industriestaaten eine der häufigsten Todesursachen. Krebs ist eine Sammelbezeichnung für bösartige *Tumore*, also für Geschwülste von Körpergewebe, in denen sich Zellen unkontrolliert teilen und ihre normale Funktion verlieren. Tumore verdrängen durch ihr Wuchern das gesunde Gewebe und entziehen dem Organismus lebenswichtige Nährstoffe für ihren eigenen übersteigerten Stoffwechsel. Gutartige Tumore wachsen sehr langsam und dringen nicht in das umgebende Gewebe ein, sie sind daher nicht unbedingt lebensbedrohend. Bösartige Tumore dringen in das umgebende Gewebe ein; Zellen können sich aus dem Krebsgeschwulst lösen und im Körper ausbreiten. Sie bilden dann Tochtergeschwülste *(Metastasen,* Abb. 101.1).

Während die Häufigkeit und der Zeitpunkt der Zellteilungen bei gesunden Körperzellen gesteuert wird, entziehen sich Krebszellen einer Kontrolle. Sie teilen sich unablässig, ohne sich zu differenzieren und ohne sich als Gewebe zu ordnen. Die Molekularbiologie bietet inzwischen Erklärungsansätze für die Entstehung von Krebszellen.

Bereits 1775 stellte man gehäuft Krebs bei Schornsteinfegern fest, die oft in Kontakt mit Teerstoffen und Kohlenstoffpartikeln des Rußes kamen. Bestimmte Stoffe können also Krebs verursachen, sie wirken *karzinogen*; ebenso energiereiche Strahlen, wie Röntgen-, UV- oder radioaktive Strahlung. Da die genannten Einflüsse mutagen sind, liegt es nahe zu vermuten, dass Mutationen in Körperzellen *(somatische Mutationen)* Krebs verursachen können. Es gibt daneben aber auch spezielle Viren, die Krebs auslösen können.

Die Rolle von Genen beim unkontrollierten Wachstum von Tumoren, wurde zuerst an Krebs erregenden Viren erkannt. Man bezeichnet Krebs erregende Gene als *Onkogene* (griech. *onkos* = Geschwulst). Virale Onkogene führen zur vermehrten Zellteilung bei befallenen Zellen und fördern so ihre eigene Vervielfachung. In ihrer Basensequenz ähneln die viralen Onkogene wirtseigenen Genen, die Wachstum und Zellteilung gesunder Zellen im Gewebe kontrollieren. Sind diese Gene verändert, kann das Zellwachstum außer Kontrolle geraten. Daher sind sie potenzielle Vorstufen von Onkogenen und man bezeichnet sie entsprechend als *Proto-Onkogene*. Verschiedene Mutationsereignisse können lebensnotwendige Proto-Onkogene in Krebs verursachende Onkogene umwandeln (Abb. 1): Eine Vervielfachung (mehrfache Duplikation) des Proto-Onkogens steigert seine Expression und damit die Zellteilung. Bestimmte Punktmutationen können stärker wirksame Genprodukte entstehen lassen. Durch Translokation kann ein Proto-Onkogen in eine DNA-Nachbarschaft kommen, in der es unter die Kontrolle eines besonders aktiven Promotors gerät (s. Seite 29).

Krebs kann aber nicht nur entstehen, wenn zellwachstumsfördernde Gene mutieren, sondern auch wenn solche Gene verändert werden, die normalerweise das Zellwachstum hemmen, die Entstehung eines Tumors also im intakten Zustand verhindern. Man

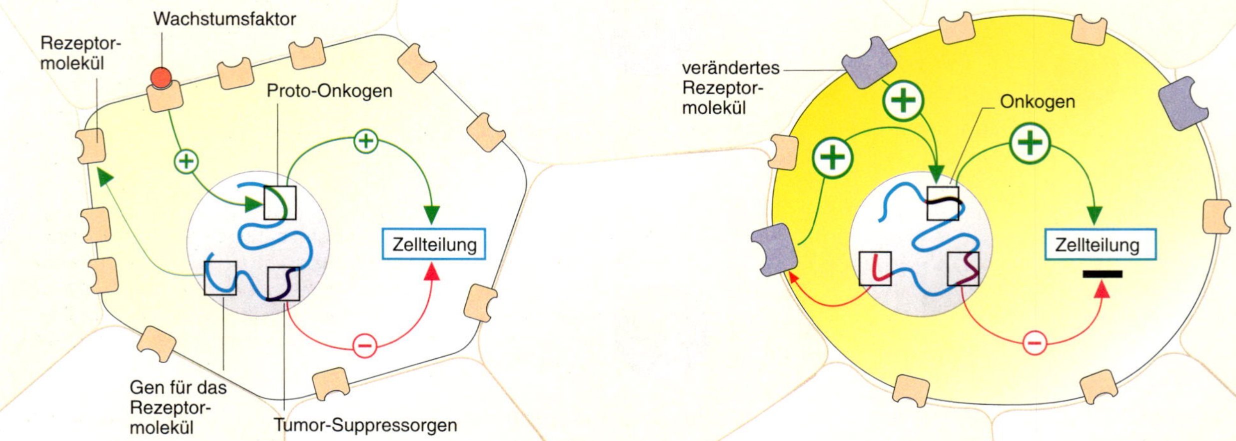

1 Steuerungsvorgänge in normalen Körperzellen (links) und Tumorzellen (rechts)

bezeichnet sie daher als *Tumor-Suppressorgene*. Mutationen in Tumor-Suppressorgenen werden mit verschiedenen Krebserkrankungen in Zusammenhang gebracht, z. B. mit einem bösartigen Netzhauttumor bei Kindern. Neben Genmutationen werden heute auch somatische Genommutationen (s. Seite 54) für die Krebsentstehung verantwortlich gemacht.

Krebs wird meistens durch mehrere Mutationen verursacht. Das erklärt auch das vermehrte Auftreten von Krebs im Alter und eine gewisse Häufung von Krebserkrankungen in bestimmten Familien. Die *Zwei-Treffer-Theorie* geht davon aus, dass mindestens zwei Mutationen erforderlich sind, um Zellen entarten zu lassen: Eine Mutation schädigt z. B. ein Gen für die Regulation der Zellteilung, die andere eines für die Anordnung zu Geweben. Hat eine Person bereits ein mutiertes Gen geerbt, genügt eine weitere Mutation, um in Körperzellen Krebs auszulösen. Der Betroffene ist *prädisponiert*.

Mit der Zwei-Treffer-Theorie kann die Entstehung von Dickdarmkrebs, der häufigsten Krebsart bei Männern, erklärt werden: In gesunden Zellen codiert ein Proto-Onkogen auf Chromosom 12 für ein membrangebundenes Rezeptorprotein. Dieses aktiviert im Inneren der Zelle das Programm zur Zellteilung, sobald sich Wachstumsfaktoren anlagern (Abb. 100.1). Verwandelt eine Mutation dieses Proto-Onkogen in ein Onkogen, ist das veränderte Rezeptorprotein daueraktiv und regt die betroffene Zelle auch ohne Wachstumsfaktoren zu ständigen Teilungen an. Es bilden sich gutartige Wucherungen *(Polypen)*. Der Verlust eines Tumor-Suppressorgens durch eine weitere Mutation führt dann zum Krebs (Abb. 1).

Aufgaben

① Die Mutation eines Proto-Onkogens zum Onkogen wirkt sich dominant aus, durch Mutation unwirksame Tumor-Suppressorgene dagegen rezessiv. Begründen Sie.

② Zigarettenrauch und Alkohol können ein Gen auf Chromosom 17 verändern, das für das Kontrollprotein P53 codiert (s. Seite 99). Erklären Sie den Zusammenhang mit der Krebs verursachenden Wirkung des Rauchens.

③ Informieren Sie sich über weitere Risikofaktoren, die zur Entstehung von Krebs führen können.

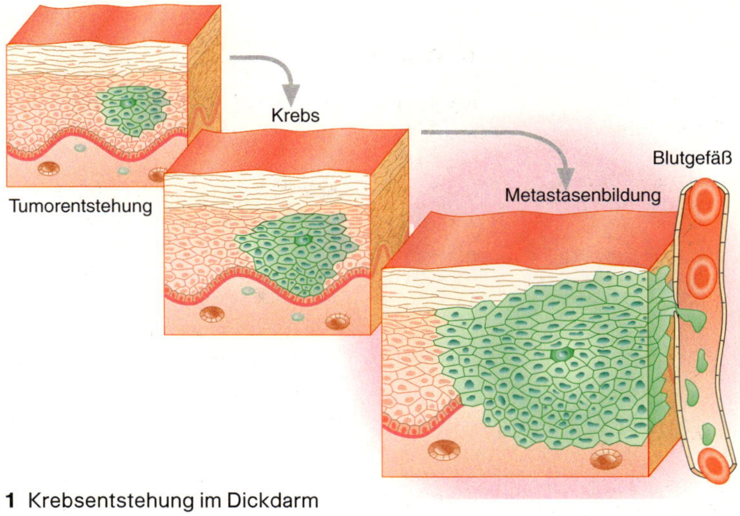

1 Krebsentstehung im Dickdarm

Zettelkasten

Methoden der Krebsbehandlung

Die Diagnose „Krebs" ist heute kein „Todesurteil" mehr. Die klassischen Therapieverfahren wurden weiter verfeinert und dadurch wirksamer. Verbesserte Operationstechniken helfen, Tumore restlos zu entfernen, bevor sie in das umgebende Gewebe eindringen oder Metastasen gebildet haben. Zellteilungshemmende Mittel *(Cytostatika)* können das Wachstum von Krebszellen stoppen. Neue Substanzen aus dieser Wirkstoffgruppe bekämpfen Tumorzellen gezielter, haben daher weniger Nebenwirkungen und verhindern die Resistenzbildung bei Tumorzellen besser. Die radioaktive Bestrahlung von Tumoren kann inzwischen immer genauer gesteuert werden, sodass weniger gesunde Zellen dadurch geschädigt werden.

Molekulargenetische Erkenntnisse erleichtern die Krebstherapie. Vor allem die genetische Diagnostik zur Identifizierung von Onkogenen erlaubt eine frühzeitige Risikoabschätzung für Personen, in deren Familien gehäuft bestimmte Krebsformen auftreten. Die Vorsorge kann dann intensiviert und eventuell eine vorbeugende Operation vorgenommen werden. Genetische Analysen zeigen auch Erfolge in der Krebsnachsorge. Bei vielen operierten Patienten tritt der Tumor erneut auf, weil die Krebszellen nicht vollständig entfernt wurden. Mit der PCR-Methode (s. Seite 118) kann man bereits das Vorhandensein einzelner Krebszellen nachweisen und die Therapie bis zu ihrem Verschwinden fortführen oder den Patienten unnötige weitere Therapiemaßnahmen ersparen.

Erfolg versprechende Ansätze zur Therapie liegen auch in immunologischen Methoden. Das Immunsystem erkennt Krebszellen an irregulären Oberflächenmerkmalen und vernichtet sie. Erst bei einer Überlastung dieses Systems kann sich Krebs manifestieren. Man kann bei Krebspatienten das Immunsystem aktivieren oder Immunzellen gegen Tumore in Zellkulturen vermehren und dem Körper wieder zuführen. Koppelt man gegen Krebszellen gerichtete Immunzellen mit stark strahlenden radioaktiven Substanzen oder starken Zellgiften, lassen sich Tumorzellen gezielt zerstören, denn gesunde Zellen ohne die Tumor-Oberflächenstrukturen werden nicht angegriffen. Andere Medikamente können Oberflächenstrukturen im Gewebe blockieren, an denen sich Tumorzellen anheften. So wird die Bildung von Metastasen verhindert.

Alle Methoden sind umso erfolgreicher, je früher der Krebs erkannt wird. Vorsorgeuntersuchungen können Leben retten!

Gen-Geschichte

1866: Der Augustiner-Pater Johann Gregor Mendel veröffentlicht seine „Versuche über Pflanzenhybriden". Aus über 10 000 Kreuzungsexperimenten ermittelte er Zahlenverhältnisse, von denen er die Vererbungsregeln ableitete. Ihre allgemeine Gültigkeit haben seine Zeitgenossen nicht erkannt.

1869: Der Chemiker und Mediziner Friedrich Miescher isoliert aus Zellkernen „Nuclein", das Walther Flemming 1879 in mikroskopischen Schnitten *Chromatin* nennt. Richard Altmann prägte 1889 den Begriff Nucleinsäuren.

1881: Edouard-Gérard Balbiani entdeckt „Kernfäden" in den Zellkernen von Mückenlarven. Erst 1933 beweisen Emil Heitz und Hans Bauer die Chromosomennatur dieser Riesenchromosomen.

J. G. Mendel

T. H. Morgan

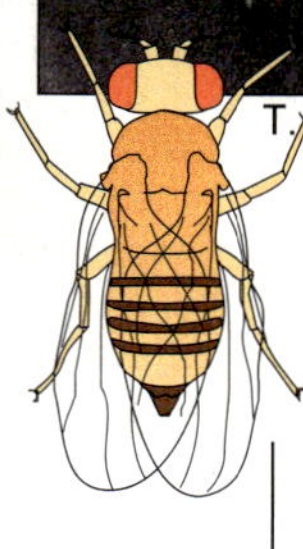

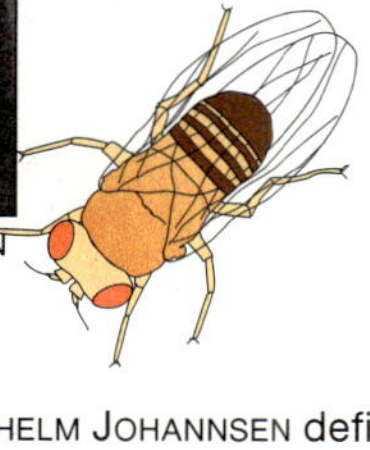

1888: Der Anatom Wilhelm Waldeyer verwendet erstmals den Ausdruck „Chromosomen" für die bei der Zellteilung beobachteten „Kernschleifen".

ca. 1900: Albrecht Kossel (Nobelpreis 1910) spaltet Nucleinsäuren chemisch und weist Phosphorsäure, Zuckereinheiten sowie die Purin- und Pyrimidinbasen als Bestandteile nach.

1900: Carl Correns, Hugo de Vries und Erich von Tschermak-Seysenegg bestätigen unabhängig voneinander Mendels Vererbungsregeln.

1902: Der Zoologe Theodor Heinrich Boveri und der Cytologe William S. Sutton formulieren unabhängig voneinander die *Chromosomentheorie der Vererbung,* indem sie Zellbiologie und Vererbungslehre kombinieren.

1905: William Bateson, Edith Rebecca Saunders und Reginald Curdell Punnett entdecken die gekoppelte Vererbung von Genen.

O. T. Avery

1909: Wilhelm Johannsen definiert die Gene als unteilbare Einheiten der Vererbung. Er unterscheidet zwischen dem *Genotyp* und dem *Phänotyp* eines Lebewesens. Bei der Keimzellenbildung des Salamanders beobachtet er Überkreuzungen homologer Chromosomen (*Chiasmata*).

1911: Thomas Hunt Morgan (Nobelpreis 1933) erkennt bei Kreuzungsversuchen mit Drosophila, dass gekoppelt vererbte Gene auf demselben Chromosom liegen. Kopplungsgruppen können durch Genaustausch aufgebrochen werden. Auf dieser Basis lassen sich relative Genkarten erstellen. Der Genabstand wird in der Einheit *Morgan* angegeben.

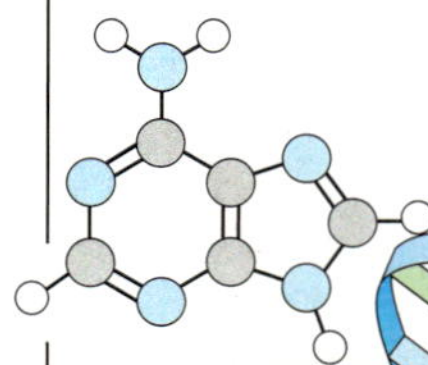

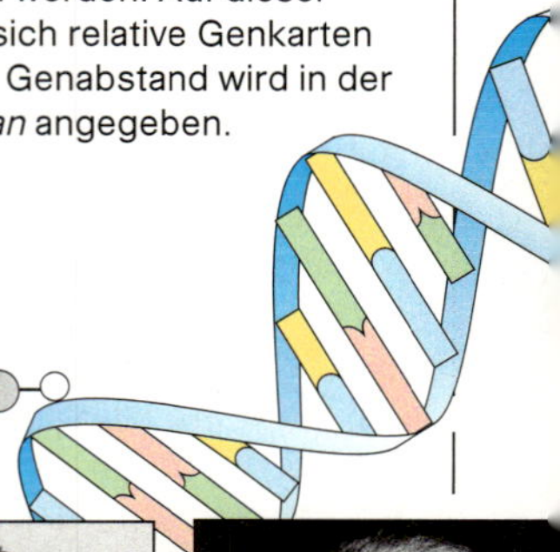

J. D. Watson

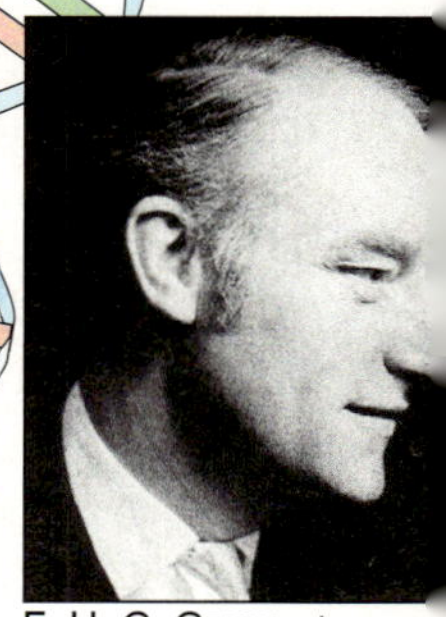

F. H. C. Crick

1926: Hermann J. Müller (Nobelpreis 1948) zeigt, dass Röntgenstrahlen Mutationen verursachen.

1928: Frederick Griffith beweist, dass Erbinformation von einer Bakterienzelle in eine andere übertragbar ist.

1935: Max Delbrück (Nobelpreis 1969) vermutet, dass Gene fest umrissene, molekulare Einheiten eines Stoffes sind, der später als DNA erkannt wird.

1941: George W. Beadle und Edward Tatum (Nobelpreis 1958) formulieren die „Ein-Gen-ein-Enzym-Hypothese".

1944: A. M. Srb und N. H. Horowitz definieren das Gen neu: „Jedes Gen kontrolliert einen Schritt in einer Kette biochemischer Reaktionen."

1944: Oswald T. Avery, Colin McLeod und Mclyn McCarthy beweisen, dass DNA Träger der Erbinformation ist.

1947: Barbara McClintock (Nobelpreis 1983) beschreibt „springende Gene" beim Mais.

1951: Erwin Chargaff findet heraus, dass die vier Basen der DNA in bestimmten Zahlenverhältnissen zueinander vorliegen *(Chargaff-Regel).*

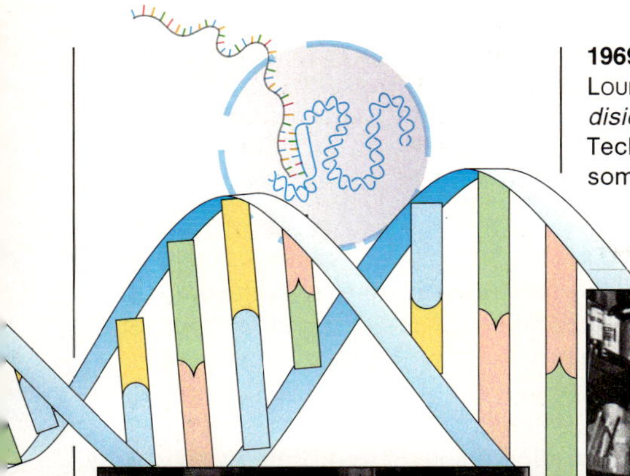

F. Jacob und J. L. Monod

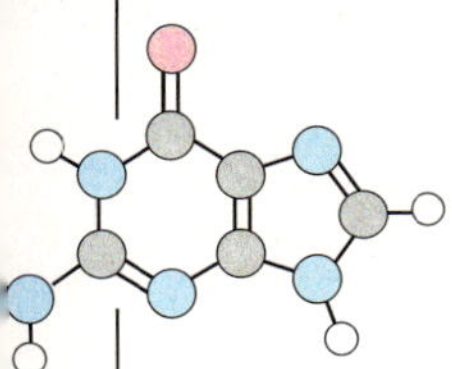

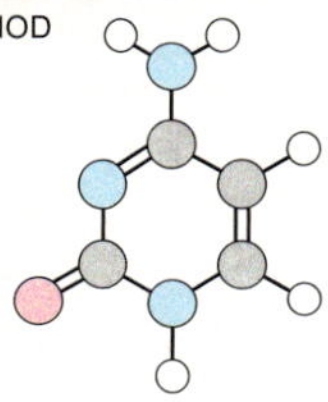

1953: James D. Watson und Francis H. C. Crick (Nobelpreis 1962) stellen das Doppelhelixmodell der DNA auf, in das u. a. Röntgenbeugungsergebnisse von Rosalind Franklin einfließen. Sie erhielt keinen Nobelpreis, da sie zuvor im Alter von 37 Jahren starb.

1958: Matthew Meselson und Frank und Mary Stahl weisen nach, dass DNA semikonservativ verdoppelt wird.

1959: Claus Pelling zeigt Gentranskription, indem er RNA-Synthese in den Puffs von Riesenchromosomen nachweist.

1961: François Jacob und Jacques L. Monod (Nobelpreis 1965) veröffentlichen das *Operon-Modell*, das veranschaulicht, wie Gene an- und ausgeschaltet werden. Sie entwickeln die *Ein-Gen-eine-m-RNA-Hypothese.*

1965: Auf Grundlage der Arbeiten von Marshall Nirenberg (Nobelpreis 1968) gelingt es Heinrich Matthaei und Severo Ochoa den genetischen Code aufzuklären: Jeweils drei Nucleotide definieren eine Aminosäure.

1969: Joseph G. Gall und Mary Loupardue erfinden die *In-situ-Hybridisierung* von Nucleinsäuren. Diese Technik erlaubt es, Gene auf Chromosomen zu lokalisieren.

J. H. Matthaei und M. Nirenberg

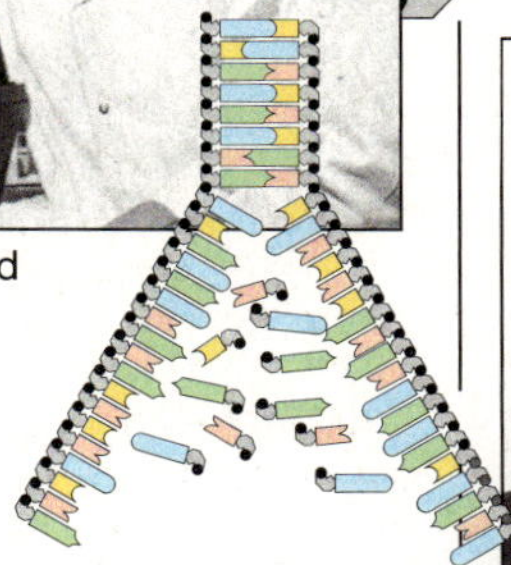

1970: Howard Temin und David Baltimore (Nobelpreis 1975) finden in Retroviren die *reverse Transkriptase.* Mit diesem Enzym übersetzen Retroviren ihre RNA-Erbinformation in DNA.

1972: Werner Arber (Nobelpreis 1978) entdeckt die *Restriktionsenzyme* („enzymatische Scheren").

1972: Paul Berg und Mitarbeiter (Nobelpreis 1980) bauen das erste rekombinante DNA-Molekül, indem sie DNA zerschneiden und die Fragmente neu verkleben.

1973: Stanley N. Cohen, Herbert W. Boyer und ihre Mitarbeiter zeigen, dass rekombinante DNA in lebenden Zellen die Produktion von Proteinen anweisen kann.

1975: Georges Köhler und Cesar Milstein (Nobelpreis 1984) gelingt die Herstellung von monoklonalen Antikörpern.

1977: Richard J. Roberts und Philipp A. Sharp (Nobelpreis 1993) entdecken in Eukaryoten die *Spleißreaktion.* Aus dem primären Transkript *(Prä-m-RNA)* werden die Introns entfernt und die Exons noch im Zellkern zur reifen m-RNA zusammengefügt.

1977: Allan Maxam und Frederick Sanger (Nobelpreis 1980) entwickeln unabhängig voneinander leistungsfähige Methoden zur DNA-Sequenzierung.

1982: Das erste gentechnisch hergestellte Medikament *(Insulin)* kommt in den USA auf den Markt.

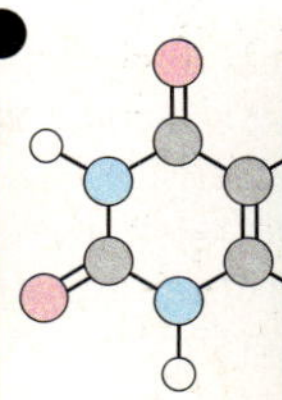

C. Nüsslein-Volhard

W. Arber

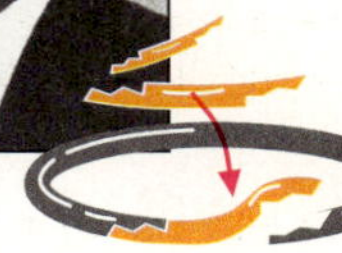

1983: Kary B. Mullis (Nobelpreis 1993) erfindet die *Polymerasekettenreaktion (PCR).* Diese Technik kopiert DNA im zellfreiem System.

1985: Alec J. Jefferys, Victoria Wilson und S. L. Thein entwickeln die Methode des genetischen Fingerabdrucks.

1990: Das *Human-Genome-Project* wird gestartet, um das menschliche Genom zu entschlüsseln.

1995: Edward B. Lewis, Christiane Nüsslein-Volhard und Eric F. Wieschaus (Nobelpreis 1995) klären grundlegende genetische Mechanismen der Embryonalentwicklung auf.

1996: Das Genom eines komplexen Organismus, der Backhefe, wird vollständig entschlüsselt.

2001: Leland H. Hartwell, R. Timothy Hunt und Paul M. Nurse (Nobelpreis 2001) erforschen an Hefe die Schlüsselgene zur Kontrolle des Zellzyklus.

2002: Sydney Brenner, H. Robert Horvitz und John E. Sulston (Nobelpreis 2002) verfolgen am Fadenwurm *Caenorhabditis elegans*, welche Gene das programmierte Zellsterben *(Apoptose)* auslösen. Solche Gene sind auch bei der menschlichen Embryonalentwicklung und der Tumorabwehr aktiv.

Verfahren der Humangenetik

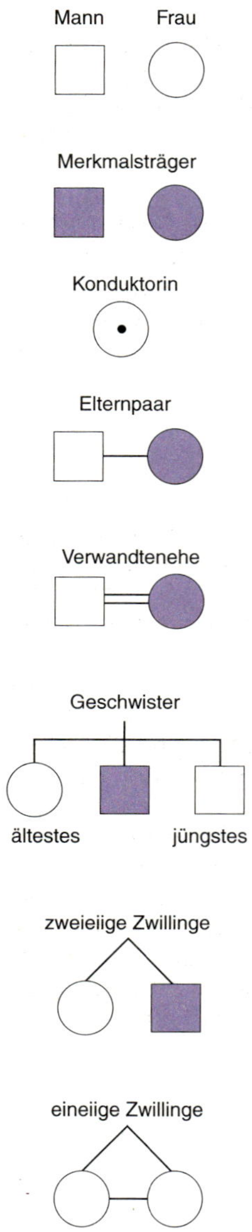

Stammbaumsymbole

Die Vererbung beim Menschen folgt denselben Gesetzmäßigkeiten, denen auch alle anderen Lebewesen unterliegen. Die *Humangenetik* untersucht den Erbgang von Blutgruppen ebenso wie diejenige genetisch bedingter Erkrankungen und Behinderungen sowie die Möglichkeiten ihrer Diagnose. Klassische genetische Verfahren wie die Analyse von Familienstammbäumen spielen nach wie vor eine Rolle und sind oftmals Ausgangspunkt weiterführender Untersuchungen. Erst zusammengenommen liefern die Ergebnisse der verschiedenen Verfahren ein genaues Bild (Abb. 105.1).

Analyse von Erbgängen

Bei der Analyse von Familienstammbäumen wird vom Phänotyp auf den Genotyp geschlossen, um den Erbgang eines Merkmals aufzuklären. Zur Erstellung eines Stammbaums verwenden Humangenetiker bestimmte Symbole (s. Randspalte).

Zunächst wird geklärt, ob dominante oder rezessive Vererbung vorliegt. Bei dominanter Vererbung reicht die Anwesenheit eines Allels *(Heterozygotie)* aus, um das Merkmal zur Ausprägung zu bringen. Ein rezessiv vererbtes Merkmal tritt nur bei *Homozygotie* in Erscheinung. Die Kinder merkmalsfreier heterozygoter Eltern können das Merkmal ausprägen, wenn sie von beiden Elternteilen ein entsprechendes Allel bekommen.

Allele, die auf den 22 Autosomen des Menschen liegen, werden *autosomal* vererbt. Im Unterschied dazu werden Allele, die auf den Gonosomen (X-, Y-Chromosomen) liegen, *gonosomal* vererbt, treten also in Abhängigkeit vom Geschlecht auf. Gonosomale Vererbung zeigt im Stammbaumschema einige Besonderheiten: Erben Männer ein rezessives Allel mit dem X-Chromosom der Mutter, tritt das Merkmal in Erscheinung, da das zweite homologe X-Chromosom fehlt *(Hemizygotie)*. X-chromosomal-rezessive Vererbung erkennt man im Stammbaumschema an der Häufung von männlichen Merkmalsträgern. Da Frauen zwei X-Chromosomen besitzen, tritt das Merkmal im weiblichen Geschlecht nur auf, wenn beide rezessiven Allele zusammenkommen. Heterozygote, merkmalsfreie Frauen, die das rezessive Allel an ihre Söhne vererben, werden *Konduktorinnen* (Überträgerinnen) genannt. Bei X-chromosomal-dominanter Vererbung sind Frauen doppelt so häufig Merkmalsträger wie Männer. Männliche Merkmalsträger vererben das Allel immer an ihre Töchter und erben das Allel immer von ihrer Mutter.

Modellsystem Hämophilie A

Die heute als *Hämophilie A* beschriebene Blutgerinnungsstörung wurde aufgrund ihres Auftretens in europäischen Herrscherhäusern, ausgehend von Königin Victoria, bekannt (Abb. 1).

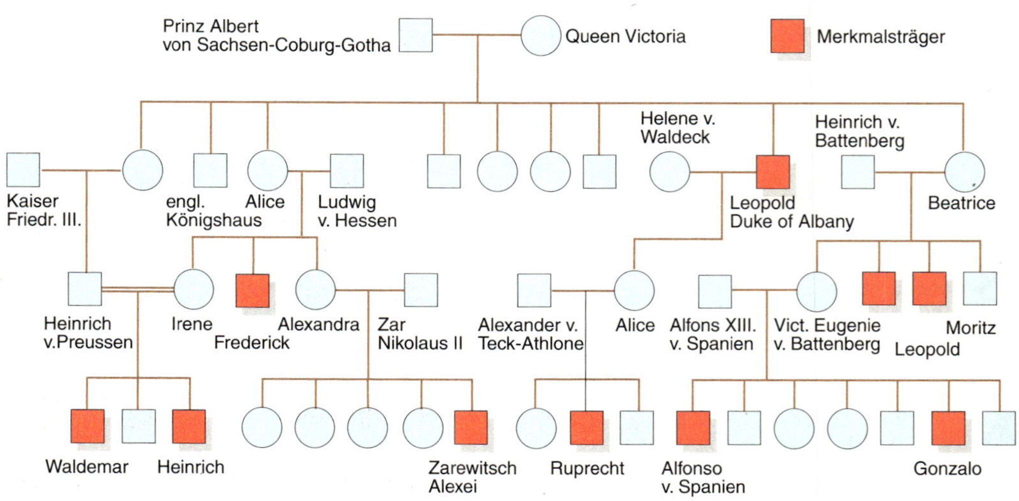

1 Stammbaum der Bluterkrankheit (Hämophilie A) in europäischen Fürstenhäusern

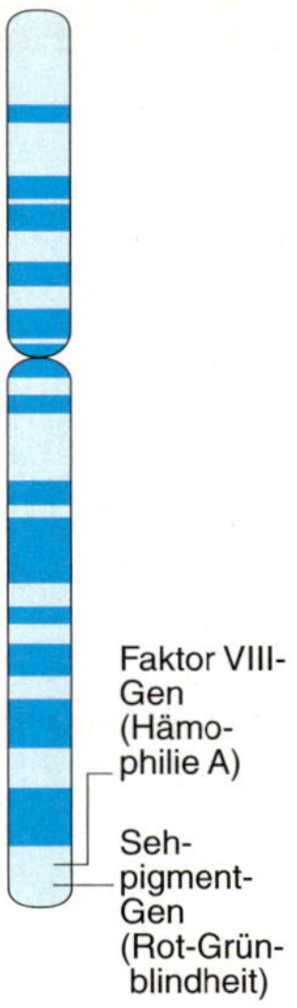

Genorte auf dem X-Chromosom

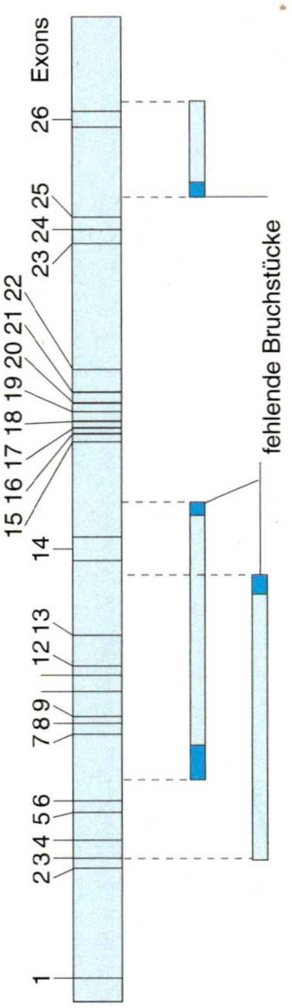

Bei Hämophilie A-Patienten beobachtete Deletionen im Faktor VIII-Gen

Die Anlage für die Krankheit wird von gesunden Frauen übertragen, und zwar nur auf ihre Söhne, wobei deren Väter gesund sind. Hämophilie A tritt mit einer Häufigkeit von 1 : 10 000 auf, d. h. auf 10 000 männliche Neugeborene kommt ein Erkrankter, unabhängig von der ethnischen Herkunft.

Biochemische Erklärung: Hämophilie A-Patienten fehlt ein Protein der Blutgerinnungskaskade *(Faktor VIII)*. Das Glukoprotein besitzt 1997 Aminosäuren. In den Körperflüssigkeiten Gesunder liegt es in einer Konzentration von 0,5 bis 1,0 mg/100 ml vor. Rund die Hälfte aller Hämophilie A-Patienten weisen weniger als 1 % dieser Konzentration auf. Einige der Patienten weisen zwar 30 % der Normalkonzentration auf, aufgrund von Aminosäuresequenzunterschieden ist das Genprodukt allerdings funktionsunfähig, es bewirkt keine Blutgerinnung. Heterozygote Träger des Hämophilie A-Gens haben zwar eine geringere Faktor VIII-Konzentration als Gesunde, die Konzentration reicht aber noch aus, um eine Blutgerinnung zu gewährleisten. Früher wurde Hämophilie A-Patienten Plasma von Blutspendern verabreicht. Das hatte den Nachteil, dass es häufiger zur Übertragung von Krankheitserregern (z. B. Hepatitis-Viren) kam. Seit der Faktor VIII gentechnisch erzeugt werden kann, stehen keimfreie Präparate in ausreichender Menge zur Verfügung.

Cytogenetische Erklärung: Das beim Menschen seltene rezessive Allel für Hämophilie A ist auf dem X-Chromosom lokalisiert (s. Randspalte). Frauen fungieren als Konduktorinnen, sie geben das Allel an ihre Kinder weiter. Sie erkranken selbst nicht, da sie zwei X-Chromosomen besitzen und eines der beiden Chromosomen das dominante Allel trägt (Gleiches gilt für ihre Töchter). Im männlichen Genotyp gibt es nur ein von der Mutter übernommenes X-Chromosom. Vom Vater erben Söhne das Y-Chromosom, das keine Allele des Blutgerinnungssystems trägt. Erbt ein Mann das Hämophilie-Allel von der Mutter, erkrankt er, weil ihm das dominante Allel fehlt.

Molekularbiologische Erklärung: Das Faktor VIII-Gen besteht aus 2351 Codons, verteilt über 26 Exons (s. Randspalte). Den schweren familiären Ausprägungsformen liegen in 50 % der Fälle Deletionen oder Inversionen größerer Genabschnitte zugrunde.

Aufgaben

① Analysieren Sie die Familienstammbäume für Albinismus, erbliche Kurzfingrigkeit und Rot-Grün-Blindheit. Um welche Erbgänge handelt es sich jeweils? Bestimmen Sie den Genotyp möglichst vieler Individuen.

② Warum tritt Hämophilie A bei Frauen wesentlich seltener auf als bei Männern?

③ Welche Personen fungieren bei der Hämophilie A (Abb. 104.1) als Konduktorinnen? Begründen Sie.

④ Genetisch bedingte Erkrankungen werden mit verschiedenen Verfahren wissenschaftlich untersucht. Stellen Sie eine Tabelle zur Hämophilie A zusammen, in der die Erkenntnisse aus Klassischer Genetik, Cytogenetik, Molekularbiologie und Biochemie aufgelistet sind.

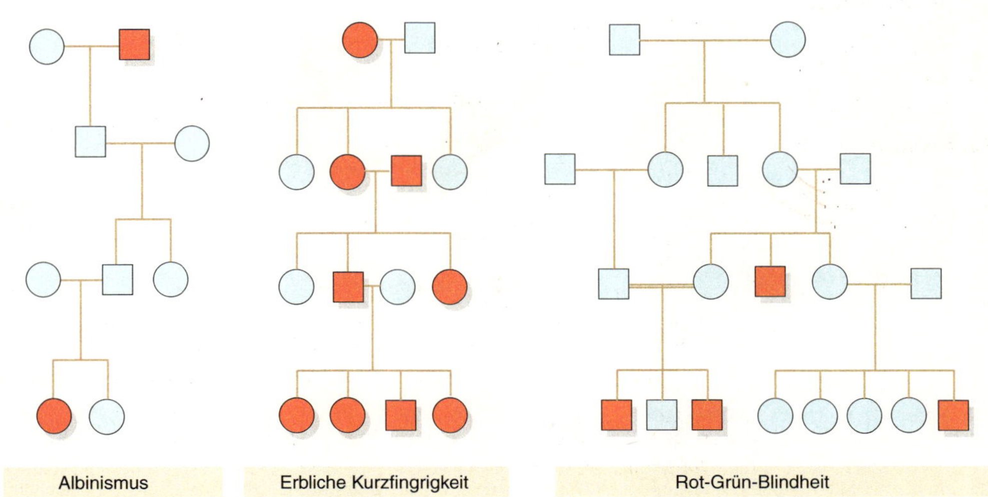

1 Stammbäume zu erblich bedingten Leiden

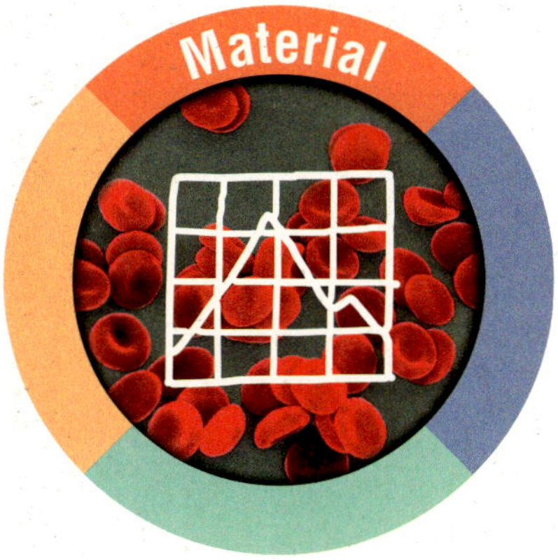

Klassische Humangenetik

Statistik und Blutgruppensystem

Beim Menschen sind mehr als 100 verschiedene Blutgruppensysteme bekannt. Im AB0-System, das im Jahre 1901 von KARL LANDSTEINER entdeckt wurde, kommen vier verschiedene Phänotypen vor: A, B, AB, 0. Die Vererbung dieser Blutgruppen wurde zunächst mit einem dihybriden Erbgang erklärt, bei dem die Blutgruppe 0 den Genotyp aabb haben sollte. Der Mathematiker FELIX BERNSTEIN schlug 1925 einen monohybriden Erbgang mit drei verschiedenen Allelen (A, B, 0) vor, von denen jeder Mensch nur zwei in seinem Genotyp aufweist.

Blutgruppe	Genotypenhäufigkeit in Mitteleuropa		mögliche Keimzellen
A	AA	31%	nur (A)
	A0	11%	(A) oder (0)
B	BB	1%	nur (B)
	B0	14%	(B) oder (0)
AB	AB	6%	(A) oder (B)
0	00	37%	nur (0)

Die Allele A und B sind jeweils dominant über das Allel 0. Kommen A und B nebeneinander vor, wirken sich beide auf den Phänotyp (AB) aus *(kodominante Allele)*. Wenn für ein Gen mehr als zwei Allele existieren, spricht man von *multipler Allelie*. Die Hypothese der multiplen Allelie bestätigte BERNSTEIN durch die Auswertung von Familienstammbäumen. Er untersuchte ca. 3000 Kinder, bei denen mindestens ein Elternteil die Blutgruppe AB hatte. Dabei fand er nur 13 Kinder mit der Blutgruppe 0.

Aufgaben

(1) Entwerfen Sie ein Rekombinationsquadrat zu den Merkmalen des AB0-Blutgruppensystems.

(2) Ein dihybrider Erbgang mit einem Elternteil der Blutgruppe AB und dem hypothetischen Genotyp AaBb hätte zu einem wesentlich höheren Anteil an Kindern mit der Blutgruppe 0 (Genotyp: aabb) geführt als BERNSTEIN festgestellt hat. Begründen Sie (3. mendelsche Regel).

(3) BERNSTEIN konnte alle 13 Kinder mit der Blutgruppe 0 auf eine unklare Vaterschaft zurückführen. Ohne diese Kenntnis hätte das Modell der multiplen Allelie nicht widerspruchsfrei auf die Vererbung des AB0-Blutgruppensystems angewandt werden können. Begründen Sie, warum nie Kinder der Blutgruppe 0 geboren werden, wenn ein Elternteil die Blutgruppe AB hat.

Zwillingsforschung

Mit dem Zwillingsvergleich kann festgestellt werden, wie groß der genetische Anteil an der Ausprägung eines Merkmals ist, auch wenn die zugehörigen Erbanlagen nicht bekannt sind. Die Zwillingsmethode hat besondere Bedeutung bei der Aufklärung komplexer, multifaktorieller Merkmale. Eineiige Zwillinge entstehen, wenn sich frühe Embryonen bis zum 4-Zellstadium in zwei Tochterindividuen teilen. *Eineiige Zwillinge* sind genetisch vollständig identisch.

Zweieiige (dizygote) Zwillinge weisen dagegen nicht mehr genetische Ähnlichkeiten auf als andere Geschwister.

Stimmen eineiige Zwillinge im Vergleich zu zweieiigen Zwillingen in einem Merkmal stärker überein, wird für dieses Merkmal von genetischer Verursachung ausgegangen. Ist dagegen die Verschiedenheit bei beiden Zwillingsgruppen gleich groß, ist die Merkmalsausbildung überwiegend umweltbedingt. Vergleicht man eineiige Zwillingspaare miteinander, die getrennt aufgewachsen sind, können Merkmale identifiziert werden, die schwach oder stark von Umweltfaktoren beeinflusst werden.

Aufgabe

(4) Interpretieren Sie die in den Tabellen aufgeführten Angaben. Welche der genannten Krankheiten bzw. Merkmale halten Sie für genetisch bedingt?

Krankheit	Übereinstimmung in %	
	eineiige Zwillinge	zweieiige Zwillinge (gleiches Geschlecht)
Keuchhusten	96	94
Blinddarmentzündung	29	16
Tuberkulose	69	25
Zuckerkrankheit	84	37
Bronchialasthma	63	38
gleicher Typ von Tumoren	59	24
Schlaganfall	36	19

Untersuchte Zwillingsgruppe	Durchschnittlicher Unterschied in		
	Körpergröße (cm)	Körpergewicht (kg)	IQ-Punkte
zweieiige Zwillinge	4,4	4,4	8,5
eineiige Zwillinge (getrennt aufgewachsen)	1,8	4,5	6,0
eineiige Zwillinge (gemeinsam aufgewachsen)	1,7	1,9	3,1

Vom Karyogramm zur Genkarte

Zu Beginn dieses Jahrtausends wurde eine detaillierte Karte des menschlichen Erbguts veröffentlicht. Diesem Erfolg internationaler Wissenschaftler waren jahrzehntelange genetische Forschungen vorausgegangen.

Noch 1956 meinte man, der Mensch besäße 2n = 48 Chromosomen. Erst mit verbesserten Methoden ließen sich 44 Autosomen und 2 Gonosomen, also 2n = 46 Chromosomen im menschlichen *Karyogramm* zählen (Abb. 1).

Aufgrund von *Stammbaumanalysen* konnten einige erblich bedingte Erkrankungen bestimmten Chromosomen zugeordnet werden. Zuerst gelang das für das X-Chromosom, da sich hier auch rezessive Gene im Phänotyp des hemizygoten Mannes auswirken (z. B. Bluterkrankheit, Rot-Grün-Sehschwäche). Bei Autosomen eignen sich vor allem kodominant vererbte Gene (z. B. die Blutgruppen A, B), denn sie erscheinen immer im Phänotyp. Werden die zugehörigen Merkmale unabhängig voneinander vererbt (3. mendelsche Regel), liegen sie auf verschiedenen Chromosomen. Bei Genen auf dem gleichen Chromosom treten dagegen in den Folgegenerationen keine neuen Merkmalskombinationen auf. Eine Entkopplung durch Rekombination in der Meiose ist umso häufiger, je größer der Abstand zwischen den Genen ist (s. Seite 73). Beobachtet man die Rekombinationshäufigkeit eines Merkmalspaares mit bekannter bzw. unbekannter genetischer Grundlage kann man auf ihre genetische Distanz schließen. Lokalisierte Gene dienen als Marker für weitere Vergleiche, als Marker eignen sich auch Auffälligkeiten in der DNA-Sequenz. Die Ergebnisse zeichnet man in *Genkarten* ein (Abb. 1).

Gene lassen sich gezielt aufspüren, wenn man die zugehörige DNA-Sequenz kennt. Dazu wird ein bekannter einsträngiger DNA-Abschnitt mit Fluoreszenzfarbstoff markiert. Er bindet wie eine Sonde genau an die komplementäre DNA des Metaphasechromosoms und lässt sich durch seine Fluoreszenz mikroskopisch nachweisen.

Die Kartierungsergebnisse fließen in eine *Gendatenbank* ein, die allen Wissenschaftlern zugänglich ist. Nach heutigem Kenntnisstand besitzt der Mensch nur rund 30 000 Gene. Das sind weit weniger, als ursprünglich vermutet. Die DNA besteht aus etwa 3 Milliarden Nucleotiden.

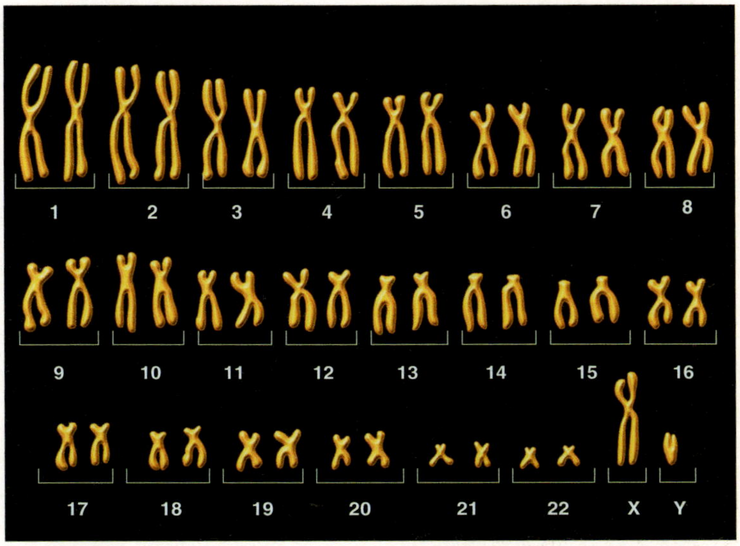

Karyogramm

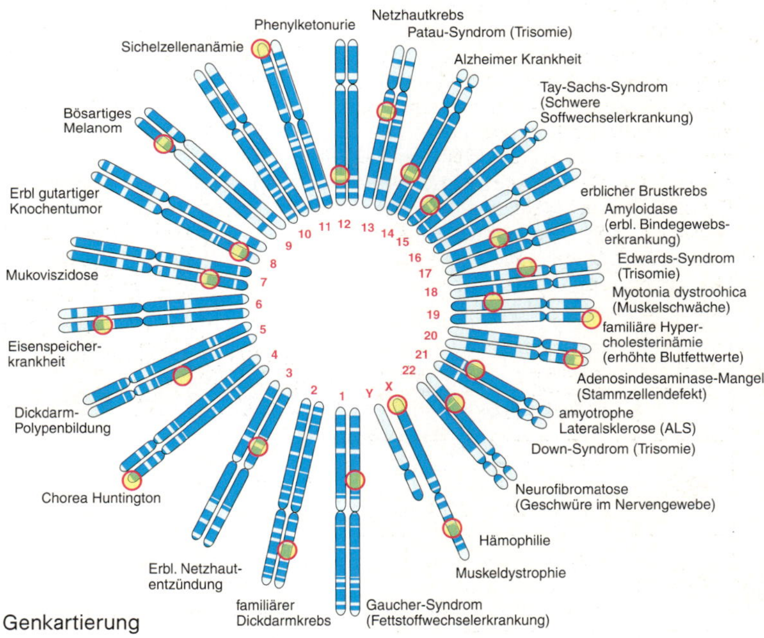

Genkartierung

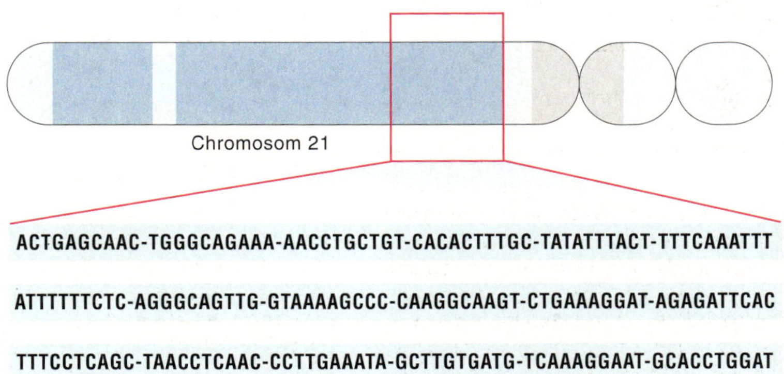

1 Vom Karyogramm zur Genkarte

Sequenzierung des menschlichen Genoms

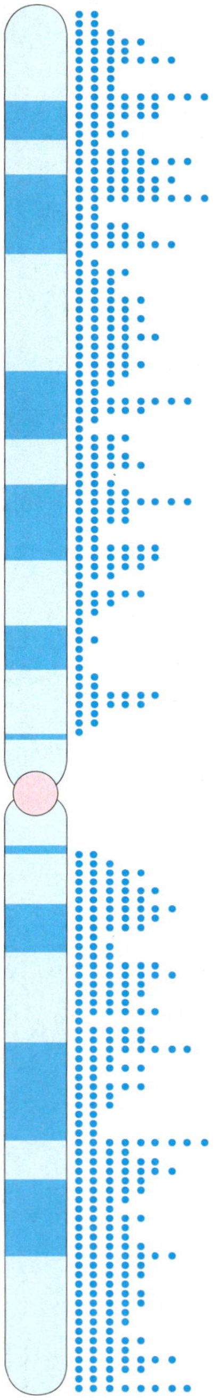

Jeder Punkt dieser SNP-Karte des menschlichen Chromosoms 20 repräsentiert 25 verschiedene SNPs.

Im Rahmen des *Human-Genome-Projects* ist die Basensequenz des menschlichen Genoms weitgehend entschlüsselt worden. Die Basensequenzinformationen zum Genom vieler Personen sind in Datenbanken gesammelt und anonymisiert öffentlich zugänglich. Durch Vergleich der Sequenzen konnte man feststellen, dass der größte Teil (99,9 %) der rund 3 Milliarden Basenpositionen im menschlichen Genom bei Menschen gleichen Geschlechts identisch sind. Der verbleibende Rest ist also für die genetische Verschiedenheit einzelner Menschen verantwortlich. Das sind immerhin 3 Millionen Sequenzunterschiede (= 0,1 % von 3 Mrd.). Der größte Teil dieser Unterschiede besteht im Austausch einzelner Basen *(Punktmutation)*. Man nennt sie *SNPs* (engl. *Single Nucleotide Polymorphisms*). SNPs können sowohl in Genen als auch in nicht codierenden DNA-Abschnitten vorkommen. Menschen können bezogen auf ein definiertes SNP homozygot (z. B. T/T, C/C) oder heterozygot (z. B. T/C) sein.

Mit automatisierten Sequenzierungsverfahren können heute Tausende von Proben auf SNPs hin untersucht werden. Man hat festgestellt, dass bestimmte SNPs mit Krankheiten korreliert sind, deren genetischer Hintergrund unklar ist. Das gilt insbesondere bei multifaktoriell verursachten Erkrankungen wie Alzheimer und Asthma.

Zur Ermittlung derartiger Übereinstimmungen wird das SNP-Muster von Patienten mit dem von Gesunden verglichen. In einem zweiten Schritt geht es dann darum, die Mechanismen aufzuklären, die zur Krankheit führen. Mit dieser anspruchsvollen Aufgabe beschäftigt sich die *funktionelle Genomanalyse*. Liegen die SNPs in codierenden DNA-Bereichen, so werden die Genprodukte analysiert; liegen sie in nicht codierenden Regionen, gibt es mindestens zwei Möglichkeiten: Zum einen sind Effekte auf die Genregulation möglich, zum anderen können bestimmte SNPs zufällig in der Nähe von Allelen lokalisiert sein, die ursächlich mit der Ausbildung der Krankheit zusammenhängen und werden mit diesen gekoppelt vererbt. Man kennt z. B. mehrere SNPs auf dem langen Arm des menschlichen Chromosoms 10, die in der Nähe von Allelen liegen, die regelmäßig bei Alzheimer-Patienten zu finden sind. Diese SNPs können als genetische Marker dienen, d. h. sie zeigen die Anwesenheit der Alzheimer-Kandidaten-Gene an.

Da es abgesehen von eineiigen Mehrlingen keinen Menschen gibt, der in seinem SNP-Muster mit einem anderen vollkommen übereinstimmt, kommt SNP-Karten auch kriminalistische Bedeutung bei der Erstellung „genetischer Fingerabdrücke“ zu, zumal bei heutiger Analysetechnik Spuren von DNA genügen.

Zettelkasten

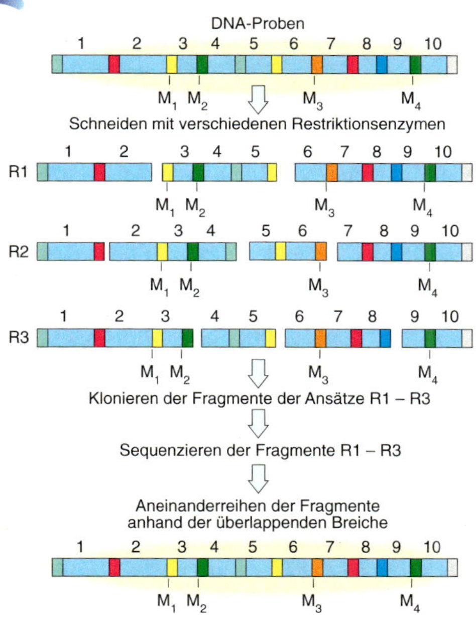

Sequenzierungsverfahren

Die menschliche Proben-DNA, deren Basensequenz ermittelt werden soll, wird mithilfe von verschiedenen Restriktionsenzymen (R1 – R3) geschnitten. Solche „genetischen Scheren“ schneiden DNA an definierten Stellen. Die Fragmente der verschiedenen Ansätze werden vervielfältigt (kloniert) und sequenziert (s. Seite 120). Anhand der überlappenden Basensequenzbereiche werden die Fragmente aneinandergereiht. So wird die zusammenhängende Basensequenz ermittelt.

Zur Kontrolle, ob die Stücke tatsächlich richtig kombiniert sind, werden Markerpaare (M1, M2, M3, M4) eingesetzt. Dabei handelt es sich um DNA-Abschnitte bekannter Sequenz. Markerpaare, die auf einem Fragment liegen, sind auch auf dem Chromosom benachbart. Wie nahe sie zusammenliegen, erkennt man daran, wie oft ein Paar auf den verschiedenen Fragmenten gemeinsam auftritt (s. Seite 73).

Erbgänge

Häufig ist der Zusammenhang zwischen Genotyp und Phänotyp erst zu erkennen, wenn durch die Mutation eines Gens das Genprodukt verändert wurde und in seiner Funktion gestört ist. Für die genetische Grundlagenforschung und die Medizin sind besonders solche genetisch bedingten Erkrankungen aufschlussreich, die sich auf die Veränderung eines einzelnen Gens zurückführen lassen, also *monogenen* Ursprungs sind.

Autosomal-dominanter Erbgang

Beim sog. *Marfan-Syndrom* beobachtet man Defekte am Skelett (Spinnenfingrigkeit, Brustkorbdeformationen), am Auge (Linsenschädigungen) und am Herzen. Die Häufigkeit der Krankheit ist 1 : 10000, d. h. von 10000 Neugeborenen ist eines erkrankt, unabhängig vom Geschlecht. Das verantwortliche Gen *(FBN1)* liegt auf Chromosom 15. Es codiert für ein Calcium bindendes Protein, das Bestandteil elastischer Fasern des Bindegewebes ist. Das erklärt auch die weitgestreuten Schäden, die Mutationen im *FBN1*-Gen verursachen können. Beim *FBN1*-Genprodukt handelt es sich um ein nicht sehr großes Protein. Die meisten Organschäden werden durch Mutationen in den Calcium bindenden Domänen des Proteins verursacht. Die Calcium bindende Aminosäure Cystein fehlt dann in der Schlüsselposition, das Bindegewebe kann nicht mehr regulär aufgebaut werden. Die Anwesenheit eines defekten Allels verursacht die Produktion defekter Proteine. Diese werden zusammen mit anderen intakten Proteinen in das Bindegewebe eingebaut, das nun ebenfalls einen Defekt aufweist. Das Allel tritt deswegen dominant in Erscheinung.

Autosomal-rezessiver Erbgang

Bei der *Phenylketonurie* (PKU) handelt es sich um die häufigste Aminosäurestoffwechselstörung des Menschen (regionale Häufigkeit bis 1 : 2500). Die mit der Nahrung aufgenommene Aminosäure *Phenylalanin* (Phe) kann aufgrund eines enzymatischen Defekts nicht in die Aminosäure *Tyrosin* (Tyr) umgewandelt werden (s. Abb). Phe reichert sich bis auf das 30fache der normalen Konzentration an und wird in giftige Stoffwechselprodukte *(Phenylketone)* umgewandelt. Diese beeinträchtigen u. a. die Bildung der Myelinscheiden von Nervenzellen.

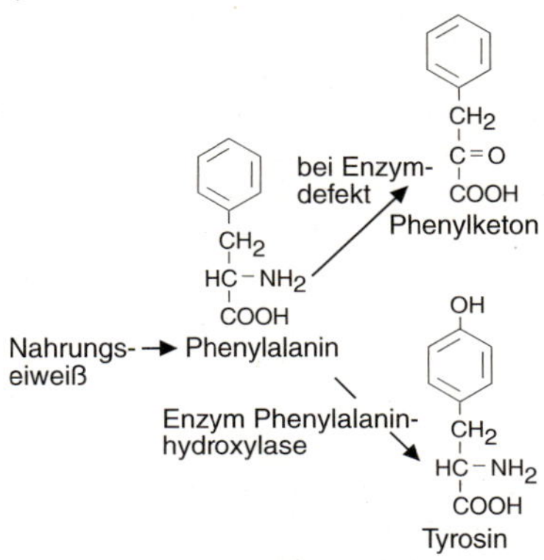

Schwere geistige Schäden, Lähmungen und Krämpfe sind die Folge. Neugeborene werden routinemäßig mithilfe des *eines massenspektronetischen Tests* auf erhöhte Phe-Konzentrationen im Blut hin untersucht. Bei positivem Ergebnis wird eine Phe-arme und Tyr-reiche Diät verabreicht, das Gehirn entwickelt sich dann normal. PKU folgt einem autosomal-rezessiven Erbgang, d. h. liegt ein nicht mutiertes Allel neben einem mutierten vor, wird noch genügend Enzym produziert, um Phenylalanin abzubauen. Das Gen, das für das Enzym Phenylalaninhydroxylase codiert, liegt auf dem kurzen Arm von Chromosom 12. Es sind über 70 verschiedene Mutationen dieses Gens bekannt, die PKU verursachen können.

Gonosomaler Erbgang

X-chromosomal-dominante Erbgänge sind selten, ein Sonderfall der *Rachitis* zählt dazu. Bei der Vitamin D resistenten Rachitis härten die Knochen aufgrund von Calcium-Mangel nicht richtig aus, es resultieren Skelettdeformationen. Aufgrund eines enzymatischen Defekts bleibt die Synthese des Hormons Calcitriol aus der Vorstufe Vitamin D3 aus. Deswegen sind Vitamin D3-Präparate unwirksam. Calcitriol kann jedoch künstlich erzeugt und verabreicht werden und stellt den regulären Phänotyp wieder her. Calcitriol bewirkt die Aufnahme von Calcium im Dünndarm sowie dessen Ablagerung im Knochen. Das codierende Gen befindet sich auf dem kurzen Arm des X-Chromosoms.

Komplexe Erbgänge

Bei monogenen Erbgängen kommen in der Bevölkerung drei Phänotypen vor: Personen, die ein bestimmtes Merkmal tragen, nicht tragen oder schwach ausgeprägt tragen. Es gibt aber auch Erbgänge, die eine solche Dreiteilung nicht zeigen. Das Merkmal tritt in feinen Unterschieden auf, man spricht von *kontinuierlicher Variabilität.* Diese beruht meist auf dem Zusammenspiel vieler Gene *(Polygenie)*, deren Allele einzeln keine so starke Wirkung besitzen wie bei monogenen Erbgängen. Jedes einzelne Gen unterliegt aber auch bei polygener Vererbung den mendelschen Regeln, sie können also dominant, rezessiv, autosomal oder gonosomal vererbt werden. Die Variabilität der meisten kontinuierlichen Merkmale hängt dabei nicht allein vom genetischen Hintergrund ab, sondern von einer Gen-Umwelt-Interaktion, man spricht deswegen von *multifaktorieller Vererbung*. Beispiel dafür sind Hautfarbe, Körpergröße, Körpermasse oder die Zuckerkrankheit *(Diabetes mellitus)*.

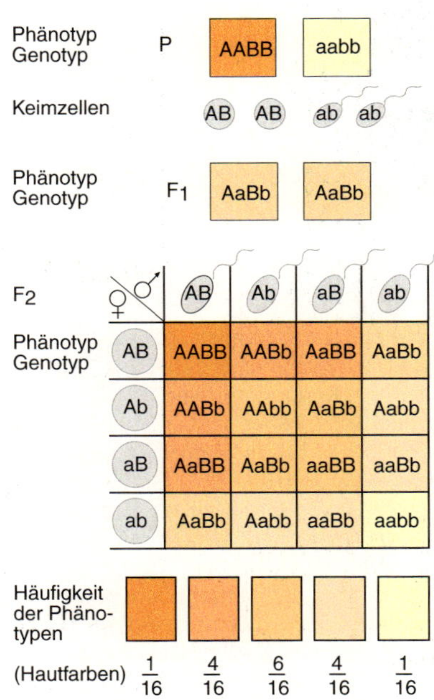

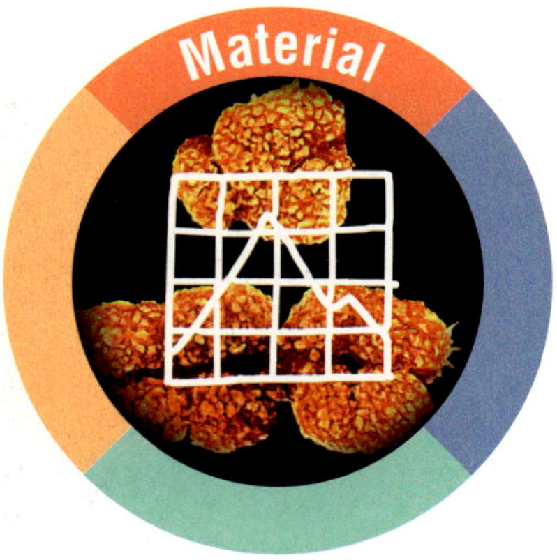

Geschlechterverhältnis

„Mädchen oder Junge?" ist oft die erste Frage, die frisch gebackenen Eltern gestellt wird. Heute lässt sich die Antwort schon während der Schwangerschaft durch Chromosomenanalysen geben. Das Geschlecht des Kindes wird bereits bei der Befruchtung durch die zufällige Kombination der Geschlechtschromosomen X und Y *(Gonosomen)* festgelegt: Bei der Kombination XY entwickelt sich ein Junge, bei der Kombination XX ein Mädchen. Der Mensch weist also wie alle Säugetiere eine *genotypische Geschlechtsbestimmung* auf (s. Seite 58).

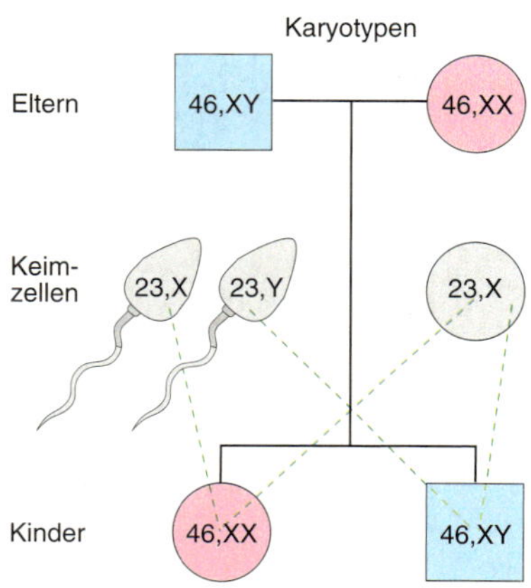

Primäres Verhältnis

In der Meiose entstehen aus den Urspermazellen in gleicher Anzahl Spermien mit einem X- und Spermien mit einem Y-Chromosom. Daher sollte man auch erwarten, dass bei der Befruchtung gleich viele Keime vom Karyotyp (46, XY), und vom Karyotyp (46, XX) entstehen. Dieses *primäre Geschlechterverhältnis* wird meist als „Anzahl der XY-Zygoten pro 1000 XX-Zygoten" angegeben, beträgt also theoretisch 1000 bei gleich vielen XY-Zygoten und XX-Zygoten und ist größer als 1000 bei mehr XY als XX.

Das *tatsächliche primäre Geschlechterverhältnis* lässt sich naturgemäß nicht direkt bestimmen. Man versucht daher, anhand des Geschlechterverhältnisses bei spontanen Fehlgeburten (bis 4. Schwangerschaftsmonat, Tab. 1), Totgeburten (ab 5. Schwangerschaftsmonat, Tab. 2) und Lebendgeburten (Tab. 3) darauf zurückzuschließen.

Schw.-monat	männliche Feten	weibliche Feten
1.	75	55
2.	551	280
3.	788	300
4.	343	187

Tab. 1 Spontane Fehlgeburten (verschiedene Studien 1957–1966)

Schw.-monat	männliche Feten	weibliche Feten
5.	10627	7580
6.	14341	11680
7.	17923	15590

Tab. 2 Totgeburten (Studien 1922–1936, USA, U.S. Bureau of the Census)

Aufgaben

① Bei Fehlgeburten ist das Geschlecht an äußeren Merkmalen oft noch nicht zu erkennen, daher liegen hier erst Ergebnisse vor, seitdem 1950 die Bedeutung der Barr-Körperchen erkannt wurde. Erläutern Sie die Methode dieser mikroskopischen Geschlechtsbestimmung (s. Seite 59).

② Berechnen Sie die Geschlechterverhältnisse in Tabelle 1 und 2, also die Anzahl männlicher Feten auf 1000 weibliche Feten. Was lässt sich aus den Zahlen für das tatsächliche primäre Geschlechterverhältnis schließen?

Sekundäres Verhältnis

Das Geschlechterverhältnis bei den Lebendgeburten, also die Anzahl von Jungen auf 1000 Mädchen bei der Geburt, lässt sich den Geburtsstatistiken entnehmen. Es wird als *sekundäres Geschlechterverhältnis* bezeichnet. Tabelle 3 liefert eine Übersicht über die männlichen und weiblichen Lebendgeburten (1950–2003) in der Bundesrepublik Deutschland. Sie weist einen deutlichen Jungenüberschuss auf. Die besonders hohen Werte in den 50er-Jahren können bislang nicht erklärt werden.

Jahr	Jungen	Mädchen	Geschl. verhältnis
1950	420344	391891	1074
1955	423235	396893	1066
1960	498182	470447	1059
1965	536930	507398	1058
1970	416321	394487	1055
1975	402790	379520	1061
1980	444148	421641	1053
1985	417248	396555	1052
1990	465379	440296	1057
1995	392729	372492	1054
1996	409213	386800	1058
1997	417006	395167	1055
1998	402865	382169	1054
1999	396296	374448	1058
2000	393323	373676	1053
2001	377586	356889	1058
2002	369277	349973	1055
2003	362709	344012	1054

Tab. 3 Lebendgeburten (Quelle: Statistisches Bundesamt)

Aufgaben

③ Man vermutet, dass das tatsächliche primäre Geschlechterverhältnis sehr hoch ist (etwa 1700), dass also wesentlich mehr Jungen als Mädchen gezeugt werden. Begründen Sie diese Hypothese durch einen Vergleich der Geschlechterverhältnisse von Fehl-, Tot- und Lebendgeburten.

④ Es werden nicht nur mehr Jungen als Mädchen gezeugt *(primäres Geschlechterverhältnis)*, sondern auch geboren *(sekundäres Geschlechterverhältnis)*. Wägen Sie ab, ob folgende Faktoren das primäre oder das sekundäre Geschlechterverhältnis beeinflussen und ob sie den Jungenüberschuss erhöhen oder verringern:
- Y-Spermien sind nach der Freisetzung schneller, beweglicher, aber kurzlebiger als X-Spermien, sie haben einen Befruchtungsvorteil beim Geschlechtsakt kurz vor dem Eisprung.
- Nach längerer sexueller Enthaltsamkeit überwiegen im Sperma zunehmend Y-Spermien, da X-Spermien nach der Meiose schneller abgebaut werden.
- Männliche Keime haben eine höhere Sterblichkeit, weil sie bezüglich des X-Chromosoms hemizygot sind und rezessiv letale Mutationen nicht durch ein homologes X-Chromosom ausgleichen können.

Y: Der kleine Unterschied

Zwei beliebig ausgewählte Menschen stimmen zu 99,9 Prozent in ihrer Basensequenz überein – allerdings nur, wenn man zwei Frauen oder zwei Männer miteinander vergleicht. Der „kleine Unterschied“ im Genom von Mann und Frau ist wesentlich größer und auf die Geschlechtschromosomen *(Gonosomen)* X und Y zurückzuführen.

Schon mikroskopisch unterscheiden sich die beiden Gonosomen voneinander: Das Y-Chromosom ist deutlich kleiner als das X-Chromosom (s. Randspalte). Das X-Chromosom enthält etwa 1000 für Proteine codierende Gene, das Y-Chromosom dagegen nur 78. Darunter sind das geschlechtsbestimmende Gen *SRY* (s. Seite 57), außerdem Gene, die in Hodenzellen abgelesen werden und sich auf die Entwicklung der Spermazellen auswirken. Nur vereinzelte Gene betreffen den allgemeinen Stoffwechsel. Der überwiegende Teil des Y-Chromosoms ist stark verdichtet und genetisch inaktiv, liegt also als *Heterochromatin* vor (s. Seite 9).

Nur 16 Gene hat das Y-Chromosom mit dem X-Chromosom gemeinsam. X und Y sind also ein sehr ungleiches Paar, sie können daher während der Meiose nur am äußersten Ende der kurzen Arme miteinander paaren, auf 95 Prozent der Y-Gesamtlänge findet keine Rekombination mit X statt (Abb. 1). Autosomen und die beiden X-Gonosomen der Frau paaren dagegen auf ihrer gesamten Länge mit dem homologen Partner. Dabei können sie nicht nur durch Crossingover DNA austauschen, sie vergleichen auch die Basensequenzen und korrigieren fehlerhafte Abschnitte anhand des intakten Partners. Diese Möglichkeit besteht für den ungepaarten Abschnitt der X- und Y-Chromsomen nicht. So können sich negative Mutationen anhäufen. Basensequenzierungen zeigen, dass weite Teile des ungepaarten Y-Abschnittes aus vervielfältigten, spiegelgleichen Sequenzen bestehen. Sie lassen sich wie *Palindrome* (ANNA, OTTO) vorwärts und rückwärts lesen. Das weist auf einen alternativen Weg hin, die Anhäufung defekter DNA im Y-Chromosom zu verhindern: Anstatt sich mit einem homologen Partner zu paaren (XY-Rekombination), führt das Y-Chromosom eine Selbst-Rekombination durch, indem sich die spiegelgleichen Sequenzen haarnadelartig aneinanderlegen und den Sequenzabgleich durchführen. Damit hat das Y-Chromosom eine gewisse Unabhängigkeit vom X-Chromosom erreicht.

Je länger homologe DNA-Abschnitte ihre Sequenz nicht mehr untereinander abgleichen können, umso stärker unterscheiden sie sich schließlich voneinander.

Zur Zeit der reptilienartigen Vorfahren der Säugetiere (vor etwa 300 Millionen Jahren) sahen die beiden Gonosomen vermutlich noch gleich aus, Y zeichnete sich nur durch das Gen SRY gegenüber X aus. Eine Chromosomenmutation sorgte dann dafür, dass der SRY-haltige Abschnitt umgedreht wieder eingebaut wurde. Diese und weitere *Inversionen* (s. Seite 52) verhinderten von nun an die Rekombination und den Sequenzabgleich mit dem X-Partner. Nicht korrigierte, fehlerhafte DNA-Bereiche gingen verloren und ließen das Y-Chromosom schrumpfen. Erst die Entwicklung palindromischer Sequenzen wirkte der Y-Verkleinerung entgegen. Andererseits wurden Gene, die nur die Entwicklung des männlichen Geschlechts betreffen, von X auf Y übertragen *(Transposition*, s. Seite 79). Auf diese Weise spezialisierte sich das Y-Chromosom auf seine geschlechtsbestimmende Funktion.

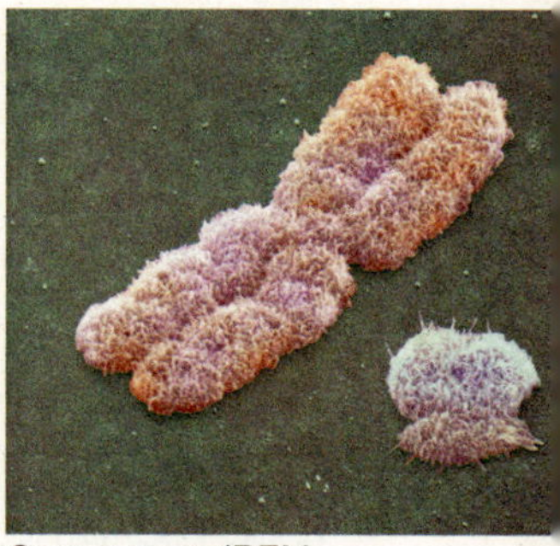

Gonosomen (REM-Aufnahme)

Aufgabe

① Populärwissenschaftlich wird die Analyse des Y-Chromosoms gelegentlich mit einer Suche nach dem genetischen Adam verglichen, die Analyse der *mitochondrialen-DNA* mit der Suche nach der genetischen Eva. Erklären Sie und erläutern Sie die Bedeutung für evolutionsbiologische Fragestellungen.

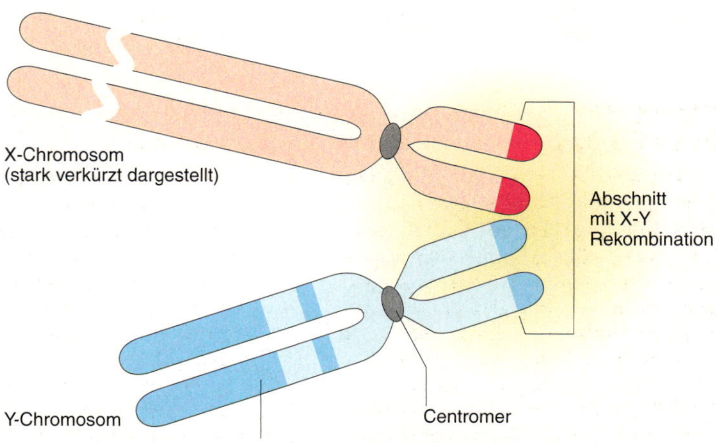

1 Unvollständige Paarung der Gonosomen während der Meiose (Schema)

Gonosomale Chromosomen-abweichungen

Ein Krankheitsbild, das mit einer Wahrscheinlichkeit von 1 : 2500 bei weiblichen Neugeborenen auftritt, ist das sog. *Turner-Syndrom*. Betroffene Mädchen entwickeln sich geistig normal, fallen aber durch einen kurzen Hals und typischen Minderwuchs auf, der jedoch mit einer Wachstumshormontherapie bei $^2/_3$ der betroffenen Mädchen erfolgreich behandelt werden kann. Fehlbildungen an inneren Organen sind möglich und die geschlechtliche Reifung bleibt fast immer aus. Der Chromosomenbefund zeigt, dass bei diesen Mädchen im Zellkern der Körperzellen nur ein X-Chromosom enthalten ist (45, X0). Sie sind deshalb für das X-Chromosom ebenso hemizygot wie die Männer und besitzen kein Barr-Körperchen (s. Seite 59). Turner-Mädchen sind die einzigen lebensfähigen Personen mit einer Monosomie in den Zellen.

Viele Fälle des Turner-Syndroms sind nicht auf Fehlverteilung in der Meiose der elterlichen Keimzellen zurückzuführen, sondern auf eine Unregelmäßigkeit bei mitotischen Teilungen des Keimes, die zum Verlust eines X-Chromosoms führten. Es gibt dann im Körper neben den normalen Zellen auch monosome Zellen *(XX/X0-Mosaik)*. Je später die Teilungsstörung auftritt, desto geringer ist der Prozentsatz der Zellen mit Monosomie. Häufig sind dann auch die phänotypischen Merkmale weniger auffällig.

Die Zellkerne der vom *Klinefelter-Syndrom* betroffenen Männer enthalten meist 47 Chromosomen (47, XXY) und besitzen ein Barr-Körperchen. Es sind auch Einzelfälle mit mehreren Barr-Körperchen bekannt (48, XXXY). Auch die Zellkerne der *Triplo-X-Frauen* haben zwei Barr-Körperchen. Die Zellen der *Diplo-Y-Männer* enthalten zwei Y-Chromosomen.

Das *Diplo-Y-Syndrom* ist ein Musterbeispiel für die Fehlinterpretation statistischer Daten. In Kopenhagen wurden alle zwischen 1944 und 1947 geborenen Männer untersucht, die eine Körpergröße von über 1,84 m hatten. Unter 4139 Betroffenen wurden 12 Diplo-Y-Fälle gefunden. Fünf von diesen Männern (41,7 %) hatten eine oder mehrere Gefängnisstrafen verbüßt. Im Gegensatz dazu traten bei der männlichen Durchschnittsbevölkerung der Stadt nur bei 7 % solche Strafen auf. Das Thema: „Y: Mörder-Chromosom“ wurde in Zeitungsberichten diskutiert, obwohl die untersuchte Gruppe zu klein für repräsentative Aussagen war. Folgestudien zeigten, dass das Diplo-Y-Syndrom unter Kriminellen nicht deutlich häufiger auftritt als in der männlichen Gesamtbevölkerung. Die Diplo-Y-Männer sind im Durchschnitt nur größer als „normale“ XY-Männer und schneiden bei Intelligenztests etwas schlechter ab. Es gibt keinen haltbaren Beleg für den Zusammenhang zwischen einer Gewalttätigkeit und dem zusätzlichen Y-Chromosom.

Menschen mit gonosomalen Chromosomenzahlabweichungen sind im Vergleich zu Personen mit autosomalen Abweichungen kaum auffällig. Dies liegt zum einen daran, dass überzählige X-Chromosomen als Barr-Körperchen genetisch inaktiviert sind und deshalb die Genbalance kaum stören. Ein zusätzliches Y-Chromosom wirkt sich wegen der geringen Anzahl und Bedeutung seiner Gene ebenfalls nur wenig aus.

Turner Syndrom Karyotyp 45, X0; 1 : 2500 (weibliche Neugeborene)	Kleinwuchs (1,5 m), kurzer Hals, Missbildungen an inneren Organen möglich, unfruchtbar; Intelligenz normal
Klinefelter Syndrom Karyotyp 47, XXY; 1 : 660 (männliche Neugeborene)	sehr großer Körper (über 1,8 m), keine Spermienbildung in den Hoden, Neigung zu Diabetes, Intelligenz nur wenig vermindert
Triplo-X-Syndrom Karyotyp 47, XXX; 1 : 1000 (weibliche Neugeborene)	äußerlich unauffällig, Pubertätsverlauf normal, meist fruchtbar, Intelligenz nur leicht eingeschränkt
Diplo-Y-Syndrom Karyotyp 47, XYY; 1 : 590 (männliche Neugeborene)	überdurchschnittliche Körpergröße, normale Pubertät (fruchtbar), Intelligenz nahezu normal, Verhalten unauffällig

1 Gonosomale Chromosomenzahlabweichungen und deren Symptome

Aufgaben

① In welchem Abschnitt der Meiose muss bei der Entstehung der Spermazellen eine Fehlverteilung stattfinden, damit bei anschließender Befruchtung das Diplo-Y-Syndrom zustande kommen kann?

② Welche möglichen Karyotypen erwarten Sie bei den Kindern eines Mannes mit dem Diplo-Y-Syndrom? Begründen Sie Ihre Antwort.

③ Erklären Sie die beiden Erbgänge in der Randspalte. Geben Sie dabei die Genotypen der beteiligten Personen an und zeigen Sie, welche besonderen Vorgänge bei der Keimzellenbildung stattgefunden haben müssen.

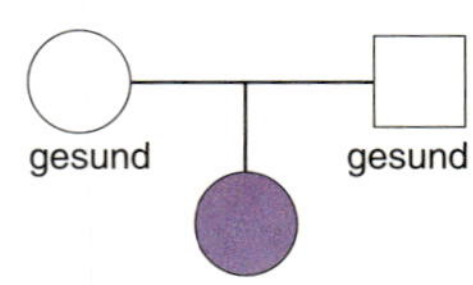

bluterkrankes Turner-Mädchen

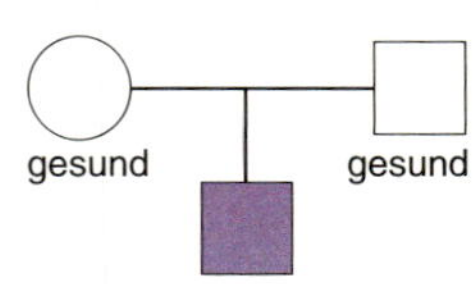

Klinefelter-Sohn mit Rot-Grün-Sehschwäche

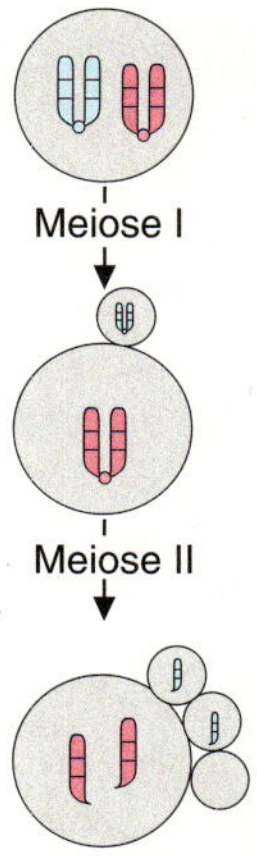

Es ensteht eine Eizelle, die das Chromosom 21 zweimal enthält.

Entstehung der freien Trisomie 21

1 Junge mit Down-Syndrom

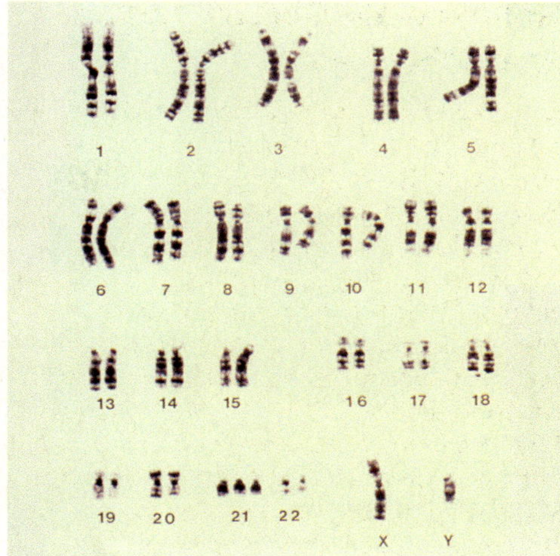

2 Karyogramm, freie Trisomie 21 (47, XY, +21)

Das Down-Syndrom

Syndrom
komplexes Krankheitsbild mit bestimmter Symptomkombination

Der englische Kinderarzt JOHN LANGDON-DOWN beschrieb 1886 erstmals die Symptome des nach ihm benannten *Down-Syndroms*: unterdurchschnittliche Körpergröße, kürzere Finger und Zehen, rundlicher Kopf, Augen mit schräg gestellter Lidfalte. Zu diesen äußerlich erkennbaren Merkmalen treten u. a. Herzfehler, Infektionsanfälligkeit, geistige Behinderungen und verkürzte Lebenserwartung. Down-Patienten erkranken häufiger an Leukämie und der Alzheimer-Krankheit.

1959 wurde die cytogenetische Ursache des Down-Syndroms aufgeklärt. Im Karyogramm von Down-Patienten sind 47 Chromosomen zu finden, Chromosom 21 liegt in dreifacher Ausfertigung vor *(Trisomie 21)*. Die Ursache liegt meist in einer Fehlverteilung der Chromosomen bei der Keimzellbildung: Wird z. B. bei einem Elternteil das homologe Chromosomenpaar 21 in der Meiose II nicht getrennt *(Nondisjunction)*, gelangt Chromosom 21 zweifach in eine Keimzelle und bei der Verschmelzung mit einer regulären Keimzelle entsteht eine Zygote, die Chromosom 21 dreimal enthält (47, XX oder XY, +21). Obwohl Chromosom 21 das kleinste menschliche Chromosom ist, beeinträchtigt seine Trisomie den Phänotyp schwer. Die Genbalance ist gestört.

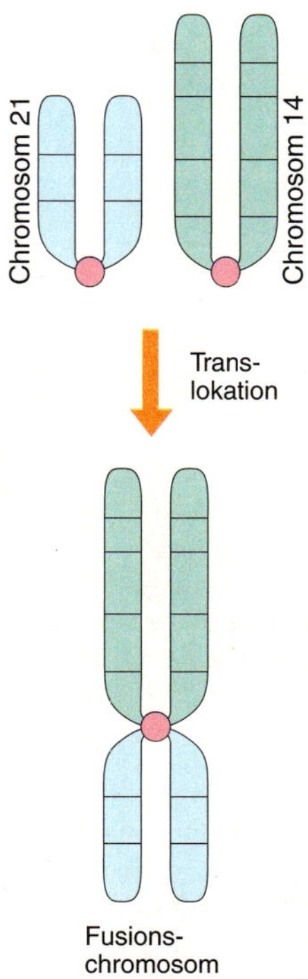

Entstehung der Translokations-Trisomie 21

Unter 700 Neugeborenen befindet sich durchschnittlich ein Kind mit Down-Syndrom. Das Risiko steigt aber mit dem Alter der Mutter an (1 : 1 500 bei einer 20-Jährigen, 1 : 30 bei einer 45-Jährigen). Die Eizellen verharren beim Menschen ab der Geburt in der Meiose I, die Meiose II (s. Seite 64) wird erst zum Zeitpunkt des Eisprungs begonnen. Wahrscheinlich sind Eizellen deswegen störanfälliger. In 97 % der Trisomie-Fälle handelt es sich um eine Fehlverteilung bei der Meiose, das Karyogramm der Eltern ist unauffällig. Diese „freie“ Trisomie 21 (Abb. 2) kann anhand von Zellmaterial des Keimes aus dem Fruchtwasser pränatal diagnostiziert werden (s. Seite 117).

3 bis 4 % der Karyogramme von Down-Patienten besitzen ein zusätzliches Chromosom 21, das mit Chromosom 14 verschmolzen ist (s. Randspalte). Diese so genannte *Translokations-Trisomie 21* kann entstehen, wenn ein Elternteil dieses Fusionsprodukt trägt. Bei der Meiose kann ein Chromosom 21 sozusagen huckepack mit Chromosom 14 in die Keimzelle gelangen. Anstelle von Chromosom 14 und 21 enthält die Keimzelle dann 14 + 21 und 21. Nach der Befruchtung enthält die Zygote ein überzähliges Chromosom 21. Die Translokation kann – im Gegensatz zur so genannten freien Trisomie 21 – im Karyogramm der Eltern erkannt werden, das Risiko ist altersunabhängig.

Aufgaben

① Informieren Sie sich, wie Karyogramme angefertigt werden (s. Seite 25).
② Eine freie Trisomie 21 kann auch auf eine fehlende Chromosomentrennung (Nondisjunction) in der Meiose I zurückgehen. Entwerfen Sie ein Schema analog zur Randspaltenabbildung.

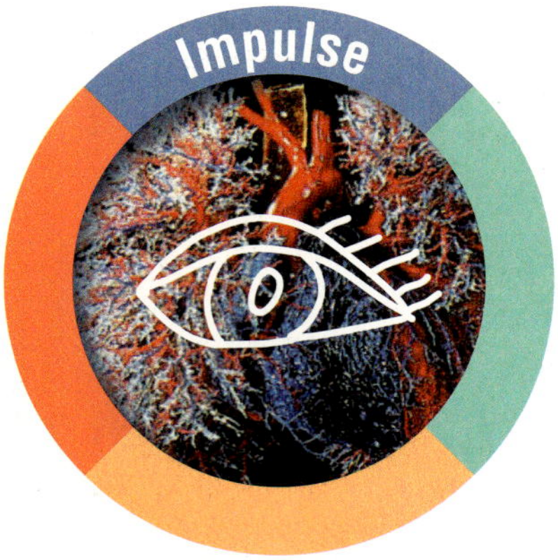

Mukoviszidose

Jährlich werden in Deutschland etliche hundert Kinder mit Mukoviszidose *(Cystischer Fibrose, CF)*, einer genetisch bedingten Erkrankung, geboren. Zäher Schleim verstopft lebenswichtige Organe, quälender Husten, Atemnot und schwere Verdauungsstörungen sind die Folge dieser Drüsenfehlfunktion. Durch schleimlösende Medikamente, Inhalationstherapie und Diät hat sich die Lebensqualität deutlich verbessert, aber eine Heilung ist immer noch nicht möglich. Die Lebenserwartung ist eingeschränkt. 1948 wurde festgestellt, dass im Schweiß der Erkrankten zu viel Kochsalz enthalten ist. Der NaCl-Schweiß-Test ist auch heute noch die übliche Diagnosemethode für Mukoviszidose.

Ab 1980 konnte gezeigt werden, dass bei CF-Patienten die Zellmembran der Schleimhautzellen eine gestörte Chloridionendurchlässigkeit hat. Ursache dafür ist ein Chloridionenkanal, der sich nicht öffnet. Nachdem diese Zusammenhänge bekannt sind, besteht die Hoffnung, ein Medikament zu entwickeln, das die Öffnung dieses Kanals bewirkt und die Symptome der Mukoviszidose beseitigt.

Nennen Sie Bedingungen, unter denen eine rezessive Erbkrankheit in einer Population erhalten bleibt.

Erbgang der Mukoviszidose

Mukoviszidose folgt einem autosomal-rezessiven Erbgang.

Es ist möglich, durch pränatale Diagnostik festzustellen, ob der Fetus homozygoter Anlagenträger ist. Die Sicherheit des Verfahrens beträgt etwa 99 %. Welche Probleme ergeben sich für die Eltern?

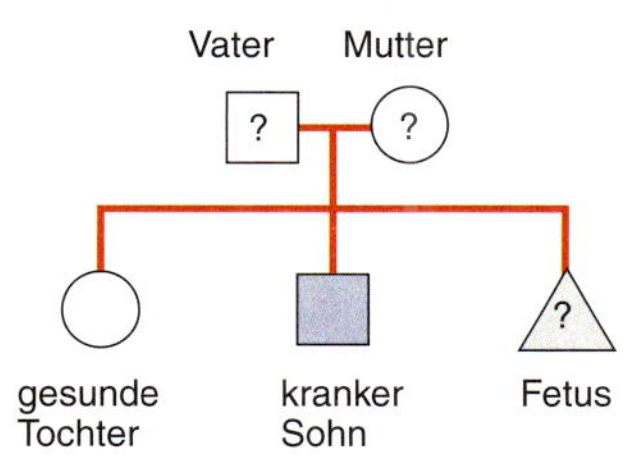

Klassische Therapie

Eine klassische Methode, einem an Mukoviszidose erkrankten Kind Erleichterung zu schaffen, besteht in leichtem Abklopfen von Rücken und Brust. Etwa 90 Minuten pro Tag sollte diese Therapie durchgeführt werden. Sie soll helfen, den zähen Schleim in den Atemwegen zu lösen und zu entfernen.

Informieren Sie sich über weitere klassische Therapien bei Mukoviszidose (Symptombehandlung).

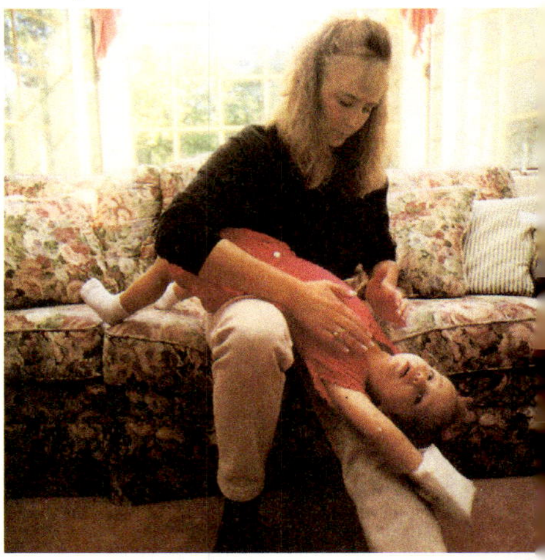

Bewältigungsstrategien

„Georg ist mir als ruhiger und blasser Schüler gut in Erinnerung. Er saß in meinem Biologie-Leistungskurs in einer der letzten Bänke. Seine Leistungen waren nicht schlecht, doch ich hatte den Eindruck, er hätte durchaus mehr erreichen können. Hinter seinem ständigen Hüsteln vermuteten Mitschüler und Lehrer eine chronische Erkältung. Ab und zu war er in den Wintermonaten längere Zeit abwesend, in der Biologie-Facharbeit beschäftigte er sich als leidenschaftlicher Hobbyangler mit Libellenlarven. 3 $^{1}/_{2}$ Jahre nach dem Abitur fand ich in der Zeitung seine Todesanzeige. Unfall? Drogen? Solche Gedanken gingen mir durch den Kopf. Die Antwort wusste sein Beratungslehrer. Nur ihm hatte Georg vor Jahren erzählt, dass er Mukoviszidose hat. Er wollte nicht, dass Mitschüler oder Lehrer davon wussten.“
(Bericht eines Biologielehrers)

„Bei meinem letzten Anfall hatte ich eine Vorahnung, wie es ist, wenn man erstickt“ berichtet die 25-jährige Pädagogikstudentin Dagmar Ziegler. „Ich weiß, dass meine Krankheit immer schlimmer wird, aber meist verdränge ich das.“
(aus Stern, Hamburg 1989)

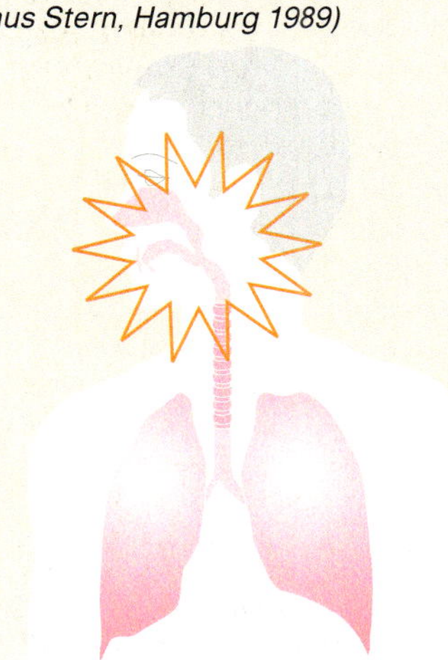

„Da stand ich nun. Es gibt Stunden, da weiß man nicht, ob man nun weinen oder lachen soll. Einerseits erfuhr ich, dass CF eine unheilbare Krankheit ist, die die Lebenserwartung erheblich einschränkt und eine intensive Therapie erfordert, andererseits bekam ich Medikamente, die mir halfen, nun wieder auf die Beine zu kommen und ich hatte ein Stück Gewissheit. Für mein Leben habe ich mir folgenden Grundsatz vorgenommen: Weniger Arbeit, mehr Therapie und auch mehr Vergnügen. Neben meinem Halbtagsjob als Schriftsetzer sollen also weder das Inhalieren und die Atemtherapie noch meine Hobbys Tischtennisspielen und das Schreiben von Sportberichten zurückstehen. Dann lässt es sich auch mit Mukoviszidose gut leben.“ (Klaus, 26 Jahre alt)

Wie bewältigen die CF-Kranken in den drei Beispielen ihre Krankheit? Nehmen Sie dazu Stellung.

Das CFTR-Gen

Bis zum Jahr 1990 hat man zwar den Erbgang der Mukoviszidose als autosomal-rezessiv aufgeklärt, sogar das mutierte Gen auf dem langen Arm des Chromosoms 7 lokalisiert, kannte jedoch nicht die Wirkung dieses Gens. Es handelt sich um ein relativ großes Gen von ca. 250 000 Basen Länge, das 27 Exons enthält. Erst durch die Analyse des Gens konnten Rückschlüsse auf seine Funktion gezogen werden.

Es codiert für ein 1480 Aminosäuren langes Protein, das nach seiner Synthese zur Zellmembran transportiert und dort eingebaut wird. Die Bezeichnung für dieses Protein ist CFTR; engl. *cystic fibrosis transmembrane conductance regulator* = Regulator der Transmembran-Leitfähigkeit bei Cystischer Fibrose. Das Protein fungiert als Kanal für Chloridionen, der durch ATP geöffnet wird. Die häufigste Mutation (ca. 70 % der Fälle) ist eine Deletion von drei Basen im Exon 11. Dadurch fehlt eine Aminosäure (Nr. 508). Das fehlerhafte Protein kann seine Aufgabe nicht erfüllen.

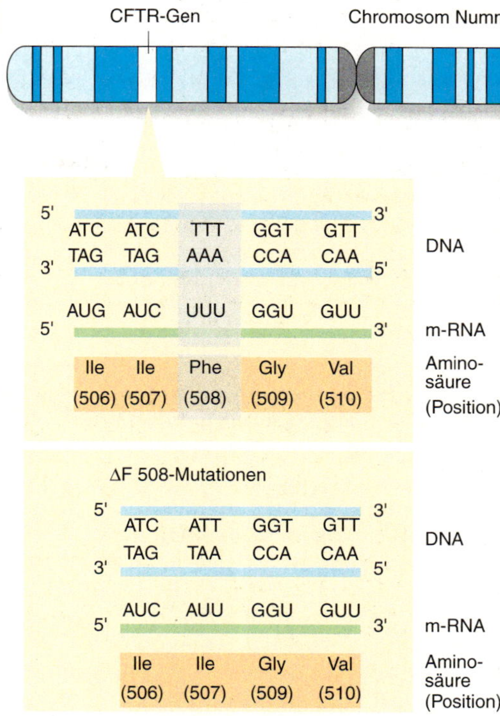

Das CFTR-Gen und die ΔF508-Mutation

Es sind inzwischen über 400 verschiedene Mutationen bekannt, die zu unterschiedlich schweren Formen der Krankheit führen. Am schwerwiegendsten sind *Nonsense-, Raster-* oder *Spleißmutationen*, die ein völlig verändertes und damit funktionsloses Protein entstehen lassen. Weniger gravierend sind *Punktmutationen*, die eine korrekte Öffnung des Kanals verhindern.

Inwieweit ist eine monogene Krankheit wie Mukoviszidose einer Gentherapie leichter zugänglich als polygene Krankheiten?

Der Chloridionenkanal

Die Chloridionenkanäle sorgen für die benötigte Fließfähigkeit des im Darm und den Atemwegen abgesonderten Schleims. Die Chloridionenkanäle auf der Schleimhautoberfläche scheiden aktiv Cl^--Ionen in den Schleim aus, die osmotisch Wasser anziehen und ihn so fließfähig halten. Ist dieser Prozess gestört, behindert der zähe Schleim die Atmung und bewirkt eine erhöhte Anfälligkeit für Entzündungen der Atemwege und der Lunge. In den Schweißdrüsen wird durch diese Kanäle Chlorid rückresorbiert. Bei einer Störung unterbleibt der Rückfluss der Chloridionen, es bildet sich Kochsalz (Natriumchlorid), wodurch der Schweiß der Betroffenen deutlich salzhaltiger wird.

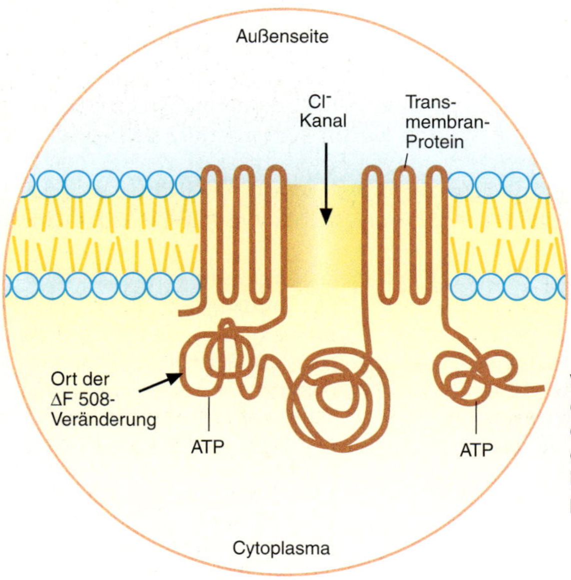

Welche Organe werden in ihrer Funktion durch die Mukoviszidose beeinträchtigt? Nennen Sie weitere polyphäne Gene.

Somatische Gentherapie

Ein interessanter Versuch, CF-Patienten zu helfen, wird verfolgt, seitdem das Gen isoliert werden konnte. Mithilfe von Viren bzw. Liposomen, in die das Gen eingeschleust wurde, werden versuchsweise die Nasenschleimhäute betroffener Personen infiziert. Die Stoffwechseltätigkeit konnte zu 20 % korrigiert werden. Die Wirkung hält allerdings nur wenige Tage bis Wochen an. Deshalb müsste die Therapie mehrmals im Jahr durchgeführt werden. Ziel ist es, solche Zellen der Schleimhaut zu verändern, die noch fähig sind, neue Schleimhautzellen zu produzieren. Diese seltenen Zelltypen *(adulte Stammzellen)* müssen dazu gebracht werden, das intakte Gen einzubauen.

Informieren Sie sich darüber, unter welchen Bedingungen eine Gentherapie in Deutschland zulässig ist.

Bei welchen erblich bedingten Krankheiten außer Mukoviszidose wird eine somatische Gentherapie erprobt? Recherchieren Sie.

Genetische Beratung

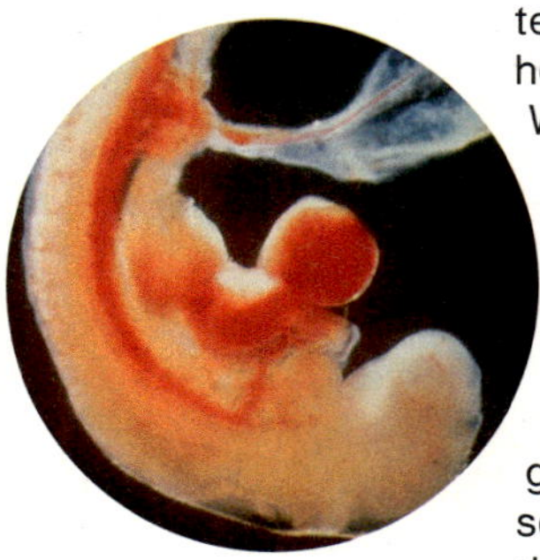

Embryo 4 Wochen

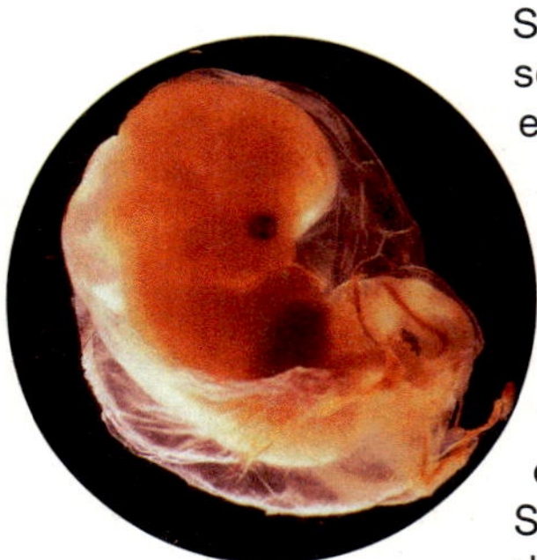

Embryo 8 Wochen

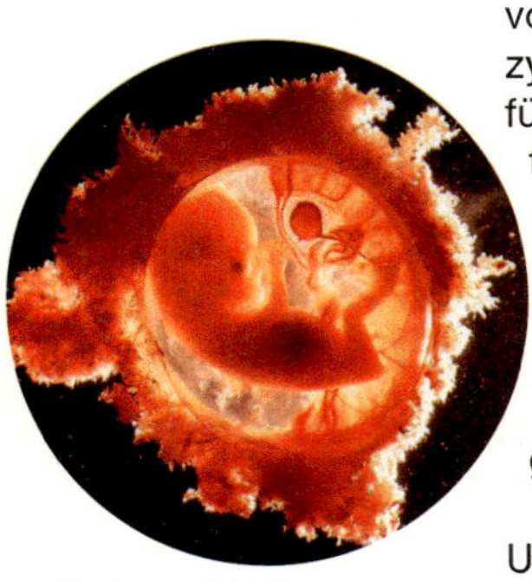

Embryo 14 Wochen

Menschliche Keime mit größeren genetischen Defekten werden zu 80 % bereits im Alter von einigen Tagen abgestoßen. Derartige Kurzschwangerschaften werden von den betroffenen Frauen oft gar nicht bemerkt. Bei den lebendgeborenen Kindern weisen etwa 1 bis 2 % eine genetisch bedingte Erkrankung oder Behinderung auf. Daher haben werdende Eltern zunehmend den Wunsch, über genetische Risiken für ihren Nachwuchs aufgeklärt zu werden. Diese Aufgabe übernehmen *genetische Beratungsstellen*. Sie informieren außerdem über die Methoden vorgeburtlicher Diagnostik und über mögliche Therapien. Beratungsgespräche werden ergebnisoffen geführt, es geht also nicht darum, die Entscheidung für oder gegen die Austragung des Kindes zu beeinflussen.

Schon vor dem Eintritt einer Schwangerschaft lässt sich am Familienstammbaum eine Risikoabschätzung vornehmen. Tauchten in der Familie bereits erblich bedingte Krankheiten auf, gibt deren Erbgang Auskunft über die Risiken. Im Falle der Dominanz haben gesunde Eltern auch gesunde Kinder. Ist hingegen ein Elternteil erkrankt und heterozygot betroffen, werden statistisch 50 % der Kinder erkranken. Sind beide Eltern heterozygot, erhöht sich der Anteil entsprechend der 2. mendelschen Regel auf 75 %. Liegt ein rezessiver Erbgang vor, ist die Analyse schwieriger, da heterozygote Eltern gesund erscheinen, das Allel für die Krankheit aber auf ihre Kinder übertragen können. Bei vielen erblich bedingten Krankheiten lassen sich Überträger durch einen Heterozygotentest identifizieren: Überträger der Sichelzellanämie haben veränderte Blutzellen, Mukoviszidose-Überträger einen erhöhten Chloridionengehalt im Schweiß.

Unter *Pränataldiagnostik* versteht man medizinische Untersuchungen, mit denen man während der Schwangerschaft mögliche Erkrankungen des ungeborenen Kindes erkennen kann. Dazu gehören bildgebende Verfahren wie *Ultraschalluntersuchungen*, mit denen man die Größe und auch Fehlbildungen des Embryos feststellen kann. Auf diese Weise lassen sich nicht nur genetisch bedingte Erkrankungen des Ungeborenen diagnostizieren, sondern auch solche, die auf *Umweltschädigungen* zurückzuführen sind. Denn nicht jede angeborene Erkrankung ist genetisch bedingt: Viruserkrankungen, Strahlenbelastung, Stoffwechselerkrankungen, Medikamenten- und Drogenmissbrauch der Mutter können das ungeborene Kind schädigen. Hier kann eine gezielte Beratung die Chancen auf ein gesundes Kind deutlich erhöhen.

Zur Pränataldiagnostik gehören außerdem medizinische Eingriffe, um für weitere Untersuchungen Zellen des ungeborenen Kindes aus dem Mutterkuchen, dem Fruchtwasser oder dem Nabelschnurblut zu gewinnen *(Chorionzottenbiopsie, Amniozentese, Nabelschnurvenen-Punktion,* s. Seite 117). Chromosomenschäden entdeckt man an entsprechend präparierten Zellen mit dem Mikroskop, Stoffwechselstörungen mithilfe biochemischer Tests. Jeder Mensch weist in seinem Genom einige defekte Allele auf, sie sind in ihrer Bedeutung für den Träger und seine Angehörigen aber sehr unterschiedlich zu bewerten. Das Risiko im Alter an Diabetes zu erkranken ist sicher nicht mit dem Risiko für das *Marfan-Syndrom* (s. Seite 109) gleichzusetzen. Oft ist werdenden Eltern nicht klar, dass bestimmte genetische Erkrankungen durchaus therapierbar sind. So können die Folgen der *Phenylketonurie* durch eine spezielle Diät vermieden werden (s. Seite 109), Lippen-, Kiefer-, Gaumenspalten lassen sich operativ korrigieren, gonosomale Abweichungen wie z. B. das *Turner-Syndrom* (s. Seite 112) lassen sich durch eine Hormontherapie im Phänotyp mildern.

Die genetische Beratung soll den Eltern helfen, eine mit ihren ethischen und religiösen Wertevorstellungen zu vereinbarende Entscheidung in der Familienplanung zu treffen. Entscheiden sich die Eltern für das Kind, kann zur Vorbereitung auf ein Leben mit einem möglicherweise behinderten Menschen Hilfe angeboten werden.

Vor 1995 galt eine zu befürchtende Schädigung des Kindes vor dem Gesetz als hinreichender Grund für einen straffreien Schwangerschaftsabbruch *(Indikationsregelung)*. In der Neufassung des § 218 StGb von 1995 bleibt der von einem Arzt vorgenommene Schwangerschaftsabbruch in den ersten 12 Schwangerschaftswochen straffrei, wenn die Schwangere eine Schwangerschaftskonfliktberatung nachweisen kann *(Fristenregelung)*. Werden nach Ablauf dieser Frist medizinische Gründe bekannt, die für einen Abbruch sprechen, verlängert sich diese Frist auf 22 Wochen.

Pränatale Diagnostik

Krankheits- und Familiengeschichte

Anhand der Krankheits- und Familiengeschichte der zukünftigen Eltern lässt sich oft schon das Risiko für ein Kind mit einer erblich bedingten Krankheit erkennen.

Aufgaben

① Zeichnen Sie den Stammbaum folgender Familie und berechnen Sie folgende Wahrscheinlichkeiten.

a) Das erste Kind eines phänotypisch gesunden Elternpaares leidet an einer autosomal-rezessiv vererbten Krankheit. Wie groß ist die Erkrankungswahrscheinlichkeit für das nächste Kind?

b) Ein Elternteil ist Überträger einer autosomal-rezessiv vererbten Krankheit, der andere homozygot gesund. Wie groß ist die Wahrscheinlichkeit, dass ihr Kind erkrankt? Wie groß ist die Wahrscheinlichkeit, dass ihr Kind Überträger ist?

Methoden der Pränataldiagnostik

Bei einer Fruchtwasseruntersuchung wird eine Kanüle durch Bauchdecke und Gebärmutter der werdenden Mutter in die Fruchtblase gestochen. Unter Ultraschallkontrolle entnimmt der Arzt Frucht(blasen)wasser mit Zellen des Fetus. Durch biochemische Untersuchungen des Fruchtwassers lassen sich Stoffwechselstörungen des Fetus nachweisen.

Fetale Zellen gewinnt man durch Zentrifugieren von Fruchtwasser und regt sie in einer Nährlösung zur Teilung an. Das Pflanzengift *Colchicin* unterbricht die Mitose, sodass sich gut erkennbare Metaphase-Chromosomen ansammeln. Diese werden fixiert, gefärbt und lichtmikroskopisch untersucht.

Die durch Chorionzottenbiopsie bzw. Nabelschnurvenenpunktion gewonnenen Zellen werden entsprechend behandelt.

Aufgaben

② Vergleichen Sie die Methoden hinsichtlich des Risikos für das Kind und der Zeit, die den Eltern für eine Entscheidung bleibt.

③ Welchen Eltern würden Sie zu einer pränatalen Diagnostik raten?

④ Der *Triple-Test* misst die Konzentration von drei Hormonen im Blut der Mutter (ab der 15. Schwangerschaftswoche). Bei genauer Kenntnis des Schwangerschaftsalters kann aus den Messwerten errechnet werden, ob ein erhöhtes Risiko besteht, dass das ungeborene Kind am Down-Syndrom oder an einer gestörten Entwicklung des Neuralrohres *(„offener Rücken“, Spina bifida)* leidet. Es gibt jedoch viele falsch-positive und einige falsch-negative Ergebnisse. Diskutieren Sie Vor- und Nachteile des Tests.

Präimplantationsdiagnostik (PID)

Die *Präimplantationsdiagnostik* (PID) ist ein Spezialfall der pränatalen Diagnostik, sie kommt in der Reproduktionsmedizin in Frage. Nach einer In-vitro-Fertilisation (s. Seite 95) wird dem Embryo im Achtzellstadium eine Zelle entnommen und auf genetische Schäden untersucht. Erst danach wird entschieden, ob dieser Embryo in die Gebärmutter der Frau eingepflanzt wird.

Aufgabe

⑤ PID ist in Deutschland verboten. Stellen Sie Argumente der Befürworter und Gegner gegenüber. Bilden Sie sich eine eigene Meinung.

Zellgewinnung	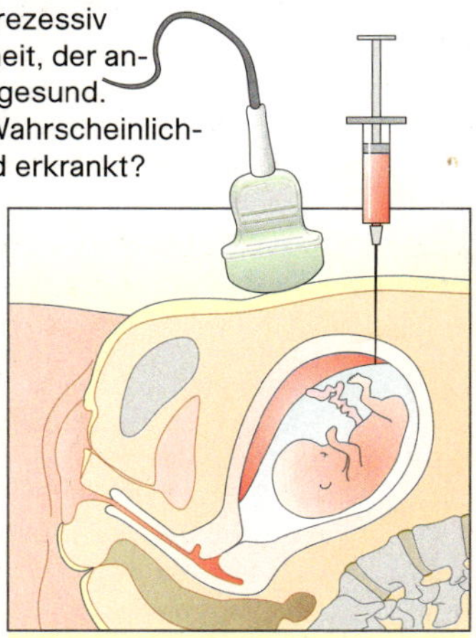	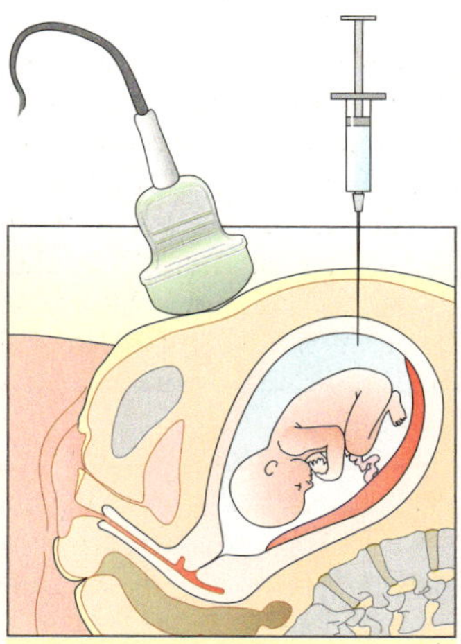	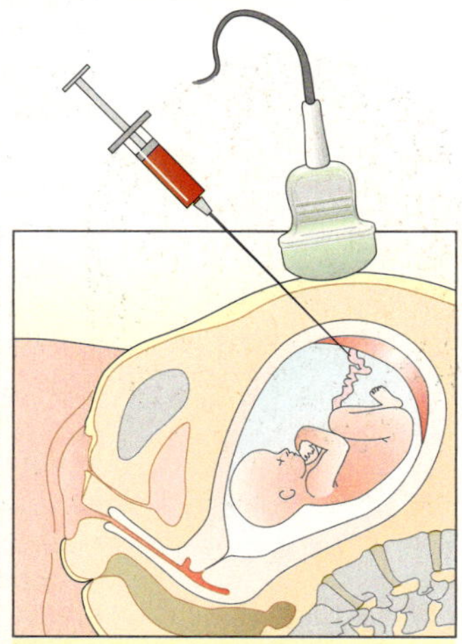
Methode	Mutterkuchen-Untersuchung (Chorionzottenbiopsie)	Fruchtwasser-Untersuchung (Amniozentese)	Nabelschnurvenenpunktion
Zeitpunkt	ab 11. Schwangerschaftswoche	ab 15. Schwangerschaftswoche	ab 20. Schwangerschaftswoche
Analyse-Ergebnis nach	bei Direktpräparation nach 1 – 7 Tagen bei Langzeitkultur nach 14 – 21 Tagen	nach 14 – 21 Tagen	nach 5 – 7 Tagen
Fehlgeburtenrate	0,5% – 1%	0,5%	1 – 2%

DNA-Analyse

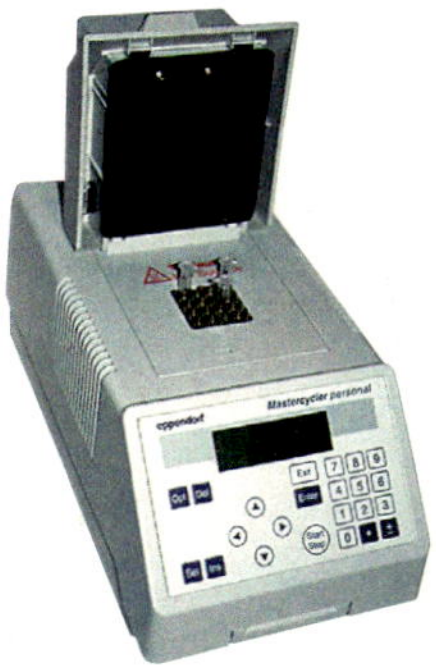

Thermocycler

Unter dem Begriff *Gentechnik* werden Verfahren zusammengefasst, mit denen man DNA isolieren, gezielt vervielfältigen, zerschneiden, rekombinieren und in Empfängerzellen aktiv werden lassen kann. Dabei bildet die Bestimmung von DNA-Nucleotidsequenzen *(Basensequenzen)* die Grundlage der Verfahren. Je nach Fragestellung werden kurze DNA-Abschnitte, einzelne Gene oder die Gesamtheit der DNA *(Genom)* einzelner Organismenarten sequenziert. Man unterscheidet zwei Teilschritte:

1. Vervielfältigung eines bestimmten DNA-Abschnitts.
2. Sequenzierung des vervielfältigten Abschnitts.

Vervielfältigung von DNA

Der Thermoblock zur Aufnahme der PCR-Reaktionsgefäße befindet sich oben am Gerät. Für einen PCR-Ansatz werden nur geringe Flüssigkeitsmengen benötigt, z. B. 2 µl DNA-Probe, 1 µl Taq-Polymerase, je 2 µl Primer 1 und 2.

Mit der *Polymerasekettenreaktion (PCR)* beschrieb KARY B. MULLIS 1983 ein Verfahren zur gezielten Vervielfältigung von DNA-Abschnitten im Reagenzglas. Er löste damit ein Problem, das die molekularbiologische Forschung stark eingeschränkt hatte. MULLIS nutzte das bestehende Grundlagenwissen zur DNA-Replikation und kombinierte es auf geniale Weise. Mit der PCR lassen sich auch geringste DNA-Proben-Mengen in kurzer Zeit identisch vervielfältigen. Die PCR hat die genetische Grundlagenforschung und anwendungsnahe Disziplinen (z. B. medizinische Diagnose, Kriminalistik) revolutioniert.

Sequenzierung von DNA

Der DNA-Sequenzierung liegt eine Methode zugrunde, die von FREDERICK SANGER und ALAN COULSON 1977 beschrieben wurde. Es gibt heute viele Varianten mit dem gleichen Prinzip, die DNA-Synthese im Reagenzglas durch modifizierte Nucleotide abzubrechen.

Suspendierte DNA-Polymerase wird dazu sowohl mit *Desoxynucleotiden* (dNTP) als auch mit *Didesoxynucleotiden* (ddNTP) ver-

Zettelkasten

Die Polymerasekettenreaktion (PCR)

Doppelsträngige DNA wird bei hohen Temperaturen (95 °C; 2 min) geschmolzen, d. h. einzelsträngig gemacht. Die Markierung des zu kopierenden DNA-Abschnitts ist der entscheidende Schritt jeder PCR: Dazu muss die Nucleotidsequenz der Abschnittsenden bekannt sein. Es werden *komplementäre,* kurze DNA-Moleküle synthetisiert. Sie dienen als *Primer,* „zünden“ also die DNA-Synthese durch die DNA-Polymerase. Um die Replikation vorzubereiten, setzt man ein gegenläufiges Primerpaar ein. Bei 50 °C (1,5 min) binden die Primer an die DNA-Matrizen. Vom 3'-Ende der Primer her synthetisiert eine DNA-Polymerase den komplementären Strang. Für diese DNA-Synthese (bei 70 °C) wird die *Taq-Polymerase* eingesetzt. Dieses Enzym wurde aus dem Hitze liebenden, in heißen Quellen lebenden Bakterium *Thermus aquaticus* isoliert. Es hat mit 72 °C ein ungewöhnlich hohes Temperaturoptimum und übersteht auch die hohen Schmelztemperaturen der PCR.

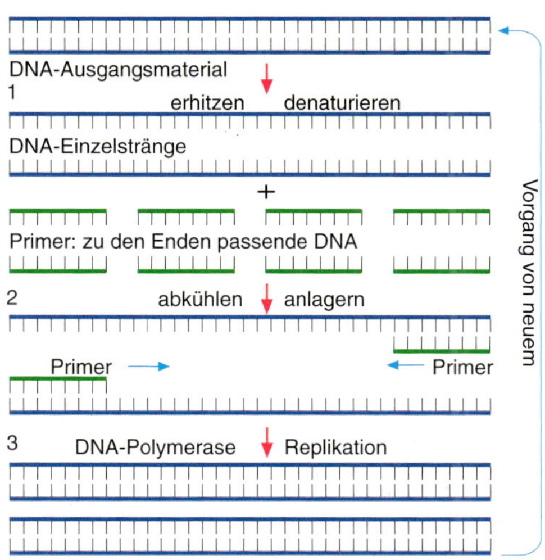

Polymerasekettenreaktion
(PCR vom englischen *Polymerase Chain Reaction*): Eine Methode, mit der DNA-Abschnitte gezielt im Reagenzglas vervielfacht werden können.

Primer und die *Nucleotidtriphosphate*, aus denen die neuen DNA-Stränge entstehen, werden zu Beginn einer PCR im Überschuss zugesetzt.

Für die PCR werden *Thermocycler (s. Randspalte)* eingesetzt. Kernstück dieser Geräte ist ein Thermoblock, dessen Temperatur veränderbar ist. Zyklenzahl sowie Dauer und Länge der drei PCR-Einzelschritte werden programmiert und automatisch abgearbeitet.

setzt (Abb. 2). Sie werden vervielfältigten DNA-Einzelsträngen aus einer PCR zugesetzt (s. Abb. Kasten Seite 118). Bei der Synthese komplementärer DNA-Stränge an DNA-Einzelsträngen werden beide Nucleotidsorten eingebaut. Handelt es sich dabei um dNTP, kann die Synthese fortlaufen. Nicht aber bei ddNTP, da die OH-Gruppe am C_3-Atom fehlt, an der die Polymerasen das folgende Nucleotid anfügen. Daher bricht die DNA-Synthese bei einem Teil der neu synthetisierten Stränge ab. Nach Länge sortiert unterscheiden sich die synthetisierten DNA-Stränge um ein Nucleotid (Abb. 1). Im Labor werden die Sanger-Coulson-Ansätze elektrophoretisch in einem Sequenzierungsgel aufgetrennt. Kleinere Stränge wandern im Gleichspannungsfeld schneller als größere. dd-Nucleotide sind bei nicht radioaktiven Verfahren verschiedenfarbig mit Fluoreszenzfarbstoffen markiert (Abb. 2), daher weisen die DNA-Fragmente diese Markierung an ihrem 3'-Ende auf. Die Banden aus Fragmenten gleicher Größe passieren bei ihrer Wanderung durch das Gel einen Detektor, der die Farbenfolge registriert. An der Abfolge der Farben kann die Basensequenz abgelesen werden (Abb. 3).

Seit mit der Taq-Polymerase eine temperaturstabile DNA-Polymerase verfügbar ist, kann das Sanger-Coulson-Verfahren wie eine PCR geführt werden und besteht wie diese aus den drei Einzelschritten Schmelzen, Markieren mit einem Primer und Verlängern. Mehrere Zyklen werden aneinandergereiht, um die Ausbeute zu erhöhen. Im Vergleich zur PCR besteht aber ein wesentlicher Unterschied: Es darf nur einer der beiden Primer zugesetzt werden, damit nur einer der beiden Matrizen-Einzelstränge repliziert wird. Die vorgeschaltete PCR wird entweder so geführt, dass die Primer vollständig aufgebraucht werden, oder der zu sequenzierende DNA-Matrizen-Strang muss vor der Weiterverarbeitung aufgereinigt werden.

Aufgaben

① Ein PCR-Zyklus im Reagenzglas hat Ähnlichkeit mit der DNA-Replikation in Zellen. Begründen Sie.

② Bei der PCR fungieren die neusynthetisierten DNA-Stränge als Matrizen des nachfolgenden Zyklus. Berechnen Sie die Zahl der Stränge nach 30 Zyklen.

③ Vervollständigen Sie die Basensequenz (Abb. 3).

④ Wie lautet die Basensequenz des Matrizen-DNA-Stranges?

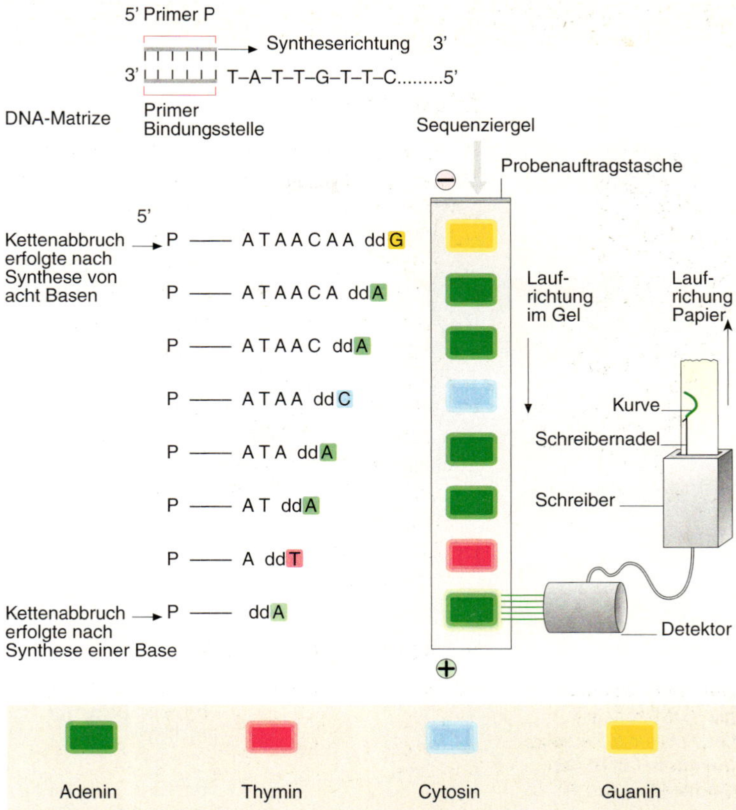

1 Schema der DNA-Sequenzierung nach SANGER-COULSON

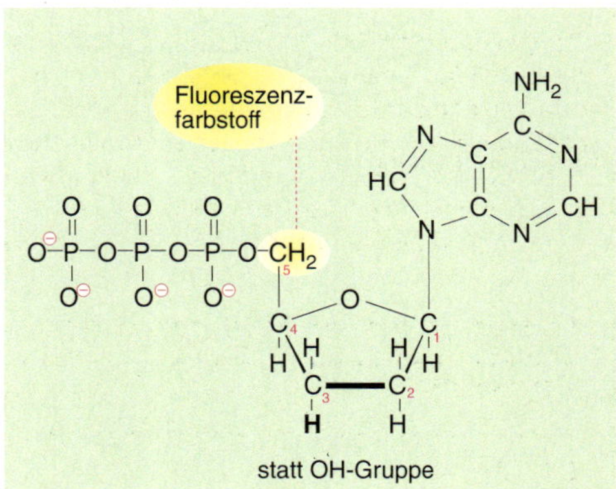

2 Didesoxy-Adenosin-Triphosphat (ddATP)

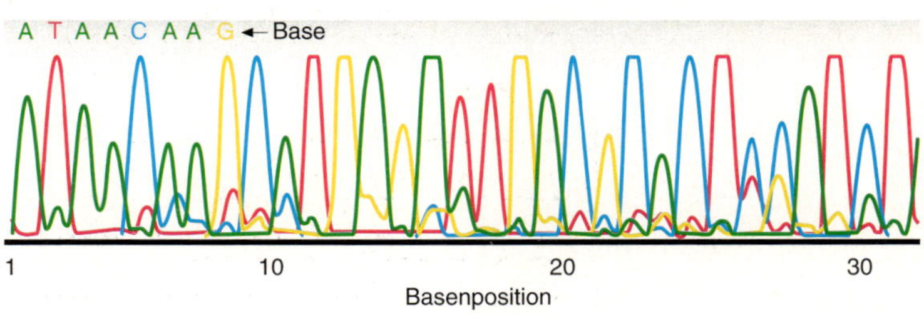

3 Papierausdruck des Fluoreszenz-Detektors

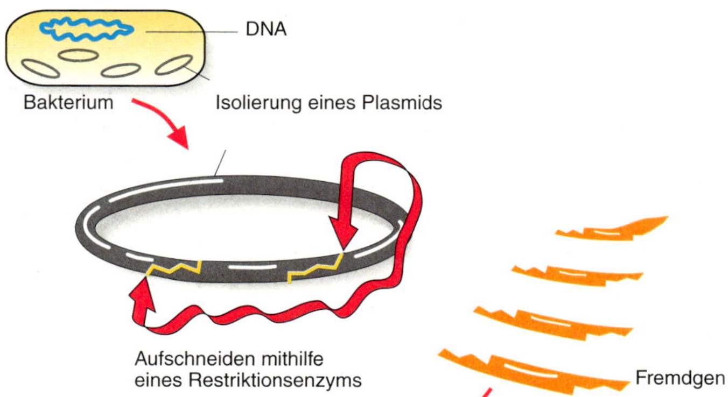

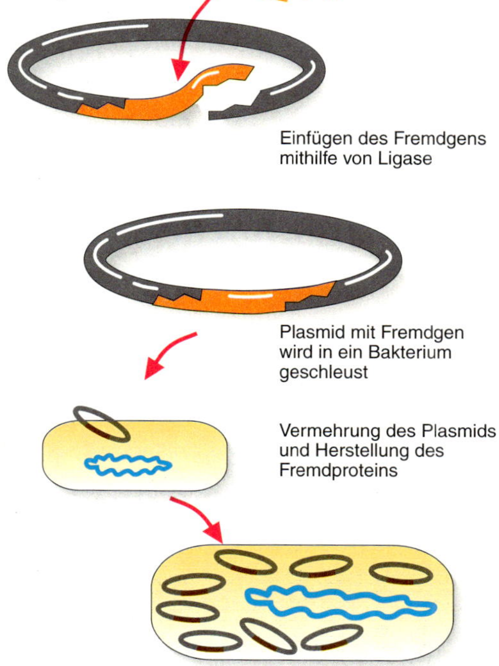

Restriktionsenzym
„genetische Schere", schneidet DNA an spezifischer Basensequenz, hinterlässt sticky ends

sticky ends
„klebrige", einsträngige DNA-Enden, die sich mit komplementären leicht verbinden

Ligase
„genetischer Kleber", verbindet angelagerte sticky ends fest zu einem durchgehenden DNA-Strang

1 Herstellung gentechnisch veränderter Bakterien

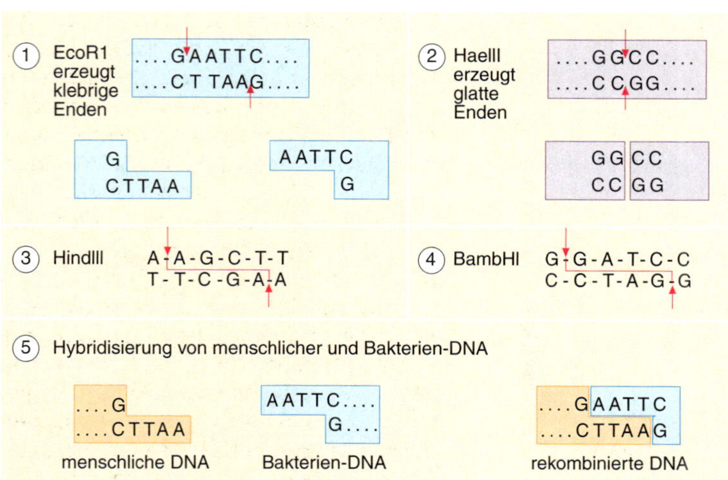

2 Wirkung verschiedener Restriktionsenzyme

Biotechnologie

Archäologen haben herausgefunden, dass in Großbritannien schon vor rund 4000 Jahren – also am Ende der Jungsteinzeit – Hefezellen zur Bierherstellung eingesetzt wurden. Die Nutzung von Mikroorganismen durch den Menschen ist also keine neue Errungenschaft moderner Biotechnologie. Wohl aber hat deren Nutzung im 20. Jahrhundert industrielle Maßstäbe angenommen. Anfangs konnte man lediglich Mikroorganismen zur Herstellung von Antibiotika (z. B. Penicillin) und anderen Wirkstoffen züchten, Verbindungen also, die natürlicherweise Bestandteil der Organismen sind. Arzneistoffe wie das Insulin werden aber nicht von Mikroorganismen, sondern nur von höheren Lebewesen produziert. Der rasante Aufschwung der Biotechnologie in den vergangenen Jahrzehnten geht auf die Möglichkeit zurück, ein Gen für ein wichtiges Protein isolieren zu können und es dann in einen anderen Organismus einzubauen. Die Organismen mit einem auf diese Weise veränderten Erbgut bezeichnet man als *transgene Lebewesen*.

Genetische Scheren und Kleber

WERNER ARBER isolierte 1972 aus Bakterien Enzyme, die DNA spezifisch schneiden können (s. Seite 12). Diese so genannten *Restriktionsenzyme* schneiden aber nicht an beliebigen Stellen der DNA, sondern nur innerhalb von bestimmten, meist 4 bis 5 Basen langen Sequenzen. Eine solche Folge kommt in der DNA etwa alle 1000 bis 10000 Nucleotide vor; entsprechend groß sind die Schnittstücke. Die meisten Restriktionsenzyme, von denen mittlerweile mehrere Dutzend bekannt sind, hinterlassen keinen „glatten" Schnitt. Das Restriktionsenzym EcoR1 aus *Escherichia coli* beispielsweise schneidet an seiner Erkennungssequenz jeden DNA-Doppelstrang zwischen den Basen G und A. Da sie im Doppelstrang versetzt liegen, entstehen beim Schnitt überhängende Enden, deren Basenfolge zueinander komplementär ist. Sie ziehen einander an, daher werden sie als „klebrige Enden" *(sticky ends)* bezeichnet. Wird die DNA aus verschiedenen Arten mit demselben Restriktionsenzym geschnitten und zusammengebracht, können sich die Bruchstücke aufgrund ihrer komplementären klebrigen Enden miteinander verbinden. Die Verbindung wird stabil, sobald das DNA-Gerüst zu einem durchgehenden Strang verknüpft ist. Diese Aufgabe übernimmt das Enzym *Ligase*.

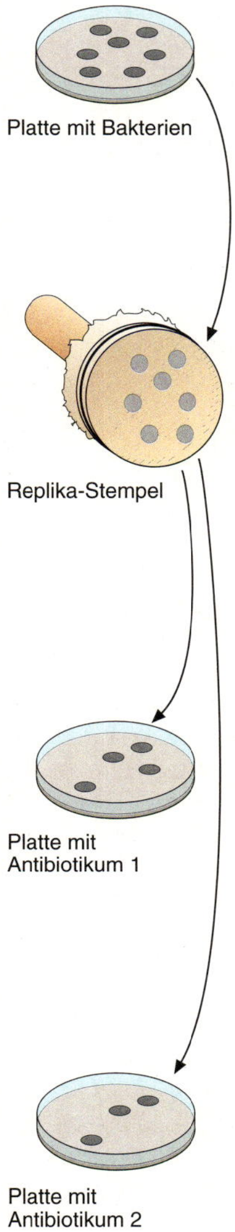

Übertragung eines Gens

Will man ein Gen, z. B. das Insulin-Gen des Menschen, in das Bakterium E. coli einschleusen und dort zur Funktion bringen, benötigt man eine Genfähre *(Vektor)*. Dazu werden häufig bakterielle *Plasmide* eingesetzt. Plasmide sind ringförmige DNA-Moleküle, die neben dem „Bakterien-Chromosom" im Cytoplasma in großer Zahl zu finden sind. Plasmide besitzen die Fähigkeit zur Replikation (s. Seite 43); sie tragen oft Gene, die Bakterien eine Resistenz gegen bestimmte Antibiotika verleihen. Bakterien können Plasmide aus dem Kulturmedium aufnehmen, ein Vorgang, der *Transformation* genannt wird (s. Seite 80). Man schneidet also bakterielle Plasmide, die Antibiotikaresistenz-Gene enthalten, und das Insulin-Gen mit einem Restriktionsenzym, bringt beide im Reagenzglas zusammen und verknüpft sie miteinander. Dann schleust man die Konstrukte in einen geeigneten E. coli-Stamm. Auf Nährböden mit dem Antibiotikum 1 wachsen nur solche Bakterien zu Kolonien heran, die ein Plasmid mit dem entsprechenden Resistenzgen aufgenommen haben. Zur Identifizierung derjenigen Bakterien, die ein Plasmid mit dem Insulin-Gen aufgenommen haben, benutzt man einen Trick: Die verwendeten Plasmide besitzen nämlich ein weiteres Resistenzgen gegen ein Antibiotikum 2. Mitten in dieses Resistenzgen wird das Insulin-Gen eingefügt. Dadurch geht die Resistenz gegen Antibiotikum 2 verloren. Nur diejenigen Bakterien, die zwar bei Anwesenheit von Antibiotikum 1, nicht aber von Antibiotikum 2 wachsen können, enthalten ein Plasmid mit dem Insulin-Gen (Abb. 1).

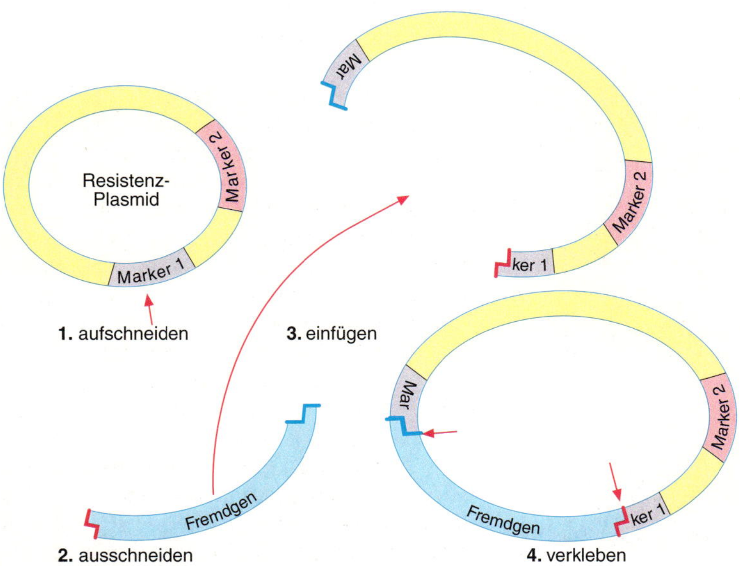

1 Konstruktion eines Expressionsvektors

Gewinnung des Genprodukts

Um das von dem Fremdgen codierte Protein zu erhalten, züchtet man die transgenen Bakterien unter geeigneten Bedingungen. Da nicht nur der für das Fremdprotein codierende DNA-Abschnitt, sondern auch der dazugehörige Promotor übertragen wurde, kann das Fremdgen transkribiert und translatiert werden. Das Fremdprotein wird aus den Bakterienkulturen isoliert.

Aufgaben

① Eukaryotische Gene sind meist gestückelt, d. h. sie besitzen codierende Bereiche *(Exons)* und nicht codierende *(Introns)*, prokaryotische hingegen nicht.
Mit welchen Schwierigkeiten ist bei der Übertragung eukaryotischer DNA auf Bakterien zu rechnen?

② Das Enzym *Reverse Transkriptase* besitzt die Fähigkeit, m-RNA in DNA „zurück zu übersetzen". Stellen Sie sich vor, Sie bekämen aus menschlichen Bauchspeicheldrüsen reife Insulin-m-RNA und das Enzym Reverse Transkriptase zur Verfügung gestellt.
Wie würden Sie das in Aufgabe 1 diskutierte Problem experimentell lösen? Skizzieren Sie einen Versuchsplan.

③ Viele eukaryotische Proteine werden nach ihrer Translation an den Ribosomen in das Endoplasmatische Retikulum eingeschleust und dort modifiziert. Es werden z. B. oftmals Kohlenhydratreste hinzugefügt. Bei Bakterien gibt es derartige posttranskriptionale Modifikationen nicht. Es werden meist auch keine Disulfidbrücken zwischen den Resten der Aminosäure Cystein geknüpft wie beim Insulin.
Welche Probleme resultieren daraus bei der Insulinproduktion durch Bakterien?

④ Mehrere Pflanzenarten, die landwirtschaftlich genutzt werden, sind im Labor bereits mit Fremdgenen versehen worden. Dabei ging es z. B. um die Resistenz gegen Viren, Herbizide oder Trockenheit. Die meisten Pflanzenvektoren tragen ein Gen, das gegen das Antibiotikum Kanamycin resistent macht. In Tierversuchen konnte die Befürchtung zerstreut werden, die Produkte der Resistenzgene könnten für den Menschen toxisch sein. Warum weisen Pflanzenvektoren Resistenzgene auf? Welche medizinischen oder ökologischen Probleme könnten Resistenzgene in Lebensmitteln verursachen?

Genetische Marker und Sonden

Schlagzeilen wie „Täter aufgrund einer Speichelprobe überführt!“ sind keine Seltenheit mehr. In der Kriminalistik spielen Methoden der DNA-Analyse heute oft eine wichtige Rolle. Biologisches Material (Blutreste, Sperma, Haare oder Speichel an einer Zigarette) ist so verlässlich wie ein fälschungssicherer Personalausweis. Man spricht auch vom *genetischen Fingerabdruck*. Wenige Zellen reichen zur Analyse aus, da das Probenmaterial mithilfe der PCR vervielfältigt werden kann (s. Seite 118). Analysiert werden nicht die für Proteine codierenden Bereiche des menschlichen Genoms. Diese DNA-Abschnitte unterscheiden sich von Person zu Person meist nicht besonders. Die zwischen den Genen liegenden Bereiche hingegen, die rund 99,9 % des Genoms ausmachen, variieren beträchtlich. Mutationen dort sind nämlich meist selektionsneutral, da sie sich phänotypisch nicht auswirken. Sie haben sich im Laufe der Evolution angehäuft. In der Kriminalistik werden heute meist SNPs (s. Seite 108) und Mikrosatelliten (s. Kasten Seite 123) analysiert.

Fragmentierung von DNA

Bei der Analyse von RFLPs *(Restriktionsfragment-Längen-Polymorphismen)* wird die Proben-DNA mit einem passenden Restriktionsenzym zerschnitten und analysiert. Unterschiedlich große Restriktionsfragmente verschiedener Personen gehen auf Basensequenzunterschiede im Bereich der Schnittstellen zurück, wodurch das Enzym nicht mehr schneiden kann. Der Verlust der Schnittstelle zeigt sich nach elektrophoretischer Auftrennung daran, dass zwei Fragmente miteinander verbunden geblieben sind (Abb. 1).

Die Restriktionsansätze werden mithilfe der Gelelektrophorese aufgetrennt. Für das weitere Vorgehen benötigt man einzelsträngige DNA. Deshalb werden die Elektrophoresegele mit Alkalien behandelt, die DNA wird denaturiert. Die Restriktionsfragmente werden zur weiteren Analyse auf Nylonmembran übertragen (*Blotting*, s. Seite 11), auf der sie haften bleiben. Dazu gibt man radioaktiv markierte *Gensonden*. Das sind kurze künstlich hergestellte DNA-Einzelstränge, die basenkomplementär zu ausgewählten, nicht variablen Abschnitten der Restriktionsfragmente sind. Das setzt natürlich voraus, dass die entsprechenden Basensequenzinformationen bekannt sind. Die Sondenmoleküle bin-

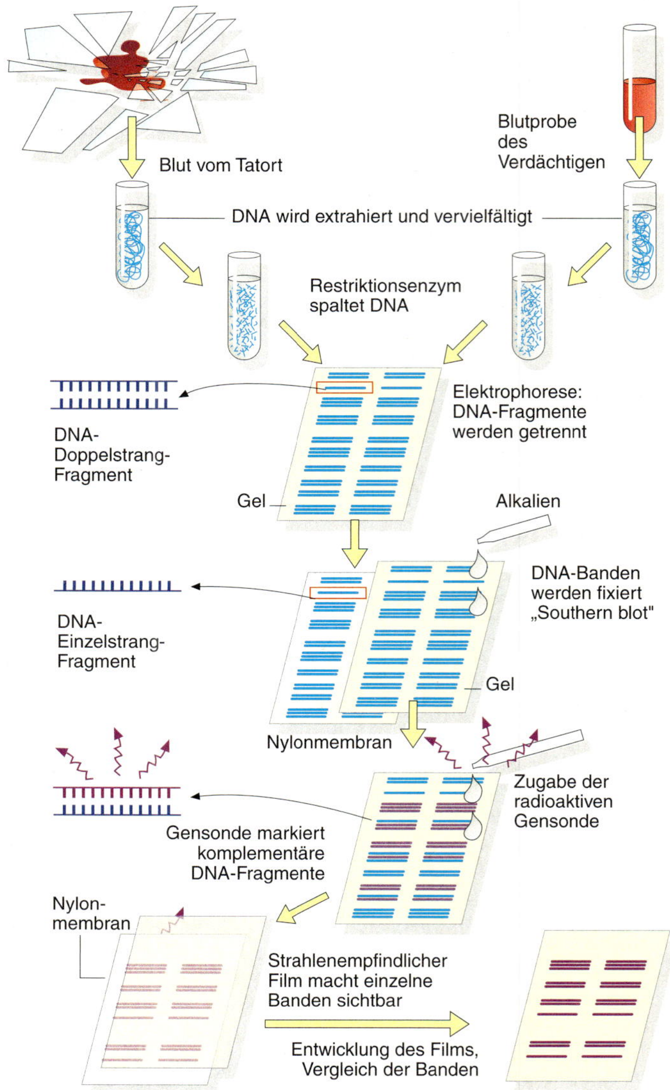

1 Herstellung eines genetischen Fingerabdrucks (RFLP-Analyse)

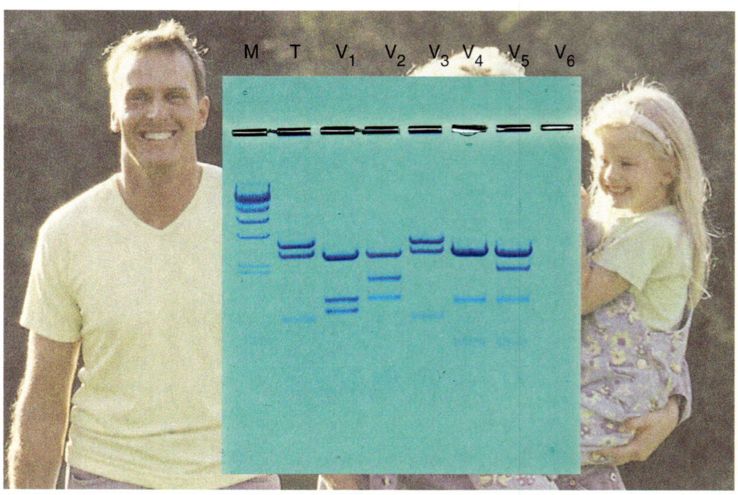

2 Genetische Fingerabdrücke zu einem Vaterschaftstest

den *(hybridisieren)* an die basenkomplementären Restriktionsfragmente. Zu ihrer Sichtbarmachung werden die Nylonmembranen auf einen radioaktiv empfindlichen Film gelegt. Das Muster der Restriktionsfragmente (jedes Fragment einer bestimmten Länge erzeugt eine Bande) bildet sich als Schwärzung auf dem Film ab. Abbildung 122.2 zeigt das Restriktionsfragmentmuster verschiedener Personen. Verwandte Personen weisen in Abhängigkeit ihres Verwandtschaftsgrades mehr oder weniger identische Muster auf. Die Restriktionsfragmente werden nach den mendelschen Regeln vererbt.

Das Verfahren wird heute hauptsächlich in der Humangenetik angewandt. Bei zweifelhafter Vaterschaft wird DNA von Mutter, Kind und dem in Frage kommenden Mann analysiert. Da das Kind die eine Hälfte seines genetischen Materials von der Mutter, die andere vom Vater erbt, lässt sich durch Vergleich der Restriktionsfragmentmuster sagen, ob der Mann tatsächlich der Vater ist. Treten beim Kind Banden auf, die weder bei der Mutter noch beim untersuchten Mann zu finden sind, scheidet er als leiblicher Vater aus.

Will man Gene auf Chromosomen (s. Kasten) oder m-RNA in Gewebeschnitten nachweisen, setzt man fluoreszenzmarkierte Gensonden ein (s. Foto im Kasten). Die markierten Sonden werden zu präparierten Chromosomen oder auf Gewebeschnitte gegeben. Sie lagern sich an basenkomplementäre DNA-Abschnitte bzw. m-RNA an. Unter dem Fluoreszenzmikroskop kann die Lage der Sonden anhand des Fluoreszenzsignals bestimmt werden.

Aufgaben

① In Abb. 122.2 sind vergleichbare Ausschnitte aus dem genetischen Fingerabdruck einer Mutter (M), ihrer Tochter (T) und möglicher Väter (V) wiedergegeben. Welcher Mann kann der leibliche Vater sein? Begründen Sie.

② Bei Brustkrebs-Patientinnen werden regelmäßig in einem bestimmten Gen Mutationen gefunden. Ein ursächlicher Zusammenhang ist unsicher, denn es gibt Frauen, die diese Mutation ebenfalls aufweisen, aber nicht erkranken. Stellen Sie sich vor, eine Frau ließe ihre DNA testen, Ergebnis positiv. In welchen Konflikt könnte sie geraten? Bedenken Sie auch, dass es keine Therapie gibt, die den Ausbruch des Krebses verhindern kann.

Zettelkasten

Genkartierung

Da beim Menschen keine Kreuzungsexperimente durchgeführt werden können, bedient man sich zur Kartierung von Genen der Stammbaumanalyse. Um herauszufinden, ob das Risiko an Brustkrebs zu erkranken erblich bedingt ist, wurden DNA-Proben von 3 Generationen betroffener Familien gewonnen und einer Restriktions-Fragment-Längen-Analyse unterzogen.

Bei allen betroffenen Frauen trat ein bestimmtes DNA-Fragment auf. Dieses Fragment wurde sequenziert und mithilfe genetischer Sonden zeigte man, dass es auf Chromosom 17 liegt. Der für das mögliche Brustkrebsgen infrage kommende Bereich umfasste mit 20 Megabasen Größe allerdings rund 1000 Gene. Die Feinkartierung gelang anhand von kurzen Basenabschnitten (Mikrosatelliten), die aus sich unterschiedlich oft wiederholenden (repetitiven) Basensequenzen (z. B. CACACA) bestehen. *Mikrosatelliten* sind bis zu 200 Nucleotide lang und wiederholen sich bis zu 20-mal. Das menschliche Genom weist rund 650 000 solcher Mikrosatelliten auf, sie dienen als genetische Marker. Man fand bestimmte Mikrosatelliten, die in der Nähe des möglichen Brustkrebsgens liegen und mit diesem gekoppelt vererbt werden. Dadurch konnte der Bereich, in dem das Gen liegen musste, auf 600 Kilobasen eingeengt werden, Platz genug für rund 60 Gene.

Für die weitere Analyse nutzte man die Tatsache, dass Brustkrebs oft parallel zu Krebs im Bereich der Eierstöcke auftritt. Man präparierte die m-RNA-Moleküle von Patientinnen aus beiden Geweben und übersetzte sie mithilfe der reversen Transkriptase zurück in DNA. DNA-Fragmente aus beiden Geweben binden nur an dem 600 KB großen DNA-Stück aus dem Genom der Patientinnen. Die Basensequenz stimmt also überein. Man glaubt, damit das für Brustkrebs verantwortliche Gen identifiziert zu haben. Über dessen genaue Funktion ist aber noch nichts bekannt.

Fluoreszenzmarkierte DNA-Sonden binden an komplementäre Chromosomenabschnitte. Ist die Sequenz eines Chromosomenabschnittes bekannt, kann man die DNA-Sonden zur Anlagerung anbieten und durch Mikroskopieren mit Licht der passenden Wellenlänge die eingebauten Sonden zum Leuchten anregen (siehe Abb., gelbe Bereiche). Dieses Verfahren kann auch diagnostisch angewendet werden.

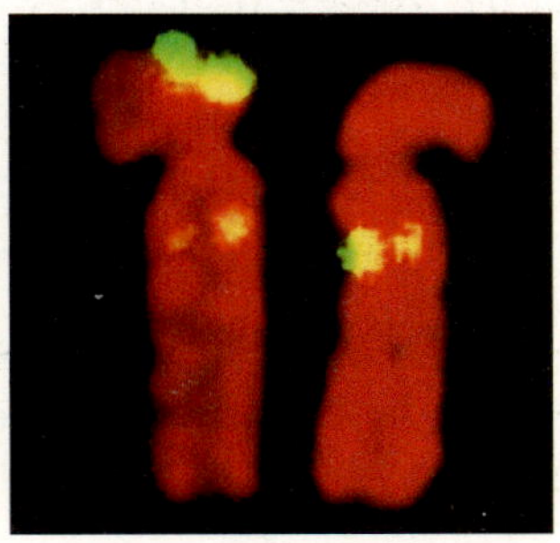

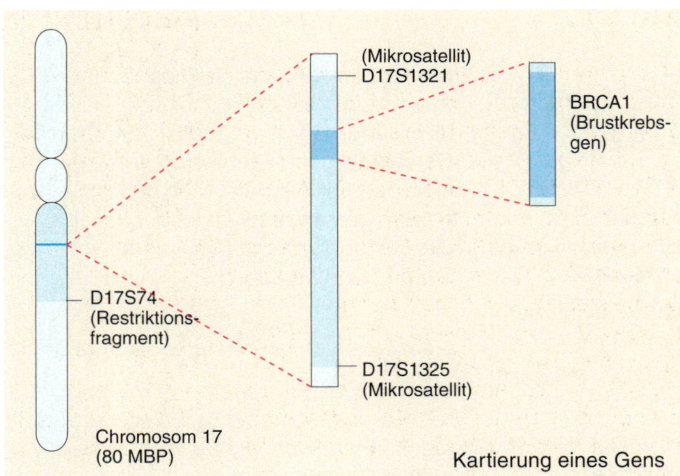

Kartierung eines Gens

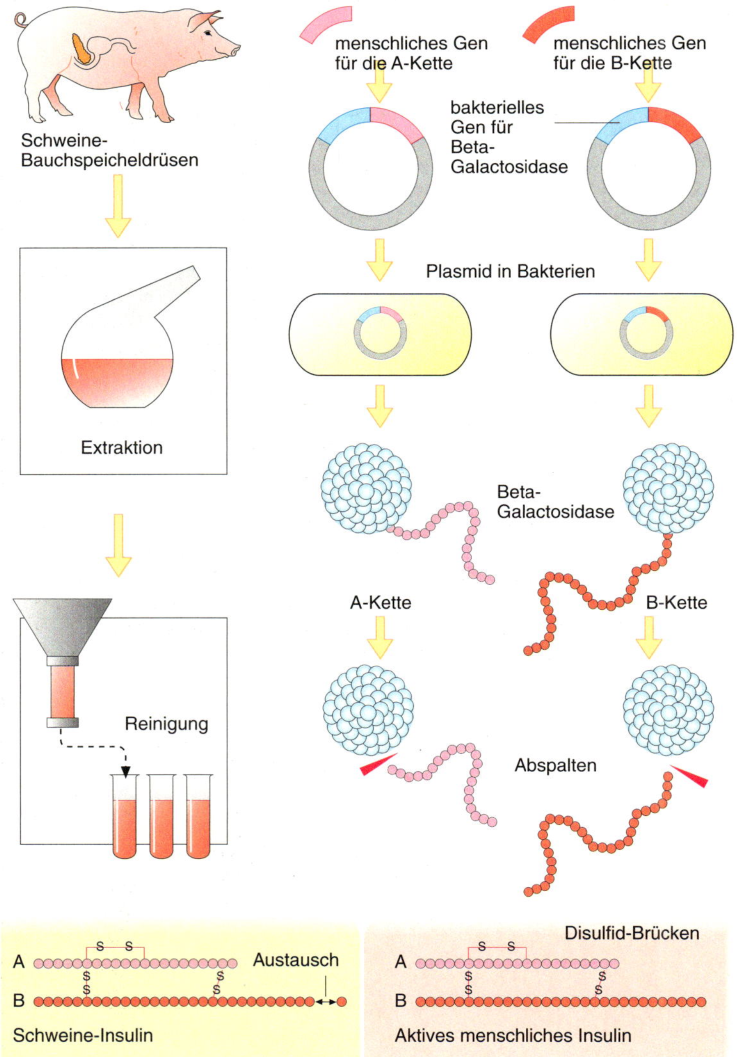

1 Klassische und gentechnische Insulin-Herstellung

Beispiele für gentechnisch hergestellte Arzneimittel

1982: Humaninsulin gegen Diabetes

1983: Faktor VIII gegen Bluterkrankheit

1985: Interferone gegen Leukämie

1986: Impfstoff gegen Hepatitis B

1987: Wachstumshormone

Gentechnik in der Medizin

Die Gentechnik hat die diagnostischen und therapeutischen Möglichkeiten in der Medizin tiefgreifend verändert. Das betrifft die Herstellung von Medikamenten, den Nachweis bestimmter genetisch bedingter Krankheiten *(genetische Diagnostik)*, aber auch die Behandlungsmöglichkeiten von Krankheiten *(Gentherapie)*.

Gentechnisch produzierte Medikamente

Bereits 1982 wurde ein Herstellungsverfahren für das erste gentechnisch produzierte Medikament *Humaninsulin* entwickelt. Zuvor gewann man Insulin aus Schweine-Bauchspeicheldrüsen, um damit die Zuckerkrankheit (*Diabetes mellitus)* zu behandeln. Insulin ist ein relativ kurzes Protein aus einer A-Kette mit 21 und einer B-Kette mit 30 Aminosäuren, die über zwei Disulfidbrücken miteinander verknüpft sind. (Abb. 1). Durch Zusammenfügen einzelner Nucleotide ließen sich die beiden zugehörigen DNA-Sequenzen künstlich aufbauen und jeweils mit einen Plasmid in Bakterienzellen einschleusen. Dort sind sie dem gleichen Promotor wie die Beta-Galactosidase unterstellt. In großen *Fermentern* werden die Bakterien optimal mit Nährstoffen und Sauerstoff versorgt. Umprogrammierte *(transgene)* Bakterienzellen produzieren nun die beiden Peptidketten des Humaninsulins gekoppelt an Beta-Galactosidase. Sobald genügend Protein gebildet wurde, bricht man die Zellen auf, trennt die Peptidketten von der Beta-Galactosidase und verknüpft sie über die beiden Disulfidbrücken zum Endprodukt. Die Insulin-Herstellung konnte weiter verbessert werden, als es gelang, für beide Insulinketten eine DNA-Sequenz zu synthetisieren. Das entstandene Prohormon bildet die Disulfidbrücken dann selbstständig aus. Inzwischen werden weitere Arzneimittel über transgene Bakterien- oder Hefekulturen gewonnen (s. Seite 121).

Genetische Diagnostik

Kennt man die Basensequenz von Genen, die erblich bedingten Krankheiten zugrunde liegen, kann man diese durch komplementäre Gensonden aufspüren. So lässt sich das Gen auch bei Personen erfassen, bei denen die Krankheit noch nicht ausgebrochen ist. Der Träger kann dann z.B. über Vorbeugungsmaßnahmen aufgeklärt werden, mit denen er das Erkrankungsrisiko möglicherweise vermindern kann. *Chorea Huntington* ist eine dominant vererbte Krankheit, die sich erst im 25. bis 55. Lebensjahr in Form von Gehirnschwund äußert. Das verursacht Lähmungen, Bewegungsstörungen und den allmählichen Verlust der Denkleistung. Die Krankheit ist auf die Vervielfachung eines DNA-Abschnittes zurückzuführen und bisher unheilbar. Ein negatives Testergebnis kann einem familiär Vorbelasteten schwere Sorgen nehmen. Wie aber geht er mit einem positiven Ergebnis und der Gewissheit zu erkranken um?

Anders liegt die Sache bei Brustkrebs: Hier bedeutet die Identifizierung des Brustkrebsgens nur ein erhöhtes Risiko für den Träger, an Brustkrebs zu erkranken, außerdem geht nur jede 20. Brustkrebserkrankung auf diesen Gendefekt zurück (s. Seite 123). Bei den meisten Krankheiten ermöglicht die genetische Diagnostik nur eine Risikoabschätzung. Daran wird auch die DNA-Chip-Technologie – so leistungsfähig sie auch sein mag – nichts ändern (s. Kasten).

Somatische Gentherapie

In der *somatischen Gentherapie* versucht man, die Körperzellen eines Patienten mit dem intakten Exemplar des krankheitsauslösenden Genes auszustatten. Zur Behandlung der *Mukoviszidose* (s. Seite 114/115) werden DNA-Abschnitte z. B. in Liposomen eingeschlossen und von den Patienten inhaliert. Sie können von Lungenepithelzellen aufgenommen werden, werden aber nur einige Wochen exprimiert. Bei Krebspatienten versucht man, aktive *Tumor-Suppressorgene* zu übertragen oder Krebsgene unwirksam zu machen. Dem Patienten können auch Zellen entnommen, genetisch verändert und dann wieder zurück übertragen werden.

Keimbahntherapie

Bei der *Keimbahntherapie* bringt man ein intaktes Gen durch Mikroinjektion in die befruchtete Eizelle und pflanzt sie anschließend in die Gebärmutter ein. Das Gen ist dann später in allen Zellen des ausgewachsenen Individuums enthalten und wird dort auch exprimiert. Beim Menschen könnte man theoretisch auf diese Weise erblich bedingte Krankheiten beeinflussen. Unbeabsichtigt können aber auch andere erblich bedingte Merkmale verändert werden, die Risiken sind nicht kalkulierbar. Die Keimbahntherapie am Menschen ist in Deutschland und vielen anderen Ländern verboten: Es dürfen keine genetischen Veränderungen an Keimzellen und ihren Nachfolgern vorgenommen werden.

Gen-Pharming

Bei Tieren sind genetische Veränderungen an Zellen der Keimbahn nicht verboten. Beim so genannten *Pharming* (Wortspiel aus „Farming“ und „Pharma“) dienen solche transgenen Tiere der Herstellung von Medikamenten. Die für das gewünschte Produkt codierende DNA wird z. B. so in den Zellkern einer Säugetierzygote eingeschleust, dass sie nur im Euter exprimiert wird und man das Genprodukt aus der Milch des erwachsenen Tieres gewinnen kann. Auf diese Weise wird heute z. B. Faktor VIII zur Behandlung von Bluterkranken gewonnen (s. Seite 105).

Zettelkasten

DNA-Chips

Einsträngige DNA-Moleküle lassen sich zu Zehntausenden auf einem Chip aus Glas oder Silizium unterbringen. Mit den so entstandenen DNA-Chips hofft man in Zukunft sehr schnell und kostengünstig die DNA-Sequenzen von Genproben untersuchen zu können.

Alle Genchips funktionieren nach demselben Prinzip: Bei genspezifischen Chips ist die Oberfläche in ein Punktraster unterteilt, jeder Punkt enthält die definierte Variante eines einsträngigen DNA-Moleküls. Die zu untersuchende DNA-Probe wird in Einzelstränge geteilt, mit einem Fluoreszenz-Farbstoff markiert und auf den Chip aufgebracht. Die DNA der Probe paart sich nun genau mit der komplementären DNA-Sequenz auf dem Punktraster und hinterlässt ein Signal (s. Abb.). Mit der Kenntnis der DNA-Sequenz auf dem Punktraster kann man die Proben-DNA zuordnen. Liefert die Proben-DNA z. B. ein Signal in einem Abschnitt, der eine Mutante trägt, enthält die Probe genau diesen Defekt. Die Signale des Chips werden mittels eines Scanners am Computer ausgewertet.

Umgekehrt lässt sich auch DNA eines Patienten isolieren, per PCR vervielfältigen (s. Seite 118) und auf einen Träger aufbringen. Gibt man dann fluoreszenzmarkierte DNA-Moleküle mit bekannter Sequenz hinzu (z. B. das Gen für eine bestimmte Krankheit), so paart sich diese einsträngige *Gensonde* nur mit der passenden komplementären DNA. Ein Signal bedeutet, der Patient ist Träger des Gens.

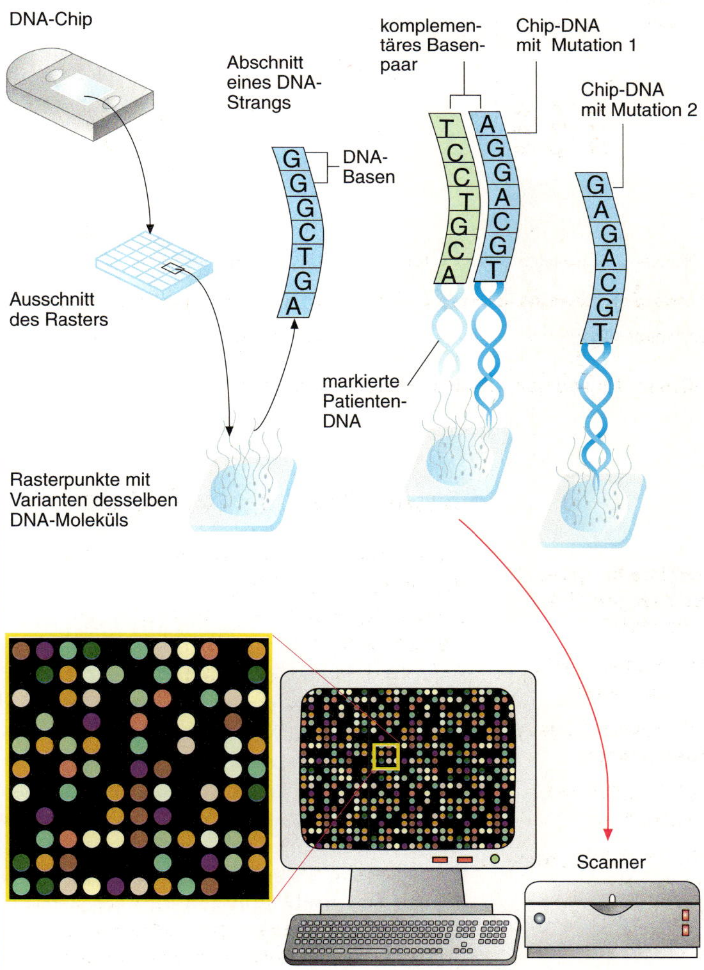

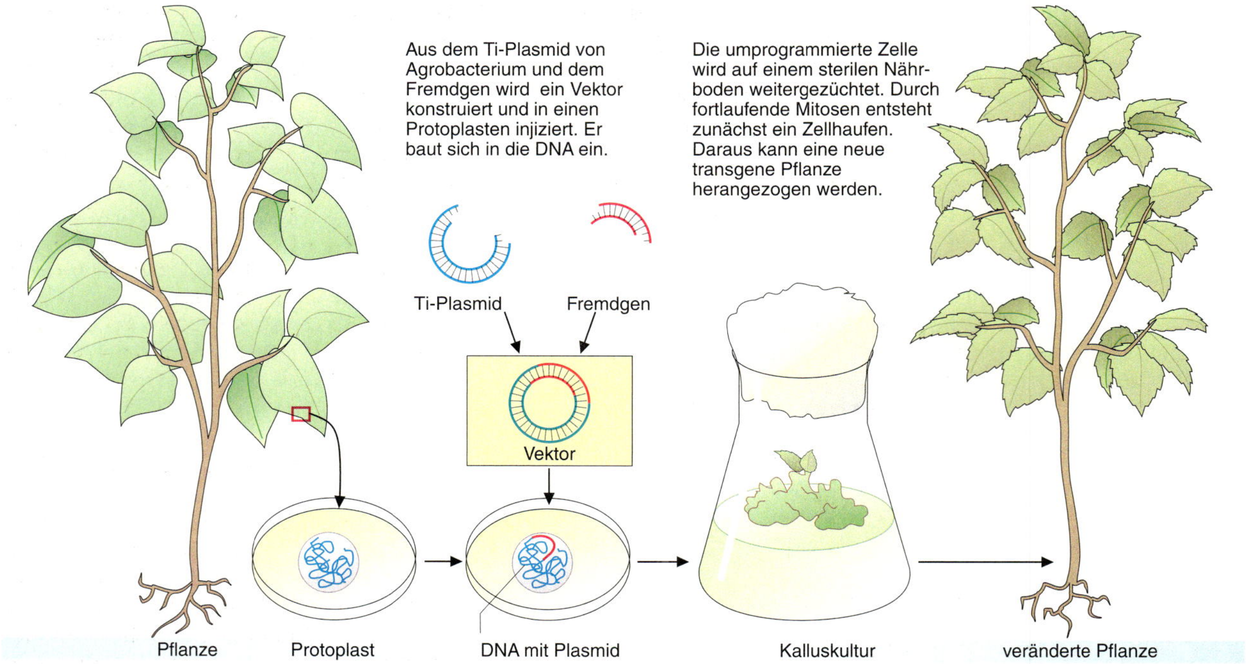

1 Übertragung von Fremdgenen auf eine Pflanze (Ti-Plasmid-Technik)

Gentechnik in der Landwirtschaft

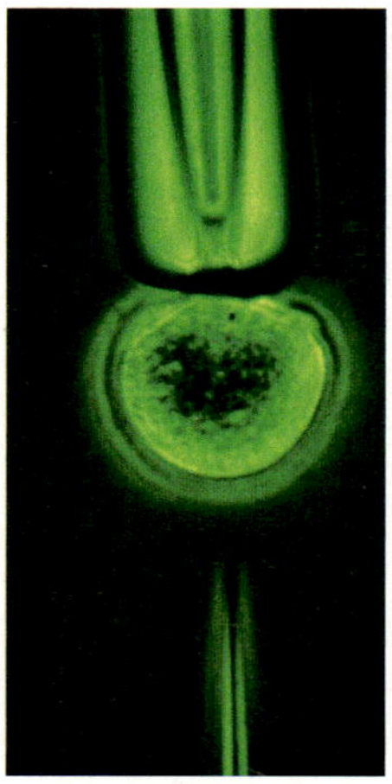

Gene werden „verpflanzt“. In eine Pflanzenzelle wird mithilfe einer Mikropipette DNA injiziert.

Bei der Gentechnik in der Landwirtschaft sollen Gene für erwünschte Merkmale gezielt in Nutzpflanzen oder Nutztiere eingeschleust oder unerwünschte Merkmale ausgeschaltet werden. Anders als bei der herkömmlichen Züchtung spielen Artgrenzen dabei keine Rolle mehr: Es lassen sich Gene aus Bakterien, Pilzen, Tieren und Menschen übertragen. *Grüne Gentechnik* beschäftigt sich mit transgenen Pflanzen, *rote Gentechnik* mit transgenen Tieren (z. B. Gen-Pharming, Seite 125).

Zum Einschleusen von Genen hat sich das Bakterium *Agrobacterium tumefaciens* bewährt. Es handelt sich um den Erreger des Wurzelkropfs, eines Pflanzentumors. Durch Verletzungen kann es in die Pflanze gelangen und schleust dann ein tumorinduzierendes Plasmid *(Ti-Plasmid)* in einzelne Zellen ein. Das Plasmid wird in die pflanzliche DNA integriert und veranlasst die Pflanze zu unkontrolliertem Wachstum. Es entsteht ein Pflanzentumor, der Nährstoffe für das Bakterium absondert. Die Fähigkeit des Bakteriums, DNA zu übertragen, macht man sich in der Gentechnik zunutze: Entfernt man die tumorinduzierenden Basensequenzen und baut ein Fremdgen in das Plasmid ein, so lassen sich auf diesem Wege die gewünschten Gene in die Pflanzen-DNA integrieren. Durch gleichzeitige Übertragung eines Markers (z. B. ein Antibiotikumresistenz-Gen) wird der Erfolg der Genübertragung überprüfbar. Die Übertragung gelingt am leichtesten an jungen Pflanzenzellen, deren Zellwand enzymatisch entfernt wurde. Diese Protoplasten kann man unter geeigneten Wachstumsbedingungen zu Zellteilungen anregen und so ganze Pflanzen regenerieren. Bei dieser ungeschlechtlichen Vermehrung findet keine Rekombination der genetischen Information statt, das transgene Merkmal kann also nicht verloren gehen.

Im Jahr 2001 waren weltweit 54 *transgene Pflanzen* zugelassen. Die größte wirtschaftliche Bedeutung haben bisher Sojabohne, Baumwolle, Mais und Raps. Oft geht es darum, eine erhöhte Resistenz der Pflanze gegenüber Insekten, Pilzen, Bakterien und Viren zu erreichen. Am häufigsten (71 %) werden aber Herbizidresistenz-Gene übertragen. Sie bewirken, dass die Pflanze unempfindlich gegenüber bestimmten Unkrautvernichtungsmitteln wird. Gentechnik-Gegner hinterfragen die Motive von Firmen, die sowohl die transgene Pflanze als auch das entsprechende Herbizid an die Landwirte verkaufen.

Tomaten und andere weiche Früchte müssen oft grün geerntet werden, damit sie nicht zerdrückt zu den Großmärkten gelangen. Leider fehlt solchen unreifen Früchten das volle Aroma. Die Expression mehrerer Gene ist für die Reifung einer Tomate verantwortlich, sie machen die Tomate rot, aromatisch, weich und schließlich matschig. Das „Matsch"-Gen trägt zum Abbau der Zellwände bei. Eine nicht matschende Tomate war die erste gentechnisch veränderte Pflanze, die für die Vermarktung zugelassen wurde. Bei ihr wurde das „Matsch"-Gen durch die genetische *Antisense-Technik* ausgeschaltet. Dazu wird das „Matsch"-Gen verkehrt herum hinter demselben Promotor eingebaut. Wird es transkribiert, entsteht eine zum Original komplementäre m-RNA. Normale *(sense)* und *Antisense-m-RNA* lagern sich zusammen, dadurch unterbleibt die Translation (Abb. 1). Das Zellwände abbauende Enzym wird nicht mehr gebildet. Die transgenen „Anti-Matsch-Tomaten" reifen langsamer und die roten Früchte bleiben 14 Tage länger fest. Sie können daher im reifen, aromatischen Zustand geerntet und versandt werden. Unsichtbar altert die Tomate trotzdem, ihr Vitamingehalt nimmt wie bei den herkömmlichen Tomaten ab. In den USA sind diese Tomaten seit 1994 zugelassen, seit 1996 darf Tomatenpüree aus solchen Tomaten auch auf dem EU-Markt verkauft werden (s. Kasten).

Im Jahre 1999 wurde von Schweizer Forschern „Vitamin A-Reis" vorgestellt. Seine gelbe Farbe *(„Golden Rice")* verdankt er dem Gehalt an Beta-Carotin, der Vorstufe von Vitamin A. Golden Rice entstand in zwei Schritten durch die Übertragung von sieben verschiedenen Genen auf das Reis-Genom. Er enthält neben dem Beta-Carotin auch Stoffe, welche die Verfügbarkeit von Eisen für den menschlichen Organismus verbessern. Dieser Reis soll dazu beitragen, die Ernährungsbedingungen in Entwicklungsländern zu verbessern. Andererseits bleiben Entwicklungsländer durch den Import des transgenen Saatgutes weiterhin von den Industrienationen abhängig.

Zettelkasten

Die Novel-Food-Verordnung der EU von 1997

Verordnung über neuartige Lebensmittel und neuartige Lebensmittelzutaten. „Novel Food" nennt man gentechnisch modifizierte bzw. mithilfe gentechnisch modifizierter Organismen (GMO) hergestellte Lebensmittel:
Kategorie 1: GMO oder Lebensmittel, die GMO enthalten. Die gentechnische Veränderung kann nachgewiesen werden. Sie sind als *„gentechnisch modifiziert"* zu kennzeichnen (z. B. herbizidtolerante Sojapflanzen).
Kategorie 2: Folgeprodukte, die direkt aus den Lebensmitteln der Kategorie 1 entstehen und in denen die gentechnische Veränderung (DNA oder entsprechendes Eiweiß) nachweisbar ist, sind ebenfalls *kennzeichungspflichtig* (z. B. Sojaeiweiß).
Kategorie 3: Nährstoffe, die von GMO oder Enzymen, die aus GMO stammen, hergestellt wurden und von herkömmlichen Lebensmitteln biologisch nicht zu unterscheiden sind (keine Kennzeichnungspflicht), z. B. Sojaöl.
Kategorie 4: Produkte, die gesundheits- oder umweltgefährdend sind, erhalten keine Marktzulassung (z. B. Allergie auslösende Nahrungsmittel).

Aufgabe

① Informieren Sie sich über die Argumente für und gegen die Gentechnik am Beispiel von Herbizidresistenz, Insektenresistenz und Gen-Tomate.

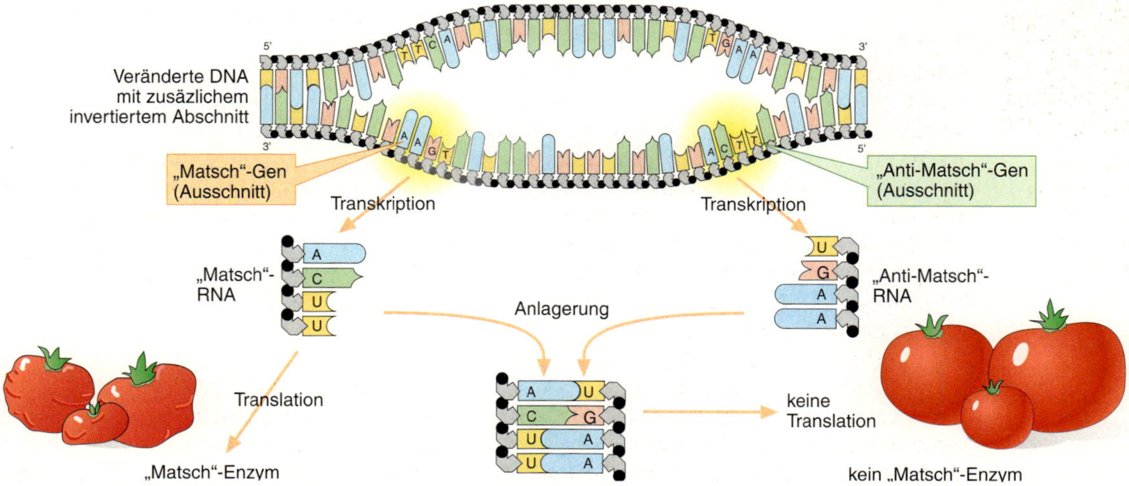

1 Anwendung der Antisense-Technik bei der „Anti-Matsch-Tomate"

Tier- und Pflanzenzucht

Der gezielte Anbau von Pflanzen und die Zucht von Tieren ermöglichten den Menschen vor etwa 10 000 Jahren ein sesshaftes Leben. Tiere und Pflanzen werden nicht nur zur Ernährung und Rohstoffgewinnung gezüchtet, sondern auch für Forschung, Sport, Jagd, als Gesellschaftstiere oder Zierpflanzen. Klassische Zuchtverfahren und gentechnische Methoden bringen neue *Tierrassen* und *Pflanzensorten* mit gewünschten Merkmalskombinationen hervor, Reproduktionsverfahren ermöglichen deren gezielte Vermehrung.

Klassische Zuchtverfahren

Schon vor Jahrtausenden nutzte der Mensch die genetische Vielfalt wild lebender Pflanzen und Tiere, indem er Individuen mit gewünschten Merkmalen gezielt auswählte und vermehrte. Es entstanden verschiedene Nutzpflanzen und Haustiere. Diesen Vorgang bezeichnet man als *Domestikation*. Der Hund gilt als das älteste Haustier der Menschen (ca. 12 000 v. Chr.), es handelt sich um einen domestizierten Wolf *(Canis lupus forma familiaris)*. Für eine **Auslesezucht** wurden äußerlich ähnliche, aber nicht unbedingt verwandte Individuen verpaart. Später erlaubte die Kenntnis der mendelschen Vererbungsregeln auch eine gezielte Einkreuzung von Varianten mit gewünschten Eigenschaften. Diese Kreuzungszucht ist nach wie vor Teil vieler moderner Züchtungsmethoden. Durch systematische Auslese zuckerreicher Rüben konnte z. B. der Zuckergehalt der Rüben innerhalb von 100 Jahren von 5 % auf 18 % gesteigert werden.

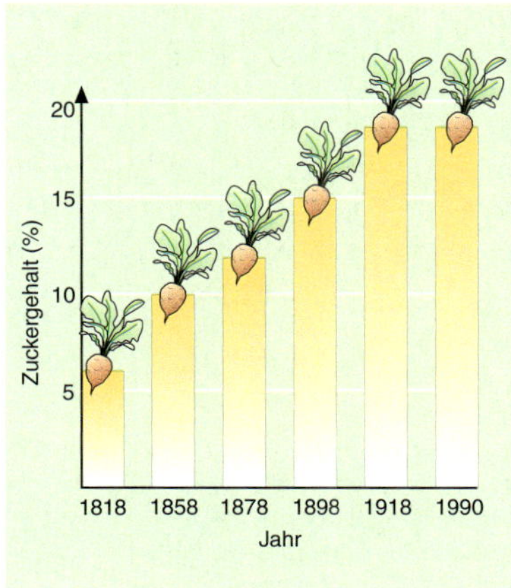

Tierrassen bzw. Pflanzensorten zeichnen sich durch mehrere charakteristische Eigenschaften aus, die genetisch homozygot verankert sind. Um diese Homozygotie zu erreichen, werden nah verwandte Individuen verpaart. Dadurch werden auch rezessiv vererbte genetische Defekte erkannt, denn bei Reinerbigkeit wirken sich auch rezessive Gene im Phänotyp aus. Eine besondere Form dieser *Inzucht* ist die **Linienzucht**, bei der über mehrere Generationen die Söhne aus der F_1-Generation mit der Mutter, die F_1-Töchter mit den Vätern verpaart werden. Die auf diese Weise erhaltenen Linien sind in Bezug auf bestimmte Merkmale homozygot. Inzucht kann auf die Dauer zu einem Vitalitätsverlust der Rasse führen.

Bei der **Kombinationszucht** werden verschiedene homozygote Linien verpaart, um die positiven Eigenschaften in einer neuen Rasse bzw. Sorte zu vereinen. Man wählt zunächst beispielsweise eine Getreidepflanze

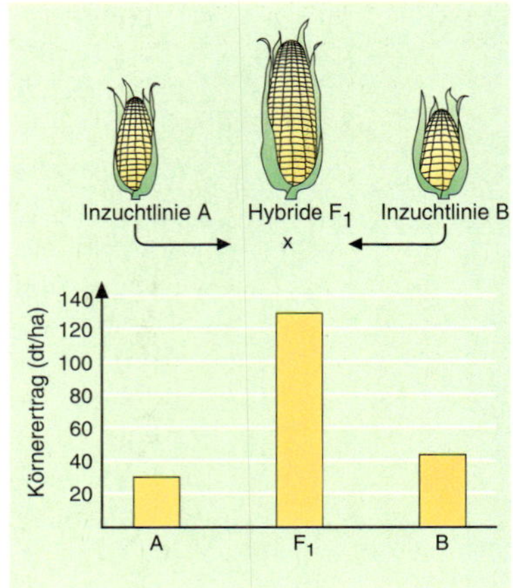

mit einer homozygoten Mehltauresistenz, aber kleinen Körnern aus. Diese kreuzt man dann mit einer anderen Pflanze, die große Körner besitzt, aber vom Mehltau befallen wird. Ziel ist eine gegen Mehltau resistente Pflanze mit großen Körnern. Die F_1-Generation aus zwei gekreuzten reinerbigen Linien weist oft eine enorme Leistungssteigerung auf, die als *Heterosis* bezeichnet wird. Die neu entstandene Hybridpflanze ist allerdings heterozygot, daher wird die Merkmalskombination in den Folgegenerationen wieder aufgespalten. Spezialisierte Zuchtbetriebe müssen für die Erhaltung der reinen Linien sorgen und verkaufen das Hybrid-Saatgut an die Landwirte. In der Tierzucht wird die Hybridzucht vor allem bei Schweinen angewandt.

Gentechnische Methoden

Züchter haben natürlich auftretende Mutationen schon früh ausgelesen und für die Züchtung genutzt. Die Mutationsrate lässt sich durch künstliche *Mutagene* erhöhen. Aber auch bei dieser künstlichen **Mutationszucht** ist der Anteil von Mutanten mit einem positiven Zuchtwert sehr klein. In der Forschung wird die Methode eingesetzt, um die Funktion von Genen besser zu verstehen (s. Seite 45). Erfolgreiche Ertragssteigerungen gibt es z. B. durch die **Polyploidisierung**, also durch die Vervielfältigung des Genoms mithilfe von Spindelgiften (s. Seite 54) bei Nutzpflanzen.

Reinerbige *(homozygote)* Merkmale lassen sich bei Pflanzen nicht nur durch ein langwierige Linienzucht erreichen. Die **Antherenkultur** liefert bereits innerhalb von ein bis zwei Jahren völlig reine Linien. *Antheren* sind die Staubbeutel der Pflanzen, unreife

Antheren enthalten haploide Pollenkörner. Durch Zugabe von Spindelgiften kann man das genetische Material haploider Getreidepollen verdoppeln und aus diesen doppelhaploiden Zellen ganze Pflanzen regenerieren. Diese Pflanzen enthalten jeweils zwei komplett homozygote Chromosomensätze. Da Pollenkörner durch Meiose entstehen, sind die heranwachsenden Pflanzen untereinander aber nicht identisch, das genetische Material ist jeweils anders rekombiniert.

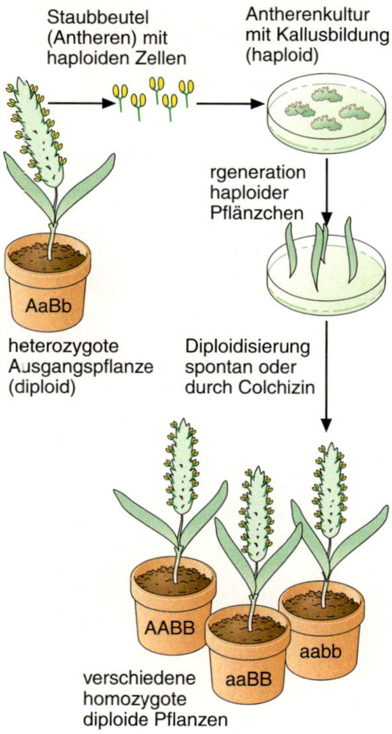

Mithilfe moderner gentechnischer Methoden lassen sich artfremde Gene gezielt in Pflanzen oder Tiere einbauen. So können z. B. Karpfengene auf Erdbeeren übertragen werden, um sie frostresistent zu machen. Freisetzung und Anbau solcher genetisch veränderter, **transgener Organismen (GVO)** sind gesetzlichen Regelungen unterworfen und müssen zuvor genehmigt werden. Der größte Teil transgener Nutzpflanzen enthält Resistenzgene gegen Herbizide oder Insektenfraß. Auf Raps, Mais, Soja und andere Nutzpflanzen wurde z. B. ein Gen von *Bacillus thuringensis* übertragen, das für ein Toxin codiert und fressende Insekten absterben lässt. Die Kennzeichnung von GVO wird seit dem Jahre 2004 durch EU-Vorschriften geregelt. Mögliche ökologische, soziale und medizinische Folgen der GVO werden nach wie vor kontrovers diskutiert.

Beim **Gen-Pharming** werden Nutztiere genetisch so verändert, dass sie pharmakologische Substanzen produzieren (s. Seite 125).

In der Wissenschaft werden verschiedene GVO für die Grundlagenforschung eingesetzt: Der Zebrafisch ist ein Modelltier in der Entwicklungsgenetik. Um die Expression von Genen in den Organen besser erkennen zu können, übertrugen Forscher das Gen einer Qualle. Es lässt den Fisch im Dunkeln gelbgrün leuchten. „Night Pearl" heißt der sterile Zebrafisch, der im Handel jetzt auch Aquarienfreunden angeboten wird (s. Abb.).

Reproduktionstechnik

In der Züchtung kommt es nicht nur auf Reinerbigkeit, sondern auch auf eine ausreichende Zahl von Nachkommen mit den gewünschten Merkmalen an. In der Tierzucht kann man die Vermehrungsrate von geeigneten männlichen und weiblichen Vererbern (s. Foto unten) durch **künstliche Besamung** bzw. **Embryotransfer** stark vergrößern. Vor einem Embryotransfer veranlasst man z. B. die Eierstöcke einer Kuh hormonell zur Bildung von mehreren Eizellen. Diese werden künstlich besamt und die entstandenen Embryonen auf Leihmütter übertragen. So erhält man von einer ausgesuchten Kuh nicht nur ein, sondern gleich mehrere Kälber pro Jahr.

Meristem- und **Kalluskulturen**: Blatt- oder Rindengewebeteile einer Pflanze mit gewünschten Merkmalen werden

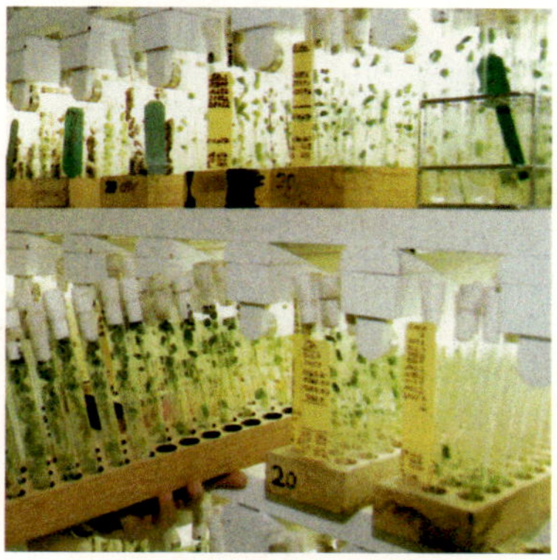

in Kulturschalen mit Nährlösung und Wachstumsfaktoren versorgt. Es bildet sich zunächst ein nicht differenziertes Wundgewebe *(Kallus)*, einzelne totipotente Zellen *(Meristemzellen)* regenerieren die ganze Pflanze. Dadurch gelingt eine massenhafte, ungeschlechtliche Vermehrung von Kulturpflanzen mit identischer genetischer Ausstattung (Klone).

Die Kreuzung unterschiedlicher Pflanzenarten wird in der Natur durch verschiedene Mechanismen verhindert. Im Labor gelingt die Verschmelzung von somatischen Zellen dagegen gelegentlich, wenn man zuvor die Zellwände der Pflanzenzellen entfernt und die Protoplasten dann z. B. durch leichte Stromstöße zur Verschmelzung veranlasst. Die entstandene Hybridzelle lässt sich in Kulturlösung aufziehen und regeneriert eine komplette Pflanze. Gelungen ist diese **somatische Hybridisierung** z. B. bei Zellen der Stachelbeere und Johannisbeere. Das Ergebnis ist als Jostabeere (s. unten).

Als **Klonen** bezeichnet man die Herstellung genetisch identischer Kopien eines Organismus. Dazu werden Zellkerne aus Körperzellen entnommen, in entkernte Eizellen eingesetzt und von einer Leihmutter ausgetragen. Hier ist die Erfolgsquote extrem niedrig (s. Seite 96). Beispiele dafür sind das Schaf „Dolly" (1997), das Kalb „Uschi" (1998), die Katze „CC" (2002) oder das Pferd „Prometea" (2003).

Gen-Ethik

Was essen wir eigentlich?

Gen-Speisekarte

Tomaten, die auch nach Wochen noch knackig und rot aussehen

Kartoffeln, festkochend mit eingebautem Pestizid

Fleisch vom rosa Riesenschwein

Riesenkarpfen mit Forellen-Gen verfeinert

Hartkäse, in wenigen Tagen gereift durch „Maxiren"

Zarter Killerkäse, der den eigenen Schimmel abtötet

Bier, gentechnisch „light" durch Superhefen hergestellt

Süßstoff, hergestellt von frischen Darmbakterien

Guten Appetit

Informieren Sie sich, ob die Lebensmittel auf der Gen-Speisekarte nach geltendem Recht in Deutschland angeboten werden dürfen.

Auf die Frage „Würden Sie genhaltige Nahrungsmittel essen?" antworteten 70 % der Befragten mit „nein". Knapp die Hälfte der Deutschen glauben: „Normales Gemüse hat keine Gene."

Führen Sie eine Umfrage durch und stellen Sie das Ergebnis in einer Präsentation vor.

Informieren Sie sich über Chancen und Risiken gentechnisch veränderter Nahrung und bilden Sie Diskussionsgruppen pro und contra Genfood.

Nomen est Omen?

Risiken und Chancen der Gentechnik werden in Fachkreisen und in der Öffentlichkeit kontrovers diskutiert. Oft lässt sich schon an der Begriffswahl erkennen, welche Position die Gesprächsgruppen beziehen:

- genetisch verändert / optimiert / manipuliert
- genetische Sicherheits- / Risiko-Forschung
- Durchmischung / Beimengung / Verunreinigung / Kontamination von Saatgut mit gentechnisch veränderten Bestandteilen

Suchen Sie nach weiteren Begriffsgruppen und erläutern Sie ihre psychologische Wirkung.

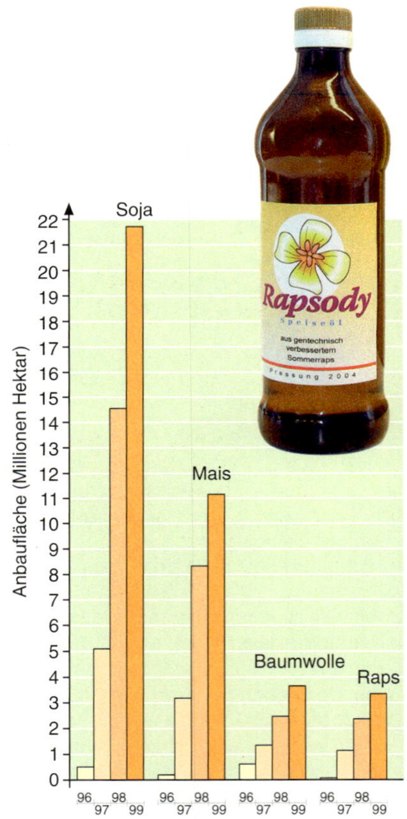

Bessere Pflanzen?

„Was werden wir tun, wenn die fortschreitende Klimaveränderung neue Pflanzen mit verbesserten Eigenschaften verlangt? Haben wir dann noch Zeit, ein paar hundert Jahre blindlings unsere Nutzpflanzen zu kreuzen, bis vielleicht neue, angepasste Pflanzen zur Verfügung stehen?" (GEN SUISSE: Stiftung für verantwortungsvolle Gentechnik)

„Die bisherigen Erfahrungen mit dem Anbau gentechnisch manipulierter Pflanzen in Europa und anderen Regionen zeigen, dass die Gen-Saaten bereits vielfach außer Kontrolle geraten sind. Kläglich versagen die Bemühungen, Gentechnik zu kontrollieren, wenn sie einmal freigesetzt wird. Angesichts dieser gefährlichen Mängel sind neue Zulassungen nicht zu verantworten." (Greenpeace, Deutschland)

Informieren Sie sich über den Anbau gentechnisch veränderter Pflanzen in Deutschland. Stellen Sie Chancen und Risiken beim Anbau transgener Pflanzen gegenüber.

Wer entscheidet?

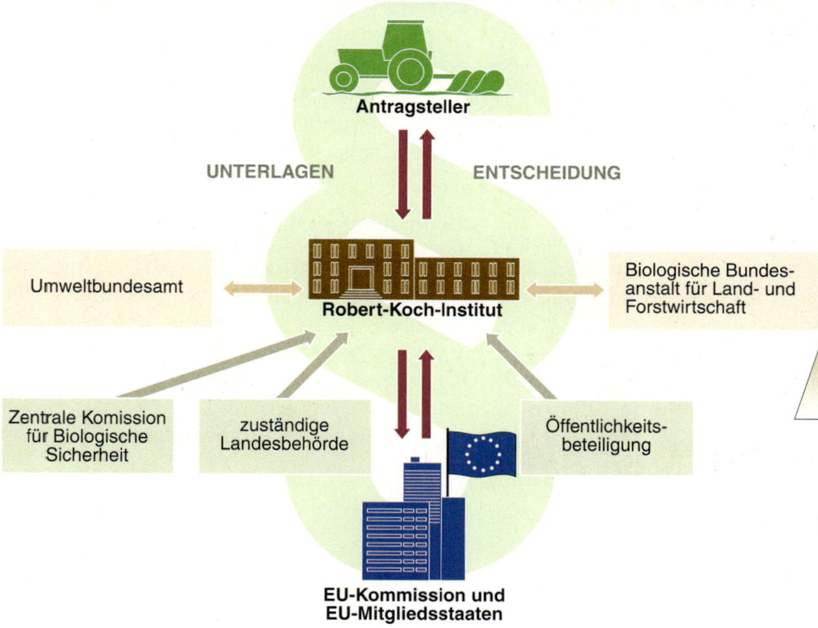

Wem gehören die Gene?

„Genetische Ressourcen sind das gemeinsame Erbe der Menschheit." (Bonner Leitlinien, 2002)

Ganze Industriezweige suchen nach verwertbaren genetischen Eigenschaften von Lebewesen. Man fand z. B. heraus, dass 86 % der Pflanzen, die von Heilern in Samoa benutzt werden, auch im Labortest eine biologische Aktivität aufweisen. Das Wissen der Heiler kann den Forschungsaufwand der Pharmafirmen deutlich verringern.

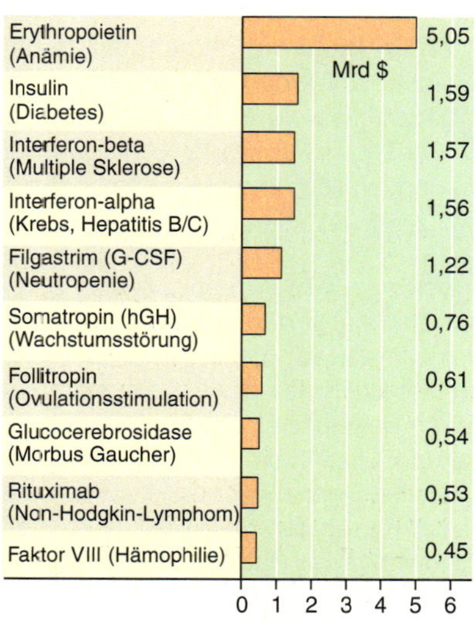

Biodiversitätskonvention (Nairobi, 2000): „Die gerechte Aufteilung der Vorteile aus der Anwendung traditioneller Kenntnisse, Innovationen und Gebräuche von vielen eingeborenen und ortsansässigen Gemeinschaften mit traditionellen Lebensformen ist wünschenswert."

Die Suche nach Genen, deren gentechnische Expression sich kommerziell nutzen lässt, wird von den Befürwortern als „Bioprospecting", von den Gegnern als „Biopiraterie" bezeichnet. Erläutern Sie.

Menschen nach Maß?

„Im Jahre 2003 wurde das erste Designer-Baby Europas in England geboren. Stammzellen aus der Nabelschnur des Säuglings sollen dem vierjährigen krebskranken Bruder helfen. Es kommen nur genetisch vollkommen identische Stammzellen in Betracht, daher ist der Embryo bei einer In-vitro-Fertilisation nach diesen Gesichtspunkten ausgewählt worden." (Agenturmeldung)

„This year's 50th anniversary of the discovery of the structure of DNA has kindled many debates about the implications of that knowledge for the human condition. Arguably the most emotionally charged is the debate over the prospect of human genetic enhancement or 'designer babies'. It's only a matter of time, many say, before parents will improve their children's intelligence and personality by having suitable genes inserted into them shortly after conception." (Guardian 2003)

Die Kombination von Gentechnik und Reproduktionstechnik birgt Möglichkeiten, die Hoffnung oder Angst machen. Sammeln Sie Argumente zur Versachlichung der Diskussion.

Datenschutz für Gene?

The HUGO Ethics Committee adopts the following principles as a basis for its recommendations:

1. Human genomic databases are global public goods.
2. Individuals, families, communities, commercial entities, institutions and governments should foster the public good.
3. The free flow of data and the fair and equitable distribution of benefits from research using databases should be encouraged.
4. The choices and privacy of individuals, families and communities with respect to the use of their data should be respected.
5. Individuals, families and communities should be protected from discrimination and stigmatization.
6. Researchers, institutions and commercial entities have a right to a fair return for intellectual and financial contributions to databases.

Informieren Sie sich, inwieweit ein genetischer Steckbrief von Einzelpersonen für Knochenmarkspende, Versicherungen, Verbrechensaufklärung, Arbeitsplatzbesetzung bzw. Einwanderung einsetzbar wäre bzw. in Europa bereits eingesetzt wird.

Entwickeln Sie Ideen für einen wirksamen Datenschutz der persönlichen genetischen Information.

Erkennen und Abwehren

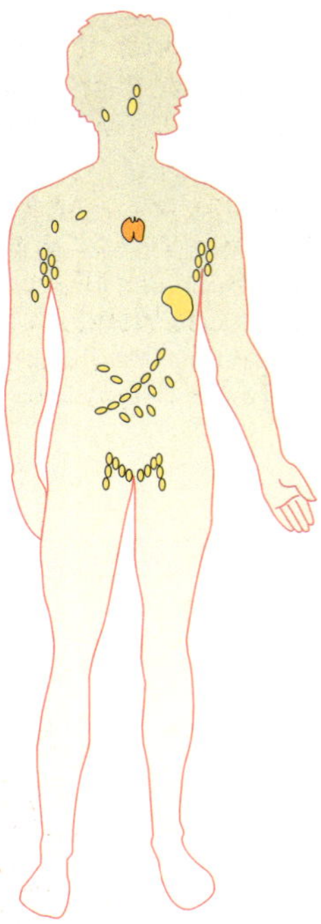

Lymphatische Organe

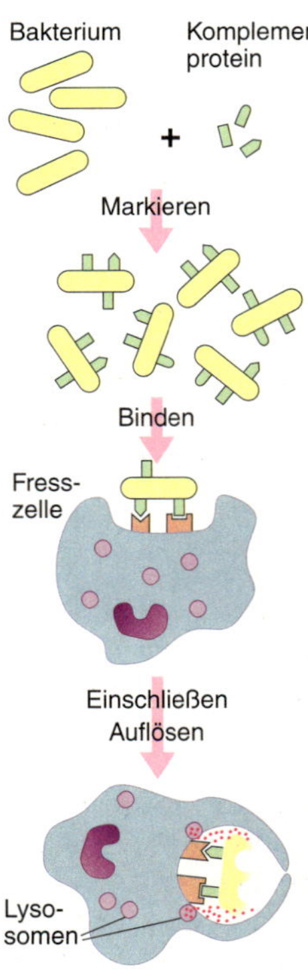

Wirkungsweise des Komplementsystems

In unserer Umwelt befinden sich unzählige Mikroorganismen (Bakterien, Pilze, tierische Einzeller) und Viren. Diese *infektiösen Erreger* werden durch Körperkontakt, Tröpfchen, Luft und Nahrung, aber auch durch Insektenstich übertragen. Im Körper können sie großen Schaden anrichten, wenn sie sich vermehren. Die meisten Infektionen sind bei gesunden Menschen aber nur von kurzer Dauer und verursachen keine schwerwiegenden Gesundheitsprobleme. Dafür sorgen körpereigene Abwehrsysteme.

Unser Körper ist durch mehrere Mechanismen vor Infektionen geschützt. Die *äußere Abwehr* verhindert sehr wirksam, dass Erreger überhaupt erst in den Körper eindringen. Die Haut beispielsweise ist leicht sauer *(Säureschutzmantel)*, viele Bakterienarten vermehren sich auf ihr nur sehr schlecht. Schleimhäute sondern Sekrete ab, in die Bakterien eingeschlossen werden. Im Bereich der Bronchien werden Fremdkörper durch Flimmerhärchen nach außen entsorgt. Die Tränenflüssigkeit enthält *Lysozym*, ein Enzym, das die Zellwand vieler Bakterienarten zerstört.

Überwinden Erreger die Barrieren der äußeren Abwehr, z. B nach Verbrennungen oder Hautverletzungen, wird das *Immunsystem* aktiviert. Es ist darauf spezialisiert, körperfremde Eindringlinge zu erkennen und zu zerstören. Die Fähigkeit, körperfremdes und körpereigenes Material zu unterscheiden, bildet die Grundlage eines jeden inneren Abwehrsystems.

Unspezifische Immunität

Fresszellen *(Phagocyten)*, zu denen die insbesondere in der Haut vorkommenden *Makrophagen* gehören, lagern körperfremde Eindringlinge an ihrer Oberfläche an (Abb. 1). Das körperfremde Material wird dann von den Zellen einverleibt und dabei in membranumhüllte Bläschen eingeschlossen.

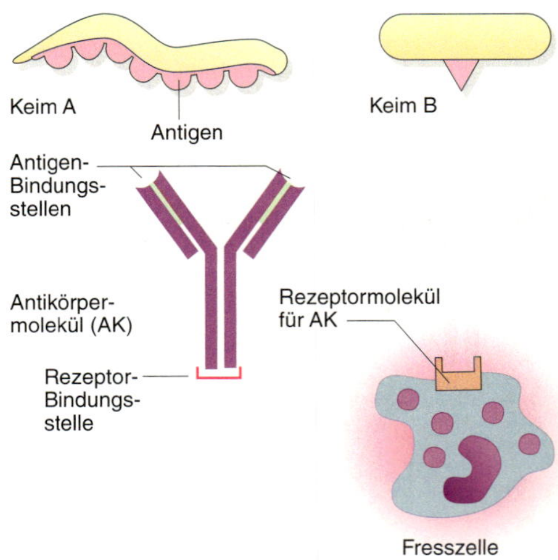

2 Antikörper-Brücken: Erreger – Fresszelle

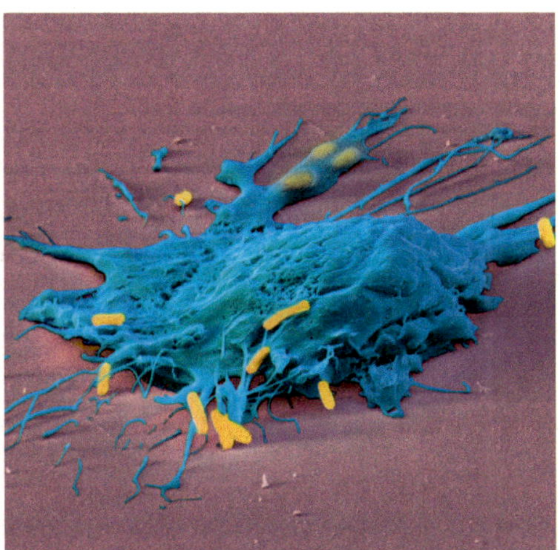

1 Ein Makrophage spürt Bakterien (gelb) auf

Lysosomen (s. Seite 18) verschmelzen mit diesen Bläschen. Lysosomale Verdauungsenzyme bauen das körperfremde Material ab. Den gesamten Vorgang (Anlagerung, Einverleibung, Verdauung) nennt man *Phagocytose*.

Die Phagocytose wird von speziellen Proteinen, die in den Körperflüssigkeiten von Säugetieren zu finden sind, verstärkt. Die Gesamtheit dieser Proteine wird als *Komplementsystem* bezeichnet. Sie lagern sich an körperfremde Eindringlinge an und markieren sie. Fresszellen erkennen die Proteine mithilfe von Rezeptormolekülen, es bilden sich Brücken aus (s. Randspalte). Die Phagocytose wird dadurch erheblich gesteigert, die Vermehrung der Erreger verhindert.

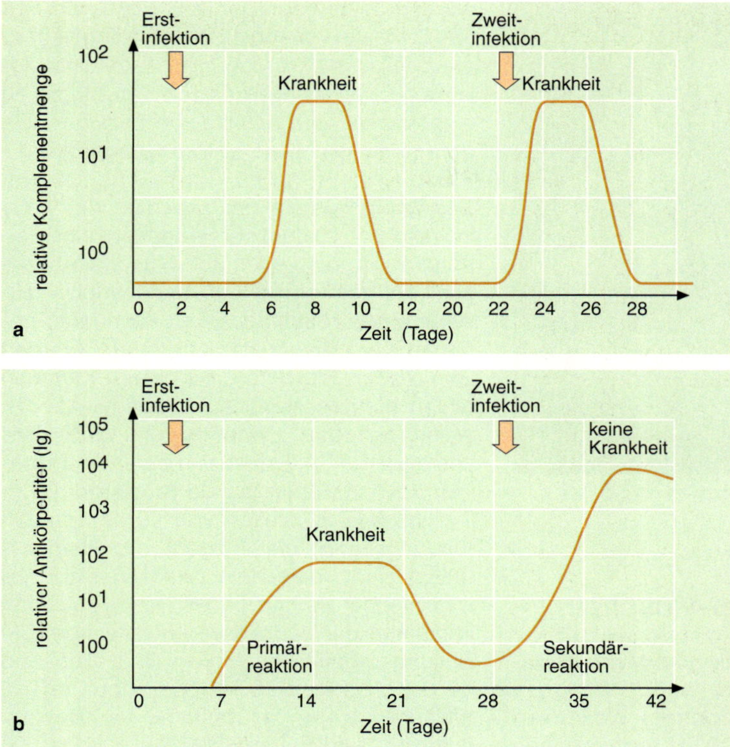

1 Unspezifische (a) und spezifische Immunität (b) im Vergleich

Passive Immunisierung
Verabreichung von erregerspezifischen Antikörpern

Aktive Immunisierung
Verabreichung von abgeschwächten Erregern oder Bruchstücken des Erregers, Bildung von Antikörpern durch körpereigene Weiße Blutzellen

Inkubationszeit
Zeitspanne vom Eindringen eines Erregers in den Körper bis zum Auftreten von Krankheitssymptomen

Spezifische Immunität

Nur ein Teil der Erreger, die in den Körper eindringen, werden von Proteinen des Komplementsystems markiert. Die übrigen entgehen dieser Kontrolle. Zu ihrer Bekämpfung werden spezifischere Brückenmoleküle benötigt. Diese sollten einerseits an die Oberflächenmoleküle aller nur erdenklichen Erreger binden und andererseits auch Bindungsstellen für Rezeptormoleküle auf Fresszellen besitzen. *Antikörper* besitzen diese Eigenschaften (s. Abb. 132. 2). Das spezifische Immunsystem der Säugetiere kann Antikörper gegen beinahe alle auf Erregern vorkommenden Oberflächenmoleküle bilden. Stoffe, die eine Antikörperproduktion auslösen, werden *Antigene* genannt. Antikörper werden von spezialisierten *Weißen Blutzellen* gebildet. Das spezifische Immunsystem kehrt nach erfolgreicher Infektions-Bekämpfung nicht in den Ausgangszustand zurück, es besitzt ein „Gedächtnis". *Gedächtniszellen* bleiben zurück: Dringt der gleiche Erreger erneut in den Körper ein, vermehren sich diese Gedächtniszellen und produzieren in wesentlich kürzerer Zeit in höherer Konzentration Antikörpermoleküle als bei der Erstinfektion (*Sekundärreaktion)*. Die antikörpermarkierten Erreger haben keine Chance, sich zu vermehren und werden innerhalb kurzer Zeit zerstört. Der Körper ist immun gegen den Erreger.

Entzündungsreaktion

Dringen Erreger in unsere Haut ein und vermehren sich dort, entstehen oftmals mit bloßem Auge sichtbare gerötete und geschwollene Gewebebereiche. Der Organismus hat auf die Infektion mit einer stärkeren Blutversorgung und einer Erhöhung der Kapillardurchlässigkeit geantwortet. Immunzellen treten millionenfach aus den Blutgefäßen in das infizierte Gewebe über und wandern in den Infektionsherd ein (Abb. 2). Im Zusammenspiel mit den stark erhöhten Konzentrationen von Komplementproteinen und von Antikörpermolekülen kann die Infektion wirksam bekämpft werden. *Eiter* besteht zum größten Teil aus Immunzellen, die nach der Phagocytose abgestorben sind.

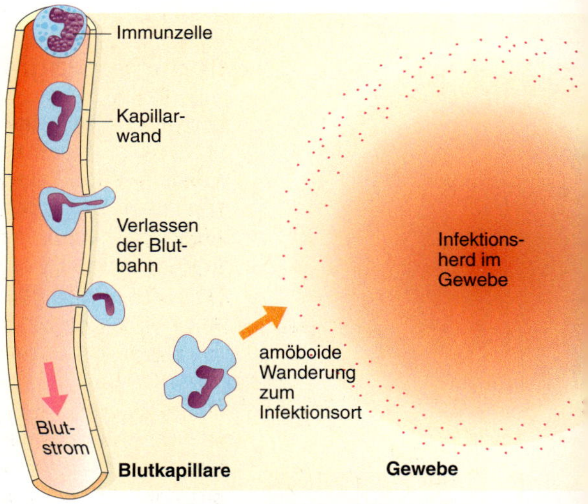

2 Immunzellen wandern zum Ort der Infektion

Aufgaben

① Zellen und Brückenmoleküle des Immunsystems ermöglichen zusammen erst die effektive Bekämpfung einer Infektion. Begründen Sie.
② Worin unterscheiden sich das unspezifische und das spezifische Immunsystem der Säugetiere voneinander? Beziehen Sie sich auch auf Abbildung 1.
③ Die Schutzimpfung (aktive Immunisierung) beruht auf dem immunologischen Gedächtnis. Erklären Sie dies unter Einbeziehung von Abbildung 1.

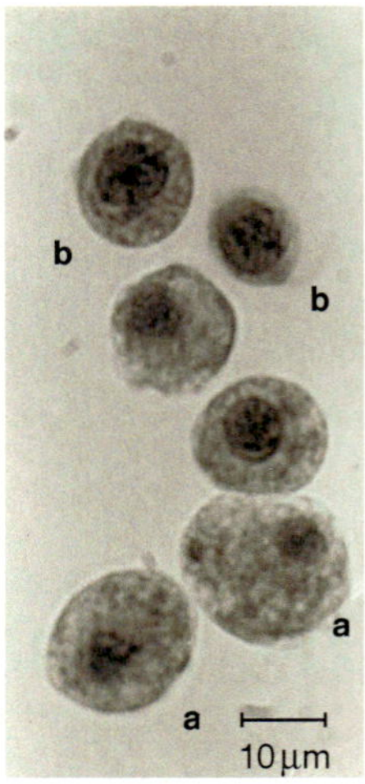

Zellen in der Körperflüssigkeit der Miesmuschel: Zellen mit ausgedehntem Cytoplasma (a), Zellen mit wenig Cytoplasma (b)

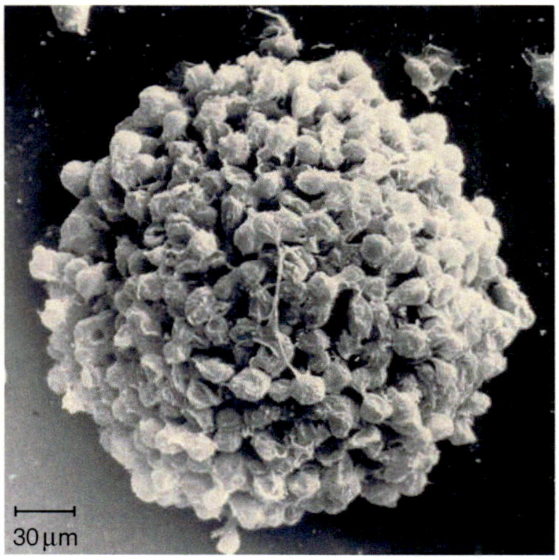

1 Verklumpung Weißer Blutzellen (REM)

Immunbiologie der Muscheln

Nicht nur Wirbeltiere wie der Mensch besitzen ein Immunsystem, auch Wirbellose müssen Eindringlinge abwehren. Weichtiere *(Mollusken)* sind mit 130 000 beschriebenen Arten nach den Insekten der artenreichste Tierstamm. Ihr Immunsystem hat sich im Laufe der Evolution zu einem wirkungsvollen Abwehrmechanismus gegen körperfremde Eindringlinge entwickelt. Weiße Blutzellen spielen darin eine Schlüsselrolle.

Gelangen körperfremde Eindringlinge in die Miesmuschel, wandern ihre Weißen Blutzellen amöboid millionenfach in die infizierten Gewebebereiche ein, man spricht von einer Entzündung. Am Infektionsort angekommen, werden kleinere Erreger (z. B. Bakterien) von den Blutzellen phagocytiert, also angelagert, einverleibt und verdaut. Größere Eindringlinge *(Parasiten)* werden von den Blutzellen eingekapselt und mithilfe von Enzymen, die deren Zellmembran zerstören, abgetötet.

Das Immunsystem der Miesmuschel weist im Vergleich zu dem der Säugetiere eine Reihe von Unterschieden auf. Muscheln besitzen kein getrenntes Blut- und Lymphgefäßsystem, die Mischflüssigkeit kann nicht gerinnen. Leckagen in der Körperhülle werden von Weißen Blutzellen, die riesige Klumpen bilden können, regelrecht verlegt (Abb. 1). Antikörper und Lymphocyten sind nicht vorhanden. Kohlenhydrat bindende Proteine *(Lektine)* fungieren als Brückenmoleküle zwischen Blutzellen und körperfremden Eindringlingen; sie steigern die Phagocytoseaktivität. Muscheln besitzen also Abwehrmechanismen, die der unspezifischen Immunität der Säugetiere entsprechen. Die Bildungsorgane der Weißen Blutzellen sind bei der Miesmuschel nicht bekannt. Die Zahl Weißer Blutzellen schwankt bei der Miesmuschel im Bereich von 500 000 bis 10 000 000 Zellen / ml Körperflüssigkeit.

Aufgaben

① Vergleichen Sie die Abwehrmechanismen der Miesmuschel mit der unspezifischen Immunität der Säugetiere.

② Phagocyten spielen auch bei Säugetieren eine wichtige Rolle. Welche evolutiven „Neuheiten" haben deren Phagocyten im Vergleich zu denen der Mollusken erworben?

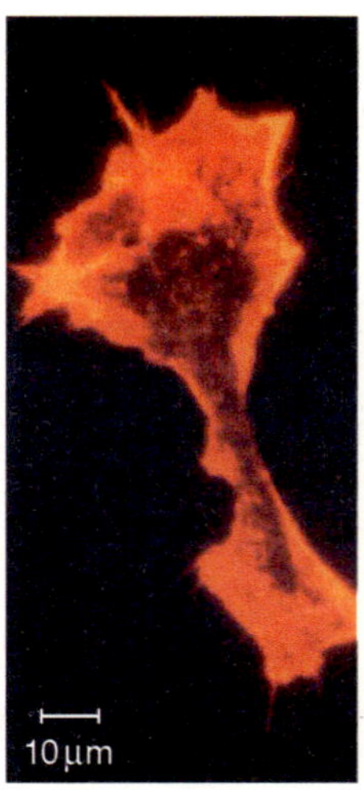

Zellskelett einer wandernden Weißen Blutzelle aus der Miesmuschel (immunfluoreszenzmikroskopische Aufnahme, angefärbt wurden die Aktinfilamente)

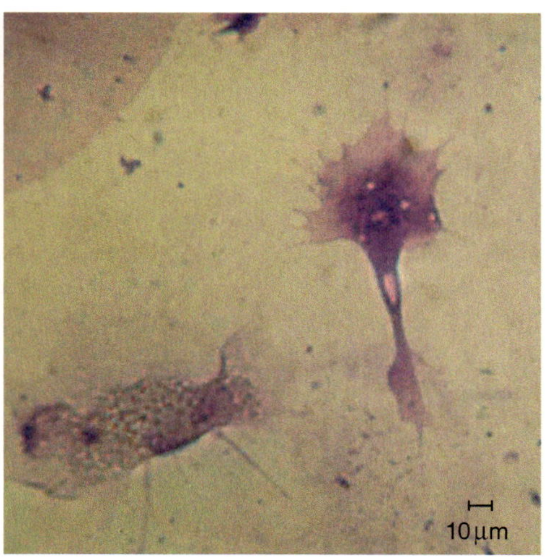

2 Weiße Blutzelle der Miesmuschel (lichtmikr.)

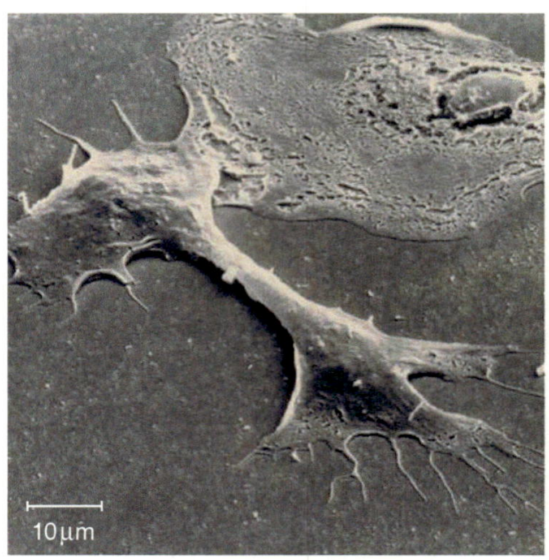

3 Weiße Blutzelle der Miesmuschel (REM)

Immunzellen der Miesmuschel

Versuchstiere

Miesmuscheln sind in Monaten mit einem „r“ im Fischgeschäft um die Ecke zu beschaffen. Schulbiologiezentren oder Meeresaquarien „leihen“ Miesmuscheln oftmals auch aus. Das ist möglich, da die Tiere bei der Zellentnahme nicht beschädigt werden. Beim Umgang mit den Tieren sind die einschlägigen Bestimmungen zu beachten *(Achtung: Lehrer fragen!)*.

Haltung: Die Tiere können in künstlichem Seewasser (30 g Seesalz auf ein Liter Leitungswasser) in Kleinaquarien im Kühlschrank mehrere Tage gehalten werden. Eine Belüftung des Wassers ist zu empfehlen.

Materialien: Frühstücksmesser, Bleistiftstummel, Tuberkulinspritze, 0,5 ml künstliches Seewasser, Petrischalen, Haushaltspapier, Objektträger, 1 g Trockenhefe

Zellentnahme

Zur „Blutentnahme“ wird der hintere Schließmuskel punktiert. Dazu wird die Muschel aufgekeilt (z. B. mit einem stumpfen Frühstücksmesser und mit einem Bleistiftstummel, der zwischen die Schalen gebracht wird). In das Reservoir einer leicht gängigen Spritze (z. B. 1 ml Tuberkulinspritze) werden 0,5 ml künstliches Seewasser vorgelegt. Die Kanüle der Spritze wird dann vorsichtig in den hinteren Schließmuskel gestochen, der Kolben der Spritze wird ganz langsam herausgezogen. Die Weißen Blutzellen bilden beim Einströmen in das Seewasser des Spritzenreservoirs Schlieren, die gut zu sehen sind.

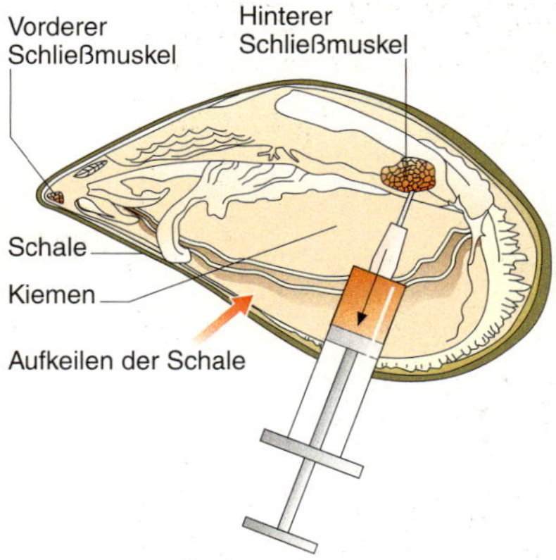

1 Entnahme Weißer Blutzellen

Amöboide Wanderungsaktivität

Unmittelbar nach der Punktion werden die Zellen nach Abnahme der Kanüle auf Objektträger gegeben und 10 min in feuchten Kammern gehalten (Deckel von Petrischalen, die mit feuchtem Haushaltspapier ausgelegt sind und über die Objektträger gestülpt werden). In dieser Zeit sinken die Zellen auf das Glas ab, haften an und beginnen zu wandern.

Aufgaben

① Versehen Sie das Präparat mit einem Deckglas mit Knetfüßchen. Mikroskopieren Sie die Zellen unmittelbar nachdem sie auf den Objektträger gebracht wurden bei der stärksten Vergrößerung. Fertigen Sie eine Zeichnung an.

② Zeichnen Sie mehrere Zellen, nachdem diese sich 10 min auf einem Objektträger befunden haben und amöboid wanderungsaktiv sind. Vergleichen Sie die Zellen mit den Abbildungen.

③ Beobachten sie eine wanderungsaktive Zelle mehrere Minuten lang und fertigen Sie Skizzen an.

Phagocytose

Geben Sie einen Tropfen Hefezellen (1 g Trockenhefe in 100 ml Seewasser suspendiert) zu Weißen Blutzellen, die nach der Entnahme 10 min in feuchten Kammern gehalten wurden. Innerhalb weniger Minuten befinden sich Hefezellen schon in phagocytoseaktiven Blutzellen. Legen Sie ein Deckgläschen auf und mikroskopieren Sie bei der stärksten Vergrößerung.

Abb. 3 zeigt zwei Weiße Blutzellen aus der Miesmuschel nach der Auffnahme von Hefezellen bei starker Vergrößerung.

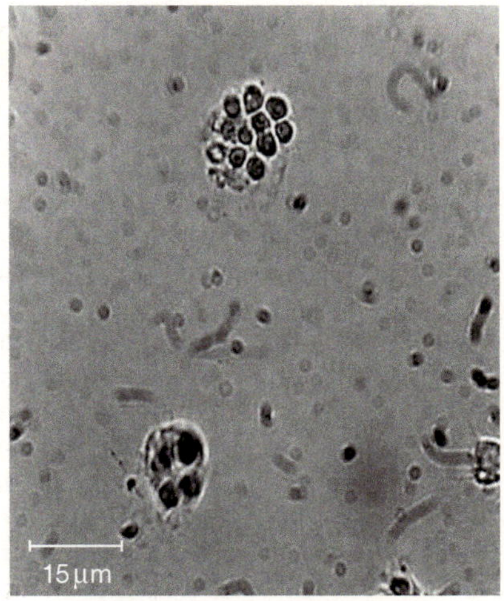

3 Phagocytierende Weiße Blutzellen

Aufgaben

④ Zeichnen sie Weiße Blutzellen, die Hefezellen phagocytiert haben.

⑤ Bevor die Blutzellen sich Hefezellen einverleiben können, müssen sie diese an ihrer Oberfläche anlagern. Zeichnen Sie auch solche Phagocytose-Stadien.

⑥ Betreiben Sie im Kurs etwas Statistik: Wie viel Prozent der beobachteten Blutzellen haben sich 10 min nach Zugabe der Hefe Hefezellen einverleibt? Wie viele Hefezellen wurden von einer Blutzelle maximal einverleibt?

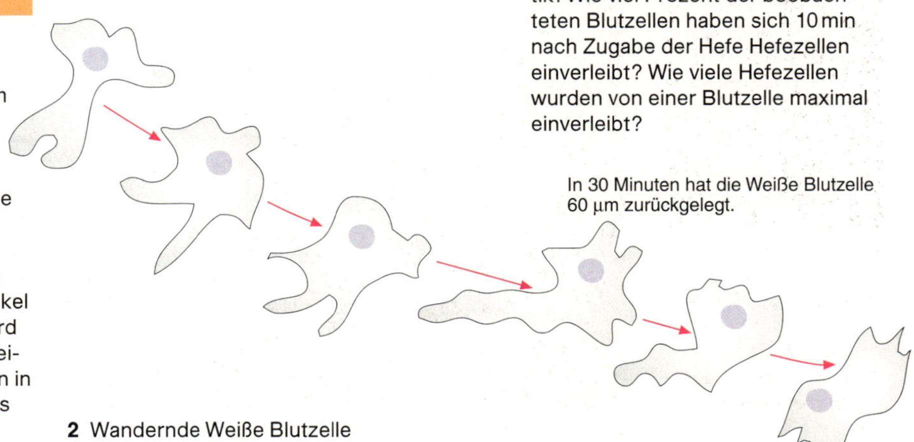

2 Wandernde Weiße Blutzelle

Die Immunantwort

Fresszellen repräsentieren ein stammesgeschichtlich altes Abwehrsystem, das heute in allen Tiergruppen angetroffen werden kann. Wirbeltiere haben im Laufe ihrer Evolution als Antwort auf immer neue infektiöse Erreger zusätzlich ein *Lymphsystem* erworben. Das Lymphsystem (s. Randspalte) besteht aus lymphatischen Organen (z.B. Thymus, Lymphknoten), Lymphgefäßen und verschiedenen Weißen Blutzellen. Die Gefäße des Lymphsystems nehmen die Gewebsflüssigkeit auf und führen sie über den *Milchbrustgang* wieder dem Blutgefäßsystem zu. Dabei durchströmt die Flüssigkeit die Lymphknoten, in denen sich Weiße Blutzellen in hoher Konzentration befinden. In der Gewebsflüssigkeit enthaltene Antigene werden von den Zellen erkannt, d.h. gebunden und dann eliminiert. Lymphknoten können als immunologische Filter bezeichnet werden. Im Falle einer Infektion schwellen sie meist an.

Herkunft der Weißen Blutzellen

Alle Zellen des menschlichen Immunsystems stammen von Stammzellen des roten Knochenmarks ab. Man unterscheidet zwei *Differenzierungslinien,* die *myeloische* und die *lymphoide* (s. Abb. 1). Myeloische Vorläuferzellen können sich zu *Phagocyten* (Monocyten, Makrophagen; Granulocyten) oder *Mastzellen* differenzieren, lymphoide zu *Lymphocyten* (B-Zellen, T-Zellen). Da alle genannten Zelltypen wanderungsfähig sind, können sie aktiv aus dem Knochenmark in das Blut übertreten, werden vom Blutstrom mitgerissen und können die Blutgefäße in praktisch allen Geweben auch wieder verlassen. Ein Teil der Monocyten wandelt sich im Gewebe zu Makrophagen um. Schätzungsweise hundert Milliarden dieser Fresszellen patrouillieren ständig durch unsere Gewebe, um körperfremde Eindringlinge aufzuspüren. B-Zellen besiedeln insbesondere die Lymphknoten. Kommen sie mit Antigen in Kontakt, produzieren sie Antikörper und werden dann *Plasmazellen* genannt. T-Zellen verlassen das Knochenmark unfertig. Sie wandern in den *Thymus*, ein drüsenartiges Gewebe hinter dem Brustbein, ein. Dort reifen die T-Zellen zu *T-Helferzellen* und *T-Killerzellen* aus. Ausgereifte T-Zellen besitzen antigenspezifische Bindemoleküle auf ihrer Oberfläche, die *T-Zell-Antigen-Rezeptormoleküle*. Nach der Ausreifung verlassen die T-Zellen den Thymus und besiedeln praktisch alle Gewebe des Körpers.

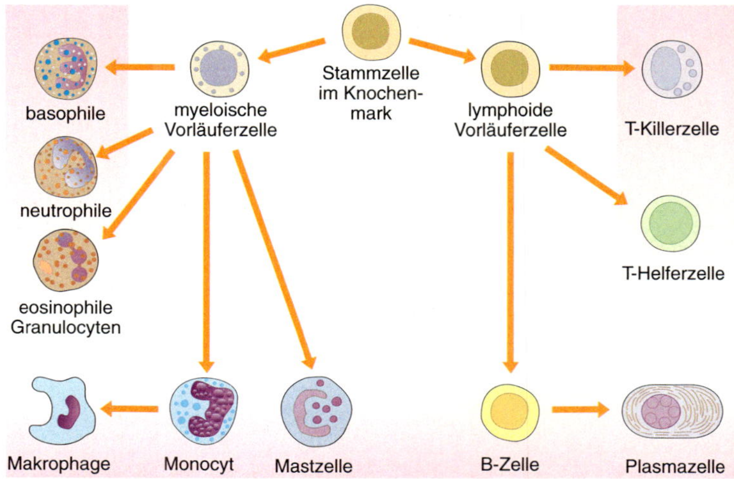

1 Differenzierung von Weißen Blutzellen

Antikörperproduktion

Dringen Bakterien in unseren Körper ein, werden sie von Makrophagen phagocytiert und verdaut. Bestimmte bakterielle Proteinbruchstücke werden an die Oberfläche der Fresszellen gebracht (s. Abb. 137.1). Die Bruchstücke werden so zum erkennbaren Antigen für T-Helferzellen (T_H). T_H-Zellen haben eine Schlüsselposition bei der Antikörperproduktion inne, denn sie leisten B-Zellen Hilfe, ohne die diese nicht zu Antikörper produzierenden Plasmazellen ausreifen können. T_H-Zellen erkennen die von Makrophagen präsentierten Bruchstücke mit ihrem T-Zellrezeptormolekül und werden daraufhin aktiviert. Trifft die aktivierte T_H-Zelle dann auf eine B-Zelle, die mit ihren membranständigen Antikörpern ein Bakterium aufgenommen hat und ähnlich wie ein Makrophage bakterielle Bruchstücke auf ihrer Oberfläche präsentiert, stimuliert sie die B-Zelle hormonell. Erst daraufhin teilt sich die B-Zelle, die Tochterzellen reifen zu Plasmazellen heran und produzieren die passenden Antikörpermoleküle, die sie in die Körperflüssigkeiten abgeben. Die Kooperation zwischen Makrophagen, T_H- und B-Zellen, stellt sicher, dass nur Antikörper erzeugt werden, die exakt zu einem in den Körper eingedrungenen Antigen passen. Die Antikörper binden an die Erreger, Fresszellen erkennen die markierten Eindringlinge und eliminieren sie durch Phagocytose. Die meisten aktivierten T- und B-Zellen sterben nach erfolgreicher Bekämpfung der Infektion ab.

Lymphocyten
B-Zellen: Reifen bei Säugetieren im Knochenmark aus, bei Vögeln in der thymusähnlichen Bursa fabricii.
T-Zellen: Reifen in der Thymusdrüse aus.

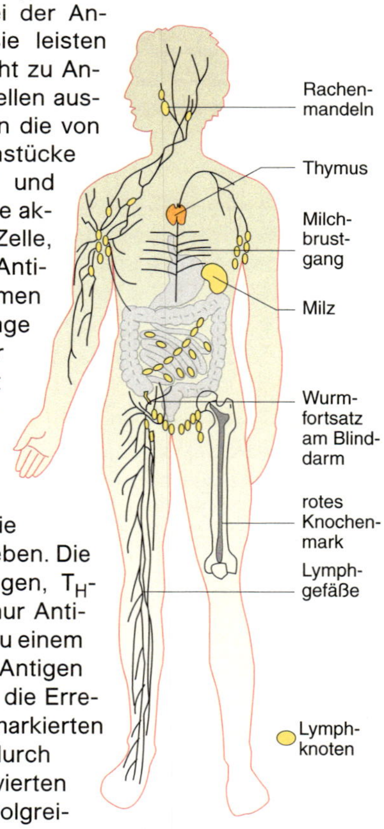

Lymphsystem

Eliminierung von virusinfizierten Zellen

So genannte *T-Killerzellen* (T_C) sind auf die Eliminierung von Zellen spezialisiert, die von Viren befallen sind. T_C-Zellen patrouillieren ständig durch unseren Körper. Treffen sie im Gewebe auf eine virusinfizierte Zelle, binden sie an diese und geben Moleküle ab, die die infizierte Zelle abtöten. T-Killerzellen erkennen infizierte Zellen an Bruchstücken viraler Proteine, die befallene Zellen auf ihrer Oberfläche präsentieren, mithilfe ihrer T-Zellrezeptormoleküle (Abb. 2).

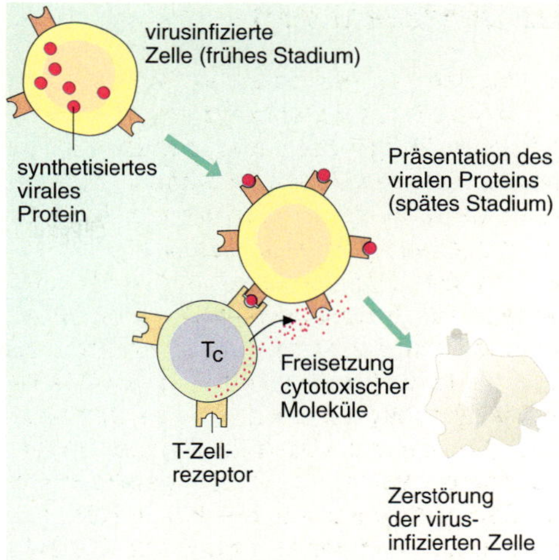

2 T-Killerzellen eliminieren virusbefallene Zellen

Das immunologische Gedächtnis

Dringt ein Erreger zum ersten Mal in die Körperflüssigkeiten ein, werden durch die oben beschriebenen Mechanismen T_H- und B-Zellen aktiviert. Die antigenspezifischen Zellen vermehren sich, ein Teil der T_H- und Plasmazellen differenziert sich zu abwehraktiven Zellen aus, ein anderer zu langlebigen *Gedächtniszellen*. Diese Gedächtniszellen sind immunologisch zunächst nicht aktiv. Dringt aber der Erreger erneut in den Körper ein, werden diese antigenspezifischen Gedächtniszellen in kürzester Zeit aktiviert. Sie teilen sich häufig und erzeugen in kurzer Zeit große Mengen Antikörper *(immunologische Sekundärantwort)*. Die Erreger werden effizient bekämpft, sodass meist keine oder kaum Krankheitssymptome auftreten.

Aufgaben

① T-Zell-Antigen-Rezeptormoleküle spielen eine große Rolle bei der Antikörperproduktion und bei der Abtötung virusinfizierter Zellen. T-Zellrezeptormoleküle erkennen Bruchstücke körperfremder Eindringlinge auf Antigen präsentierenden Zellen nach dem *Schlüssel-Schloss-Prinzip*. Welche Zellen präsentieren Antigen auf ihrer Oberfläche?

② Eine einzelne B-Zelle stellt nur eine einzige Antikörperspezifität her, d.h. ihre Antikörper binden nur ein bestimmtes Antigen. Durch welchen Mechanismus wird sichergestellt, dass aktivierte T-Helferzellen nur solchen B-Zellen Hilfe leisten, die auch den passenden Antikörper herstellen können?

③ T-Helferzellen gelangen nach ihrer Aktivierung im Gewebe mit der Lymphflüssigkeit in die Lymphknoten. Dort befinden sich B-Zellen in hoher Konzentration. Dadurch wird sichergestellt, dass die T-Helferzellen mit großer Wahrscheinlichkeit in Kontakt mit B-Zellen kommen, die die passenden Bruchstücke präsentieren. B-Zellen können also in Lymphknoten verweilen und ihre Funktion als ausgereifte Plasmazellen dennoch ausführen, T-Killerzellen hingegen nicht. Begründen sie dies.

④ Wie unterscheiden T-Killerzellen virusinfizierte von nicht infizierten körpereigenen Zellen?

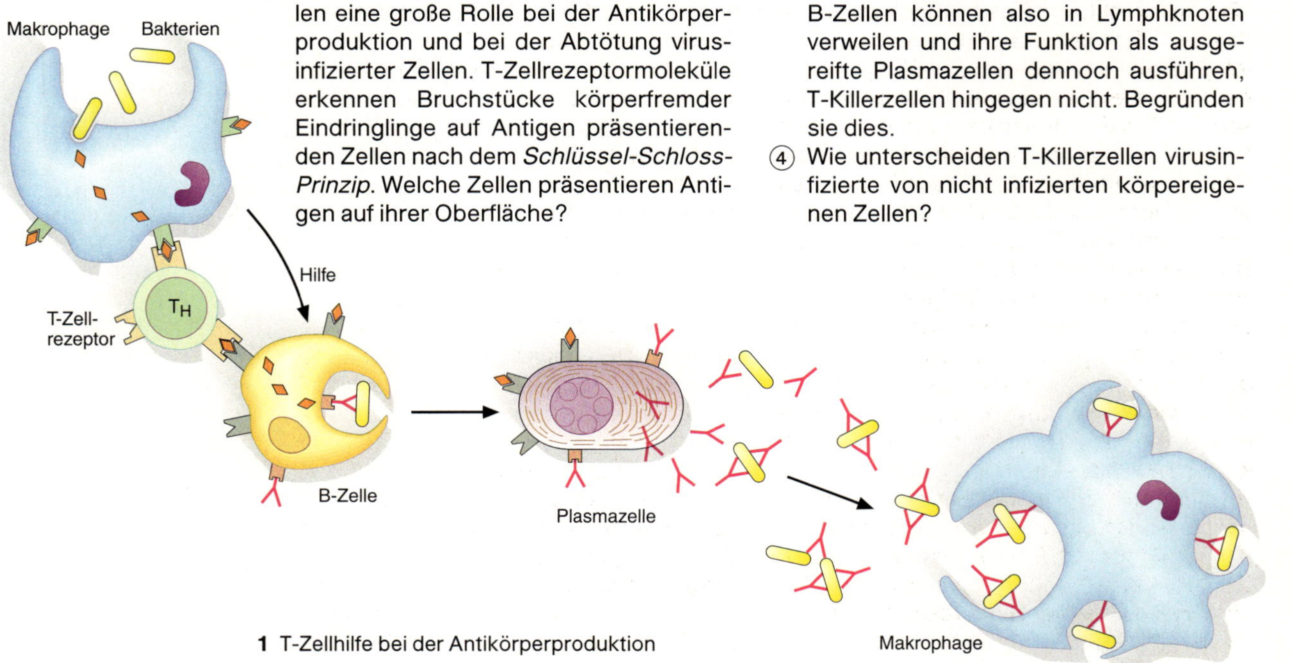

1 T-Zellhilfe bei der Antikörperproduktion

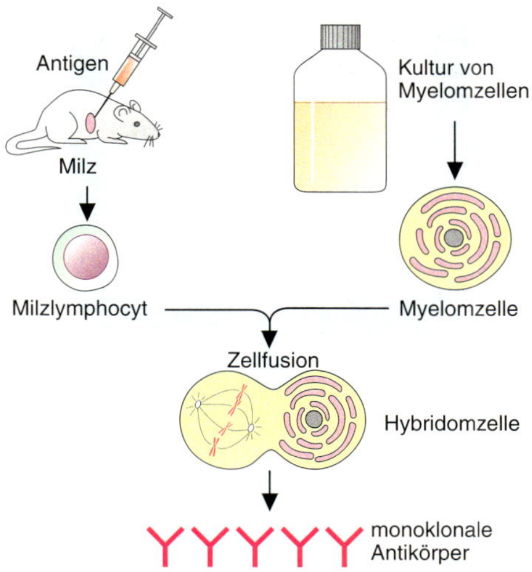

1 Gewinnung monoklonaler Antikörper (MAK)

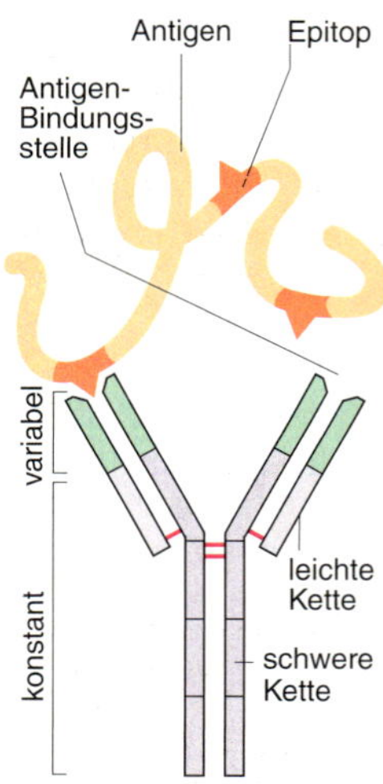

Antikörper bindet an Epitop

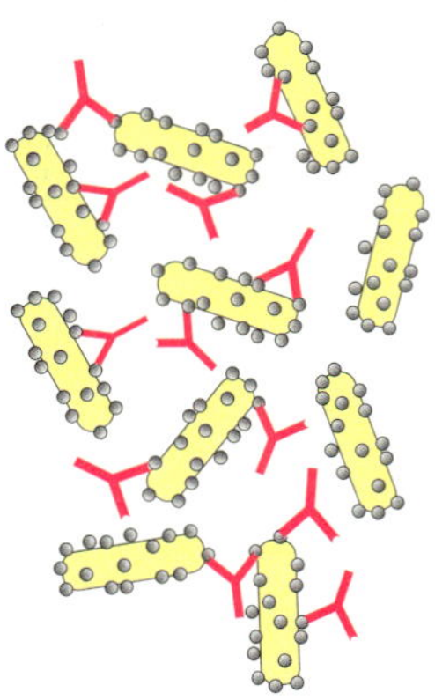

Verklumpung von Zellen durch Antikörper

Antigen-Antikörper-Reaktion

Antikörper findet man im Blut und in der Gewebsflüssigkeit aller Wirbeltiere. Alle Antikörper haben einen identischen Grundaufbau. Es handelt sich um Y-förmige Moleküle, die aus zwei identischen schweren und zwei identischen leichten Aminosäureketten bestehen (s. Randspalte). Die Ketten werden durch Disulfidbrücken zusammengehalten. Man unterscheidet eine konstante Region, die innerhalb einer Antikörperklasse identisch ist (s. Seite 142) und eine variable Region, die für die Antigenbindung verantwortlich ist. Die Antigenbindungsstellen erkennen, d.h. binden nach dem Schlüssel-Schloss-Prinzip bestimmte Strukturen eines Antigens, die als *Epitope* bezeichnet werden (s. Randspalte). Da jedes Antikörpermolekül zwei identische Antigenbindungsstellen besitzt, können körperfremde Eindringlinge durch Brückenbildung verklumpt werden. Das verklumpte körperfremde Material wird durch Phagocytose eliminiert.

Bei einer Blutgruppenbestimmung reicht es meist aus, Seren von verschiedenen Menschen zu gewinnen. Sie enthalten ein Gemisch der verschiedensten Antikörperspezifitäten, darunter auch solche, die spezifisch die Blutgruppensubstanzen des AB0-Systems erkennen und Rote Blutzellen mit passenden Antigenen verklumpen. Für die Identifizierung von Zellmarkern, z.B. zur Unterscheidung von T-Helfer- und T-Killerzellen, reichen diese Seren oftmals nicht aus. Die darin enthaltenen Antikörperspezifitäten binden an viele verschiedene Zelloberflächenmoleküle und differenzieren nicht ausreichend. Dazu werden Antikörper benötigt, die nur ein definiertes Epitop erkennen: *monoklonale Antikörper (MAK)*.

Monoklonale Antikörper

Die Eigenschaft von Antikörpern, an definierte Epitope binden zu können, wird vielfältig ausgenutzt, z.B. zur Identifizierung des *BSE*-Erregers oder von Tumorzellen. In der Forschung nutzt man dies zur Darstellung von Zellstrukturen oder zur Identifizierung von Zelltypen anhand von Oberflächenmolekülen, den *Zellmarkern*.

Um monoklonale Antikörper zu erzeugen, werden Versuchstiere (z.B. eine Maus) mit aufgereinigtem Antigen einer anderen Art, z.B. des Menschen, immunisiert. Die Antikörper produzierenden Lymphocyten (genauer Plasmazellen) werden aus der Milz der Tiere gewonnen und dann im Reagenzglas mithilfe von Chemikalien mit Krebszellen verschmolzen. Das Verschmelzungsprodukt nennt man *Hybridomzellen* (Abb. 1). Sie produzieren die spezifischen Antikörper der

Zettelkasten

Der ELISA-Test

Für einen ELISA-Test (engl. für *Enzyme-Linked Immunosorbent Assay)* werden zunächst Probengefäße mit dem zur Immunisierung verwendeten, aufgereinigten Antigen beschichtet. Dann werden die zu testenden *monoklonalen Antikörper* in jeweils ein Testgefäß gegeben. Befindet sich darin der gesuchte Antikörpertyp, binden die Antikörper an die auf der Gefäßoberfläche festsitzenden Antigene. Die Gefäße werden gewaschen, um nicht gebundene Antikörper zu entfernen. Ein zweiter Antikörper wird hinzugegeben, der an den monoklonalen Antikörper bindet. Dieser ist mit einem Enzym verkoppelt, das ein farbloses Substrat in einen Farbstoff umwandelt. Hybridomklone, die den gewünschten monoklonalen Antikörper (MAK) enthalten, werden am gebildeten Farbstoff erkannt.

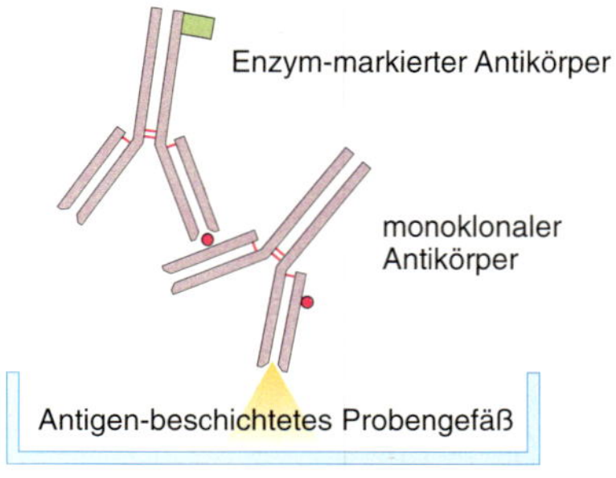

Plasmazelle weiter und haben außerdem die unbegrenzte Teilungsfähigkeit der Krebszellen, sind also praktisch permanent in Kultur zu halten. Um nun denjenigen Hybridomklon zu identifizieren, der den gewünschten Antikörper herstellt, werden nach der Verschmelzung die entstandenen Hybridomzellen vereinzelt und dann in Kultur vermehrt. Die von den *Zellklonen* in den Kulturüberstand sezernierten Antikörper werden abgenommen und mit dem ELISA-Test auf ihre Spezifität hin untersucht (s. Kasten S. 138).

Klon
Gruppe genetisch identischer Zellen oder genetisch identischer Lebewesen

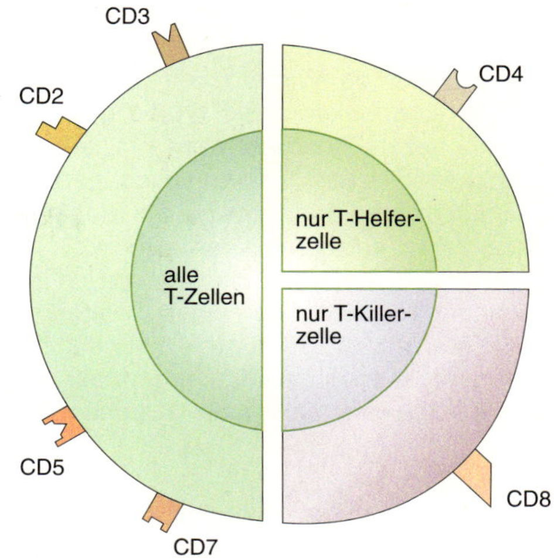

1 Oberflächenmoleküle von T-Zellen

Zelltypisierung mithilfe von MAK

Die verwickelten Verhältnisse beim Zusammenspiel der verschiedenen Zellen bei einer Immunreaktion (s. Seite 136) konnten nur aufgeklärt werden, nachdem man die daran beteiligten Zelltypen im Reagenzglas mithilfe von MAK unterscheiden konnte. T-Zellen des Menschen besitzen unterschiedliche Oberflächenmoleküle (Abb. 1). T-Helfer- und T-Killerzellen besitzen eine Reihe gemeinsamer Oberflächenmoleküle, die daher nicht zur Unterscheidung geeignet sind. Die Oberflächenmoleküle CD4 und CD8 ermöglichen aber eine Identifizierung, da sie nur auf einem der beiden Zelltypen vorkommen. Anti-CD4 und Anti-CD8-MAK werden dazu mit unterschiedlich farbigen Fluoreszenzfarbstoffen markiert. Die markierten MAK werden auf die zu testenden Zellen gegeben. Unter dem Fluoreszenzmikroskop leuchten die T-Killer- und T-Helferzellen verschiedenfarbig auf, wenn sie die MAK gebunden haben.

Zettelkasten

Antikörper nach dem Baukastenprinzip

Das Immunsystem der Wirbeltiere ist in der Lage, viele Millionen verschiedener Antigenrezeptormoleküle (Antikörper, T-Zellrezeptoren) zu erzeugen. Entspräche z. B. jedem einzelnen Antikörper ein DNA-Abschnitt, würde das den größten Teil des Genoms beanspruchen. Die Vielfalt der Antigenrezeptormoleküle wird durch Umsortierung *(Rearrangement)* einer überschaubaren Anzahl von DNA-Abschnitten bei der Reifung von B-und T-Zellen nach dem Baukastenprinzip erzeugt.

Der DNA-Abschnitt, der die Information zur Produktion der leichten (L) Antikörperkette enthält, besteht aus zahlreichen Genabschnitten (V, J, C), die von nicht codierenden Abschnitten unterbrochen werden. V- und J-Segmente codieren für den Antigen bindenden variablen Abschnitt, das C-Segment für den konstanten Abschnitt. V-Segmente liegen in 200 verschiedenen Ausfertigungen vor. Bei der Reifung einer B-Zelle wird jeweils ein V-Segment mit den J-Segmenten durch Herausschneiden *(Deletion)* aller übrigen V-Segmente aus der DNA nach dem Zufallsprinzip zusammengebracht *(somatische Rekombination)*. Die Prä-m-RNA der reifen Plasmazelle stellt eine Abschrift dieses rearrangierten DNA-Abschnitts dar. Durch Spleißen (s. Seite 37) werden die Introns und auch alle J-Segmente bis auf eines entfernt. Die reife m-RNA wird an den Ribosomen in die L-Kette translatiert. Durch diesen Mechanismus können $200 \cdot 4 = 800$ verschiedene L-Ketten gebildet werden. H-Ketten entstehen nach demselben Prinzip, nur dass dabei zusätzlich nach dem V-Segment eines von 12 verschiedenen D-Segmenten eingebaut wird. Es sind also $200 \cdot 12 \cdot 4 = 9600$ verschiedene H-Ketten möglich. Weil sich H- und L-Ketten zum kompletten Antikörpermolekül zusammenlagern, gibt es $800 \cdot 9600 = 7{,}68$ Millionen Kombinationsmöglichkeiten.

SUSUMU TONEGAWA (Nobelpreis 1987) entdeckte die Ursachen für die enorme Vielfalt möglicher Antikörper trotz relativ geringer Anzahl entsprechender Gene.

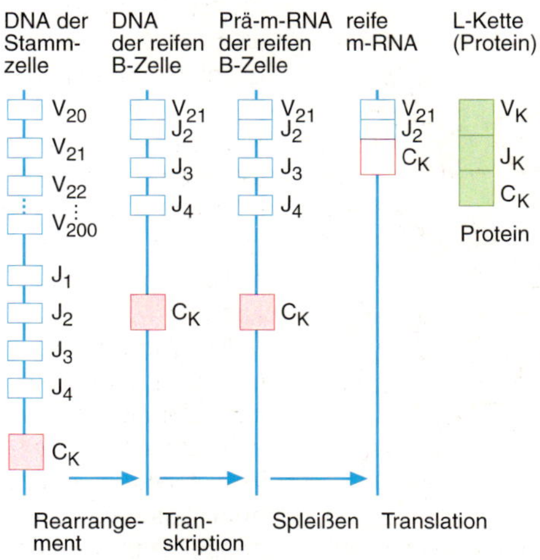

Erworbene Immunität

Masern, Mumps, Windpocken oder Keuchhusten sind bekannt als typische Kinderkrankheiten. Untersucht man die seltenen Krankheitsfälle bei Erwachsenen genauer, so stellt sich heraus, dass sie als Kind meist nicht daran erkrankt waren. Offenbar entsteht durch die erste Erkrankung ein lang anhaltender Schutz vor einer Zweiterkrankung. Man spricht dann von *Immunität*, bzw. davon, ein Mensch sei nun gegenüber einer bestimmten ansteckenden Krankheit immun.

An Tieren lässt sich dies experimentell untersuchen. Spritzt man einem Kaninchen erstmals einen Giftstoff *(Antigen)* aus Bakterien der Gattung Staphylococcus, vergehen 6 bis 8 Tage, bis im Blut in wirksamer Menge Antikörper auftreten. Ihre Konzentration im Blut, der *Antikörpertiter*, steigt bei dieser *Primärreaktion* zunächst an, erreicht ein bescheidenes Maximum und sinkt vergleichsweise schnell wieder ab. Wiederholt man die Giftinjektion nach einigen Wochen, so kommt es zu einer heftigen *Sekundärreaktion*. Der Antikörpertiter steigt innerhalb von 3 bis 7 Tagen auf ein Vielfaches im Vergleich zur Primärreaktion und bleibt länger erhalten (Abb. 1).

Beim ersten Antigenkontakt wurde das Tier sensibilisiert. Das Antigen löste im Organismus die Bildung von Antikörpern und Gedächtniszellen aus. Dieser Vorgang, die *aktive Immunisierung*, ermöglicht die rasche und heftige Reaktion bei der Zweitinfektion. Sofort nach Antigenkontakt beginnen die Gedächtniszellen Antikörper zu bilden. Sie sind bereits wenige Stunden nach der Infektion nachweisbar. Dagegen beginnt bei der Erstinfektion eine nachweisbare Antikörperproduktion erst nach etwa 2 Tagen. Ursache dieser Verzögerung ist die Teilungsdauer, die 12 bis 18 Stunden beträgt, und die Differenzierung zu Plasmazellen, die Antikörper produzieren. Ohne Immunisierung existieren nur etwa 10 bis 100 B-Lymphocyten mit passendem Antigenrezeptor. Die Menge der antigenspezifischen Gedächtniszellen ist jedoch wesentlich größer. Zu ihrer Aktivierung benötigen B-Gedächtniszellen stets T-Helferzellen. Auch von diesem Zelltyp werden bei der Erstinfektion Gedächtniszellen mit dem spezifischen Antigenrezeptor (T-Zellrezeptor) gebildet. Die schnell wirksamen Abwehrmechanismen bei der Zweitinfektion führen dann zur Immunität des betreffenden Organismus gegen das Antigen.

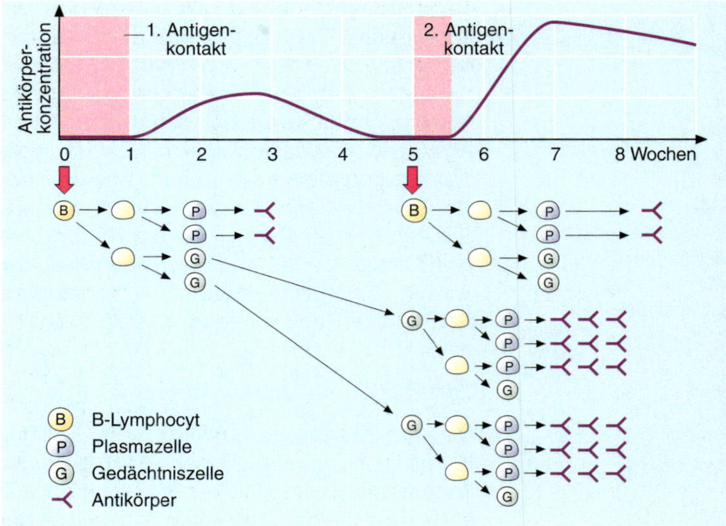

1 Schema der Immunisierung

Aktive Immunisierung

Gedächtniszellen bilden die zelluläre Grundlage einer *Schutzimpfung*. Die Impfung löst die Primärantwort des Immunsystems und die Bildung von Gedächtniszellen aus. Bei einer späteren Infektion mit dem gleichen Erreger ist der Körper durch die schnelle und starke Sekundärreaktion geschützt.

Kinder werden nach einem *Impfplan* gegen die jeweiligen Krankheiten geimpft, die eine gesundheitliche Bedrohung darstellen. *Indikationsimpfungen* gibt es für Personen, die durch besondere Umstände mit Erregern in Kontakt kommen, z. B. Tropenreisende, die sich gegen Cholera, Typhus oder Gelbfieber impfen lassen. Gegen manche Krankheiten wird bei einmaliger Impfung noch kein wirksamer Schutz erzielt, z. B. Diphtherie. Darum wird in kurzen Abständen wiederholt geimpft oder der Impfschutz muss regelmäßig erneuert werden, gegen Tetanus etwa alle 10 Jahre. Andere Impfungen bieten lebenslangen Schutz (z. B. gegen Masern).

Tot-Impfstoffe sind abgetötete Bakterien, inaktivierte Viren oder veränderte Bakteriengifte *(Toxoide)*. Lebend-Impfstoffe enthalten lebende Bakterien oder vermehrungsfähige Viren, deren krankheitserregende Wirkung abgeschwächt wurde. Nach der Impfung vermehren sie sich, erzeugen aber nur schwache oder gar keine Krankheitssymptome.

Einige Impfstoffe können auch gentechnisch hergestellt werden. Dazu werden Gene des Erregers isoliert und in die DNA von Mikroorganismen eingebaut. Die genetisch veränderten Mikroben stellen das vom Erreger-Gen codierte Protein in großen Mengen her. Dies lässt sich mithilfe eines monoklonalen Antikörpers isolieren. So werden Segmente *(Epitope)* des Hepatitis-B-Virus und des Malariaerregers gewonnen.

Passive Immunisierung

Bei der *passiven Immunisierung* wird die Immunität durch Übertragung eines *Antiserums* erreicht. Antiseren sind antikörperhaltige Blutseren. Sie werden von Menschen oder Tieren gewonnen, die gegen einen bestimmten Stoff Antikörper gebildet haben. Passive Immunisierung wird eingesetzt, wenn der Betroffene schon Kontakt mit dem Erreger hatte oder wenn eine Infektionskrankheit schon ausgebrochen ist: Sie wirkt schneller als aktive Immunisierung. Die zugeführten Antikörper unterstützen den Organismus in seinem Kampf gegen den Erreger, bis dieser selbst genügend eigene Antikörper produziert. Die Immunisierung ist aber nur wenige Wochen wirksam, da Antikörper in den Körperflüssigkeiten abgebaut werden. Es kann auch zu Abstoßungsreaktionen auf die geimpften Fremdeiweiße kommen. Die zugeführten Antikörper können vom Immunsystem als körperfremd erkannt werden. Um bei mehrfachen Impfungen Komplikationen zu verhindern, verwendet man gegebenenfalls Seren von unterschiedlichen Tierarten.

Für die Entdeckung der passiven Immunisierung wurde EMIL VON BEHRING geadelt und 1901 als erster Arzt mit dem Nobelpreis für Medizin bedacht.

Krankheit	Impfstoff	
Diphtherie	Bakterientoxoid	T
Keuchhusten (Pertussis)	Bakterien und Bakterientoxoide	T
Tetanus	Bakterientoxoid	T
Kinderlähmung (Poliomelitis)	Virus	L
Mumps	Virus	L
Masern	Virus	L
Röteln	Virus	L

2 T = Totimpfstoff, L = Lebendimpfstoff

Kinder werden mit einem noch unreifen Immunsystem geboren. Während ihrer ersten Lebensmonate werden sie durch Antikörper geschützt, die sie noch im Mutterleib von ihrer Mutter erhalten haben. Antikörper, vornehmlich vom Typ IgG, wandern nämlich durch die Plazenta und schützen den Fetus gegen Keime, gegen die seine Mutter immun ist. Außerdem enthält die Muttermilch Antikörper, die den Verdauungstrakt der Säuglinge vor Infekten schützen.

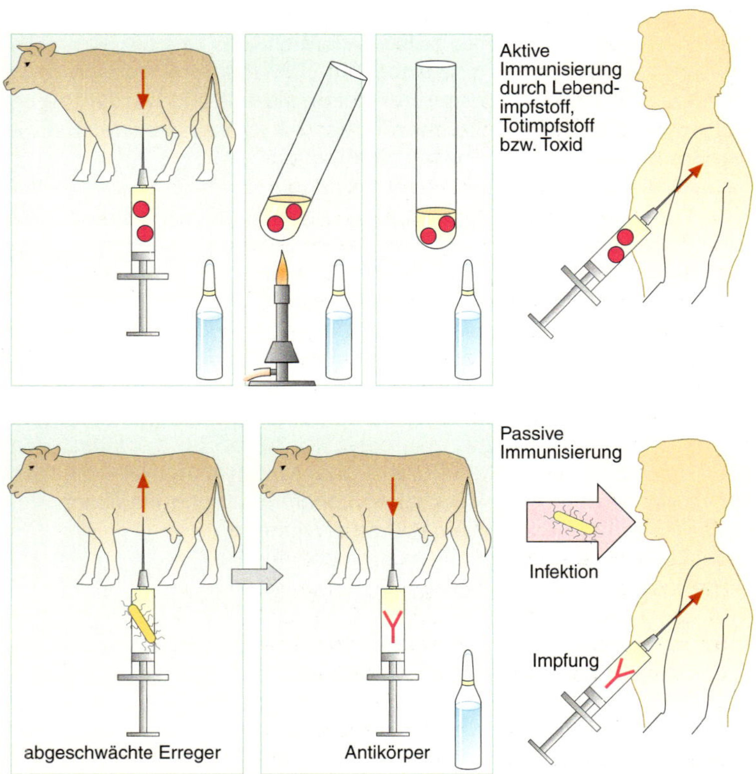

1 Aktive und passive Immunisierung

Aufgaben

① Stellen Sie anhand Ihres Impfbuchs fest, gegen welche Krankheiten, wie oft und wann Sie geimpft wurden.

② Suchen Sie nach Informationen über Auffrischungsimpfungen gegen gefährliche Krankheiten beim Menschen.

③ Erklären Sie mithilfe der Angaben in Abbildung 2, weshalb die Tetanus-Impfung nicht lebenslang schützt, wohl aber die gegen Röteln.

④ Weshalb ist es wichtig, dass ein möglichst großer Teil der Bevölkerung gegen bedrohliche Infektionskrankheiten geimpft ist?

⑤ Warum hält der Schutz einer passiven Immunisierung meist nur wenige Wochen an?

⑥ Informieren Sie sich über den Aufbau von Antikörpern, z. B. auf Seite 142. Welchen Grund könnte es haben, dass Antikörper, die dem IgG-Typ angehören, aus dem mütterlichen Blut im Bereich der Plazenta in das fetale Blut übertreten können, IgM-Antikörper jedoch nicht?

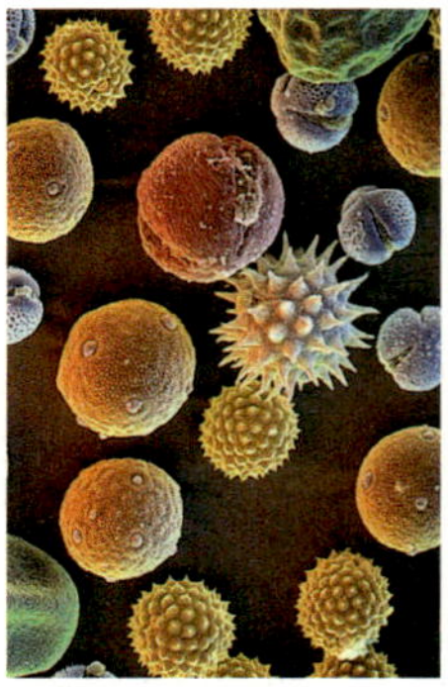

Pollen

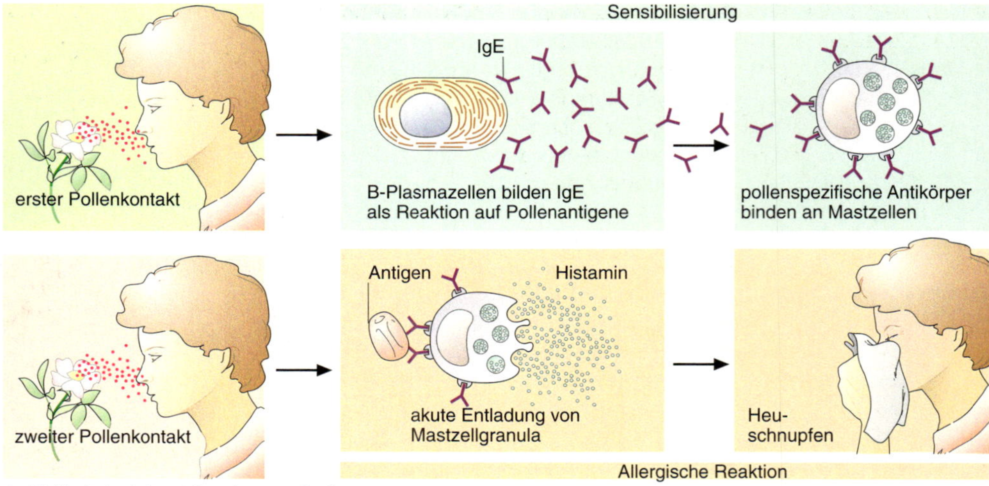

1 Abläufe bei der Allergie vom Soforttyp

Unerwünschte Immunreaktionen

Der Preis, den ein Organismus für die komplexe Immunabwehr zahlt, besteht im Risiko unerwünschter Über- oder Fehlreaktionen des Immunsystems. Während Antigen-Antikörper-Reaktionen in der Regel unbemerkt ablaufen und den Organismus schützen, können sie sich dann schädlich auswirken.

Allergien

Eine typische Überreaktion ist die *Allergie*. Sie äußert sich z. B. bei vielen Menschen als *Heuschnupfen*: Besonders im Frühjahr und Sommer, wenn die Luft von Pollen erfüllt ist, reagieren betroffene Personen mit Augenrötungen und Niesreiz. Allergie auslösende Antigene wie Pollen bezeichnet man als *Allergene*. Heuschnupfen und allergisches Bronchialasthma sind Allergien vom *Soforttyp*, d. h. nach einem ersten Kontakt der Schleimhäute mit dem Allergen *(Sensibilisierung)* löst das Allergen beim nächsten Mal sofort eine heftige Reaktion aus. Plasmazellen reagieren auf das Antigen, indem sie hauptsächlich Antikörper der Klasse IgE bilden. Die Y-förmigen Moleküle heften sich mit ihrem konstanten Ende an membranständige Rezeptormoleküle von Mastzellen. Diese IgE-beladenen Mastzellen werden aktiviert, sobald die Antikörper Allergen binden. Sie entladen dann *Histamin* und andere hochaktive Stoffe in den extrazellulären Raum. Das führt innerhalb weniger Minuten zu Gefäßerweiterungen, Ödemen und Nesselsucht (Abb. 1) Beim Heuschnupfen bleiben diese allergischen Reaktionen meist lokal begrenzt. Bei einem Insektenstich oder einer Medikamentenunverträglichkeit kann sich die Reaktion aber auf den ganzen Körper ausbreiten und zu einem lebensbedrohenden Blutdruckabfall und Bronchialkrämpfen führen *(allergischer Schock)*.

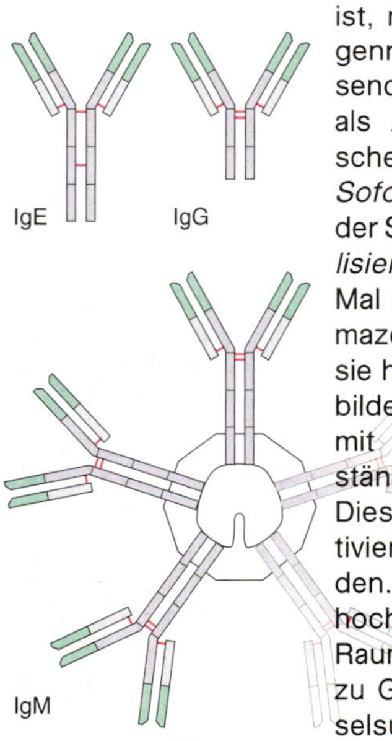

Antikörpertypen IgM, IgG und IgE

Zahlreiche Stoffe, wie Seifen, Kosmetika, Kunstfasern, Nickel oder Chrom können als *Kontaktallergene* wirken und auf der Haut Ekzeme hervorrufen. Kontaktallergien gehören zu den Allergien vom *Spättyp*, sie treten erst einen Tag oder mehrere Wochen nach dem Antigenkontakt auf und werden durch Zellen, vor allem T-Lymphocyten und Makrophagen, vermittelt.

Eine Behandlung allergischer Reaktionen ist wegen der verschiedenen Ursachen schwierig. Am besten ist es, den Allergenkontakt zu vermeiden. Wo dies nicht gelingt, hilft oftmals eine *Desensibilisierung*: Mit regelmäßigen, langsam steigenden Allergendosen löst man die zusätzliche Freisetzung von Antikörpern der Klasse IgG aus. Diese fangen die Allergene ab, bevor sie die Mastzellen aktivieren können. Bei akuten allergischen Reaktionen helfen kurzfristig Medikamente, die das Histamin binden.

Transplantation und Transfusion

Mit einer Allergie vergleichbare Immunreaktionen lassen sich bei Abstoßung körperfremden Gewebes nach einer Transplantation beobachten, denn auch hier wird die zelluläre Immunabwehr aktiviert. Vor allem *T-Killerzellen* und *Makrophagen* zerstören die fremden Zellen. Das Fremdgewebe wird umso intensiver und schneller abgestoßen, je stärker sich bestimmte Proteine auf den Spender- und Empfängerzellen unterscheiden *(Transplantationsantigene)*. Vor jeder Transplantation werden daher die Gewebe von Spender und Empfänger auf Verträglichkeit hin untersucht. Meistens stimmen die Transplantationsantigene nur unvollständig überein und die Immunreaktion des Empfängers muss medikamentös unterdrückt werden *(Immunsuppression)*. Das kann allerdings zu Komplikationen führen, denn der Patient wird dadurch sehr infektanfällig, in einigen Fällen greifen sogar die Immunzellen des Transplantats den immunschwachen Empfänger an *(Transplantat-gegen-Wirt-Reaktion)*. Heute können Nieren, Knochenmark, Hornhaut, Leber, Herz und Bauchspeicheldrüse transplantiert werden.

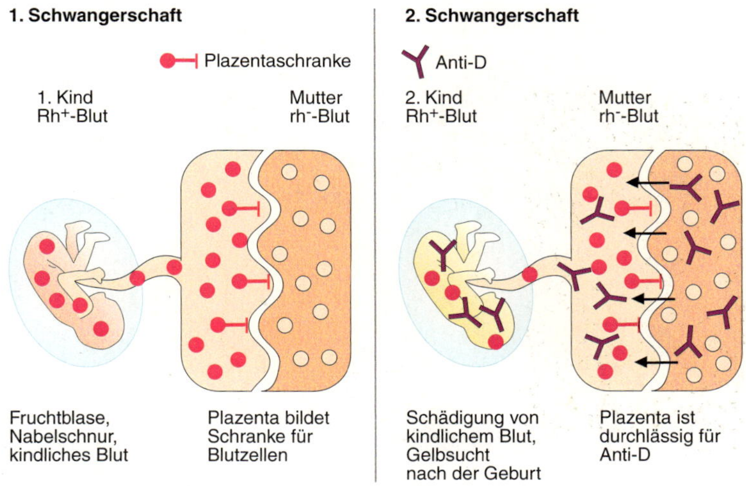

1 Rhesusunverträglichkeit

Im Vergleich zu Gewebstransplantationen sind die Erfolgsaussichten bei einer *Bluttransfusion* ungleich größer, denn Blutzellen tragen weniger Transplantationsantigene als andere Zellen. Von den mehr als 100 verschiedenen *Blutgruppensystemen* sind vor allem das *AB0-System* und das *Rhesussystem* von Bedeutung. Ohne vorherigen Kontakt zu fremden Blutzellen besitzt jeder Mensch im Blutserum IgM-Antikörper gegen diejenigen Antigene des AB0-Systems auf den Roten Blutzellen, die ihm selbst fehlen. Man nimmt an, dass sie gegen Antigene von Darmbakterien gebildet wurden, die den Blutgruppenantigenen ähnlich sind. Blut der Blutgruppe A enthält also Antikörper gegen das Antigen B (Anti-B), Blut der Blutgruppe 0 enthält Anti-A und Anti-B. Erhält z. B. ein Empfänger mit der Blutgruppe A fälschlicherweise Blut der Gruppe B, verklumpen die Blutzellen und verstopfen die Kapillaren. Diese Verklumpung ist eine Immunreaktion des Empfängers auf die Antigene der fremden Blutzellen und lässt sich auch im Reagenzglas beobachten (Blutgruppentest s. Randspalte).

Die *Rhesuseigenschaft* von Blutzellen wird durch mehrere Antigene bestimmt (C, D, E), dabei ist Antigen D am wirksamsten. Daher nennt man Personen, deren Blutzellen das Antigen D aufweisen, vereinfachend *Rh-positiv*, solche ohne D *rh-negativ (d)*. Im Gegensatz zum AB0-System entstehen D-Antikörper bei einer rh-negativen Person erst nach einem Kontakt mit Rh-positivem Blut. Diese Sensibilisierung kann bei einer unverträglichen Bluttransfusion erfolgen, aber auch bei einer Geburt oder Fehlgeburt, wenn kindliches Rh-positives Blut in den mütterlichen Kreislauf gelangt. Eine rh-negative Mutter bildet dann IgG-Antikörper gegen die Rh-positiven Blutzellen des Kindes. Bei einem Zweitkontakt, also einer weiteren Schwangerschaft, können diese Antikörper über die Plazenta in den kindlichen Kreislauf gelangen, die Blutzellen zerstören und dem Ungeborenen schaden. Hier hilft dann nur ein sofortiger Blutaustausch beim Neugeborenen. Vermeiden lässt sich die Erkrankung des Kindes, wenn bei der Mutter gleich nach einer Entbindung eine Anti-D-Prophylaxe durchgeführt wird. Die injizierten Antikörper „maskieren" die kindlichen D-Blutzellen und verhindern die Sensibilisierung.

Autoimmunkrankheiten

Normalerweise greift das Immunsystem nur körperfremde Zellen oder Stoffe an und verschont körpereigene. Ist diese Unterscheidung von „selbst" und „nicht selbst" gestört, können sich Antikörper jedoch auch gegen körpereigene Substanzen oder Gewebe richten und schwerwiegende *Autoimmunerkrankungen* hervorrufen. 90 % der Patienten mit *Diabetes mellitus* Typ I haben Antikörper im Blut, die gegen die eigenen Zellen der Langerhans'schen Inseln der Bauchspeicheldrüse gerichtet sind. Das stört letztlich die Insulinbildung. Auch der chronische entzündliche Gelenkrheumatismus ist eine Autoimmunerkrankung. Der Körper bildet Antikörper gegen körpereigene IgG-Moleküle, die entstehenden Immunkomplexe führen zu Gelenkentzündungen. Bei fast allen Betroffenen sind diese Autoantikörper *(Rheumafaktor)* nachweisbar.

	Antigene	Antikörper
A	A	Anti-B
B	B	Anti-A
AB	A B	keine
0	keine	Anti-B Anti-A

Blutgruppenmerkmale

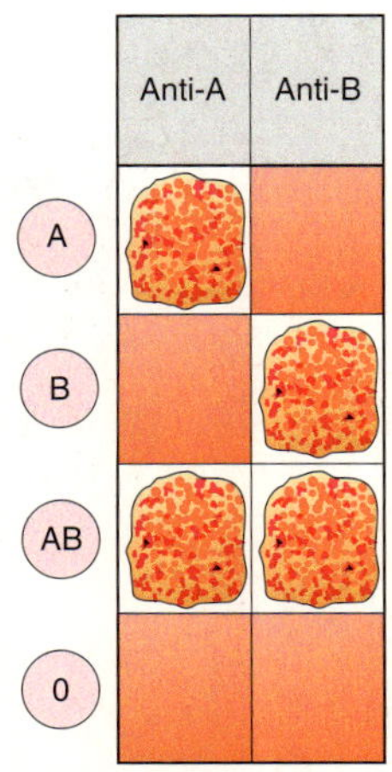

Blutgruppenbestimmung durch Agglutination

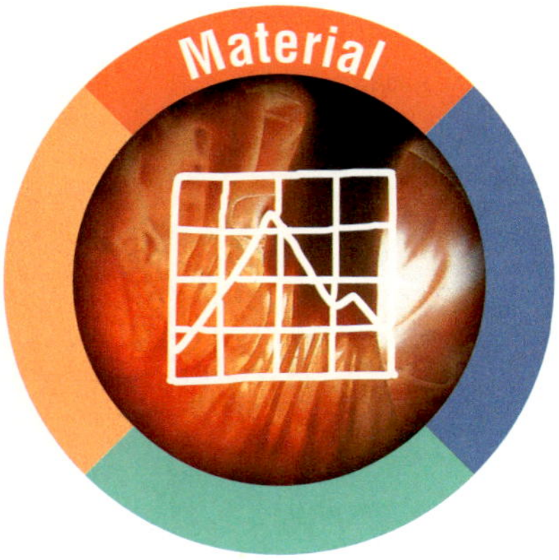

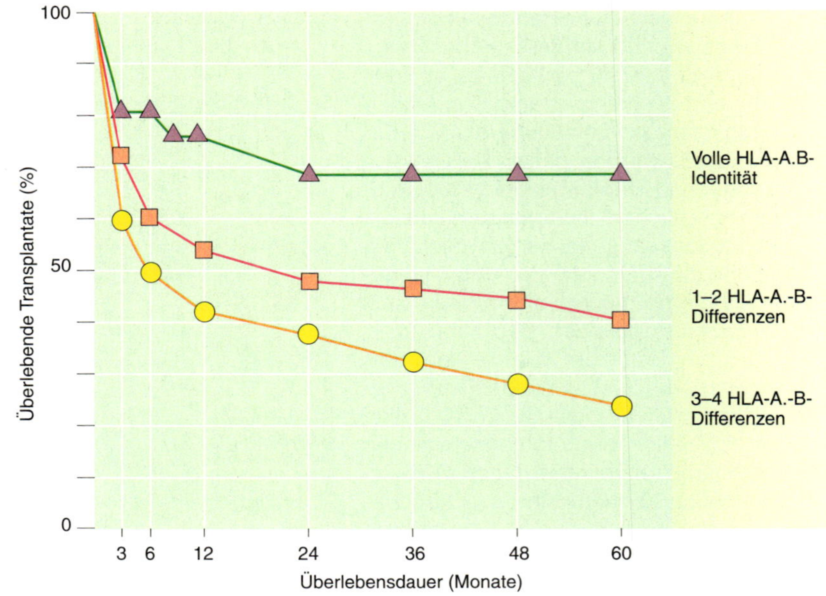

2 Transplantationserfolg

Transplantationsantigene

Alle menschlichen Zellen besitzen auf ihrer Oberfläche einen Satz von Proteinen *(Transplantationsantigene)*, die bei der Abstoßung transplantierter Organe von zentraler Bedeutung sind. Stimmen die Antigene des Spenders und des Empfängers überein, wird das verpflanzte Organ meist nicht abgestoßen. Die Antigene von Blutzellen können mithilfe von Antikörpern bestimmt werden. Die entsprechenden Daten von potenziellen Organspendern und Patienten werden in Datenbanken zentral gesammelt. Stirbt ein Spender den Hirntod, kann rasch ermittelt werden, welcher Patient als Empfänger seiner Organe in Frage kommt.

Genetik des HLA-Systems

Die Gene, die für die menschlichen Transplantationsantigene codieren, liegen auf Chromosom Nr. 6. Man bezeichnet die Gesamtheit dieser Gene als *HLA-System.* Auf dem Chromosom 6 liegen 4 Genorte (HLA-A, -B, -C, -D) nahe beieinander (Abb. 1). Die Gene werden gekoppelt vererbt. Da menschliche Zellen diploid sind, kann ein Mensch, bezogen auf jeden der vier Genorte, homozygot oder heterozygot sein. Verkompliziert wird die Situation dadurch, dass es in der menschlichen Population zahlreiche HLA-Allele gibt. Man spricht von *multipler Allelie.*

Abbildung 3 zeigt die Vererbungseinheiten *(Haplotypen)* der HLA-A- und HLA-B-Genorte innerhalb einer Familie. Die multiplen Allele werden mit A1, A2, ..., A10; B1, B2,..., B35 gekennzeichnet.

Aufgaben

① Informieren Sie sich über rechtliche Grundlagen der Organspende in Deutschland. Recherchieren Sie z. B. im Internet.

② Begründen Sie anhand von Abbildung 2, dass der Erfolg einer Organtransplantation vom Grad der Übereinstimmung im HLA-System abhängt.

③ Belegen Sie anhand von Abbildung 3, dass die Gene des HLA-Systems gekoppelt vererbt werden.

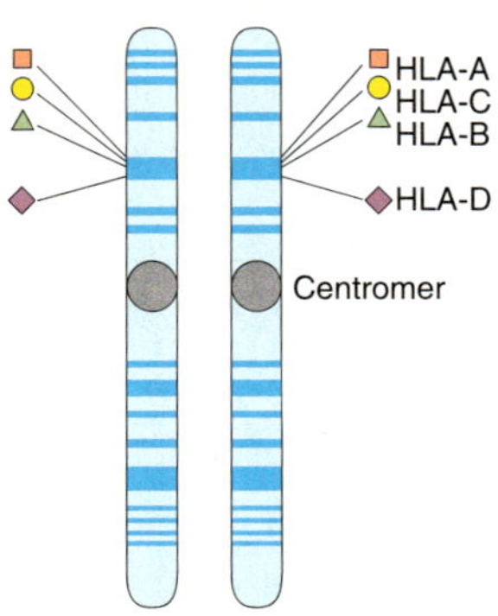

1 Chromosom 6 des Menschen

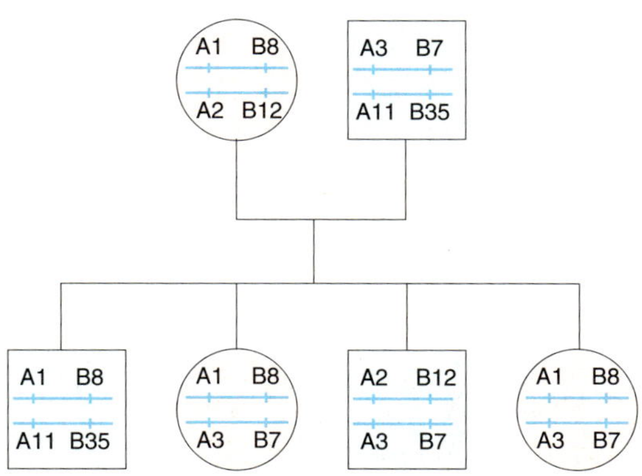

3 Stammbaum der HLA-Typen in einer Familie

Transplantatabstoßung

Transplantate werden hauptsächlich durch T-Killerzellen zerstört und damit abgestoßen. Zur Aktivierung benötigen diese Zellen die Hilfe von T-Helferzellen (s. Seite 137).

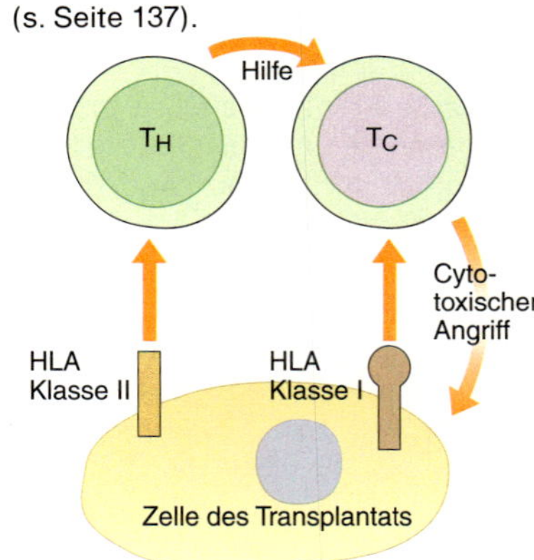

4 Transplantatabstoßung

Aufgaben

④ Beschreiben Sie die Kooperation zwischen den beiden Zelltypen bei der Transplantatabstoßung.

⑤ Die HLA-Antigene sind diejenigen Oberflächenmoleküle, die Antigen präsentieren. Der Komplex wird von T-Zellrezeptoren erkannt. Welche Rolle spielt dies bei der Immunantwort?

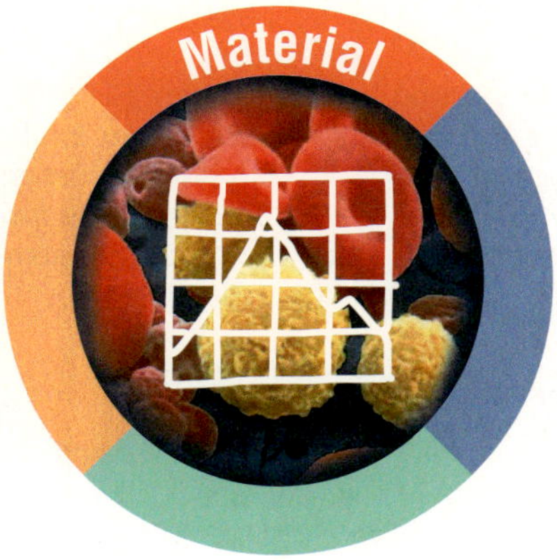

Immunologische Toleranz und Autoimmunität

Schon um das Jahr 1900 war der deutsche Mikrobiologe und Nobelpreisträger PAUL EHRLICH davon fasziniert, dass der menschliche Körper immunologisch Gesunder keine Immunität gegen körpereigene Gewebe produziert. Für diesen Sachverhalt prägte er den Begriff „Horror autotoxicus“, was soviel wie Furcht vor der Selbstzerstörung bedeutet. EHRLICH erkannte schon damals, dass die Durchbrechung dieses Prinzips schwerwiegende Folgen hat.

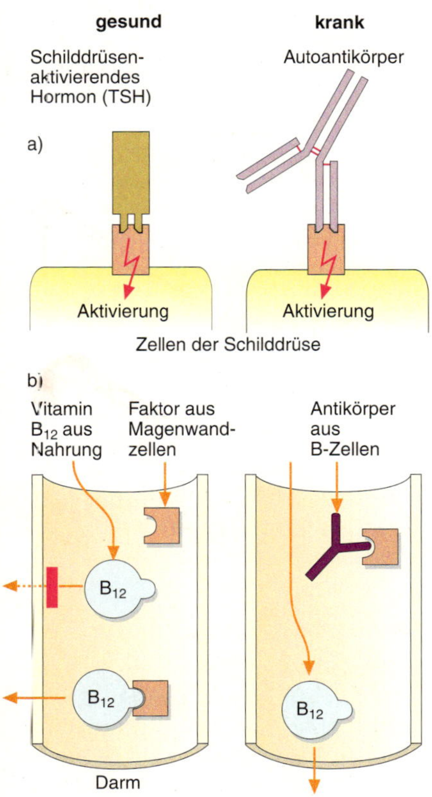

1 Schilddrüsenüberfunktion (a) und Perniziöse Anämie (b)

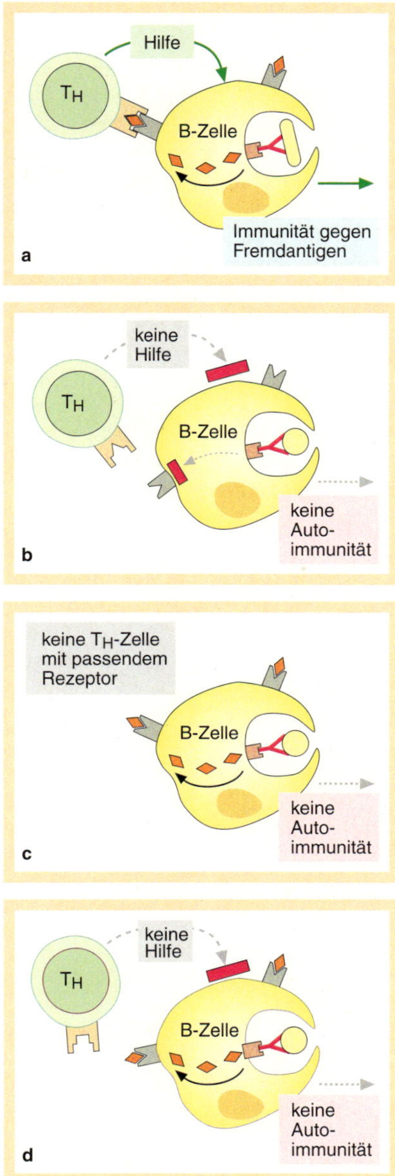

2 Immunologische Toleranz

Heute kennen wir die molekularen und zellulären Mechanismen der immunologischen Toleranz und ihrer Brechung. T- und B-Zellen sowie ihre Antigenrezeptormoleküle sind die Schlüsselelemente des Immunsystems (s. Seite 136). Richtet sich ihre Aktivität gegen körpereigene Gewebe, spricht man von *Autoimmunität*, die gegen körpereigene Antigene gerichteten Antikörper werden *Autoantikörper* genannt. Dabei können je nach Spezifität der gebildeten Antikörper einzelne Organe (z. B. Schilddrüse, Bauchspeicheldrüse) zerstört werden, aber auch ganze Organsysteme (Muskel- und Gelenksystem) betroffen sein (z. B. entzündliches Rheuma).

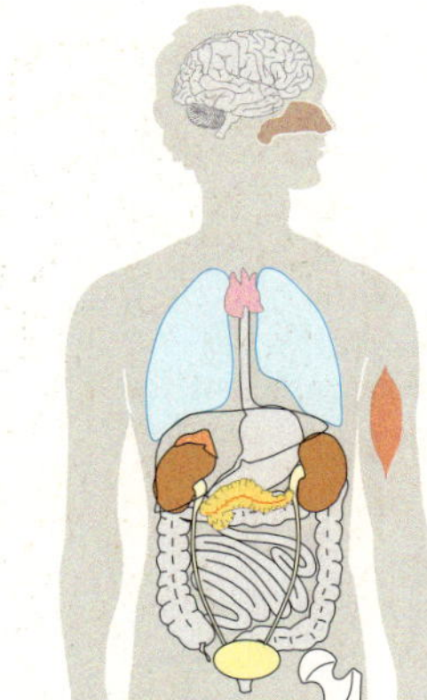

Aufgaben

① Beschreiben Sie die Wirkung von Autoantikörpern bei der Schilddrüsen-Überfunktion und der Perniziösen Anämie (Abb. 1).

② Die Aktivierung von B-Zellen führt zur Produktion von Antikörpern gegen Fremd-Antigen (T-Zell-B-Zell-Kooperation, s. Seite 136).
Warum werden in den in Abb. 2 b, c, d dargestellten Situationen keine Autoantikörper gegen körpereigene Antigene gebildet?

③ T-Helferzellen müssen das mit ihrem T-Zellrezeptor präsentierte Antigen nach dem Schlüssel-Schloss-Prinzip binden, um B-Zellen zur Antikörperproduktion anregen zu können (Abb. 3). Warum entwickelt sich bei immunologisch gesunden Menschen keine Autoimmunität? Welche Mechanismen könnten bei der Schilddrüsenüberfunktion und der Perniziösen Anämie zu Autoimmunreaktionen geführt haben?

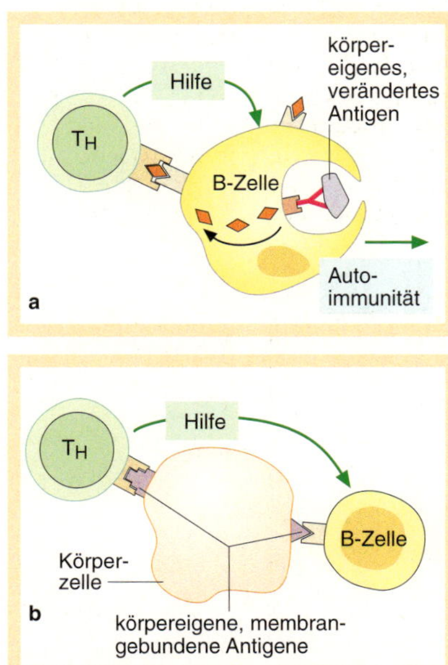

3 Durchbrechung der immunologischen Toleranz

AIDS

AIDS
Acquired
Immune
Deficiency
Syndrome
erworbenes Immunschwäche-Syndrom

HIV
Human
Immunodeficiency
Virus
menschliches Immunschwäche-Virus

Durch den Erreger des Immunschwäche-Syndroms des Menschen *(HIV)* sind bis zum Jahr 2002 weltweit über 20 Millionen Menschen gestorben. Rund 42 Millionen Personen in der Welt sind infiziert, ihre Zahl steigt täglich um etwa 15 000. Jährlich sind 600 000 Säuglinge bereits bei der Geburt infiziert. In einigen Entwicklungsländern sank die mittlere Lebenserwartung durch AIDS auf 36 Jahre. In Deutschland beläuft sich die Zahl der gemeldeten Neuinfizierten pro Jahr auf ca. 2000. Eine Bilanz des Schreckens.

Die ersten AIDS-Fälle wurden 1981 beschrieben: Mehrere junge Patienten wiesen Krankheitssymptome auf, die bisher nur von älteren Menschen bekannt waren. Sie litten an Hauttumoren und verschiedenen Infektionskrankheiten. Es konnte nachgewiesen werden, dass bei diesen Patienten das Immunsystem stark geschwächt war. Sie starben nach einigen Monaten oder Jahren.

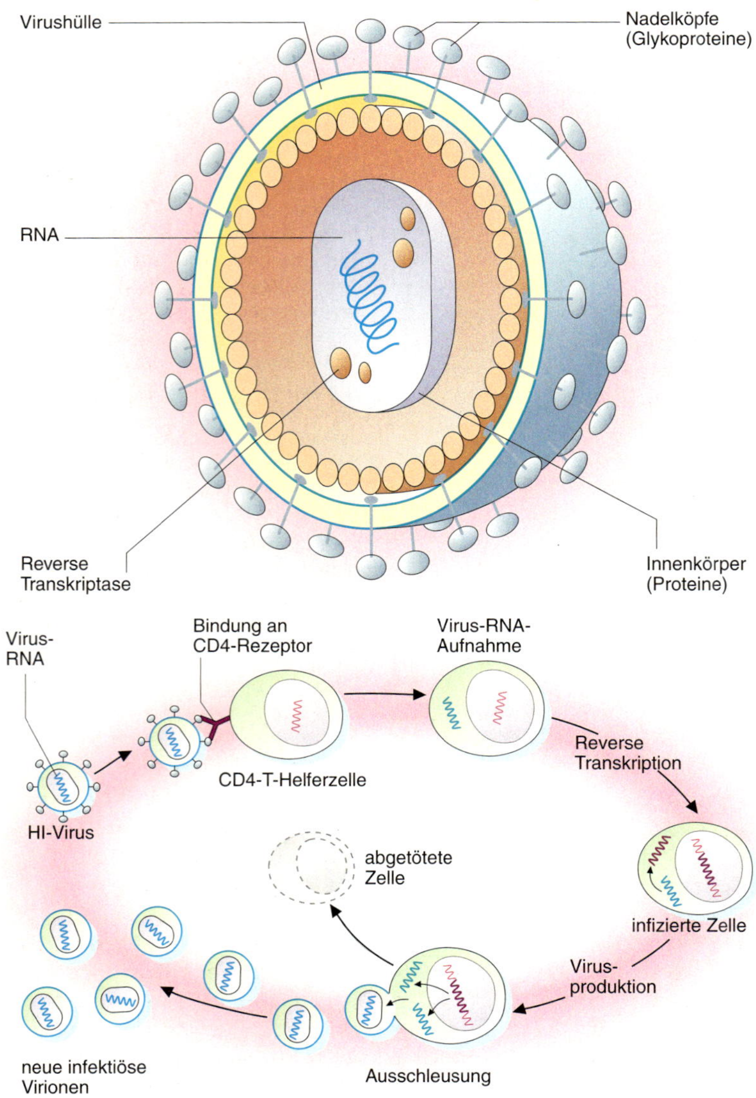

1 HI-Virus und Vermehrungszyklus

HIV: Der AIDS-Erreger

1983 wurde der Erreger der Immunschwächekrankheit AIDS identifiziert, das so genannte Immunschwäche-Virus *HIV (Human-Immunodeficiency-Virus)*. Die HI-Viren sind kugelförmig (Ø 0,1 µm), ihre äußere Hülle besteht aus einer Lipid-Doppelschicht, die von der äußeren Membran der Wirtszelle stammt. Sie ist wie ein Nadelkissen mit Glykoproteinen gespickt (Abb. 1). Das HI-Virus gehört zu den *Retroviren*, enthält also RNA als genetisches Material. Diese virale RNA befindet sich im proteinhaltigen Innenkörper zusammen mit mehreren Molekülen des Enzyms *Reverse Transkriptase*.

Gelangen HI-Viren in die Körperflüssigkeit eines Menschen, binden sie nach dem *Schlüssel-Schloss-Prinzip* vorrangig an Zellen mit dem Oberflächenmolekül CD4, also an *T-Helferzellen* (aber auch an Monocyten, Makrophagen und spezielle Nervenzellen). Die Virushülle verschmilzt mit der Wirtszellmembran und das virale Erbgut (RNA) gelangt in das Cytoplasma. Die Reverse Transkriptase schreibt die virale RNA in DNA um *(Reverse Transkription)*. Diese virale DNA gliedert sich im Wirts-Zellkern in die DNA ein. So kann HIV jahrelang als Provirus im Organismus verbleiben, ohne von der Immunabwehr erkannt zu werden. Wird die infizierte T-Helferzelle jedoch infolge einer anderen Infektion aktiviert, wird auch die DNA des Provirus abgelesen (Transkription und Translation) und die Wirtszelle bildet HIV-RNA und virale Proteine. Schließlich platzt die T-Helferzelle und entlässt Viruspartikel, die sich dabei mit einem Teil der Wirtsmembran umgeben. Die freigesetzten HI-Viren können nun weitere Immunzellen infizieren.

Der Krankheitsverlauf

Im Verlauf einer HIV-Infektion geht die Zahl der T-Helferzellen drastisch zurück. Dieser Zelltyp nimmt aber eine Schlüsselposition im spezifischen Immunsystem ein (s. Seite 136). Man unterscheidet verschiedene Stadien der HIV-Infektion: Das frühe Stadium in den ersten Wochen nach der Infektion zeich-

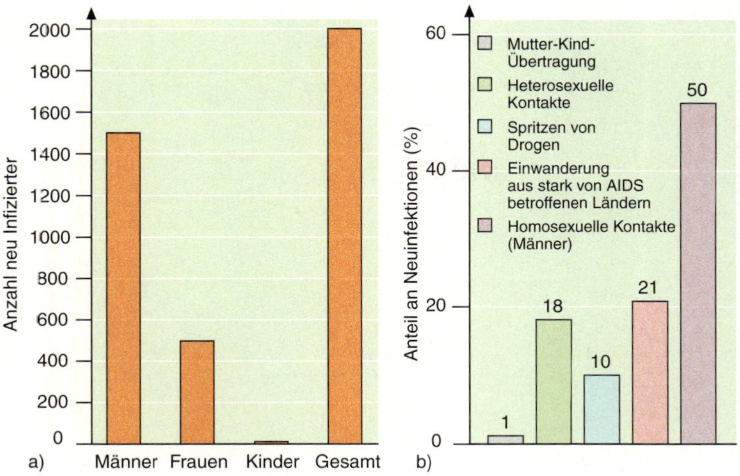

1 HIV: Neuinfektionen (a) und Infektionswege (b), Deutschland 2002

net sich durch hohes Fieber und geschwollene Lymphknoten aus. Der Körper bildet Antikörper, die sich im Blut zwar ebenso wie die HIV-RNA nachweisen lassen *(HIV-positiv)*, aber wenig wirksam sind. Die Beschwerden klingen wieder ab und der HIV-Positive kann über Jahre symptomfrei sein, jedoch andere Menschen infizieren. In der Folgezeit sinkt die Zahl der T-Helferzellen und das Immunsystem wird zunehmend geschwächt, bis im dritten Stadium bereits harmlose Infektionen zu Erkrankungen führen. Die Lymphknoten sind dauerhaft geschwollen. Erst das Endstadium einer HIV-Infektion wird als *AIDS* bezeichnet. Jetzt führen Infektionen (z. B. Lungenentzündung, Toxoplasmose) sowie typische Tumoren (Kaposi-Sarkom, Lymphome) oder bzw. und Gehirnveränderungen schließlich zum Tod des Patienten.

Behandlungsmöglichkeiten

Eine HIV-Infektion kann zur Zeit noch nicht geheilt werden. *Medikamente* können den Verlauf der Krankheit aber verlangsamen, indem sie die Vermehrung der Viren im Körper hemmen und zugleich die Zahl der T-Helferzellen stabilisieren. Ansatzpunkt ist dabei die *Reverse Transkriptase*. Sie lässt sich durch Basenanaloga wie AZT *(Azidothymin)* hemmen. AZT ähnelt der Base Thymin, stört aber die Reverse Transkription und damit die Bildung weiterer Viren. Dadurch sinkt die HIV-Konzentration im Blut und die Lymphocytenkonzentration steigt. Das Medikament muss lebenslang eingenommen werden. Bei schwangeren Frauen kann durch AZT die Infektion des ungeborenen Kindes verhindert werden.

Die Suche nach einem *HIV-Impfstoff* erweist sich aus verschiedenen Gründen als besonders schwierig: HI-Viren sind sehr variabel, weil die Reverse Transkriptase bei der Umschreibung von RNA in DNA viele Basenpaarungsfehler erzeugt. Dadurch entstehen neue Virusmutanten, bevor der Wirtsorganismus wirksame Antikörper bilden konnte. Außerdem macht die Virushülle Probleme, denn sie umgibt HIV wie ein Tarnmantel aus wirtseigenen Molekülen und wird vom Immunsystem nicht angegriffen. Zur Zeit wird nach Antikörpern gegen das Glykoprotein der Nadelköpfe gesucht, denn es ist relativ wenig veränderlich, da es sonst nicht an die Rezeptormoleküle der T-Helferzellen binden könnte (Abb. 146.1). Außerdem versucht man, Antikörper aus dem Blut von solchen HIV-positiven Personen zu isolieren und zu analysieren, die besonders lange AIDS-symptomfrei blieben.

Infektionsrisiko und Infektionsschutz

Solange eine wirksame Behandlung von AIDS nicht möglich ist, ist der beste Schutz die Vermeidung der Ansteckung. Dazu muss man die Infektionswege der HI-Viren kennen: Das Virus tritt in zellhaltigen Körperflüssigkeiten wie Blut, Lymphe, Muttermilch, Sperma oder Scheidensekret auf. Bei Blutkontakt ist das Infektionsrisiko am größten. Alle Blutkonserven werden daher heute auf HIV getestet. Den Kontakt mit Blut z. B. von Unfallopfern kann man durch die Verwendung von Handschuhen vermeiden. Drogenabhängige können bei gemeinsamem Gebrauch von Injektionsnadeln Blutspuren übertragen und sich so infizieren. Neuinfektionen erfolgen in unserer Gesellschaft am häufigsten durch ungeschützten Geschlechtsverkehr. Hier lässt sich das Infektionsrisiko durch die Verwendung von Kondomen deutlich verringern. Nur durch eigenverantwortliches Handeln kann sich der Einzelne schützen und die weitere Verbreitung des Erregers verhindern (Abb. 1). Auf Kondome sollte in einer Partnerschaft erst dann verzichtet werden, wenn sichergestellt ist, dass keiner der Partner Virusträger ist. Dies lässt sich mit einem *HIV-Test* feststellen, der z. B. bei einer Blutspende routinemäßig vorgenommen wird.

Bei alltäglichen Kontakten am Arbeitsplatz oder in Schulen besteht keine Ansteckungsgefahr. HIV-Infizierte dürfen nicht ausgegrenzt werden und können ohne Gefahr für andere am gesellschaftlichen Leben teilnehmen. Sie benötigen Verständnis für ihre schwierige Situation.

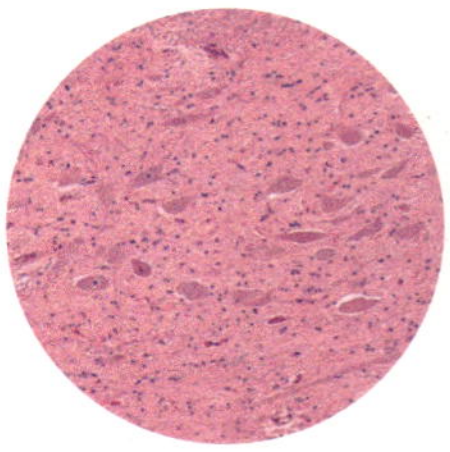

normales Rinderhirn

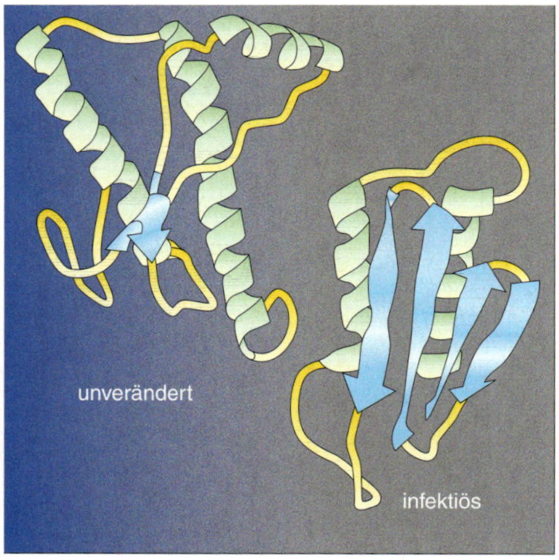

1 Normales Eiweiß (links) und Prion (rechts)

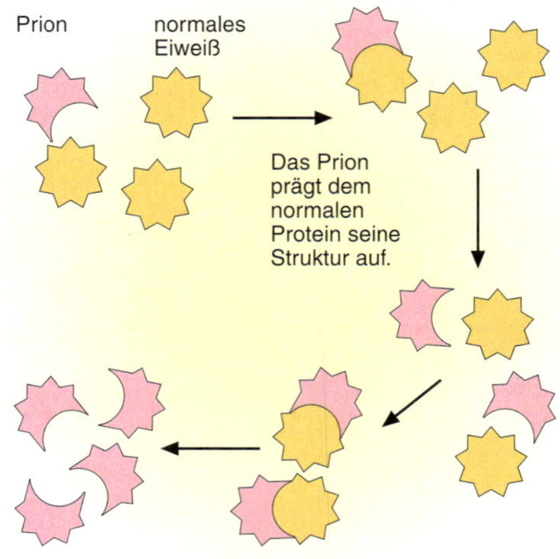

2 Prionen formen normale Eiweiße

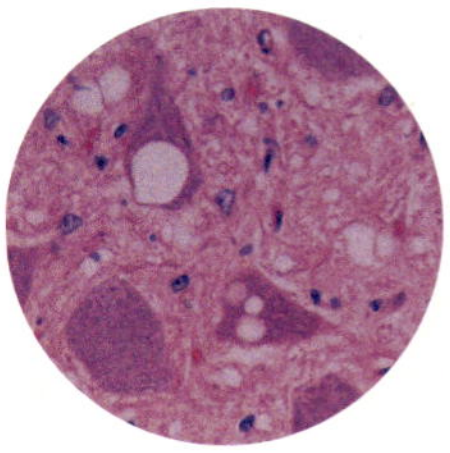

schwammartiges BSE-geschädigtes Hirngewebe

bovis, lat. Rind

spongiform, lat. schwammartig

Enzephalopathie, gr. Gehirnleiden

Spongiforme Enzephalopathien (Hirnschwamm) im Tierreich

Mensch: Creutzfeldt-Jakob-Krankheit; nvCreutzfeldt-Jakob-Krankheit (von Rind übertragen), Kuru, Gerstmann-Sträussler-Syndrom

Schaf: Traberkrankheit (scrapie)

Hauskatze, Gämse, Kudu, Antilope, Oryx (kein spezieller Eigenname)

Prion-Krankheiten: Eiweiße werden infektiös

Manche Entdeckungen erschüttern das Vertrauen von Wissenschaftlern, die Grundregeln der Biologie wirklich verstanden zu haben. *Prionen* gehören dazu. Es handelt sich um Proteine, die infektiöse Krankheiten verursachen können. Anders als Viren, Bakterien, Pilze oder Parasiten breiten sie sich ohne Nucleinsäuren aus. Dass schiere Proteine infektiös sein könnten, hat man sich bis zum Jahre 1987, dem Entdeckungsjahr der Prionen, nicht vorstellen können.

Prionen und BSE

BSE (Rinderwahnsinn) ist eine bei Rindern auftretende Infektionskrankheit, die 1984 erstmals in England bei einer Kuh beobachtet wurde. Das Tier zeigte sich ungewöhnlich aggressiv, litt unter schweren Koordinationsstörungen, konnte seine Gliedmaßen nicht kontrollieren, stürzte ständig und verstarb schnell. Als sich derartige Fälle mehrten, wurden die Kadaver systematisch untersucht. In den Gehirnen fand man regelrechte „Löcher", die auf einen massenhaften Zelltod zurückgeführt werden konnten (s. Randspalte). Da das Hirngewebe wie ein Schwamm aussah, wurde die Krankheit *BSE* (engl. *Bovine Spongiforme Enzephalopathie)* genannt. Auf der Suche nach dem BSE-Erreger fand man eine besondere Form von Eiweißen, die *Prionen* (engl. für *proteinaceous infectious particle)*. Wie sich herausstellte, handelt es sich dabei um körpereigene Eiweiße, die jedoch erhebliche Veränderungen in ihrer Raumstruktur aufweisen (s. Abb. 1). Die veränderte Prion-Form zeigte sich im Versuch zudem resistent gegen den Abbau durch Proteasen. Stanley Prusiner stellte 1987 eine Theorie zum molekularen Mechanismus von infektiösen Prion-Erkrankungen auf. Danach dringen infektiöse Prionen in Nervenzellen ein und zwingen normalen Proteinen ihre Form auf (Abb. 2). Dominoartig vermehren sich die krank machenden Prionen in den Nervenzellen. Ihre zunehmende Konzentration stört den Zellhaushalt, die Nervenzellen stellen ihre Funktion ein und sterben ab. Dabei werden Prionen frei, die weitere Gehirnzellen befallen und abtöten. Das Gehirn wird schwammartig. Prusiners Theorie infektiöser Proteine als Ursache von BSE hat sich bewahrheitet. 1997 wurde ihm der Nobelpreis für Medizin verliehen.

Es gibt eine Reihe von Hirnerkrankungen bei Tier und Mensch, die mittlerweile zum Kreis *spongiformer Enzephalopathien* gerechnet werden und die durch Prionen verursacht werden (s. Randspalte). Hochproblematisch für den Menschen ist, dass diese BSE-Erreger Artgrenzen überschreiten können. So kann man heute davon ausgehen, dass sich in England Rinder beim Verzehr von Futter angesteckt haben, das Tiermehl von an Hirnschwamm erkrankten Schafen enthielt. Weiterhin spricht einiges dafür, dass sich auch der Mensch beim Verzehr von prionhaltigem Material aus Rindern infizieren kann. Aus diesem Grund unterliegt Rindfleisch heute strengsten Kontrollen, Hirngewebe darf z. B. bei der Wurstherstellung nicht mehr verwendet werden.

Theorien zur Immunität

Vorwissenschaftliche Theorien

Seit der Mensch in enger sozialer Ordnung lebt, ist er immer wieder von Epidemien heimgesucht worden. Epidemien sind schon von den alten ägyptischen Dynastien her überliefert. Man glaubte damals und in wissenschaftsfernen Kulturen auch heute noch, dass Natur und Mensch unter dem Einfluss der magischen Kräfte von Geistern, Dämonen und Gottheiten stünden. Krankheit wird demgemäß als Folge menschlicher Sünden gegen einen Gott oder als Strafe für einen Tabubruch interpretiert. Im Alten Testament tötet Gott wiederholt u. a. durch Pestilenz, diese Krankheit wurde als Gottesstrafe aufgefasst. Einer Person, die der Krankheit entgangen war, wurde nachgesagt, ein gottesfürchtiges Leben geführt zu haben.

Aufgabe

① In frühchristlicher Zeit änderten sich die Anschauungen: Zum Bestrafungsmotiv kam das der Reinigung. Gott wendet danach Krankheiten zur Reinigung von begangenen Sünden an. Von den Sünden befreit, würde eine Person bei erneutem Auftreten der Plage nicht noch einmal bestraft werden. Begründen Sie, warum der beschriebene Sachverhalt unserem heutigen Verständnis nach am ehesten der erworbenen Immunität nach einer überstandenen Infektionskrankheit oder einer Schutzimpfung nahe kommt.

Historische Berichte

„Ich sage, dass jeder Mensch von der Zeit seiner Geburt bis ins hohe Alter austrocknet. Aus diesem Grund ist das Blut von Kindern feuchter als das Blut junger Männer, und erst recht als das alter Männer. ... Pocken treten auf, wenn das Blut faulig wird und gärt, sodass überschüssige Flüssigkeit abgesondert wird und dabei wandelt sich das Blut der Kinder, welches wie Most ist, in das Blut junger Männer, welches wie Wein vollständig gereift ist. Das Blut alter Männer mag verglichen werden mit Wein, der seine Stärke verloren hat und schal und bitter zu werden beginnt. Die Pocken mögen mit der Gärung und dem zischenden Geräusch verglichen werden, das im Most zu hören ist. Und dies ist der Grund, warum Kinder, insbesondere männliche, selten dieser Krankheit entgehen, weil es unmöglich zu verhindern ist, dass das Blut von dem einen Zustand in den anderen überwechselt, so wie es unmöglich ist, Most am Wechsel zu hindern."
(Islamischer Arzt Rhases, 10. Jh. n. Chr.)

„Nun sprach Jahwe zu Mose: Gehe zu dem Pharao und sage zu ihm: So spricht Jahwe, der Gott der Hebräer: Gib mein Volk frei, damit es mir diene! Wenn du dich weigerst, es zu entlassen, und es noch weiter festhältst, dann kommt die Hand Jahwes über dein Vieh, das auf dem Felde ist, über die Pferde, die Esel, die Kamele, die Rinder und Schafe wie eine schlimme Seuche. Doch wird Jahwe einen Unterschied zwischen dem Vieh der Israeliten und dem Vieh der Ägypter machen. Es wird kein Stück, das den Israeliten gehört, verenden. ..."
Es kam wie es kommen musste, der Pharao blieb verstockt, das Vieh der Ägypter starb, das der Israeliten hingegen nicht.
(Bibel, Buch Exodus: Befreiung aus Ägypten, 3. Die Ägyptischen Plagen, 5. Plage: Viehseuche)

Aufgaben

② Der Mensch ist darauf angewiesen, Vorstellungen zu den ihn umgebenden Erscheinungen zu bilden, Begründungen zu finden und Vorhersagen zu treffen. Welche Ursachen werden den in den beiden Zitaten erwähnten Krankheiten zugeordnet?

③ Hatten die Menschen die Möglichkeit, ihre Erklärungen bezüglich der Krankheitsursachen zu testen? Begründen Sie ihre Meinung.

Wissenschaftliche Theorien

Zwischen 1930 und 1950 machten sich Chemiker verdient um die Aufklärung der Antikörperstruktur, die Charakterisierung von Antigenen und derjenigen Kräfte, welche die reversible Bindung von Antigen und Antikörper nach dem *Schlüssel-Schloss-Prinzip* ermöglichen (elektrostatische Anziehung, Wasserstoffbrückenbindungen, hydrophobe Bindungen, Van-der-Waals-Kräfte). Man koppelte im Reagenzglas synthetisierte niedermolekulare Moleküle *(Haptene)*, die in der Natur nicht vorkommen, an hochmolekulare Trägerproteine *(Carrier)*. In Säugetiere injiziert, wird von dem Carrier-Hapten-Komplex die Produktion von Antikörpern ausgelöst. Man isolierte diese und konnte zeigen, dass sie spezifisch die Haptene erkannten.

Aufgabe

④ Nach Darwin werden im Laufe der Evolution die geeigneteren Phänotypen in der Selektion begünstigt und setzen sich gegenüber weniger geeigneten durch. Warum versagte dieses Konzept bei der Erklärung der Antikörpervielfalt nach damaligem Kenntnisstand?

Schablonentheorie

Der Biochemiker Linus Pauling stellte 1940 die Theorie auf, wonach ein Antigen als Schablone zur Produktion von passgenauen Antikörpern diene. Diese sollten sich bei ihrer Synthese regelrecht an die Antigene schmiegen und einen negativen Abdruck bilden, der nach Abgabe der Antikörper an die Körperflüssigkeiten erhalten bleibt.

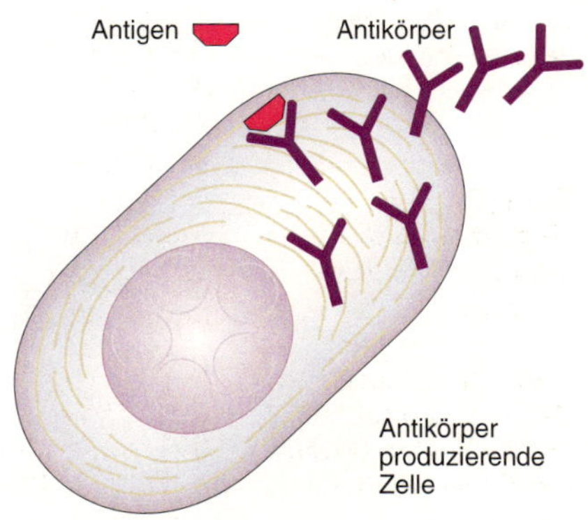

Aufgabe

⑤ Wissenschaftliche Theorien zeichnen sich gegenüber vorwissenschaftlichen Theorien dadurch aus, dass sie widerlegbar sind. Widerlegen Sie die Schablonentheorie der Antikörperproduktion aufgrund unseres heutigen Wissens zur Genetik der Antikörpervielfalt (s. Seite 139).

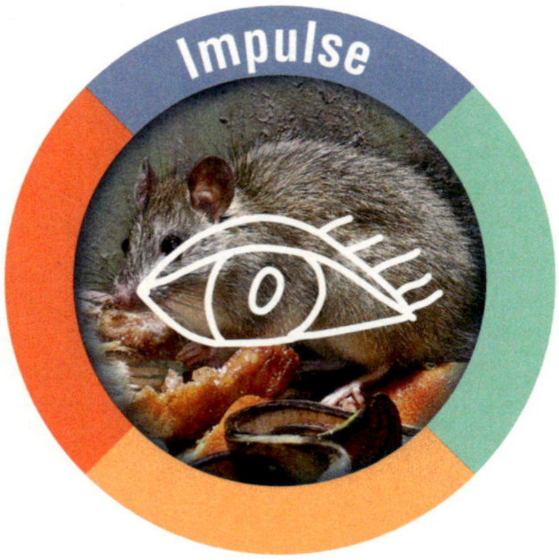

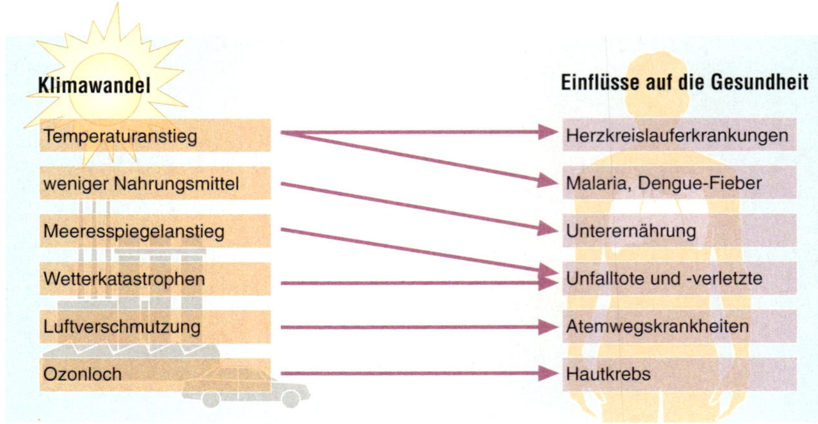

Weltgesundheit

Schon immer waren Menschen dem Einfluss von Krankheiten, Verletzungen und Unfällen ausgesetzt. Besonders verheerende Wirkungen hatten Infektionskrankheiten wie *Malaria*, *Pest* oder *Cholera*. So führte die große Pestepidemie in Europa 1348 zur Entvölkerung ganzer Landstriche. Heute stehen Infektionskrankheiten weltweit mit 17 Millionen Todesfällen pro Jahr an erster Stelle der Todesursachen, gefolgt von 15 Millionen Herz-Kreislauf-Toten und sieben Millionen Krebstoten. Nach Angaben der *Weltgesundheitsorganisation* (WHO) in Genf fordern AIDS, Tuberkulose und Malaria die meisten Opfer unter den Infektionskrankheiten, denn für sie gibt es noch keine wirksamen Impfstoffe. Außerdem entstehen immer wieder neue Krankheiten, wie BSE, SARS oder die Vogelgrippe. Auch Hungersnöte fordern weltweit viele Opfer: z. B. China (1958 bis 1960) 30 Millionen Tote. Für 2020 erwartet man, dass Erkrankungen in Folge von Tabakgenuss jede einzelne andere Krankheit übertreffen werden.

Weltgesundheitsorganisation

Die WHO *(World-Health-Organization)* ist eine Spezialorganisation der Vereinten Nationen.

Aus der Verfassung von 1946:

- Die Gesundheit ist ein Zustand des vollständigen körperlichen, geistigen und sozialen Wohlergehens und nicht nur das Fehlen von Krankheit oder Gebrechen.
- Der Besitz des bestmöglichen Gesundheitszustandes bildet eines der Grundrechte jedes menschlichen Wesens, ohne Unterschied der Rasse, der Religion, der politischen Anschauung und der wirtschaftlichen oder sozialen Stellung.
- Die Gesundheit aller Völker ist eine Grundbedingung für den Weltfrieden und die Sicherheit; sie hängt von der engsten Zusammenarbeit der Einzelnen und der Staaten ab.
- Die von jedem einzelnen Staate in der Verbesserung und dem Schutz der Gesundheit erzielten Ergebnisse sind wertvoll für alle.
- Ungleichheit zwischen den verschiedenen Ländern in der Verbesserung der Gesundheit und der Bekämpfung der Krankheiten, insbesondere der übertragbaren Krankheiten, bildet eine gemeinsame Gefahr für alle.
- Die Regierungen tragen die Verantwortung für die Gesundheit ihrer Völker; sie können diese nur auf sich nehmen, wenn sie die geeigneten hygienischen und sozialen Vorkehrungen treffen.

Beziehen Sie Stellung zu folgender Aussage: Es gibt keine gesunden Menschen, sondern nur schlecht untersuchte Patienten.

Inwieweit kann die WHO Einfluss auf die Gesundheitspolitik der Mitgliedsstaaten nehmen?

Anzahl HIV-Infizierter (2002)

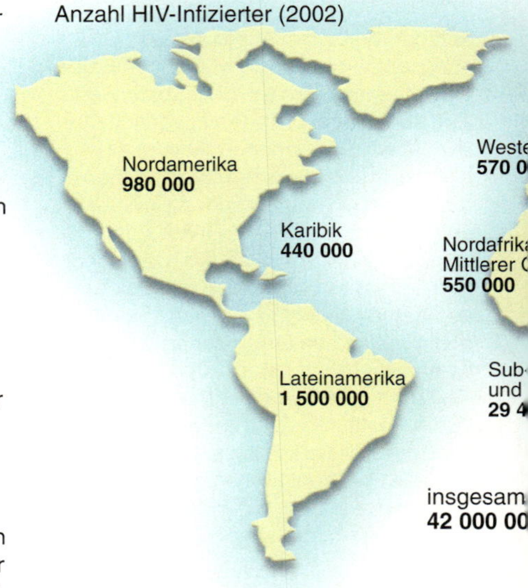

Vergleichen Sie die Verbreitung von AIDS, Malaria und Tuberkulose. Nennen Sie biologische und gesellschaftliche Ursachen für die jeweilige Verbreitung.

Umweltpolitik und Gesundheit

Health Impact Assessment (HIA) = (Gesundheitsverträglichkeitsprüfung)

„HIA is a practical approach used to judge the potential health effects of a policy, program or project on a population, particularly on vulnerable or disadvantaged groups. Recommendations are produced for decision makers and stakeholders, with the aim of maximizing the proposals positive health effects and minimizing the negative health effects."

Umweltbelastungen wirken sich direkt und indirekt auf die Weltgesundheit aus. Entwickeln Sie ein Konzept für die Durchführung eines HIA von politischen Maßnahmen.

Gesundheitsvorbeugung

Der englische Arzt Edward Jenner (1749 – 1823) beobachtete, dass Menschen vor echten Pocken geschützt waren, wenn sie zuvor einmal an harmlosen Kuhpocken erkrankt waren. Zum Beweis infizierte er ein Kind mit Kuhpocken und sechs Wochen später mit echten Pocken – das Kind erkrankte nicht. Impfstoffe nennt man seitdem *Vakzine* (lat. *vacca* = Kuh), die Impfung *Vakzination*. Die Pockenimpfung setzte sich weltweit durch, der letzte Krankheitsfall wurde 1977 registriert.

Informieren Sie sich über die in Deutschland empfohlenen Impfungen und kontrollieren Sie Ihren persönlichen Impfschutz.
Welche Krankheiten sind in Deutschland meldepflichtig?

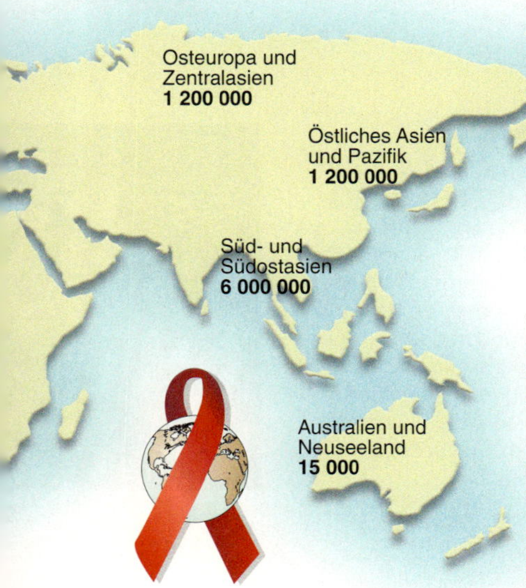

Globalisierungseffekte

In China kam es Anfang 2003 zu einer krisenhaften Ausbreitung einer atypischen Lungenentzündung mit hohem Fieber, schwerem Husten, Atemnot und Halsschmerzen. Zuvor waren solche SARS-Fälle *(Severe Acute Respiratory Syndrome*, schweres akutes respiratorisches Syndrom) nur gelegentlich aus Vietnam, Philippinen, Indonesien und Kanada gemeldet worden. Auslöser von SARS ist ein bisher für den Menschen ungefährliches Virus. Die Übertragung findet vor allem über den Atemtrakt *(Tröpfcheninfektion)* statt. Die SARS-Viren können vom Tier auf Menschen übergehen, wenn diese auf engstem Raum zusammenleben. Der Erreger wurde vermutlich von einem südchinesischen Arzt nach Hongkong eingeschleppt, von wo aus sich die Krankheit dann nahezu weltweit ausbreitete. Bis Juli 2003 waren weltweit 8445 Menschen erkrankt und 812 daran verstorben. Neben den rein medizinischen Auswirkungen der Epidemie waren starke wirtschaftliche Einbrüche, vor allem im Urlaubs- und Flugverkehr zu verzeichnen.

Vergleichen Sie eine neuzeitliche Krankheit wie SARS mit der einer mittelalterlichen, z. B. Pest in Bezug auf Ausbreitung, Diagnose, Therapie und Prophylaxe.

Krankheiten wie BSE oder SARS haben auch wirtschaftliche Konsequenzen für die betroffenen Länder. Erklären Sie.

Welche Bedeutung hat die nationale und internationale Zusammenarbeit bei der Bekämpfung von SARS?

Reisetipps für tropische Gebiete

- Essen Sie nur geschälte oder gekochte bzw. gebratene oder gegrillte Speisen.
  (Cook it, peel it or forget it!).
- Trinken Sie nur fertig abgefüllte Getränke (kein Leitungswasser, auch nicht zum Zähneputzen, keine Eiswürfel, kein Speiseeis).
- Tragen Sie abends langärmelige Kleidung und lange Hosen wegen der Gefahr von Insektenstichen.
- Vermeiden Sie das Schwimmen und Baden in Flüssen oder Seen in Afrika und Südamerika *(Bilharziose-Gefahr)*.
- Befestigen Sie Moskitonetze gut unter der Matratze.
- Lassen Sie nach einem Tropenaufenthalt von mehr als drei Monaten Blut, Urin und Stuhl untersuchen, auch wenn keine Beschwerden bestehen.
- ...

Entwickeln Sie unter gesundheitlichen Aspekten einen Reiseplan und Reisetipps für eine Tropenreise, z. B. nach Gambia oder Brasilien.

Tragen Sie in einer Weltkarte alle Länder ein, die von Ihren Mitschülern schon besucht wurden. Vergleichen Sie dieses Ergebnis mit den Reiseerfahrungen Ihrer (Großeltern und) Eltern im gleichen Alter. Nennen Sie Auswirkungen des Tourismus auf die Ausbreitung von Infektionskrankheiten.

Man muss davon ausgehen, dass bereits Entdecker wie Kolumbus oder Cook zur Ausbreitung von Krankheiten beigetragen haben. Was lässt sich darüber in Erfahrung bringen?

Armut und Gesundheit

„Ost- und Südostasien haben ihren Anteil an Unterernährung von 52 % im Jahr 1970 auf 32 % im Jahr 1992 reduziert, während der Anteil Südasiens im gleichen Zeitraum von 26 % auf 30 % anstieg und der Afrikas südlich der Sahara von 11 % auf 26 % in die Höhe schnellte.

Während des gleichen Zeitraums gab es in Ost- und Südostasien wirtschaftliche Wachstumsraten von 4 % bis 8 %, derweil in Südostasien das Wachstum kaum 3 % erreichte, und die meisten afrikanischen Länder südlich der Sahara einen Rückgang ihres Bruttoinlandsprodukts erlebten. ...

Ein Fünftel der Menschheit hat keinen Zugang zu modernen Gesundheitsdiensten und der Hälfte der Weltbevölkerung ist ein regelmäßiger Zugriff auf Grundmedikamente verwehrt. ... Wir wissen seit langer Zeit, dass Armut schlechte Gesundheit bedingt, ... schlechte Gesundheit verlängert die Armut. ...“
Dr. Gro Harlem Brundtland, 1999, Generaldirektorin der WHO

Viele Krankheiten, wie Malaria, AIDS, Tuberkulose oder die Schlafkrankheit, lassen sich medikamentös lindern oder heilen.
Warum profitieren Entwicklungsländer nur wenig davon?

Basis Konzepte

Reproduktion

Unter Reproduktion versteht man im Verlagswesen das Abbilden und Vervielfältigen von Büchern oder Bildern durch Drucktechniken, in der Kunst die Nachbildung eines Originals, in der politischen Ökonomie die Erneuerung im Produktionsprozess, im Unterricht die Wiedergabe von Gelerntem. In allen Fällen wird etwas „wieder hervorgebracht" oder „wieder erzeugt" und für die Reproduktion ist stets eine äußere Instanz nötig.

In der Biologie wird der Begriff „Reproduktion" als Synonym für Fortpflanzung benutzt. Lebewesen haben im Gegensatz zur unbelebten Natur die Fähigkeit zur Selbstvervielfältigung: Leben erzeugt Leben. Durch die individuell begrenzte Lebenszeit resultiert daraus eine Abfolge von Generationen, die die Möglichkeit zur Veränderung und damit auch zur Evolution schafft. Dazu tragen verschiedene Mechanismen bei, in die der Mensch mehr und mehr durch Gentechnik und Reproduktionsmedizin eingreifen kann.

Aus dem Reproduktionslabor

Rekombination und Vielfalt

Rekombination und Vielfalt

Im Verlauf der Meiose werden die elterlichen Erbanlagen durch die zufallsgemäße Verteilung der homologen Chromosomen neu kombiniert. Innerhalb der Chromosomen können die Gene infolge von Stückaustauschen umgruppiert werden. Bakterien erreichen Ähnliches durch die so genannten parasexuellen Vorgänge der Transformation, Transduktion und Konjugation. In allen Fällen resultiert daraus eine größere Vielfalt an Genotypen, die durch Selektion zu einer besseren Angepasstheit der Organismen an ihre Umwelt führt.

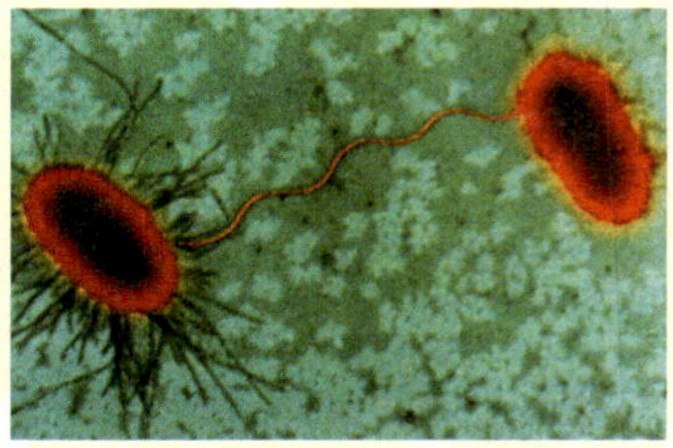

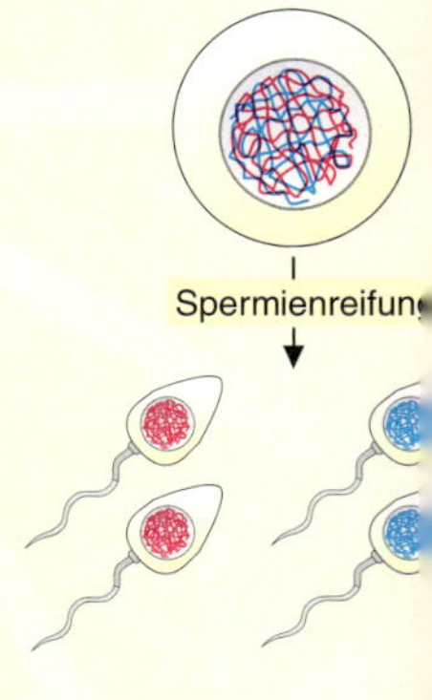

Replikation und Mutation

Replikation und Mutation

Die „identische Replikation" der DNA ist nicht immer ein perfektes Kopieren: Geringfügige Fehler der Polymerase, die die Nucleotide komplementär zum Originalstrang anlagert, führen zu Punktmutationen, andere Fehler etwa zu Rasterverschiebungen, Abbrüchen oder Nonsens-Sequenzen. Trotz der weitgehenden Beibehaltung der genetischen Information können auf diese Weise Varianten erzeugt werden, die „Spielmaterial" für die Evolution darstellen.

Ungeschlechtliche Fortpflanzung

Einzeller teilen sich, Pflanzen bilden Ausläufer, Brutknospen oder Tochterzwiebeln. Eine derartige *asexuelle Fortpflanzung* ist bei höheren Tieren äußerst selten, jedoch können genetisch identische Organismen künstlich durch *Klonen* auch bei Säugetieren hergestellt werden. Ungeschlechtliche Fortpflanzung – in der keine Neukombination der Erbanlagen möglich ist – darf nicht verwechselt werden mit eingeschlechtlicher Fortpflanzung *(Parthenogenese)*, die z. B den Blattläusen eine Massenvermehrung ermöglicht.

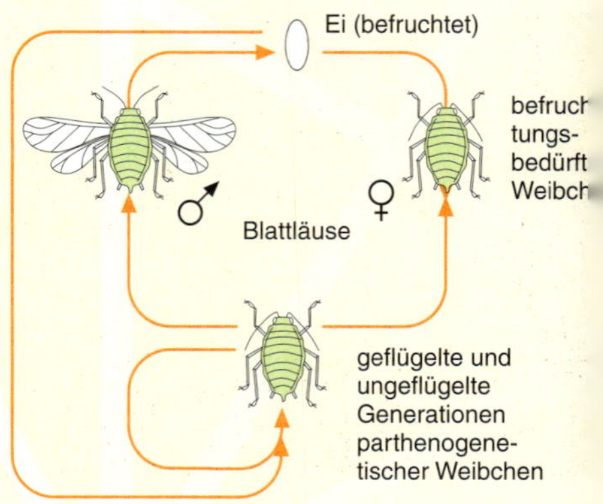

ungeschlechtliche Fortpflanzung

● Zusammenhänge denken ● Zusammenhänge erkennen ● Zusammenhänge erarbeit

Sexualität

Sexualität

Bei der sexuellen Fortpflanzung wird eine große, stationäre, weibliche Keimzelle von einer kleinen, beweglichen männlichen Keimzelle befruchtet. Die Anzahl der lebensfähigen Fortpflanzungseinheiten (Spermien bzw. fertile Pollen, Eizellen bzw. keimfähige Samenanlagen) bestimmt die *reproduktive Effizienz* der Organismen. Die Selektion legt dagegen den *reproduktiven Erfolg* fest, also die Anzahl der überlebenden Nachkommen. Dadurch kann sich die Häufigkeit der Allele verschiedener Gene verändern *(reproduktive Fitness)*. Auch helfende Geschwister haben eine reproduktive Fitness.

Fortpflanzungsstrategien

Fortpflanzungsstrategien

Eltern investieren in ihren Nachwuchs. Das verursacht Kosten. Bestimmte Verhaltensstrategien gewährleisten einen möglichst effektiven Einsatz der begrenzten Kapazitäten. Dies kann sich z. B. darin äußern, dass sich eine Organismenart im Verlauf ihres Lebens selten fortpflanzt, dabei aber z. B. durch Brutpflege viel investiert. Eine andere Organismenart kann mit weniger Aufwand häufiger viele Nachkommen haben. Durch die Selektion wird jeweils der bestmögliche Kompromiss begünstigt. Ausschlaggebend sind fast immer ökologische Faktoren.

Agaven kommen in trocken-heißen Lebensräumen vor und vermehren sich ungeschlechtlich. Blüten- bzw. Fruchtbildung erfolgt nur in außergewöhnlich niederschlagsreichen Jahren. Dies ermöglicht den Jungpflanzen eine erfolgreiche Keimung. Das Überangebot an Samen wird nicht komplett vertilgt.

Geschlechtsbestimmung

Geschlechtsbestimmung

Meist wird das Geschlecht bei der Befruchtung der Eizelle irreversibel festgelegt *(genotypische Geschlechtsbestimmung)*. In anderen Fällen können Umweltfaktoren wie die Temperatur ausschlaggebend sein. Für den Igelwurm ist es der Kontakt des Larvenstadiums mit einem Weibchen, der die Entwicklung zum Männchen festlegt. Bei der Korallengrundel sind es ökologische Faktoren: Im Great Barrier Reef vor der australischen Küste findet dieser Fisch nur schwer geeignete Korallenstöcke, die das paarweise Brüten erlauben. Jungfische bleiben daher geschlechtsneutral. Frei werdende Brutplätze besetzen Fische sofort und der Partner nimmt dann jeweils das andere Geschlecht an.

Aufgaben

① Die so genannte *Big-Bang-Strategie* wird z. B. von einigen Bambusgewächsen verfolgt: Die Organismen durchlaufen über mehrere Jahre nur vegetative Wachstumsphasen, investieren dann ihre gesamte Energie in eine einzige sexuelle Reproduktionsphase und sterben danach ab. Nennen Sie die Vor- und Nachteile.

② Beim Pazifischen Lachs zehren die Männchen und Weibchen während der Wanderung zum Paarungsort von ihrem Körpervorrat und gehen nach dem Ablaichen zugrunde. Beschreiben Sie Kosten und Nutzen dieser Strategie.

③ Beurteilen Sie Revierverteidigung, Brutpflege oder Brutfürsorge oder den Bau spezifischer Nester zur Aufzucht der Nachkommen im Hinblick auf die reproduktive Fitness.

④ Reproduktion im Sinne von „Erzeugen von Nachkommen" bedeutet nicht automatisch Vermehrung. Begründen Sie dies.

⑤ Die verschiedenen Formen der ungeschlechtlichen (vegetativen) Fortpflanzung gewährleisten, dass ein Individuum Kopien aller seiner Gene weitergibt. Stellen Sie die Vor- und Nachteile im Vergleich mit der geschlechtlichen Fortpflanzung dar.

⑥ Fitness im Sinne Darwins wird nicht an der Anzahl der Nachkommen gemessen, sondern daran, wie viele von ihnen überleben und selbst wieder Nachkommen haben. Daraus ergeben sich unterschiedliche Fortpflanzungsstrategien. Erläutern Sie die Zusammenhänge.

⑦ Buschblauhäher haben sog. „Helfer am Nest", die sich selbst nicht fortpflanzen. Unter welchen Bedingungen kann dieses auf den ersten Blick uneigennützige (altruistische) Verhalten einen reproduktiven Fitnessgewinn darstellen?

Basis Konzepte

Steuerung und Regelung

Organismen und Lebensgemeinschaften halten viele Zustandsgrößen in engen Grenzen, auch wenn innere oder äußere Faktoren sich kurzfristig erheblich ändern. Durch Regelung wird erreicht, dass diese Zustandsgrößen in einem funktionsgerechten Rahmen bleiben. In Anlehnung an die technische Kybernetik (Steuerungstechnik) wird der dabei angestrebte Wert als *Sollwert* bezeichnet. Für bestimmte Vorgänge ist es möglich, diesen Sollwert gegebenen Veränderungen anzupassen. Während durch die Regelung ein Zustand aufrecht erhalten wird, kann durch Steuerung die Intensität oder Richtung von Vorgängen geändert werden.

Typisch für die Regelung ist die negative Rückkopplung. Regelkreismodelle in Form von Blockdiagrammen verdeutlichen dies durch verschiedene Komponenten. Sie werden für physiologische Prozesse verwendet und sind meist komplex. Pfeildiagramme sind einfacher und werden häufig in der Populationsökologie eingesetzt.

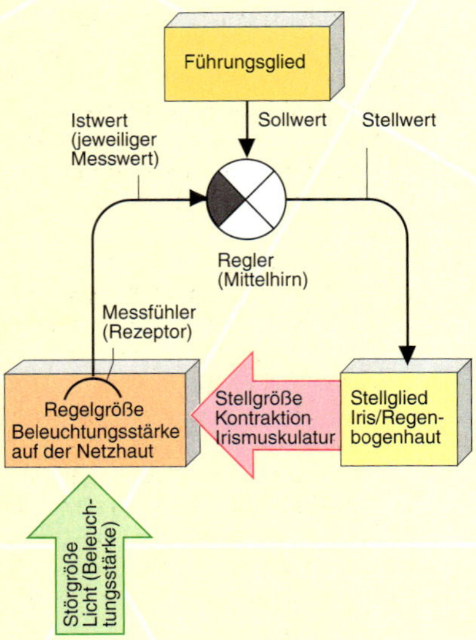

Pupillenreaktion

Pupillenreaktion

Der Pupillenreflex ist ein Beispiel für eine Proportionalregelung: Bei verstärktem Lichteinfall verkleinert sich die Pupille, bei vermindertem Lichteinfall vergrößert sie sich jeweils entsprechend der augenblicklichen Regelabweichung.

Im Unterschied zur einfachsten Form des Regelkreises enthält dieses System bereits ein Führungsglied. Es ermöglicht eine Verstellung des Sollwerts. Vereinfachend lässt sich dies mit einer Wasserstandsregelung vergleichen.

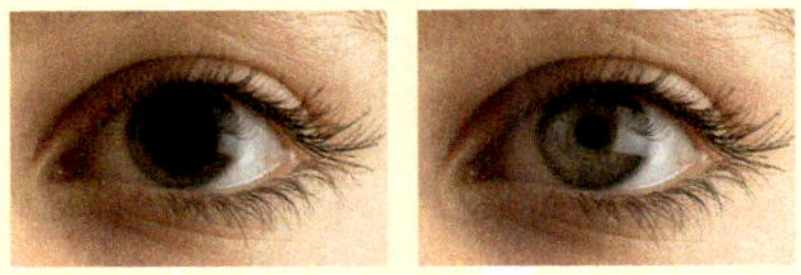

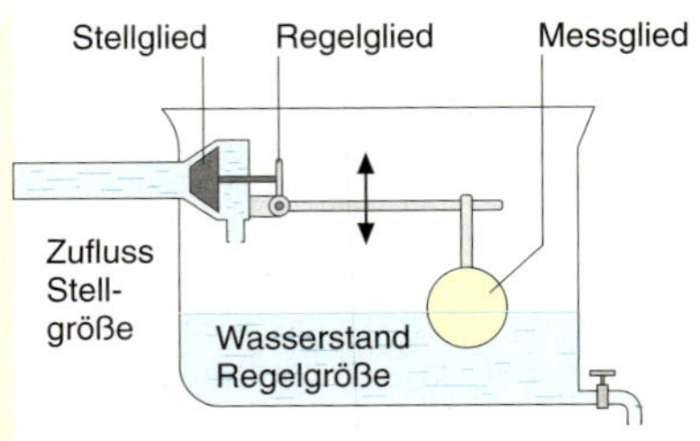

Automatische Wasserstandsregelung

Blutzuckerspiegel

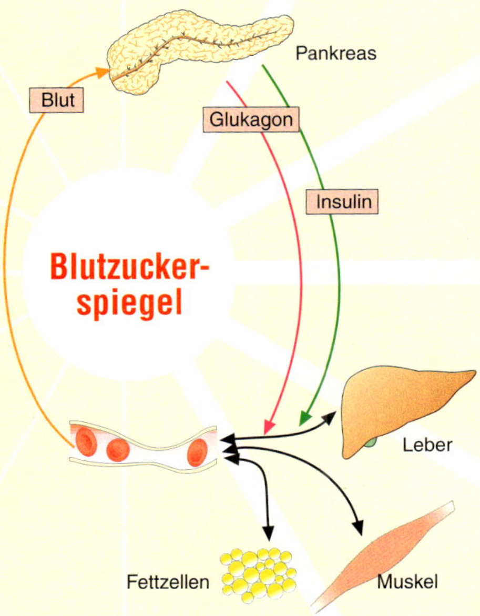

Blutzuckerspiegel

Zur Regelung des Blutzuckerspiegels greifen mehrere Regelkreise ineinander (vernetzte Systeme). Der Zuckergehalt des Blutes wird ständig gemessen und in einem Bereich von 60 – 120 mg Glucose pro 100 ml Blut gehalten. Daran sind zwei Hormone der Bauchspeicheldrüse (Insulin, Glukagon) beteiligt. Deren Aktivität wird wiederum von weiteren Organen, Nervensignalen und Hormonen beeinflusst. Faktoren wie Stress, Nahrungsaufnahme, Muskeltätigkeit oder Ruhe wirken als Störgrößen.

Körpertemperatur

Körpertemperatur

Vögel und Säugetiere sind in der Lage, ihre Körpertemperatur in engen Grenzen konstant zu halten. An dieser Regelung sind zwei ganz verschiedene Stellglieder beteiligt: Die Muskulatur zur aktiven Erwärmung und Schwitzen bzw. Hecheln zur aktiven Abkühlung.

Bei wechselwarmen Tieren übernehmen Verhaltensänderungen teilweise die Stellgliedfunktion: Reptilien im Hochgebirge oder in der Steppe regulieren ihre Körperwärme durch Sonnenbäder am Tag bzw. das Aufsuchen geschützter Höhlen in der Nacht.

● Zusammenhänge denken ● Zusammenhänge erkennen ● Zusammenhänge erarbeite

Technische Beispiele

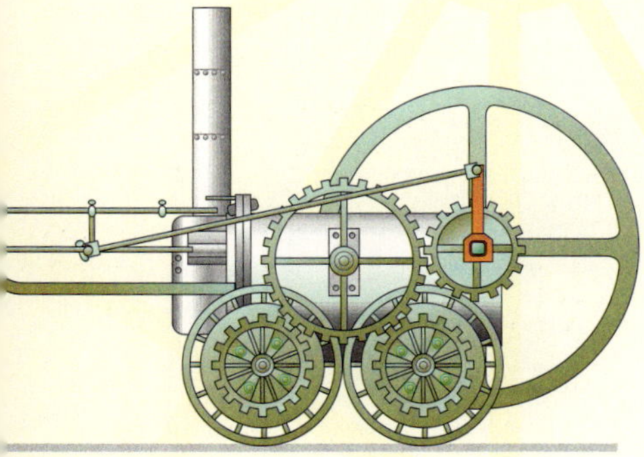

Technische Beispiele

Regelkreismodelle orientieren sich an der Technik: Heizkörper- bzw. Kühlschrankthermostate oder Regler am Bügeleisen halten voreingestellte Temperaturen konstant. In Industrie und Technik spielen aber auch andere Regelungsprinzipien seit dem Bau der ersten Dampfmaschine eine Rolle: Der 1788 von JAMES WATT (1736 – 1819) entwickelte Fliehkraftregler ermöglichte eine gleichmäßige Leistung der durch heißen Wasserdampf angetriebenen Maschinen. Kühlwasserregelsysteme in Kraftfahrzeugen sind z. B. mit Rohrsystemen gekoppelt, die eine möglichst große Austauschfläche besitzen.

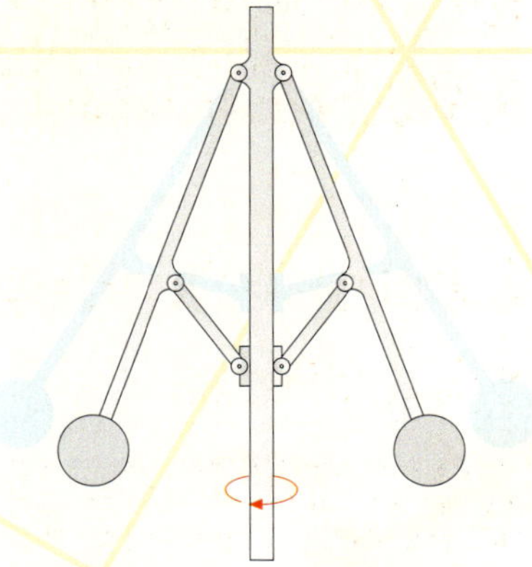

Populationsgröße

Die Populationsgrößen verschiedener Arten einer Lebensgemeinschaft stehen miteinander in Wechselbeziehungen. Durch Rückkopplungen werden nur vorübergehend stabile Verhältnisse erreicht, die sich aber schnell entsprechend neuer Umweltbedingungen ändern können. Einen festgelegten Sollwert gibt es nicht.

Eine Zunahme der Individuenzahl verstärkt z. B. die innerartliche Konkurrenz um Ressourcen, führt zu einem Überangebot für Räuber oder Parasiten und zu einer erhöhten Gefahr der Ausbreitung von Infektionskrankheiten.

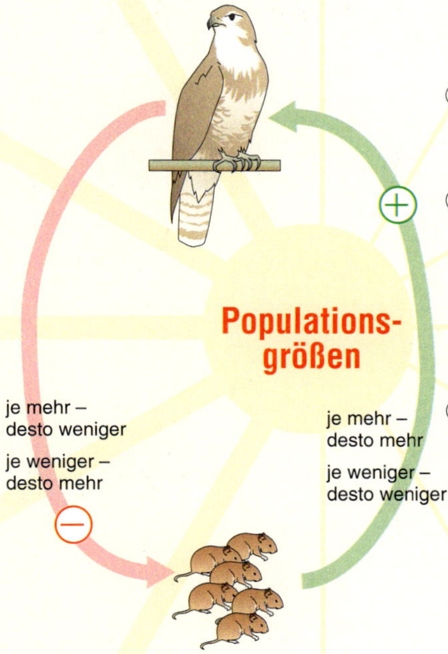

Gen- und Enzymaktivität

Endproduktrepression und Substratinduktion sind Beispiele für eine negative Genregulation, da sie durch Rückkopplung der Repressorproteine gesteuert werden. Positive Genregulation wird durch die Anlagerung von Aktivatorproteinen an eine Kontrollregion vermittelt. Bei beiden Vorgängen spielen allosterische Proteine eine Rolle. Diese können ihre räumliche Struktur bei der Anlagerung von Effektoren ändern *(Konformationsänderung)*.

Gen- und Enzymaktivität

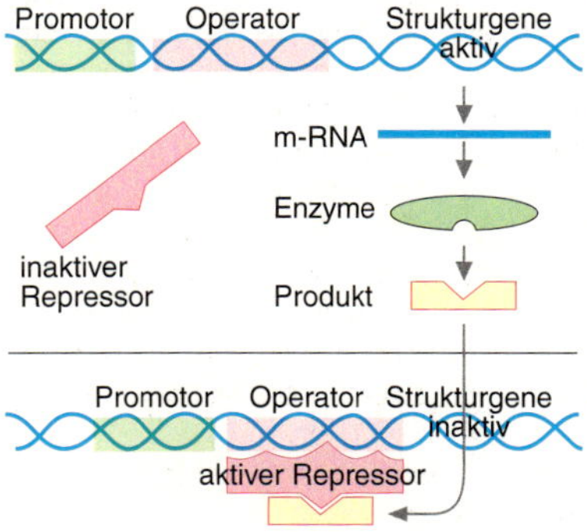

Aufgaben

① Verdeutlichen Sie die Unterschiede zwischen Steuerung und Regelung an einem Elektro-Spielzeugboot mit und ohne Fernbedienung.

② Die Regelung des Blutdrucks ist im Gegensatz zur Pupillenreaktion ein Beispiel für eine so genannte „zeitliche Integralregelung": Der Regelprozess erreicht trotz anhaltender Störgröße einen Sollwert und hält ihn ein. Erläutern Sie dies für Blutverluste infolge einer Verletzung.

③ Das Prinzip der negativen Rückkopplung beruht darauf, Abweichungen von einem Sollwert durch Gegenwirkungen zu verringern oder vollständig zu kompensieren. Andere Modelle sind mechanische Gleichgewichte, Überlaufsysteme, chemische Pufferung oder „feedforward-Systeme". Informieren Sie sich darüber und erläutern Sie die Unterschiede.

④ Erläutern Sie die dargestellten technischen Regelsysteme und vergleichen Sie ihren Aufbau und ihre Funktion mit ausgewählten biologischen Systemen.

⑤ Positive Rückkopplung verstärkt sich selbstständig. Suchen Sie nach je einem Beispiel in Biologie und Technik. Erläutern Sie jeweils die Zusammenhänge.

⑥ Muskeln erhalten den Befehl, sich zu verkürzen, sowohl über α-Motoneurone als auch über γ-Fasern, die zu den Muskelspindeln führen. Bereiten Sie ein Kurzreferat zur gegenseitigen Beeinflussung von Muskelspindel und Muskel bei Kontraktion und Dehnung vor.

Basis Konzepte

Information und Kommunikation

Lebewesen nehmen Informationen auf, speichern und verarbeiten sie und kommunizieren miteinander. Voraussetzungen sind eine gemeinsame Sprache und geeignete Aufnahme-, Speicher- und Abgabemechanismen.

Das Wort „Information" wird im Alltag unterschiedlich benutzt: Objekte wie z. B. eine CD *enthalten* Informationen und Organismen *erhalten* Informationen. In der Biologie kann man *Information* definieren als eine Mitteilung, die aus einer räumlichen oder zeitlichen Folge von Signalen besteht, die beim Empfänger eine bestimmte Reaktion hervorruft. *Kommunikation* ist eine wechselseitige, aufeinander abgestimmte Informationsübertragung. Sie kann sowohl zwischen Organismen als auch innerhalb eines Organismus und in der Zelle stattfinden.

Sender und Empfänger

In einer Kommunikationskette geht vom Sender das verschlüsselte Signal aus, das beim Empfänger nicht nur ankommen, sondern auch entschlüsselt werden muss, d. h. Signale und Verarbeitungsmechanismen müssen aufeinander abgestimmt sein. Ein Beispiel dafür sind *Pheromone*. Diese Signalstoffe dienen der Kommunikation zwischen Individuen einer Art. *Bombykol* – der Sexuallockstoff des Seidenspinners – wird von den Weibchen produziert. Die entsprechenden chemischen Rezeptoren in den großen Antennen der männlichen Schmetterlinge reagieren noch auf äußerst geringe Konzentrationen der Substanz.

Sender und Empfänger

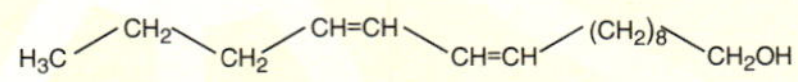

Strukturformel von Bombykol

Pheromonrezeptoren am Sinneshaar

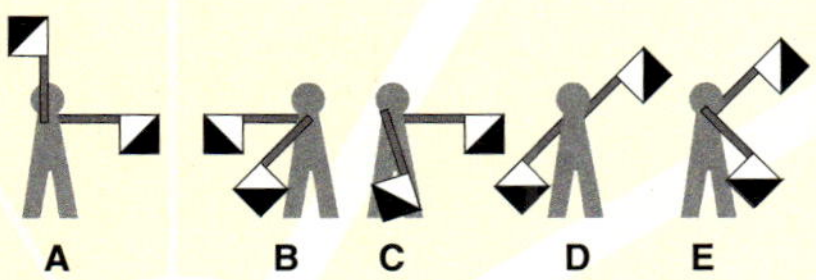

Codierung – Decodierung

Codierung / Decodierung

Ein Code ist eine eindeutige Vorschrift zur Umwandlung von Information aus einer Sprache in eine andere. Morsealphabet, die Verschlüsselung von Texten in Bits und Bytes oder das Telefon illustrieren dies. Mit dem genetischen Code z. B. wird die Information aus der „Sprache der Nucleinsäuren" in die „Sprache der Aminosäuren" übersetzt.

Mit einer Codierung kann eine Informationsübertragung auch sicherer gemacht werden. Nervenzellen senden frequenzcodiert und rechnen amplitudenmoduliert.

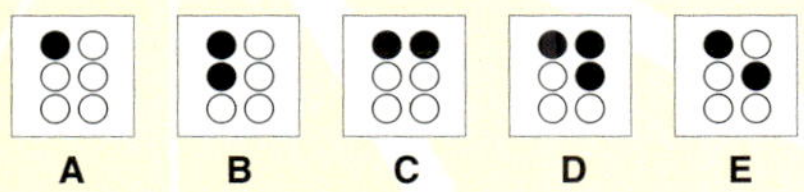

Redundanz

Der aus der Informationstheorie stammende Begriff der *Redundanz* (von lat. *redundantia* = Überfülle) beschreibt die informative Überbestimmtheit einer Nachricht. In der Nachrichtentechnik bietet eine hohe Redundanz wirksamen Schutz vor Übertragungsstörungen.

In der Genetik und Evolution ist Redundanz das mehrfache Vorliegen gleichartiger Signalstrukturen. So wird Sicherheit und Stabilität erzeugt. Entsprechend dem Ökonomie-Prinzip wird dies mit einer minimalen Anzahl beteiligter Faktoren erreicht. Nur fünf Elemente bauen die DNA auf, vier Basen codieren die gesamte Artenfülle und etwa zwanzig Aminosäuren bauen alle Proteine auf.

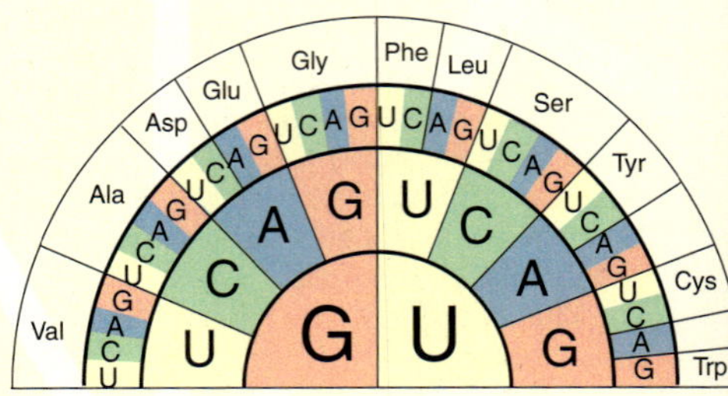

Redundanz

● Zusammenhänge denken ● Zusammenhänge erkennen ● Zusammenhänge erarbeite

Zellulärer Informationsfluss

Zellulärer Informationsfluss

Innerhalb jeder Zelle erfolgt eine ständige Informationsübertragung von Organell zu Organell durch verschiedene chemische Substanzen. Aber auch benachbarte Zellen eines Gewebes können miteinander kommunizieren. Spezielle Zell-Zell-Kontakte ermöglichen den Austausch kleinerer Moleküle. Bei der Immunabwehr kommunizieren verschiedene Zellen entweder über Signalstoffe oder durch direkte Zellkontakte.

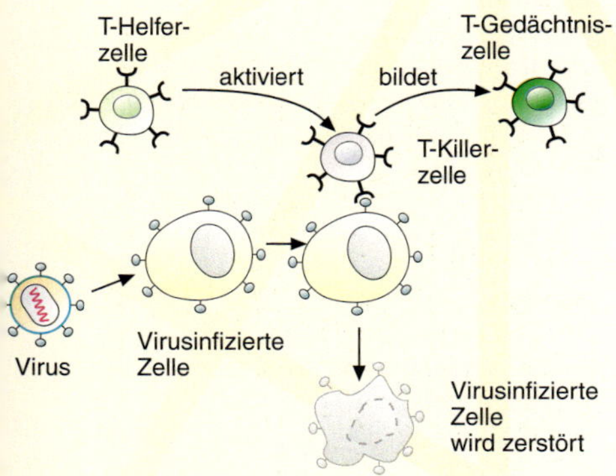

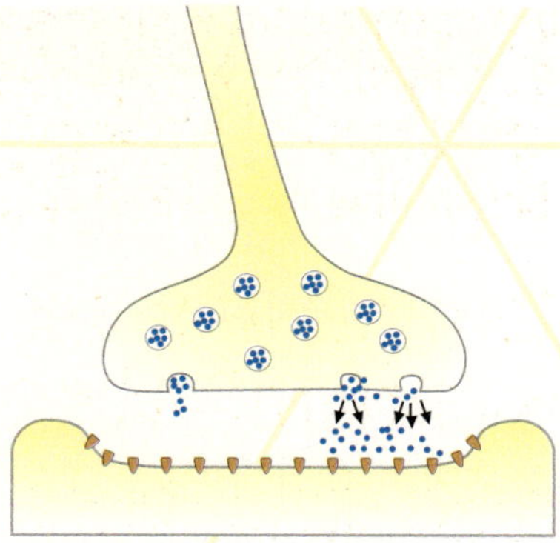

Aufgaben

1. Stellen Sie für je ein Beispiel aus der Verhaltensbiologie, Neurophysiologie, Stoffwechselbiologie und Genetik dar, wie Sender und Empfänger aufeinander abgestimmt sind.
2. Im Rundfunk haben Kurz- und Mittelwellensender erheblich schlechtere Sendequalität als UKW-Stationen. Finden Sie eine Begründung.
3. Stellen Sie die verschiedenen Codierungsmechanismen bei der Informationsübermittlung in Nervensystemen dar.
4. Pflanzen speichern die Information über Belichtungsverhältnisse in Phytochrom-Molekülen. Stellen Sie die Arbeitsweise dieses Moleküls dar und erläutern Sie, wie dadurch Information verarbeitet wird.
5. Bücher, Filme, eine CD oder DVD sind Beispiele für technische Speichermedien. Vergleichen Sie diese Datenträger mit den biologischen Informationsträgern hinsichtlich der Art der Information, ihrer Speicherung und Weitergabe.
6. Begründen Sie die Aussage, dass Nucleinsäuren sowohl der Informationsspeicherung als auch der Informationsübertragung dienen.
7. Nennen Sie Gemeinsamkeiten und Unterschieden zwischen Nerven- und Hormonsystem. Vergleichen Sie diese Form der Informationsübertragung mit der zellulären Kommunikation bzw. der Kommunikation zwischen Individuen.
8. Warum kann man die Lautäußerungen „sprechender" Papageien nicht als Sprache bezeichnen?
9. Diskutieren Sie die Bedeutung der Signalfarben in den Balztrachten vieler Tiere. Vergleichen Sie dies mit der Funktion von Warnfarben.

Nerven- und Hormonsystem

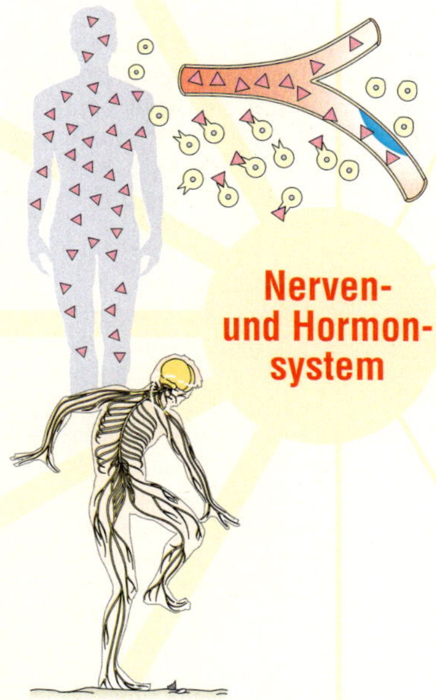

Nerven- und Hormonsystem

Das Nervensystem dient der schnellen und gezielten Kommunikation. Außer elektrischen Signalen werden an den Synapsen chemische Signale benutzt. Im Zusammenspiel afferenter und efferenter Bahnen gewährleisten Rückkopplungsmechanismen den Informationsfluss. Neben den schnell wirksamen Informationen des Nervensystems werden über die Blutbahn Hormone zur längerfristigen Kommunikation eingesetzt. Sie setzen an passenden Rezeptoren der Zielorgane an.

Verständigung

Verständigung

Der Begriff „Sprache" bezieht sich im engeren Sinn nur auf die verbale Kommunikation zwischen Menschen. Im weiteren Sinn versteht man darunter auch die Symbolsprache (Zeichensprache) oder die Sprache der Tiere (z. B. Bienentanz oder Ausdrucksverhalten). In Sozialverbänden sind optische und akustische Signale zur Verständigung wichtig für den Zusammenhalt oder für gemeinsame Aktivitäten. Auch Pflanzen kommunizieren untereinander oder mit Tieren, wenn z. B. Alarmsubstanzen bei Schädlingsbefall abgegeben werden.

Zusammenhänge denken • Zusammenhänge erkennen • Zusammenhänge erarbeiten •

Agglutination
Zusammenballung von Blutzellen oder Bakterien unter dem Einfluss von Brückenmolekülen (z. B. *Antikörpern)*

AIDS (Acquired Immune Deficiency Syndrome)
durch das menschliche Immunschwäche-Virus *(HIV)* ausgelöste Immunschwäche-Krankheit, die bis zum Jahr 2002 weltweit 20 Millionen Todesopfer forderte; schon vor dem Ausbruch der Krankheit wirken Infizierte über den direkten Kontakt von Körperflüssigkeiten ansteckend

Aktinfilamente
fadenförmige *Proteine* aus kugeligen Untereinheiten, die Bestandteil des *Zellskeletts* sind

Albino
durch einen erblich bedingten Mangel an Haut- und Haarpigmenten weiß gefärbtes Individuum mit roten Augen; Albinos kommen bei Vögeln und Säugetieren einschließlich des Menschen vor

Allel
eine von mehreren möglichen Ausführungen eines *Gens*, von dem *diploide Körperzellen* zwei enthalten, *haploide Keimzellen* eines

Allergie
Überreaktion des Immunsystems auf bestimmte Substanzen, die als *Allergene* bezeichnet werden

Aminosäure
organische Säure, die neben der Carboxylgruppe eine Aminogruppe enthält; in freier Form und als Baustein von Peptiden und *Proteinen* in der Zelle allgemein verbreitet; *essentielle Aminosäuren* können vom Körper nicht synthetisiert werden, sondern müssen aufgenommen werden

Antibiotikum
von Mikroorganismen hergestellter Stoff, der das Wachstum anderer Mikroorganismen hemmt, z. B. Penicillin, Chloramphenicol

Anticodon
Basentriplett eines t-RNA-Moleküls, das komplementär zu einem m-RNA-Codon ist

Antigen
Substanz, die eine *Antikörperproduktion* durch das Immunsystem auslöst

Antikörper
Moleküle in den Körperflüssigkeiten der Wirbeltiere, die spezifisch andere Moleküle *(Antigene)* binden können

Art
Man unterscheidet zwei verschiedene Sichtweisen, die beide je nach Zusammenhang sinnvoll sind:
morphologische Art: eine Gruppe von Lebewesen, die in wesentlichen Merkmalen übereinstimmen
genetische Art: alle Individuen, die unter natürlichen Bedingungen derselben Fortpflanzungsgemeinschaft angehören

ATP (Adenosintriphosphat)
wichtigster Energiespeicher und -überträger des Stoffwechsels, entsteht aus ADP und Phosphat unter Energieaufnahme; setzt beim Zerfall 30,5 kJ/mol frei und treibt dadurch endergonische Reaktionen an oder macht durch Übertragung von Phosphat andere Stoffe energiereicher und damit reaktionsfähiger

Autoimmunerkrankung
Erkrankung, die durch Immunreaktionen des Körpers gegen körpereigene Zellen ausgelöst wird; zu den Autoimmunerkrankungen gehören *Diabetes* und andere rheumatische Erkrankungen

Autoradiographie
fotografischer Nachweis radioaktiv markierter Stoffe; empfindliches Nachweisverfahren für Stoffe und Stoffumwandlungen

Autosom
Chromosom, das im Gegensatz zum *Gonosom* keine geschlechtsbestimmenden *Gene* trägt; in Körperzellen sind bei *diploiden Zellen* von jedem Autosom zwei homologe Ausgaben vorhanden

Bakteriophage (Phage)
Virus, das *Bakterien* befällt; es nutzt den Syntheseapparat der Bakterienzelle zur eigenen Vermehrung. Phagen bestehen aus *Proteinen, DNA* oder *RNA*.

Bakterium
Angehöriger einer systematischen Gruppe von einzelligen, zellkernlosen *(prokaryotischen)* Kleinstlebewesen; man unterscheidet echte Bakterien (Bacteria) von den Archaebakterien (Archaea)

Befruchtung
Verschmelzung der Zellkerne zweier Keimzellen zu einer befruchteten Eizelle *(Zygote)*; nach der *Besamung*

Begattung
geschlechtliche Vereinigung eines männlichen und eines weiblichen Individuums zur direkten Übertragung von Spermazellen in die weiblichen Fortpflanzungsorgane; dadurch wird die *Besamung* und anschließende *Befruchtung* der Eizelle ermöglicht

Besamung
Eindringen der Spermazelle in die Eizelle; die Besamung geht der *Befruchtung* voraus

Biomembran
Doppellipidschicht mit einer immer gleichen Grundstruktur, die jede Zelle umgibt bzw. in kleinere Räume aufteilt

Biotechnologie
Einsatz und Nutzung von biologischen Prozessen oder Lebewesen in technischen Verfahren bzw. industriellen Produktionen

Blastula (Hohlkeim)
frühes Entwicklungsstadium eines tierischen Mehrzellers, bei dem äußerlich gleichartige Zellen eine Hohlkugel bilden

blotten
Basismethode der Molekularbiologie, mit der Moleküle *(Proteine, Nucleinsäuren)* aus Elektrophorese-Gelen zur weiteren Bearbeitung in gleicher Anordnung auf Membranen übertragen und damit isoliert werden

Centriol
paariges Organell der *Centrosomenregion* tierischer Zellen, das an der Organisation von Geißeln oder Wimpern beteiligt ist

Centrosom
im *Cytoplasma* einer *Eucyte* enthaltenes, für die Zellteilung wichtiges Material; es enthält bei tierischen Zellen die *Centriolen*

Chloroplast
fotosynthetisch aktives, Chlorophyll enthaltendes Zellorganell (siehe *Plastid)*

Chromosom
Hauptträger der Erbinformation in einer Zelle; Chromosomen enthalten

Gene *(DNA)* in spezifischer Anordnung und können identisch verdoppelt werden *(Replikation)*. Bei *Eukaryoten* werden sie vor allem bei der Zellteilung lichtmikroskopisch sichtbar. Im erweiterten Sinne wird auch die ringförmige DNA der *Prokaryoten* als (Bakterien-) Chromosom bezeichnet.

Chromosomenmutation
Veränderung der Erbinformation, die durch Bruch und Fusion zum Umbau eines *Chromosoms* führt; dabei können Teile eines Chromosoms verloren gehen *(Deletion)*, an eine andere Stelle verlagert werden *(Translokation)*, verdoppelt werden *(Duplikation)* oder um 180° gedreht wieder eingebaut werden *(Inversion)*

Code, genetischer
verschlüsselte Anweisung für die *Proteinbiosynthese*, nach der die genetische Information der DNA (Basensequenz) in die Aminosäuresequenz der *Proteine* übersetzt wird

Codon
aus 3 *Nucleotiden* bestehender m-RNA-Abschnitt (Basentriplett), der für eine *Aminosäure* codiert

Coenzym
Hilfsmolekül bei *Enzymen*, das Elektronen, Protonen oder Substratbestandteile bei enzymatischen Reaktionen vorübergehend übernimmt (auch Cosubstrat genannt)

Crossingover
wechselseitiger Austausch von Chromosomenstücken zwischen homologen *Chromosomen* während der *Meiose*; ein Crossingover führt zur *Rekombination* der Erbinformation, d. h. Gene, die zuvor auf dem gleichen Chromosom lagen, können auf verschiedene Chromosomen verteilt werden oder ehemals getrennte *Gene* können auf das gleiche Chromosom gelangen

Cytokinese
Zellteilung nach der Kernteilung durch Schnürung bei der Tierzelle oder Zellplatte bei der Pflanzenzelle (siehe *Mitose)*

Cytoplasma
von der Zellmembran umschlossener Zellinhalt mit Ausnahme des Zellkerns; in der Grundsubstanz des Cytoplasmas liegen die *Organellen*, deren Art und Anzahl je nach Zelltyp variiert

Denaturierung
durch Hitze, organische Lösungsmittel, pH-Wert-Änderungen oder Salze verursachte *Konformationsänderung* von *Nucleinsäuren* oder *Proteinen*; Denaturierung ist in der Regel mit Funktions- oder Aktivitätsverlust verbunden

Dendrogramm
(evolutionärer Stammbaum) Darstellung der Verwandtschaft von Lebewesen in einem baumartigen Schema; der Begriff wird vor allem für Stammbäume benutzt, denen genetische Merkmale zugrunde liegen

Dictyosom
Zellorganell, bestehend aus einem Stapel flacher Membranvesikel; exportiert *Proteinsekrete*; die Gesamtheit der Dictyosomen einer Zelle bildet den *Golgi-Apparat*

diploide Zelle
Zelle mit zwei homologen Chromosomensätzen (2n), von denen einer von der Mutter und einer vom Vater stammt

DNA (Desoxyribose Nucleic Acid) = DNS (Desoxyribonucleinsäure)
schraubig gewundene, zweisträngige Kette von *Nucleotiden* (besteht aus dem Zucker Desoxyribose, Phosphat und einer der 4 Basen Adenin, Thymin, Guanin und Cytosin); die Reihenfolge der Nucleotid-Typen in einem *Nucleinsäurestrang* verschlüsselt die genetische Information einer Zelle

Domestikation
der Prozess der Haustierwerdung und der Entwicklung von Kulturpflanzen aus Wildformen als Folge menschlicher Zuchtwahl

dominant
Allel, das bei *heterozygoten* Lebewesen zur Ausprägung eines Merkmals führt (siehe *Erbgang)*

Elektronenmikroskopie
Vergrößerungsverfahren, die in Elektronenmikroskopen Elektronenstrahlen statt Licht nutzen, wodurch feine Strukturen, *Viren* und Moleküle sichtbar gemacht werden können

Elektrophorese
Methode der Biochemie und Molekulargenetik, mit der Moleküle *(Proteine, Nucleinsäuren)* in einem Gleichspannungsfeld nach ihrer Masse und Ladung aufgetrennt und durch Färbung sichtbar gemacht werden

Endoplasmatisches Retikulum (ER)
Organell in *Eukaryotenzellen*, das aus einem Membransystem besteht; es wirkt bei Synthese, Umwandlung und Transport von Stoffen mit; man unterscheidet *glattes ER* und von *Ribosomen* besetztes *raues ER*

Endosymbionten-Hypothese
gut belegte Hypothese über den Ursprung der Eukaryotenzelle *(Eucyte)*; demnach ist die Eucyte aus einer *Symbiose* von Zellen hervorgegangen; *Mitochondrien* entstanden aus bakterienartigen Zellen, *Plastiden* aus cyanobakterienartigen Zellen

Enzym
Protein, das als Biokatalysator wirkt und dadurch die chemische Umsetzung bei Stoffwechselprozessen beschleunigt

Erbgang
statistisch-gesetzmäßiges Auftreten von Merkmalen in den Nachkommengenerationen; beim *rezessiv-dominanten Erbgang* bestimmt das *Allel* von nur einem Elternteil die Ausprägung des *Phänotyps* in der mischerbigen Filialgeneration, beim *kodominanten Erbgang* dagegen beide Allele. Beim *intermediären Erbgang* findet man eine abgeschwächte Ausprägung des Merkmals in der mischerbigen Filialgeneration

Eucyte
Zelltyp; Grundbaustein aller *Eukaryoten*; unterscheidet sich u. a. durch den Besitz von Zellkern *(Nucleus)*, *Mitochondrien* und die reiche Kompartimentierung von der *Procyte*

Eukaryoten (auch Eukaryonten)
ein- und vielzellige Lebewesen, deren Zelltyp die *Eucyte* ist; dazu gehören *Protisten*, Pflanzen, Pilze und Tiere

Fortpflanzung
Kennzeichen des Lebens, wobei durch die Weitergabe genetischer Information artgleiche, eigenständige Individuen entstehen. Zur geschlechtlichen *(sexuellen)* Fortpflanzung gehört die Befruchtung von Keimzellen. Bei der ungeschlechtlichen *(asexuellen)* Fortpflanzung entstehen neue Lebewesen aus einem Teil des Elternorganismus. Fortpflanzung ist meistens mit einer *Vermehrung* verbunden.

Furchung
erste Phase in der Entwicklung eines Mehrzellers, bei der aus der *Zygote* durch aufeinander folgende Zellteilungen eine mehrzellige Kugel *(Blastula)* entsteht; bei dotterarmen befruchteten Eizellen wird das gesamte Plasma aufgeteilt (totale Furchung), bei dotterreichen nur ein Teil (partielle Furchung)

Gamet (Geschlechtszelle, Keimzelle)
haploide Ei- oder Spermazelle, die sich im Gegensatz zur *Spore* erst nach einer *Befruchtung* zu einem mehrzelligen Organismus weiterentwickelt; in *diploiden* Organismen entstehen Gameten in spezialisierten Organen *(Gonaden,* Keimdrüsen) durch eine besondere Form der Zellteilung *(Meiose)*, in haploiden Organismen durch *Mitose*

Gametophyt
mehrzellige, *haploide* Generation der Pflanzen, die (mitotisch) Keimzellen hervorbringt; aus den befruchteten Keimzellen geht anschließend die *Sporen* bildende *diploide* Generation *(Sporophyt)* hervor; Gametophyt der Moose: Moospflänzchen; Gametophyt der Farne: Prothallium; Gametophyt der Samenpflanzen: unscheinbare Zellgruppe im Innern des *Sporophyten*

Gastrula (Becherkeim)
Entwicklungsstadium eines Mehrzellers; es besteht aus zwei Gewebelagen (Keimblättern), die eine innere Höhle (den Urdarm) umschließen

Gastrulation
zweite Phase in der Entwicklung eines Mehrzellers, bei der aus einer Hohlkugel *(Blastula)* durch Einstülpung oder Einwanderung von Zellen ein Becherkeim *(Gastrula)* entsteht

Gen
Funktionseinheit der Erbinformation, die auf einem *Chromosom* liegt und aus *DNA* besteht; ein Gen ist nach heutiger Auffassung der DNA-Abschnitt, der für ein RNA-Molekül codiert

Gendrift
durch Zufallsereignisse bedingte, sprunghafte Veränderung von *Gen-* bzw. *Allelhäufigkeiten*, die insbesondere in kleinen Populationen von Bedeutung sind (Gründereffekt, Flaschenhalseffekt)

Generationswechsel
Entwicklungszyklus einer Art, bei der sich Generationen mit unterschiedlicher Form der *Fortpflanzung* abwechseln; dazu können z. B. geschlechtliche und ungeschlechtliche Fortpflanzung oder *Parthenogenese* gehören

genetisch bedingte Krankheit
(Erbkrankheit)
Erkrankung, die sich auf die Vererbung veränderter *Gene* oder *Chromosomen* zurückführen lässt

genetisch bedingtes Verhalten
Verhaltensweisen, die nicht erlernt werden müssen; sie gehen nur auf genetisch weitergegebene, stammesgeschichtlich entstandene Informationen zurück

genetischer Fingerabdruck
Verfahren zur Analyse von *DNA* aus Haaren, Blutflecken und anderem Material zur Identifizierung von Personen, fachsprachlich auch DNA-Typisierung oder DNA-Profiling genannt

Genexpression
Vorgang der Merkmalsausbildung, in dem eine Zelle die Information eines *Gens* nutzt; alle Gene werden dabei zunächst transkribiert (RNA-Bildung), codieren sie für Proteine, findet auch Translation statt

Genkartierung
Bestimmung der Position verschiedener Gene auf einem DNA-Molekül *(Chromosom)*

Genkopplung
Vorhandensein von *Gengruppen*, die gemeinsam vererbt werden, weil sie auf demselben *Chromosom* liegen; durch *Crossingover* können solche Kopplungsgruppen durchbrochen werden

Genom
Gesamtheit des genetischen Materials (codierende und nicht codierende DNA-Abschnitte) eines Organismus im einfachen *Chromosomensatz*

Genommutation
Mutation, die zu einer Veränderung der *Chromosomenanzahl* in einer Zelle führt; es können entweder einzelne Chromosomen hinzukommen oder verloren gehen, oder der ganze Chromosomensatz kann vervielfacht oder halbiert werden

Genotyp
Beschreibung der Gesamtheit der *Gene* eines Organismus

Genpool
Gesamtheit aller *Gene* in einer Population zu einem bestimmten Zeitpunkt

Genregulation
Regulation der *Proteinbiosynthese* in einer Zelle durch *Genaktivierung* bzw. -hemmung

Gensonde
kurzkettiges, markiertes DNA- oder RNA-Einzelstrang-Molekül zum Aufspüren komplementärer Basensequenzen

Gentechnik
dazu gehören alle Verfahren zur gezielten Veränderung des *Genoms* einer Zelle durch Übertragung oder Entfernung definierter DNA-Abschnitte zu Forschungs-, Heilungs- oder Produktionszwecken

Gentherapie
medizinische Behandlung von Patienten durch gentechnische Veränderung von Zellen: Bei der somatischen Gentherapie werden *Gene* von Körperzellen des Patienten ersetzt, ergänzt oder entfernt. Eine *Keimbahntherapie* beim Menschen, also die gentechnische Veränderung von Keimzellen, ist in Deutschland aus ethischen Gründen verboten.

Gentransfer
Methoden, mit deren Hilfe man DNA-Abschnitte *(Gene)* beliebigen Ursprungs in Zellen einbringen kann (siehe *Plasmid)*

Geschlechtsdimorphismus
(*Sexualdimorphismus)*
Verschiedenheit der Geschlechter einer Art hinsichtlich Größe, Gestalt, Farbigkeit, Physiologie oder Verhalten, also der sekundären Geschlechtsmerkmale

Golgi-Apparat
Gesamtheit der *Dictyosomen* in einer Zelle; modifiziert und speichert Produkte des *ER*

Gonaden (Keimdrüsen)
Organe der Tiere, in denen Keimzellen (Eizellen, Spermien) gebildet werden; weibliche Keimdrüsen nennt man Eierstöcke (Ovarien), männliche Keimdrüsen Hoden

Gonosom (Geschlechtschromosom, Heterosom)
Chromosom, das im Gegensatz zum *Autosom* geschlechtsbestimmende *Gene* trägt; Gonosomen legen bereits in der *diploiden Zygote* das Geschlecht fest und werden meist als X- oder Y-Chromosom bezeichnet

haploide Zelle
Zelle mit einem einfachen *Chromosomensatz* (n), z. B. Keimzelle

hemizygot
trotz *Diploidie* mit nur einem *Allel* für ein bestimmtes Merkmal ausgestattet; dies gilt z. B. für viele Allele auf den Geschlechtschromosomen

heterozygot
mit zwei verschiedenen *Allelen* für ein bestimmtes Merkmal ausgestattet

HIV (Human Immunodeficiency Virus)
RNA-Virus, das durch die Infektion von Immunzellen die Immunschwächekrankheit AIDS beim Menschen auslöst

homozygot (reinerbig)
mit zwei identischen *Allelen* für ein bestimmtes Merkmal ausgestattet (vgl. *heterozygot)*

Hormon
in Drüsen gebildeter Signalstoff, der physiologische Veränderungen hervorruft

Hybridisierung
molekularbiologisches Verfahren; nach gemeinsamer Erhitzung und anschließender Abkühlung lagern sich komplementäre Einzelstränge von *Nucleinsäuren* unterschiedlicher Herkunft bei hinreichender Ähnlichkeit zusammen (siehe *Gensonde)*

Immunität
erworbene Widerstandsfähigkeit; Reaktionsfähigkeit eines Organismus gegenüber *Antigenen* von Infektionserregern; man unterscheidet spezifische und unspezifische Immunität

Inkubationszeit
Zeitspanne zwischen der Ansteckung und dem Ausbruch einer Infektionskrankheit

intermediär
dazwischen befindlich (siehe *Erbgang); phänotypische* Zwischenform bei *heterozygoten* Lebewesen

Intron
nicht codierender Abschnitt gestückelter *eukaryotischer Gene*; der entsprechende m-RNA-Abschnitt wird beim *Spleißen* entfernt (siehe *Exon)*

Karyogramm
aufreihende Darstellung der gefärbten Metaphase-Chromosomen eines Organismus; ermöglicht eine Unterscheidung nach Größe, Gestalt und Muster

Keimbahn
Zellenfolge bei Tieren, die von der befruchteten Eizelle bis zu den Keimzellen führt

Klonen
Vervielfältigung genetisch identischer Zellen; nicht zu verwechseln mit „klonieren", der Vervielfältigung einzelner *Gene* (siehe *PCR)*

kodominant
gemeinsam vorherrschend; Eigenschaft zweier *Allele*, sich im *diploiden* Organismus beide *phänotypisch* voll auszuwirken bzw., wenn sie einzeln auftreten, ein weiteres *rezessives* zu dominieren (siehe *Erbgang)*

Komplementsystem
Teil des Immunsystems; es besteht aus ca. 20 Plasmaproteinen und wirkt unspezifisch auf Fremdzellen, die es selbst zerstört oder für den Abbau durch *Makrophagen* vorbereitet

Konformation
räumliche Anordnung eines Moleküls; ein Molekül kann z. B. in ringförmiger oder gestreckter Konformation vorliegen

Konjugation
Zusammenlagerung von Protozoen oder *Bakterien* mit nachfolgendem Austausch von Erbgut

Kopplungsbruch
Trennung von ehemals gekoppelten, also auf demselben *Chromosom* liegenden, *Genen*; ein Kopplungsbruch kann durch *Crossingover* während der *Meiose* oder durch eine *Chromosomenmutation* erfolgen

Krebs
Sammelbezeichnung für bösartige Geschwülste in Körpergeweben; im Gegensatz zu den gutartigen *Tumoren* können sich Krebsgeschwüre im Körper ausbreiten *(Metastasen)*

Ligase
genetischer „Kleber"; *Enzym*, das DNA-Fragmente miteinander verknüpfen kann (Basiswerkzeug der Gentechnik, siehe *Restriktionsenzym)*

Lymphe
Gewebsflüssigkeit ohne Rote Blutzellen; Filtrat des Blutes von Tierarten mit geschlossenem Blutsystem

Lysis
Auflösung, insbesondere von *Zellen* und *Organellen*

Makrophage
differenzierte *Zelle* des Immunsystems, die auf die *Phagocytose* spezialisiert ist, also körperfremde *Zellen* und Stoffe aufnimmt und abbaut

Marker
Substanz oder Struktur, die der Auffindung von Produkten, Stoffwechselreaktionen oder genetischen Veränderungen dient

Matrix
Grundstruktur, Grundsubstanz, z. B. der *Chloroplasten*

Meiose
zweischrittige Kern- und Zellteilung (Meiose I, Meiose II) im Rahmen der geschlechtlichen Fortpflanzung; die Meiose führt zur Bildung von Keimzellen mit einem einfachen *Chromosomensatz* aus Urkeimzellen mit einem doppelten Chromosomensatz. Dabei wird die genetische Information neu kombiniert.

mendelsche Regeln
drei von GREGOR MENDEL aufgestellte Vererbungsregeln (Uniformitätsregel, Spaltungsregel und Neukombinationsregel)

Meristem
pflanzliches Bildungsgewebe mit teilungsfähigen, undifferenzierten *Zellen*

Metamorphose
hormongesteuerter Gestaltwandel während der Entwicklung eines Tieres über ein oder mehrere Larvenstadien und ggf. Puppenstadium

Metastase
Tochtergeschwulst eines bösartigen *Tumors*; sie entsteht, wenn Krebszellen sich über die Blutbahn ausbreiten und an anderer Stelle des Körpers vermehren (siehe *Krebs)*

Mikrotubulus
röhrenförmige *Proteinstruktur* aus Tubulineinheiten, die an der Bildung des Cytoskeletts, der *Mitosespindel* und von Cilien beteiligt ist

Mitochondrium
in der *Eucyte* vielfach vorhandenes *Organell* mit einer Doppelmembran, in dem die Zellatmung abläuft

Mitose
Kernteilung, bei der die zwei durch *Replikation* entstandenen Chromatiden eines *Chromosoms* auf die beiden neu entstehenden Tochterzellen verteilt werden; die Chromosomenanzahl bleibt erhalten. Der Kernteilung folgt in der Regel die *Cytokinese.*

Modifikation
umweltbedingte Veränderung im Erscheinungsbild *(Phänotyp)* eines Organismus, die nicht vererbt wird

Morula (Maulbeerkeim)
frühes Entwicklungsstadium eines Mehrzellers, das aus einer kompakten, kugeligen Zellgruppe besteht und sich zur *Blastula* weiterentwickelt

Mutagene
Substanzen, die in einem DNA-Molekül Veränderungen der Erbinformation *(Mutationen)* auslösen können

Mutation
spontan oder durch *Mutagene* verursachte qualitative oder quantitative Veränderung des genetischen Materials; in Abhängigkeit vom Ausmaß unterscheidet man *Gen-, Chromosomen-* und *Genommutationen*

Nucleinsäure
aus *Nucleotiden* aufgebautes Makromolekül, das als *DNA* oder *RNA* Erbinformation speichert bzw. überträgt

Nucleolus (Kernkörperchen)
Syntheseort der *ribosomalen RNA* im Zellkern

Nucleosid
aus Zucker und stickstoffhaltiger Base bestehende Verbindung, die nach Veresterung mit Phosphorsäure ein *Nucleotid* bildet

Nucleotid
aus Zucker, Phosphat und einer stickstoffhaltigen Base zusammengesetzter Baustein der *Nucleinsäuren* bzw. Coenzyme ADP, NAD^+ und $NADP^+$

Nucleus (Zellkern)
enthält den größten Teil der Erbinformation; Steuerzentrum der Zelle; kommt nur in der *Eucyte* vor

Omnipotenz
siehe *Totipotenz*

Onkogene
Gene, die an der Auslösung von *Krebs* beteiligt sind; sie entstehen in *Zellen* aus Genen, die das Zellwachstum kontrollieren (Proto-Onkogene) und kommen in *Viren* vor

Ontogenese (Individualentwicklung)
Entwicklung eines Lebewesens von der befruchteten Eizelle bis zum erwachsenen Lebewesen

Operon
Funktionseinheit aus *Genen* des *Bakteriengenoms*, die eine bedarfsgerechte Synthese von *Enzymen* bewirkt

Organell
abgrenzbare Bau- und Funktionseinheit im *Cytoplasma* der *Zelle*

Parthenogenese *(Jungfernzeugung)*
Fortpflanzungstyp, bei dem aus unbefruchteten Eizellen Nachkommen hervorgehen

PCR (Polymerasekettenreaktion)
engl. polymerase chain reaction; Verfahren zur gezielten Vervielfältigung bestimmter DNA-Abschnitte (Basismethode der Molekularbiologie)

Phage
Virus, das Mikroorganismen befällt, z. B. *Bakteriophage*

Phagocytose („Zellfressen")
Anlagerung, Einverleibung und Verdauung körperfremder Materialien, insbesondere durch *Zellen* des Immunsystems (siehe *Makrophage)*

Phänotyp
Gesamtheit der Merkmale eines Organismus (vgl. *Genotyp)*

PID (Präimplantationsdiagnostik)
Verfahren, bei dem *Zellen* eines mehrzelligen Embryos entnommen und auf genetische Schäden untersucht werden, bevor der Embryo in den Mutterleib übertragen und ausgetragen wird; PID ist in Deutschland aus ethischen Gründen verboten, da es die Selektion von Embryonen nach nichtmedizinischen Kriterien ermöglicht

Plasmid
ringförmiges DNA-Molekül, das unabhängig vom übrigen *Genom* einer Zelle ist; Plasmide kommen hauptsächlich in Bakterien vor, *Bakterien* können sie an andere weitergeben; sie werden zum Gentransfer genutzt (siehe *Vektor)*

Plastid
in Pflanzenzellen und verschiedenen Algen vorkommendes, von zwei Membranen umgebenes, formenreiches *Zellorganell* mit eigener *DNA* und 70 S-Ribosomen; wichtigster Typ sind die *Chloroplasten*; außerdem kommen Chromoplasten und Leukoplasten vor

Polygenie
Beeinflussung eines Merkmals durch zwei oder mehrere *Gene*

Polymorphismus
genetisch bedingte Variabilität innerhalb einer Art, z. B. Gestalt- oder Farbvariationen

polyploid
Organismus mit mehr als zwei kompletten homologen *Chromosomensätzen* in den Zellen

Präzipitation
Zusammenballung von Molekülen unter dem Einfluss von Brückenmolekülen (z. B. *Antikörpern)*

Primer
engl. Starter; kurze, einsträngige *Nucleotidkette*, die basenkomplementär zu einer Matrize (z. B. *DNA)* ist; dient als Ausgangspunkt für die Synthese des Komplementärstranges durch Polymerasen (siehe *PCR, Replikation)*

Prion
ein durch seine veränderte Form infektiöses Eiweiß, Erreger von BSE

Procyte (Protocyte)
Zelltyp der *Prokaryoten*, der keinen Zellkern besitzt (vgl. *Eucyte)*

Prokaryot (auch *Prokaryont)*
einzelliges, aus einer *Procyte* (*Protocyte)* bestehendes Lebewesen; zu den Prokaryoten gehören Eubakterien, und Archaebakterien (vgl. *Eukaryot)*

Promotor
DNA-Abschnitt am Anfang eines *Gens*, der als Startsequenz für die DNA-Polymerase dient, die m-RNA herstellt (siehe *Transkription)*

Protein (Eiweiß)
hochmolekulare Kette aus verschiedenen *Aminosäuren* in bestimmter Reihenfolge mit einer dreidimensionalen Struktur; Proteine haben eine große Bedeutung in der Zelle als Gerüstsubstanz, *Enzym* bzw. kontraktiles Filament

Proteinbiosynthese
Herstellung von *Proteinen* nach den Informationen der *DNA* mit den beiden Teilschritten *Transkription* und *Translation*

Protisten
eukaryotische Einzeller bzw. einfache Mehrzeller, die nicht zu den Pilzen, Pflanzen und Tieren gehören; Reich der Lebewesen neben *Prokaryoten*, Tieren, Pflanzen und Pilzen; Beispiele: Kieselalgen, Grünalgen, Amöben

Punktmutation
Austausch oder Verlust einer einzelnen Base in einem DNA-Molekül (siehe *Mutation)*

Reaktionsnorm
in der Genetik: Bandbreite von Phänotypen, die sich auf denselben *Genotyp* zurückführen lassen; abhängig von den Umweltbedingungen können sich Lebewesen trotz übereinstimmender genetischer Information in ihrem Erscheinungsbild voneinander unterscheiden
in der Verhaltenslehre: Bandbreite des Reagierens eines Tieres auf richtungsgebende Reize

Rekombination
Um- und Neukombination des genetischen Materials, z. B. im Rahmen der *Meiose*; die Rekombination führt zur genetischen Variabilität einer Art und ist ein wichtiger Evolutionsfaktor

Replikation
identische (semikonservative) Verdopplung der *DNA*, die vor jeder Zellteilung *(Mitose* und *Meiose)* stattfindet; der DNA-Doppelstrang wird getrennt und die elterlichen Einzelstränge dienen jeweils als Vorlage für einen Tochterstrang

Resistenz
erblich bedingte Widerstandsfähigkeit gegenüber Krankheiten, Klima, Giften, Medikamenten u. a.; Resistenz ist zu unterscheiden von der erworbenen Widerstandsfähigkeit (siehe *Immunität)*

Restriktionsenzym
Enzym, das doppelsträngige *DNA* an einer spezifischen Basensequenz schneiden kann; Basiswerkzeug der *Gentechnik* (vgl. *Ligase)*

Retrovirus
Vertreter einer Gruppe von *Viren*, der einsträngige *RNA* als genetische Information enthält; vor seiner Vermehrung wird die RNA in einer Wirtszelle durch das *Enzym Reverse Transkriptase* in *DNA* übersetzt (z. B. *HIV)*.

Reverse Transkriptase
Enzym, das nach der Vorlage eines RNA-Moleküls *DNA* aufbaut

Rezeptor
Sinnesphysiologie: Zone *(Zelle* oder Gewebe), an der durch spezifische Reize Erregungen ausgelöst werden; Molekularbiologie: meist membrangebundenes Molekül, das spezifische Moleküle bindet und damit Prozesse im Zellinneren auslöst

rezessiv
Allel, das bei *heterozygoten* Lebewesen nicht ausgeprägt wird (siehe *Erbgang)*

R_f-Wert
Maßeinheit bei der Chromatographie; Quotient aus zurückgelegter Strecke einer Substanz und der Strecke vom Start bis zur Lösungsmittelfront

Rhesusfaktor
Merkmal von Blutzellen, das vor allem auf das *Antigen* D zurückzuführen ist; im Gegensatz zum AB0-System entstehen D-*Antikörper* bei einer rh-negativen Person erst nach einem Kontakt mit Rh-positivem Blut

Ribosom
aus *RNA* und *Proteinen* aufgebautes *Organell*, an dem die Proteinsynthese *(Translation)* stattfindet; man unterscheidet 70 S- (bei *Prokaryoten, Mitochondrien, Plastiden)* und 80 S-Ribosomen (im Zellplasma von *Eukaryoten*)

RNA (Ribonucleinsäure)
im Vergleich zur *DNA* kurze Kette von *Nucleotiden*, bestehend aus dem Zucker Ribose, einem Phosphatrest und einer der vier Basen Adenin, Uracil, Guanin und Cytosin; man unterscheidet messenger-RNA, transfer-RNA und ribosomale RNA; m-RNA dient der *Transkription*, t-RNA der *Translation* und r-RNA ist Bestandteil der *Ribosomen*; RNA ist außerdem Erbsubstanz der *Retroviren*

Rückkopplung
Ein Zustand oder Vorgang übt eine Wirkung aus, die ihn selbst wieder positiv (Aufschaukelung) oder negativ (Regelkreis) beeinflusst.

Sexualdimorphismus
Verschiedenheit der Geschlechter einer Art (siehe *Geschlechtsdimorphismus)*

Spleißen
Entfernen von Abschnitten aus der Prä-m-RNA, die dann als reife m-RNA den Zellkern einer *Eukaryotenzelle* verlässt; die entfernten Abschnitte entsprechen den *Introns*

Spore
Fortpflanzungszelle, aus der sich ohne eine Befruchtung ein mehrzelliger Organismus entwickeln kann. Sporen entstehen in spezialisiertem Gewebe durch *Mitose* (Mitosporen) oder *Meiose* (Meiosporen). Sie können *diploid* oder *haploid* sein. Bei Bakterien werden Überdauerungsstadien Sporen (Endosporen) genannt.

Sporophyt
mehrzellige, *diploide* Generation von Pflanzen, die (meiotisch) *Sporen* hervorbringt; aus den unbefruchteten Sporen geht anschließend die Gameten bildende *haploide* Generation *(Gametophyt)* hervor. Sporophyt der Moose: gestielte Sporenkapsel, Sporophyt der Farne: Farnpflanze, Sporophyt der Samenpflanzen: sichtbare Pflanze

Stammzelle
nicht ausdifferenzierte, teilungsfähige Zelle im Gewebe von Mehrzellern, die Wachstum und Erneuerung von Geweben ermöglicht

Symbiose
Abhängigkeit zwischen zwei Arten mit gegenseitigem Nutzen

Syndrom
Krankheitsbild mit bestimmtem Symptomenmuster

Totipotenz (Omnipotenz)
Fähigkeit bestimmter *Zellen* (*Stammzellen)*, durch Teilung und Differenzierung einen vollständigen Organismus hervorzubringen

Transduktion
in der Genetik: Einschleusen von Fremd-DNA in eine *Bakterienzelle* mithilfe von *Phagen*;
in der Sinnesphysiologie: Auslösen von elektrischen Erregungen durch Reize in Sinneszellen

Transformation
Übertragung von *DNA* in eine beliebige lebende *Zelle*

transgene Lebewesen
Lebewesen, denen mit gentechnischen Methoden artfremde *Gene* übertragen wurden; auch über Art- und Gattungsgrenzen hinweg

Transkription
Synthese von m-RNA-Molekülen am codogenen DNA-Strang; Teil der *Proteinbiosynthese*

Translation
Polypeptid-Synthese anhand einer m-RNA an *Ribosomen*; Teil der *Proteinbiosynthese*

Translokation
Einbau eines Chromosomenfragmentes an anderer Stelle des *Genoms*

Transposition
Umlagerung von DNA-Abschnitten (springende Gene) im *Genom*

Triplett
aus drei *Nucleotiden* bestehende Informationseinheit der *DNA* bzw. *RNA* (siehe *Codon)*

Trisomie
Genommuation, die zum dreifachen (anstelle zweifachen) Vorkommen eines *Chromosoms* in Körperzellen führt; führt zu phänotypischen Veränderungen, z. B. Turner-Syndrom, Klinefelter-Syndrom

Tumor (Geschwulst)
undifferenzierte Zellmasse, die sich durch die unkontrollierte Vermehrung einer Zelle im Gewebe bilden kann; gutartige Tumore wachsen nur langsam, bösartige Tumore *(Krebs)* können sich im Körper ausbreiten

Variabilität
Ungleichheit von Individuen einer Population; dies kann genetisch bedingt (genetische Variabilität, *Polymorphismus)* oder durch Umweltunterschiede hervorgerufen sein *(*modifikatorische Variabilität)

vegetativ (ungeschlechtlich)
Vermehrungsform ohne sexuelle *Fortpflanzung*

Vektor
„*Genfähre*"; DNA-Molekül, in das man eine Fremd-DNA einbauen kann (siehe *Restriktionsenzym, Ligase)* und das in einer Wirtszelle vervielfältigt werden kann (siehe *Plasmid)*

Vermehrung
Kennzeichen des Lebens, bei dem die Anzahl der Individuen vergrößert wird; Vermehrung ist stets mit *Fortpflanzung* verbunden

Virus
nichtzelluläre genetische Einheit aus *Nucleinsäuren* und *Proteinen*, die sich nur in einer Wirtszelle vermehren kann

Wachstum
Kennzeichen des Lebens; irreversible Volumenzunahme eines Organismus mit Zunahme körpereigener Substanz; bei Vielzellern durch *Zellwachstum* und Zellteilung

Zelle
kleinste, mit allen Merkmalen des Lebens ausgestattete Bau- und Funktionseinheit aller Lebewesen; Zellen entstehen aus Zellen. Die Zelle kommt als *Protocyte* (auch *Procyte)* und *Eucyte* vor. Aus Eucyten bestehende Lebewesen können ein-, mehr- oder vielzellig sein.

Zellskelett
Netzwerk feiner *Proteinstrukturen*, die der *Zelle* Stabilität und Festigkeit verleihen und Transportaufgaben erfüllen können

Zellzyklus
regelmäßige Abfolge von *Zellteilung* sowie Protein- und DNA-Synthese in einer *Zelle*; der Zellzyklus wird in Phasen untergliedert und sein Ablauf durch verschiedene Steuer- und Regelmechanismen kontrolliert

Zygote
befruchtete Eizelle; Verschmelzungsprodukt von Eizelle und Spermium; erste Zelle eines neuen Lebewesens

Bildnachweis

Fotos: 4.1 Getty Images (Botanica/Alexandra Grablewski), München — 4.2 Photodisc — 5.1 Helga Lade (BAV), Frankfurt — 5.2 Okapia (NAS, W. & D. McIntyre), Frankfurt — 5.3 FWU, Grünwald — 5.4 FOCUS (SPL), Hamburg — 6.1a/b Prof. Dr. Hartwig Wolburg, Tübingen — 7.1 Corbis (Chris Mattison, Frank Lane Picture Agency), Düsseldorf — 7.2 Picture-Alliance (ZB), Frankfurt — 7.Rd. Manfred P. und Christina Kage, Lauterstein — 10.Rd. The Rockefeller University Archives, New York — 11.S MEV, Augsburg — 12.S FWU, Gründwald — 12.2, 3b FOCUS (SPL), Hamburg — 12.3a aus „Dewall/Ludish/Baltimore, Molecular Cell Biology" — 13.2 Hessisches Landesmuseum, Darmstadt — 13.2a Okapia (Ulrich Zillmann), Frankfurt — 13.2b Mauritius, Mittenwald — 13.4 Silvestris (Dr. Sauer), Dießen — 15.Rd. aus „Benjamin Lewin, Genes IV" (S. 329), Oxford University Press (Bernard Hirt) — 16.S FOCUS (Dr. Gopal Murti, Science Photo Library), Hamburg — 17.S FOCUS (Science Photo Library), Hamburg — 17.2a/b aus „Wolfgang Hennig, Genetik" (S. 67), Springer Verlag, Heidelberg — 17.3, 4 aus „Benjamin Lewis, Genes IV" (S. 329), Oxford University Press (Bernard Hirt) — 17.6 aus „Wolfe, Molecular and cellular Biology" (S. 977), Wadsworth Publishing Company — 19.S Okapia (Norbert Lange), Frankfurt — 19.1, 3, 4 Prof. Dr. Hartwig Wolburg,Tübingen — 19.2 W. Wehrmeyer, Bonn — 19.5 Prof. Dr. Dr. P. Hofschneider, München — 20.1 Okapia (Norbert Lange), Frankfurt — 20.2 Okapia (Ca. Biological/Phototake), Frankfurt — 21.1-5 Johannes Lieder, Ludwigsburg — 22.Rd. A. Bardele, Tübingen — 23.1 Mark S. Ladinsky, University of Colorado at Boulder, USA — 23.K1/K2 Okapia (Photo Researchers), Frankfurt — 23.Rd. Reinhard-Tierfoto, Heiligkreuzsteinach — 25.S Johannes Lieder, Ludwigsburg — 26.1a FOCUS (Prof. P. Motta & T. Naguro/SPL), Hamburg — 26.1b, 27.S Okapia (Norbert Lange), Frankfurt — 27.1 Silvestris (Martinez), Dießen — 27.3 Johannes Lieder, Ludwigsburg — 33.S FWU, Grünwald — 36.2 FOCUS (SPL), Hamburg — 40.S Corbis, Düsseldorf — 41.3 Roland Frank, Stuttgart — 42.2 H. Frank — 43.1 FOCUS (CNRI, Science Photo Library), Hamburg — 44.1a Max-Planck-Institut für Züchtungsforschung (Marc Jakoby), Köln — 44.1b Max-Planck-Institut für Züchtungsforschung (Maret Kalda/Martin Sagasser), Köln — 44.2 Dorothea Bartels, Bonn — 44.Rd. Wildlife (D. Harms), Hamburg — 46.Rd. Deutsche Sammlung von Mikroorganismen, Braunschweig — 48.2 Max-Planck-Institut für molekulare Genetik, Berlin — 48.Rd. DECHEMA e.V. (Dr. Thomas Neumann, Xzilion), Frankfurt/M — 49.S Fa. E. Merck, Darmstadt — 51.S MEV, Augsburg — 53.S Reinhard-Tierfoto, Heiligkreuzsteinach — 53.3 Silvestris (Lothar Lenz), Dießen — 53.5a/b FOCUS (SPL), Hamburg — 55.1 Annette Höggemeier, Bochum — 56.Rd. Okapia (Hans Reinhard), Frankfurt — 57.S, 1a Silvestris (Volkmar Brockhaus), Dießen — 57.1b Silvestris (Otto Willner), Dießen — 57.3 Silvestris (Hecker), Dießen — 58.S MEV, Augsburg — 58.1 Reinhard-Tierfoto, Heiligkreuzsteinach — 58.2 Angermayer (Tierpark Hellabrunn), Holzkirchen — 58.5 Okapia (Carl Roessler), Frankfurt — 59.K Reinhard-Tierfoto, Heiligkreuzsteinach — 60.1 Okapia (Klaus von Mandelsloh), Frankfurt — 60.Rd. Dr. Donald E. Keith, Stephenville — 62.Rd. Albert Bonniers Förlag AB (Lennart Nilsson), Stockholm — 65.S, 65.1a-i Johannes Lieder, Ludwigsburg — 66.Rd.1 Deutsches Museum, München — 66.Rd.2 Dr. Horst Schneeweiß, Hamburg — 68.2 Max-Planck-Institut für Züchtungsforschung (Maret-Linda Kalda), Köln — 69.S Corel Corporation, Unterschleissheim — 70.S. Wildlife (J. Mallwitz), Hamburg — 70.1 Getty Images RF (Photodisc), München — 70.2 Inge Kronberg, Hohenwestedt — 70.3 Archiv der Stadt Brünn — 70.4 Deutsches Museum, München — 71.2 Okapia(Hans Reinhard), Frankfurt — 71.3a Wildlife (D. Harms), Hamburg — 71.3b Okapia (Hans Reinhard), Frankfurt — 71.3c Wildlife (J. Mallwitz), Hamburg — 71.4 Deutsche Post World Net, Bonn — 73.1a K. Hägele — 75.S FOCUS (Jürgen Berger), Hamburg — 75.1, 2, 3a/b FWU, Grünwald — 76.2 Okapia (NAS, T. McHugh), Frankfurt — 76.Rd. Dr. Helmut Länge, Stuttgart — 77.S Alfred Limbrunner, Dachau — 77.2 Okapia (Hans Reinhard), Frankfurt — 79.S Getty Images RF (Photodisc), München — 79.1 aus „Wolfe, Molecular and cellular Biology" (S. 763), Wadsworth Publishing Company, Belmont (California), USA — 80.1b aus „E. Passarge, Taschenatlas der Genetik", S. 81, Georg Thieme Verlag, Stuttgart — 81.S Okapia (Photri Inc.), Frankfurt — 81.1-3 Dr. Horst Schneeweiß, Hamburg — 83.S, 2 Forschungszentrum Jülich GmbH — 84.S FOCUS (Pascal Goetgheluck), Hamburg — 85.S, 86.1a-c Angermayer (Hans Pfletschinger), Holzkirchen — 89.1 aus „Alberts/Bray/Lewis/Roberts/Watson, Molekularbiologie der Zelle", S. 1287, VCH-Verlag, Weinheim — 92.1, 93.1 Albert Bonniers Förlag AB (Lennart Nilsson), Stockholm — 93.3 Okapia (D. Bromhall), Frankfurt — 96.Rd., 97.S Picture Alliance, Frankfurt — 97.1 Quirit Productions, Oostmalle — 99.S Albert Bonniers Förlag AB (Lennart Nilsson), Stockholm — 99.2 K. V. Hinrichsen (Hrsg.): Humanembryologie. Springer Verlag Berlin, Heidelberg 1990 — 102.S FOCUS (Jürgen Berger), Hamburg — 102.1, 4, 5 Deutsches Museum, München — 102.2, 3, 103.1 Corbis (Bettmann), Düsseldorf — 103.2 aus „Medical News", 1/62 — 103.3 Deutsches Museum, München — 103.4 Picture-Alliance (dpa/Zentralbild, Klaus Franke), Frankfurt — 106.S Manfred P. und Christina Kage, Lauterstein — 106.2 Helga Lade (NDS), Frankfurt — 107.1 FOCUS (SPL), Hamburg — 109.S Silvestris (Heiner Heine), Dießen — 110.S FOCUS (Biophoto Associate, Science Photo Library), Hamburg — 111.Rd. FOCUS (SPL), Hamburg — 113.1 FOCUS (Lauren Shear/SPL), Hamburg — 113.2 FOCUS (Science Photo Library, L. Willatt), Hamburg — 114.S Okapia (Lond. Sc. Films, OSF), Frankfurt — 114.1 Abraham Menashe, New York — 116.Rd.1, Rd.3 Albert Bonniers Förlag AB (Lennart Nilsson), Stockholm — 116.Rd.2 FOCUS (Science Pictures, Science Photo Library), Hamburg — 117.S Albert Bonniers Förlag AB (Lennart Nilsson), Stockholm — 118.Rd. Dr. Horst Schneeweiß, Hamburg — 122,2a MEV, Augsburg — 122.2b Bio-Rad Laboratories GmbH, München — 123.K FOCUS (Dept. of Clinical Cytogenetics), Hamburg — 126.Rd. Okapia (NAS, H. Morgan), Frankfurt — 128.S Okapia (J. L. Klein & M. L. Hubert), Frankfurt — 128.1a Getty Images (Tim Davies), München — 128.1b Okapia (Hermeline, Cogis), Frankfurt — 128.1c Picture Alliance (Bernhard Brinkmann, Okapia), Frankfurt — 128.1d Okapia (Vedie, Cogis), Frankfurt — 128.2a/b Silvestris (Lothar Lenz), Dießen — 129.2 Picture-Alliance (dpa), Frankfurt — 129.3 Agrar-Press, Nörvenich — 129.4 Picture Alliance (dpa/Bernd Wüstneck), Frankfurt — 129.5 Silvestris, Dießen — 130.S Tilman Wischuf, Cleebronn — 130.1 Mauritius Rossenbach), Mittenwald — 130.2, 3 Prof. Jürgen Wirth, Dreieich — 131.3 Hansjörg Neth, Troy, USA — 132.1 Eye of Science, Reutlingen — 134.1-3, Rd.1, Rd.2 Dr. Horst Schneeweiß, Hamburg — 135.S Claus Kaiser, Amrum/Sylt — 135.3 Dr. Horst Schneeweiß, Hamburg — 139.K The Nobel Foundation, Stockholm — 141.Rd. ullstein bild, Berlin — 142.Rd. Okapia (D. Scharf, P. Arnold), Frankfurt — 144.S Bonnierförlagen AB (Lennart Nilsson), Stockholm — 145.S FOCUS (National Cancer Institut/SPL), Hamburg — 147.Rd. Bundeszentrale für gesundheitliche, Köln — 148.Rd.1, Rd.2 Catherine Botteron, Bern — 149.S Eye of Science, Reutlingen — 150.S Okapia (T. McHugh), Frankfurt — 150.1 AKG, Berlin — 151.1 Mauritius (Torino), Mittenwald — 152.1 aus „E. Passarge, Taschenatlas der Genetik", S. 81, Georg Thieme Verlag, Stuttgart — 152.2 Okapia (Ulrich Zillmann), Frankfurt — 153.1 Corbis (Roger Tidman), Düsseldorf — 153.2 Silvestris (Volkmar Brockhaus), Dießen — 153.3 Silvestris (Fleetham), Dießen — 154.1a/b Okapia (G. I. Bernard, OSF), Frankfurt — 154.2 Tilman Wischuf, Cleebronn — 156.1a, 2 Angermayer (H. Pfletschinger), Holzkirchen — 156.1b aus „Heribert Schmid, Wie Tiere sich verständigen", Otto Maier Verlag, Ravensburg, S. 24 (M. Boppré) — 157.1 Corbis (Barton), Düsseldorf

Grafiken: Prof. Jürgen Wirth, Fachhochschule Darmstadt, Fachbereich Gestaltung (Mitarbeit: Matthias Balonier)

Nicht in allen Fällen war es möglich, den uns bekannten Rechteinhaber der Abbildungen ausfindig zu machen. Berechtigte Ansprüche werden selbstverständlich im Rahmen der üblichen Vereinbarungen abgegolten.